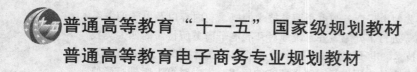普通高等教育"十一五"国家级规划教材

普通高等教育电子商务专业规划教材

电子商务技术

第 2 版

主　编　刘红军

副主编　彭　立

参　编　王敏晰　何计蓉

机械工业出版社

本书首先对电子商务与电子商务技术的概念、内容以及电子商务系统技术架构等进行了介绍，并系统地对开展电子商务所特需的四大类技术——EDI 技术、电子商务安全技术、电子商务支付技术、XML 技术及其在电子商务中的应用进行了深入翔实的阐述。本书对第 1 版进行了修订和增补，新增了移动商务技术、物联网技术及其在电子商务中的应用等内容。全书共十章，各章后均有与本章知识点相关的习题、阅读材料和案例。

本书是普通高等教育"十一五"国家级规划教材，可作为电子商务专业的教材，也可作为信息管理类、计算机应用类专业的本科生、研究生用书，还可供从事电子商务、电子政务的研发人员和管理者学习参考。

图书在版编目（CIP）数据

电子商务技术/刘红军主编．—2 版．—北京：机械工业出版社，2011.6
普通高等教育"十一五"国家级规划教材
ISBN 978-7-111-34339-4

Ⅰ．①电…　Ⅱ．①刘…　Ⅲ．①电子商务—高等学校—教材
Ⅳ．①F713.36

中国版本图书馆 CIP 数据核字（2011）第 119621 号

机械工业出版社（北京市百万庄大街 22 号　邮政编码 100037）
策划编辑：易　敏　　责任编辑：易　敏
版式设计：张世琴　　责任校对：王　欣
封面设计：马精明　　责任印制：乔　宇
三河市宏达印刷有限公司印刷
2011 年 9 月第 2 版第 1 次印刷
184mm×260mm · 21 印张 · 516 千字
标准书号：ISBN 978-7-111-34339-4
定价：39.80 元

序

经济全球化的纵深发展以及信息技术的日新月异，引发了商务方式的变革。21 世纪是一个信息时代、数码时代、互联网与电子商务时代。电子商务正以前所未有的力量冲击着人们千百年来形成的商务观念与模式。它直接作用于社会经济的方方面面，为企业开拓国际国内市场，利用好国内外各种资源创造了一个千载难逢的良机。

在我国，《电子签名法》的实施和《电子支付指引》的颁布为电子商务宏观环境的完善提供了法律基础和政策依据。从客观环境和主观条件来看，随着政策环境的不断完善，各行业对应用电子商务的高度重视以及电子商务营利模式的日渐成熟，电子商务必将掀起新一轮发展热潮。

在这种时代背景下，各个行业和领域正在积极开展形式多样的电子商务活动，如网上采购、网上销售、网上招商、网上广告服务、在线证券交易、电子银行、电子税收等。电子商务的快速发展，使整个社会对电子商务专业人才的需求日益迫切，尤其需要既掌握信息技术、又精通商务管理的复合型电子商务从业人员。

顺应电子商务应用的发展和人才需求，电子商务高等教育也在摸索中不断发展。2000年，教育部确定了首批开设电子商务专业的高等院校，至 2006 年年初，开设电子商务专业的高等院校已经达到 300 余所。除此之外，还有众多的学校开设了电子商务专业方向的专业；也有些学校在陆续申请并准备开设电子商务专业。

顺应社会需求，机械工业出版社在经过广泛调查和对一线教师的多轮意见征询后，组织全国 20 多所院校，共同编写了本套"普通高等教育电子商务专业规划教材"。

本套规划教材的建设原则是：

（1）确保实现"为教学提供整体解决方案"的宗旨。要求全部教材制作配套的电子课件，部分教材还提供参考资料、实验说明、案例等多种配套教学资料，以帮助授课老师提高教学水平。

（2）在内容上，坚持面向未来的原则。为了使教材及时反映电子商务的发展状况，要求在内容上一方面强调厚实的理论基础，另一方面要有一定的前瞻性，并着重培养创新思维。

（3）严格认真地遴选主编，要求编者具有丰富的教学经验和与时俱进的实践经验，以保证教材质量。

"普通高等教育电子商务专业规划教材"是在激烈的市场竞争背景下推出的，它秉承了机械工业出版社的开拓、创新和服务的精神。相信这套教材对提高我国电子商务的应用水平将起到积极的作用。

中国工程院　院士
中国工程院　常务副院长
教育部高等学校电子商务专业教学指导委员会　主任

前　　言

　　本书第 1 版被评为普通高等教育"十一五"国家级规划教材,自出版以来陆续被国内多所高校采用,并获得了广泛好评。在第 1 版出版至今的几年中,电子信息技术又有了许多值得称道的进展,各种新概念、新技术、新标准、新设备不断出现。在这种背景下,需要适时开展本书的修订工作,才能满足读者在系统掌握电子商务技术基础知识的基础上,了解电子商务技术的最新进展,把握电子商务未来发展的需要。

　　《电子商务技术》第 2 版在以下方面对第 1 版进行了修订:全书由原来的七章扩展到十章。原有章节的内容也作了局部的修订,下面按章节进行叙述。

　　(1) 对本书第 1 版第一章第一节中有关电子商务技术的发展阶段进行了修改补充,提出了电子商务的发展历程分为四个阶段,新增了面向服务——协同式商务阶段,作为对现今所处的电子商务技术发展最新阶段的表述。原第一章第二节中的电子商务技术划分的六大类扩展为九大类,突出了 Web 技术,新增了移动商务技术和物联网及相关技术两个大类。对该章的第三节也作了较大的修订,即将原来的电子商务系统框架构成及技术基础进行了较大的扩展,除了对电子商务应用系统的三层(及多层)体系结构及电子商务系统应用逻辑实现要素进行介绍外,将原来的技术基础部分的内容扩展为修订后的第二、三、四章,分别涵盖电子商务系统的商务表达层、商务逻辑层和数据层的相关技术。

　　(2) 修订后的第一章中还增加了一节内容,即第四节——物联网及其在电子商务中的应用,对物联网的概念、内涵、基本要素、体系架构以及物联网在电子商务中的应用进行了介绍,以开阔读者的视野。

　　(3) 电子商务表达层主要借助 Web 技术得以实现。修订后的第二章——电子商务表达层技术的内容主要包括:WWW 及网站的功能、静态页面表达及其技术基础、动态页面表达及其技术基础等。

　　(4) 修订后的第三章——电子商务逻辑层技术,围绕商务支持平台的构建,着重分析应用服务器技术的发展与特征。其主要内容有:核心商务逻辑的构建技术;商务支持平台及相关技术;核心商务逻辑的实现及其技术方案等。本章的最后一节着重介绍移动网及物联网中逻辑层技术与应用,主要包括 WSN 技术及应用、M2M 技术以及云计算技术。

　　(5) 数据库技术和 Web 技术的有机结合为电子商务应用中的数据、信息和知识的管理与使用提供了有效手段。考虑到相关专业学生一般都开了数据库课程,修订后的第四章——电子商务数据层技术,仅就电子商务应用中数据库技术的主要作用与特征、数据模型的内容及发展历程、数据库访问接口主要技术方法进行了简要的介绍。

　　(6) 对原第二章(第 2 版第五章)中的有关 EDI 技术,除作了一些精简外,仅对 EDI 在税务和海关方面的应用作了微调和资料更新。

　　(7) 对原第三章(第 2 版第六章)中的有关安全技术基础的修订,仅涉及第五节的 Windows 中的 PKI 技术,补充了升级 Windows 7 后的 PKI 功能扩展方面的内容,新增了移动商务中的 PKI 技术及应用,由 WAP 论坛组织提出的 WAP PKI 标准吸收了固网 PKI 技术的精髓，结合移动通信环境的特点，引入多种适应无线网络特点的新技术，其中最重要的就是短期证书技术。

（8）在对原第四章（第 2 版第七章）中的有关安全技术应用的修订中，新增了第六节——移动商务安全技术和第七节——物联网安全技术，着重介绍了几种比较具有代表性的无线通信系统及其相关的安全机制，包括 GSM 系统、3G 系统、无线局域网络 IEEE 802.11、短距离无线通信的蓝牙技术（Bluetooth）；物联网安全技术方面，包括现阶段物联网的安全特点及安全模型，RFID、无线感测网络（WSN）、M2M 的安全机制，云计算中的安全等内容。

（9）针对原第六章（第 2 版第九章）XML 技术部分，作了较大的浓缩，另一方面，对基于移动商务系统开发技术进行了必要的补充，新增第六节 WML 技术，简要介绍了无线应用协议 WAP、WML 及其语法，以及基于信用卡进行交易的 WML 输入操作和使用 ASP 实现 WML 等应用实践内容。

（10）对原第七章（第 2 版第十章）XML 在电子商务中的应用的修订主要集中在第二、四两节。该章对基于 XML 技术的动态电子商务协议的内容进行了完善，并就动态电子商务模型的设计和实现需要用到的 SOAP、WSDL、UDDI 等协议作了较为系统的介绍；对电子商务系统中间件产品 Biztalk Server 作了该软件版本升级后的相关内容更新。

本书由成都理工大学管理科学学院刘红军教授担任主编，由彭立担任副主编。各章节的编者为：刘红军，第一章，第二章，第三章，第五章，第六章第一、五节，第七章第四、六、七节；何计蓉，第四章，第八章第四、六节；王敏晰，第六章第二、三、四、六节，第七章第一、二、三、五节，第八章第一、二、三、五、七节；彭立，第九章，第十章。刘红军负责全书的总体规划与内容组织，并对全书进行了修改和定稿。

本书参考了大量相关的国内外文献和资料，在此谨向其作者表示感谢！

限于作者的水平，书中难免存在一些不当之处，敬请读者不吝赐教。

编　者

目　　录

序

前言

第一章　电子商务技术概论 ·· 1

第一节　电子商务与电子商务技术的概念 ·· 1

第二节　电子商务技术综述 ··· 5

第三节　电子商务系统技术架构 ·· 7

第四节　物联网及其在电子商务中的应用 ·· 13

习题 ··· 16

第二章　电子商务表达层技术 ··· 17

第一节　WWW 及网站的功能 ··· 17

第二节　静态页面表达及其技术基础 ··· 25

第三节　动态页面表达及其技术基础 ··· 29

习题 ··· 35

第三章　电子商务逻辑层技术 ·· 36

第一节　核心商务逻辑的构建技术 ··· 36

第二节　商务支持平台及相关技术 ··· 40

第三节　核心商务逻辑的实现及其技术方案 ··· 45

第四节　移动网及物联网中逻辑层技术与应用 ·· 53

习题 ··· 61

第四章　电子商务数据层技术 ·· 62

第一节　电子商务与数据管理技术 ··· 62

第二节　数据库平台技术简介 ·· 65

第三节　数据库访问接口技术基础 ··· 68

第四节　物联网数据采集与跟踪技术 RFID ·· 77

习题 ··· 79

第五章　EDI 技术 ··· 80

第一节　EDI 的概念 ··· 80

第二节　EDI 系统模型和工作原理 ·· 87

第三节　EDI 标准 ·· 93

第四节　EDI 系统的实现 ·· 101

第五节　EDI 应用及发展 ··· 105

习题 ·· 110

阅读材料　H2000 海关通关管理系统 ··· 110

第六章　电子商务安全技术基础 ·· 112

第一节　电子商务安全与安全技术 ·· 112

第二节　密码技术 ·· 115

第三节 报文鉴别技术 ………………………………………………………… 129
第四节 数字签名与身份认证 …………………………………………………… 136
第五节 公开密钥基础设施——PKI …………………………………………… 145
第六节 时戳业务与不可否认业务 ……………………………………………… 155
习题 ……………………………………………………………………………… 160
阅读材料 生物特征认证 ……………………………………………………… 160

第七章 电子商务安全技术应用 …………………………………………… 162
第一节 Web 安全与安全机制 …………………………………………………… 162
第二节 防火墙技术 ……………………………………………………………… 163
第三节 网络入侵检测 …………………………………………………………… 171
第四节 IPSec 与 VPN 技术 …………………………………………………… 178
第五节 Web 安全协议 …………………………………………………………… 191
第六节 移动商务安全技术 ……………………………………………………… 198
第七节 物联网安全技术 ………………………………………………………… 209
习题 ……………………………………………………………………………… 216

第八章 电子商务支付技术 ………………………………………………… 217
第一节 网上支付基础 …………………………………………………………… 217
第二节 电子现金支付技术 ……………………………………………………… 223
第三节 支付卡支付技术 ………………………………………………………… 228
第四节 安全电子交易——SET 协议 …………………………………………… 229
第五节 电子支票支付技术 ……………………………………………………… 236
第六节 移动支付与微支付 ……………………………………………………… 240
第七节 网络银行及其支付 ……………………………………………………… 244
习题 ……………………………………………………………………………… 248
案例 中国银行网络银行 ……………………………………………………… 248

第九章 XML 技术 …………………………………………………………… 252
第一节 XML 概论和基本语法 …………………………………………………… 252
第二节 XML 名字空间 …………………………………………………………… 261
第三节 DTD …………………………………………………………………… 264
第四节 XML Schema …………………………………………………………… 274
第五节 XSLT …………………………………………………………………… 286
第六节 WML 技术 ……………………………………………………………… 300
习题 ……………………………………………………………………………… 307

第十章 XML 在电子商务中的应用 ……………………………………… 308
第一节 XML 与 EDI …………………………………………………………… 308
第二节 基于 XML 的电子商务模型 …………………………………………… 309
第三节 电子商务中的 XML 标准 ……………………………………………… 314
第四节 电子商务系统中间件产品——Biztalk Server ………………………… 319
习题 ……………………………………………………………………………… 322
案例 BizTalk Server 部署深圳新晔电子企业一级业务流程 ………………… 322

参考文献 …………………………………………………………………… 324

第一章
电子商务技术概论

随着人类向信息社会迈进的步伐不断加快，电子商务成为一个充满机遇和挑战的新领域、一个具有巨大发展潜力的市场。以国民经济信息化、企业信息化为基础，金融电子化为保证的电子商务时代已经开始了。

本章内容包括：电子商务与电子商务技术的概念，电子商务技术综述，电子商务系统技术架构，物联网及其在电子商务中的应用等。

第一节　电子商务与电子商务技术的概念

20世纪90年代后半叶以来，Internet/Intranet 的应用越来越广，迅速扩展到教育机构、公司和个人。这场革命极大地改变了各种组织之间以及组织和它的用户之间进行业务往来的方式。商品和服务的地理界限被打破，各种公司无论大小，都在忙于寻找新的商业解决方案来适应新的交易方式。Internet/Intranet 固有的一些特性，如方便获得、实时的信息、低廉的成本，使得它成为电子商务的一种本质的驱动力。

组织（或企业）推行电子化的商业项目的动因包括：

① 进入更广泛的市场。

② 通过订货处理、库存控制、货款支付、商品运输自动化以获得更高的效率和准确性。

③ 可以减少劳动力成本。

④ 更低的综合成本。

⑤ 预知客户对商品和服务的需求。

⑥ 实现同客户及贸易伙伴即时的通信，提供更好的服务和支持。

⑦ 通过自动化的供货链管理增加利润。

一、电子商务的产生及其定义

早在1839年，当电报刚出现的时候，人们就开始了对运用电子手段进行商务活动的讨论。当贸易开始以莫尔斯码点和线的形式在电线中传输的时候，就标志着运用电子手段进行商务活动的新纪元已经开始。

（一）电子商务的产生

基于现代概念的电子商务，最早产生于20世纪60年代，发展于20世纪90年代，其产生和发展的重要条件主要有以下几方面。

（1）计算机的广泛应用。近几十年来，计算机的处理速度越来越快、处理能力越来越强、价格越来越低、应用越来越广泛，这为电子商务的应用奠定了基础。

（2）网络的普及和成熟。由于互联网逐渐成为全球通信与交易的媒体，全球上网用户呈级数增长趋势，快捷、安全、低成本的特点为电子商务的发展提供了应用条件。

（3）信用卡的普及应用。信用卡以其方便、快捷、安全等优点而成为人们消费支付的重要手段，并由此形成了完善的全球性信用卡计算机网络支付与结算系统，使"一卡在手、走遍全球"成为现实，同时也为电子商务中的网上支付提供了重要的手段。

（4）电子安全交易协议的制定。1997 年 5 月 31 日，由美国 VISA 和 MasterCard 等国际组织联合制定的电子安全交易协议（Secure Electronic Transaction，SET）的出台，以及该协议得到大多数厂商的认可和支持，为在开放网络上的电子商务提供了一个关键的安全环境。

（5）政府的支持与推动。自 1997 年欧盟发布了欧洲电子商务协议，美国随后发布"全球电子商务纲要"以后，电子商务受到世界各国政府的重视，许多国家的政府开始尝试"网上采购"，这为电子商务的发展提供了有力的支持。

（二）电子商务的定义

电子商务一词源于 Electronic Commerce，简写为 EC。电子商务作为一个完整的概念出现只有十几年时间，电子商务技术的发展模式仍在不断的探索之中，电子商务技术手段和商务活动的外延在不断变化，因此，要给电子商务下一个严格的定义是很困难的。一些组织、政府、公司、学术团体和研究人员根据自己的理解，给出了不同的电子商务定义。

联合国经济合作和发展组织（OEBD）对电子商务的定义为：电子商务是发生在开放网络中的包含企业之间（B2B）、企业和消费者之间（B2C）的商业交易。

从公司角度来看，IBM 公司给出的电子商务定义较具代表性。IBM 的电子业务（E-Business）概念包括三个部分：企业内部网（Intranet）、企业外部网（Extranet）、电子商务（E-Commerce），它所强调的是在网络计算机环境下的商业化应用，即把买方、卖方、厂商及其合作伙伴在 Internet、Intranet 和 Extranet 结合起来的应用。IBM 同时强调：只有先建立良好的 Intranet，建立好比较完善的标准和各种信息基础设施，才能顺利扩展到 Extranet，最后扩展到 E-Commerce。

一般说来，可以简单地把电子商务表述为利用电子手段来进行的商务活动。这里包括了两方面的含义，一是商务活动所利用的电子手段，或者说进行商务活动的电子平台，二是商务活动的具体内容。从商务活动的角度来看，最完整的电子商务应该是利用互联网能够进行的全部的商务活动，即在网上将信息流、商流、资金流和部分的物流完整地实现。可以从寻找客户开始，一直到洽谈、订货、在线付（收）款、开具电子发票以至到电子报关、电子纳税等，通过互联网的一系列电子手段来实现当前业务进程。

二、电子商务技术的内涵

电子商务为何具有如此强大的生命力？这是因为它是人类历史上商贸流通劳动（活动）的崭新而先进的生产力。其生产力的三大要素（工具、对象和劳动者）都发生了革命性的变化。这里的劳动者是指信息技术和商务技术的复合劳动者，这里的工具就是指电子商务技术。

电子商务经常被误解为仅仅是通过互联网来进行商品和服务的买卖。实际上，电子商务远不只是一些在网上的交易和资金的转账，它定义了新的商务的形式，除了提供买卖服务以外，一个电子商务技术解决方案还能够提供一整套服务。该服务系统是建立在一个组织的内部的数据系统之上的，能够支持销售过程和提供完整的账户管理。一个成功的电子商务解决方案应该包括以下一些基本的服务（见图1-1）。

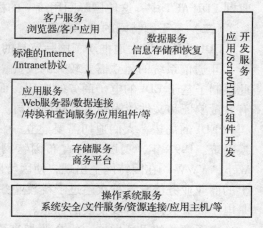

图1-1　电子商务技术解决方案框架

① 客户服务：向商务系统的用户提供介绍、途径和确认服务。

② 申请服务：基于商务和数据规则处理用户提供的信息。提供 Web 服务，保证申请的安全性。同时作为存储服务和数据服务的一个结合点，提供相应的功能。

③ 存储服务：进行用户管理、订单处理、信息交流、促销和广告发布，根据商务规则处理数据以及其他相关的商务服务。

④ 数据服务：提供针对数据存储的服务、简化的程序途径以及遗留数据连通。

⑤ 操作系统服务：包括目录、安全性管理和通信服务。

⑥ 开发服务：提供开发组件、开发企业数据库等必需的工具，以及提供开发周期内的技术支持。

三、电子商务技术的发展

电子商务的发展历程，也就是电子商务技术不断取得进展的历程。尤其是近年来依托于互联网和移动通信网络平台，电子商务急剧发展，其演变可以简单地分为下面四个阶段。

（一）基于 EDI 的电子商务

电子数据交换（Electronic Data Interchange，EDI）是将业务文件按一个公认的标准从一台计算机传输到另一台计算机的电子传输方法。EDI 为政府或企业的采购、企业商业文件的处理提供了快捷、方便的条件。

EDI 产生于 20 世纪 60 年代末期。当时，许多人为因素影响了数据的准确性和工作效率，于是贸易商们开始尝试在贸易伙伴之间运用计算机自动交换数据，这就是最初的 EDI。由于 EDI 大大减少了纸张票据，因此，人们也形象地称之为"无纸贸易"或"无纸交易"。EDI 通常被看成是现代电子商务的雏形。

从技术上讲，EDI 包括硬件与软件两大部分。硬件主要是指计算机网络。20 世纪 90 年代之前的大多数 EDI 都是通过租用的电话线，在专用网络上实现的，这类专用的网络被称为 VAN（Value-Addle Network，增值网）。这样做主要是因为当时技术上的原因和出于安全方面的考虑。EDI 软件主要包括转换软件、翻译软件和通信软件，主要是将用户数据库系统中的信息翻译成 EDI 的标准格式以供传输交换。此外，有关组织还制定了专门的 EDI 标准。如美国国家标准局曾制定的 ANSIX.12 标准，用于美国国内及北美地区的 EDI。1987 年，联合国主持制定了有关行政、商业及交通运输的电子数据交换标准，即国际标准——UN/EDI-

FACT（UN／EDI For Administration，Commerce and Transportation）。1997 年，ANSIX. 12 被吸收到 EDIFACT 中，这使国际间用统一的标准进行电子数据交换成为现实。

（二）基于因特网的电子商务

EDI 的运用极大地推动了国际贸易的发展，显示出了巨大的优势和强大的生命力。但由于 EDI 通信系统的建立需要较大的投资，使用 VAN 的费用很高，仅大型企业才会使用，因此限制了基于 EDI 的电子商务的应用，而且 EDI 对于信息共享的考虑也较少，比较适合具有大量单证和文件传输的大型跨国公司。随着大型跨国公司对信息共享需求的增加和中小公司对 EDI 的渴望，人们迫切需要建立一种新的成本低廉、能够实现信息共享的电子信息交换系统。1991 年，美国政府宣布因特网向社会公众开放，1993 年，万维网（World Wide Web，WWW）在因特网上出现，使因特网具备了支持多媒体应用的功能。1995 年，因特网上的商业业务信息量首次超过了科教业务信息量，这既是因特网产生爆炸性发展的标志，也是电子商务大规模起步发展的标志。

电子商务的迅猛发展，给企业带来了无限商机。同以往的 EDI 相比，利用因特网发展电子商务的优点包括：技术标准统一、各种系统之间互联简单；范围广泛，不只是局限在系统内部，可以深入到千家万户。而且，随着因特网安全性的日益提高，作为一个费用更低、覆盖面更广、服务更好的系统，其已表现出替代 VAN 而成为 EDI 的硬件载体的趋势，因此，又有人把通过因特网实现的 EDI 直接叫做 InternetEDI。

（三）"E" 概念电子商务拓展阶段

自 2000 年以来，人们对于电子商务的认识逐渐扩展到 E 概念的高度，人们认识到电子商务实际上就是电子信息技术同商务应用的结合。而电子信息技术不但可以和商务活动结合，还可以和医疗、教育、卫生、军事、政府等有关的应用领域结合，从而形成有关领域的 "E" 概念。电子信息技术同教育结合，孵化出电子教务（远程教育）；电子信息技术和医疗结合，产生了电子医务（远程医疗）；电子信息技术同军务结合，孵化出电子军务（远程指挥）；电子信息技术和金融结合，产生了在线银行；电子信息技术与政务结合，产生了电子政务；电子信息技术与企业组织形式结合形成虚拟企业等。随着电子信息技术的发展和社会需要的不断提高，人们会不断地为电子信息技术找到新的应用，产生越来越多的新的 "E" 概念。进入 21 世纪，世界已经进入 "E" 时代。

（四）面向服务—协同式商务阶段

与 B2C 商务相比，B2B 商务涉及的关系要复杂得多。这就好比 B2C 商务是在等待一所房子完工之后买下它，而 B2B 商务则更像是在从事一个庞大的建筑项目，需要在专业工作者之间协调多项流程。商业合作伙伴间的几乎每一个业务流程都可以借助网络加以改善或重组，这样的工作称为 "协同"。本阶段的任务是要创造一个虚拟的商业链，链条的每个节点之间都存在着一种服务提供的关系。服务—协同式商务意味着企业员工、合作伙伴和顾客的一种动态合作。他们通过互动交流，在虚拟社区中找到节约成本、创造价值和解决业务问题的方法。

服务—协同式商务是需求链与供应链之间复杂的工作流的一种更为完整的反映。Web 2.0、SOA（Service-Oriented Architecture，面向服务）技术、方兴未艾的虚拟化及云计算技术以及移动通信技术等为面向服务—协同式商务提供了强有力的支持。在这些新技术的驱动下，新时期的电子商务技术正在向着商务智能化迈进。

第二节　电子商务技术综述

电子商务的相关技术几乎囊括了网络和信息技术的全部，可以说电子商务技术就是网络和信息技术在电子商务方面的应用，以保障以电子方式进行的交易的实现，其要求包括下列四个方面。

（1）数据传输的安全性。就是要保证在互联网上传送的数据信息不被第三方监视和窃取。通常，对数据信息安全性的保护是利用数据加密技术来实现的。

（2）数据的完整性。就是要保证在互联网上传送的数据信息不被篡改。在电子商务应用环境中，保证数据信息完整是通过采用安全散列函数（Hash，又称杂凑函数）和数字签名技术实现的。

（3）身份的认证性。在电子商务活动中，交易的双方或多方常常需要交换一些敏感信息（如信用卡号、密码等），这时就需要确认对方的真实身份。如果涉及支付型电子商务，还需要确认对方的账户是否真实有效。电子商务中的身份认证通常采用公开密钥加密技术、数字签名技术、数字证书技术以及口令字技术来实现。

（4）交易的不可抵赖性。电子商务交易的各方在进行数据信息传输时，必须带有自身特有的、无法被别人复制的信息，以防发送方否认和抵赖曾经发送过该消息，确保交易发生纠纷时有所对证。交易的不可抵赖性是通过数字签名技术和数字证书技术实现的。

根据电子商务的发展对电子商务技术的要求，可将电子商务技术划分为以下九类。

一、网络与通信技术

自从 1968 年世界上第一个计算机网络——ARPA 网（美国国防部高级研究计划网）投入运行以来，计算机网络技术在全世界范围内迅速发展，各种网络纷纷涌现，促进了世界各国之间的科技、文化和经济交流。在电子商务的应用中，计算机网络作为基础设施，将分散在各地的计算机系统连接起来，在商务活动中发挥了重要的作用。网络技术是电子商务技术中处于最底层、最基础的技术。

“计算机网络”作为电子商务专业的一门专业基础课程，已对网络的概念及协议、相应的网络互联设备、互联网技术作了系统介绍，对数据通信基础，如数据通信系统、数据传输原理、传输信道、交换方式以及数字数据网（DDN）、综合业务数字网（ISDN）、宽带综合业务数字网 B-ISDN 与 ATM 和无线移动通信技术等也都有所涉及，本书就不再赘述。

二、Web 技术

WWW 是英国人 Tim Berners-Lee 1989 年在原欧洲共同体的一个大型科研机构任职时发明的。在 Web 1.0 上作出巨大贡献的公司有 Netscape、Yahoo 等。Netscape 研发出第一个大规模的商用浏览器，Yahoo 提出了互联网黄页。搜索引擎也是 Web 1.0 的典型技术应用。

Web 2.0 则是以人为核心线索的网络。它鼓励用户提供内容；根据用户在互联网上留下的痕迹，组织浏览的线索，提供相关的服务，给用户创造新的价值，同时给整个互联网也产生新的价值。从技术上看，Web 2.0 采用 JavaScript 来发送 XML 和文本包，替代了静态的HTML，使得 Web 2.0 应用越来越客户端化，工作效率越来越高。对于 Web 技术，本书将在

第二章电子商务表达层中作详细介绍。

三、数据库技术

数据库是企业管理信息系统中用来管理信息的工具，数据库技术渗透了企业管理的各个方面。电子商务作为新型的商务模式，从底层的数据基础到上层的应用，都涉及数据库技术。数据库技术对电子商务的支持是全方位的，主要包括 Web 数据库、数据仓库技术、联机分析处理技术、数据挖掘技术和决策技术方案。数据库技术正在为推进电子商务应用发挥巨大的作用。这部分内容在电子商务专业的专业基础课"数据库原理及应用"和"电子商务系统"中有详细介绍，本书仅就与电子商务应用关系最为密切的内容在本书第四章中作适当展开。

四、EDI 技术

20 多年来，EDI 在工商业界应用中不断得到发展和完善，在当前电子商务中仍然占据重要地位。随着 EDI 应用于 WWW，EDI 将得到更广泛的应用。标准化 EDI 已成为全世界电子商务的关键技术，实现了世界范围内电子商务文件的传递。先进的 EDI 技术具有开放性和包容性，在开发 EDI 网络应用中，无需改变现行标准，而只需扩充标准。对 EDI 系统的组成与实现过程、EDI 的标准化、EDI 网络技术等方面，本书将在第五章中展开。

五、电子商务安全技术

安全技术是保证电子商务系统安全运行的最基本、最关键的技术。利用这些最基本的技术形成的防火墙技术、数字信封技术、数字签名技术、身份认证技术以及安全电子交易协议、网络病毒的防治等，在保证传输信息安全性、完整性的同时，可以完成交易各方的身份认证和防止交易中的抵赖行为发生。电子商务系统的安全技术将在本书第六、七章作重点介绍。安全技术在移动商务中的应用是本书新版本的亮点之一。

六、电子支付技术

电子支付，顾名思义就是指参加电子商务活动的一方向另一方付款的过程。在这个过程中，会涉及各种技术，而且 POS、ATM 等系统通常运行于专用的金融网络上。随着互联网的发展和商业化，网络金融服务已经在世界范围内展开。以互联网为基础的网络银行——（E-Bank）开始出现，用户可以不受时间、空间的限制享受全天候的网上金融服务。这些金融服务包括网上消费、家庭银行、个人理财、网上投资、网上保险以及网上纳税等支付与结算性服务。电子支付包括电子现金、电子信用卡和电子支票等。在电子商务活动中，客户通过计算机终端上的浏览器访问商家的 Web 服务器，进行商品或服务的订购，然后通过电子支付方式与商家进行结算。关于在电子支付过程中所涉及的技术，本书将在第八章中阐述。

七、移动商务技术

互联网、移动通信技术和"云计算"等技术的完美结合创造了移动商务。通过移动商务，用户可随时随地获取所需的服务、应用、信息和娱乐。服务付费可通过多种方式进行，如可直接转入银行、用户电话账单或者实时在专用预付账户上借记，以满足不同需求。

随着科学的发展，实现移动商务的技术有：无线应用协议（WAP）；移动 IP（实现移动计算机在因特网上无缝漫游）；"蓝牙"（Bluetooth，使移动电话、个人计算机、PDA、便携式计算机等终端设备在短距离内无需线缆即可进行通信）；通用分组无线业务（由于 GPRS 是基于分组交换的，用户可以保持永远在线）；移动定位系统（为本地旅游业、零售业、娱乐业和餐饮业的发展带来巨大商机）；云计算（用更低廉的成本获得开展电子商务所需的存储、计算等资源）。以上列举的众多新涌现的技术涉及与其他技术的集成与融合，本书将其分散在各章节中，结合其在电子商务中的具体应用领域进行介绍。

八、物联网及相关技术

顾名思义，物联网就是"物物相连的互联网"。物联网的核心和基础仍然是互联网，是在互联网基础上的延伸和扩展的网络，其用户端延伸到了任何物体与物体之间。物联网中非常重要的技术是射频识别技术（Radio Frequency Identification，RFID）。RFID 是一种能够让物品"开口说话"的技术，RFID 标签中存储着规范而具有互用性的信息，通过无线数据通信网络把它们自动采集到中央信息系统，实现物品（商品）的识别，进而通过开放性的计算机网络实现信息交换和共享，实现对物品的"透明"管理。

除了 RFID，物联网技术还包括传感网、M2M 和两化融合关键领域。以 RFID 系统为基础，结合已有的网络技术、数据库技术、中间件技术等，构筑一个由大量联网的阅读器和无数移动的标签组成的、比因特网更为庞大的物联网成为国际上一个重要的发展趋势。

九、电子商务系统开发技术

现代电子商务系统是建立在互联网之上的，对于建立一个组织（企业）的电子商务平台所必需的诸如 HTML、CGI、Java 和 JSP、ASP 等常用开发技术基础，本书将在第二、三章进行介绍。电子商务中应用越来越广泛的 Web 2.0 的核心技术——XML 技术，本书将在第九、十章作重点介绍，以满足电子商务技术应用开发人员的学习需要。

第三节　电子商务系统技术架构

一、电子商务系统的目标模式及其基本框架

电子商务系统的目标模式是建立电子商务系统的重要理论与实践依据。电子商务系统总体目标模式应该是以 CA 安全认证体系为保障，以实现商品信息、生产企业信息、消费者信息、国家法律和政策信息、市场管理及科学教育医疗等多种信息组成的多媒体（包括采集、加工、整理、发布、储存等）网络信息，形成以此信息流为中心连接商品生产流通和资金流通的电子商务网络（见图 1-2）。

电子商务系统总体目标模式是要能实现如下功能。

① 建立以信息流通网络为中心的电子商务网络基础结构。

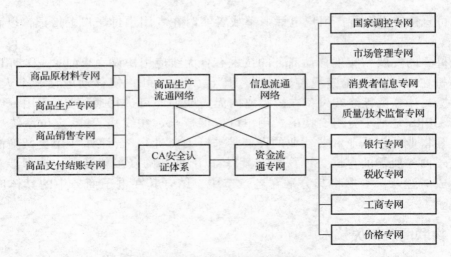

图 1-2　电子商务系统总体目标模式

② 电子商务商品生产流通网络的建立使得商务活动成为商品经济的中心。

③ 建立电子商务资金流通网络使支付手段高度安全化、电子化。

为了更好地理解电子商务环境下的市场结构，图 1-3 给出了一个简单的电子商务系统的一般技术框架，简洁地描绘了这个环境中的主要因素。

	技术平台		商务活动
电子商务应用	供应链管理、视频点播、网上银行、电子市场及电子广告、网上娱乐、有偿信息服务、家庭购物	表示层	方便定单输入和数据确认 运行店面的操作（分类管理和购物车功能）管理站点内容 提供分析工具来分析客户行为
贸易服务基础设施	安全 认证 电子支付 目录服务	逻辑/商务规则	管理客户概要信息和站点个人化 支持营销和广告活动 处理客户订单同商务系统的其他部分紧密合作 加强商务规则 提供数据和应用程序的安全性
传播基础设施	报文和信息传播、（EDI、E-mail、HTTP、云计算）多媒体内容和网络宣传（HTML、XML、Java、WWW）	数据层	与贸易伙伴交换关键的商务信息 从其他系统中提取并整合数据 存储和找出所有需要的数据
网络基础设施 电信、有线电视、无线设备、因特网、M2M			

图 1-3　电子商务系统一般框架

（1）网络基础设施。网络基础设施是实现电子商务的最底层的基础设施。骨干网、城域网、局域网层层相连，才使得任何一台联网的计算机都能够随时同这个世界连为一体。信息可能是通过电话线传播的，也可能是通过无线电波的方式传递的。

（2）多媒体内容和网络宣传。信息高速公路网络基础设施使得通过网络传递信息成为可能，目前互联网上最流行的信息发布方式是 WWW。网络上传播的内容包括文本、图片、声音、图像等。

（3）传播基础设施。信息传播工具提供了两种交流方式：一种是非格式化的数据交流，如用 Fax 和 E-mail 传递的消息，它主要是面向人的；另一种是格式化的数据交流，以 EDI

为典型代表，它的传递和处理过程可以是自动化的，无需人的干涉，也就是面向机器的，订单、发票、装运单都比较适合格式化的数据交流。HTTP 是互联网上通用的信息传播工具，它以统一的显示方式，在多种环境下显示非格式化的多媒体信息。

（4）贸易服务的基础设施。它是为了方便贸易所提供的通用的业务服务，是所有企业、个人进行贸易时都会用到的服务，所以将它们也称为基础设施。它主要包括安全、认证、电子支付和目录服务等。

（5）电子商务应用。它是利用电子手段开展商务活动的核心，也是电子商务系统的核心组成部分，是通过应用程序实现的。在上述 1~4 层基础上，可以一步一步地建设实际的电子商务应用，如供应链管理、视频点播、网上银行、电子市场及电子广告、网上娱乐、有偿信息服务、家庭购物等。

在这里，还可以按照分层结构来描述，电子商务应用要素对应于通常所称的表示层；贸易服务的基础设施则对应逻辑/商务规则层（又可称为中间层）；而传播的基础设施（包括多媒体内容和网络宣传）可与基础层的数据层大致对应。

在图 1-3 中未能反映的还有两个重要因素，这就是作为整个电子商务框架的两个支柱。一是作为电子商务系统运作的外部环境的政策法律及隐私。随着电子商务应用得越来越广泛，信息立法必将变得更加重要和迫切。同时，各国的不同体制和国情，同互联网和电子商务的跨国界性是有一定冲突的，这就要求加强国际间的合作研究。二是技术标准。技术标准是确保参与电子商务各方能够实现快捷业务往来和各种数据处理的关键。它定义了用户接口、传输协议、信息发布标准、安全协议等技术细节。就整个网络环境来说，标准对于保证兼容性和通用性是十分重要的。

二、电子商务应用系统体系结构

网络环境中对于资源均衡、有效应用的需求，推动了客户/服务器结构及相关技术的发展；互联网技术的发展和普及、电子商务应用中对于更大范围商务活动的跟踪和控制需求，又促使了三层和多层应用体系结构的出现，并极大地推动了这一领域的技术发展。

1. 基本 C/S 体系结构

客户/服务器结构（Client/Server，C/S）是 20 世纪 80 年代中期提出来的一种灵活的、规模可变的体系结构和计算平台。其定义如下：在客户/服务器计算结构下，一个或多个客户，一个或多个服务器与操作系统协同工作，形成容许分布计算、分析和表示的合成系统。

从硬件角度看，C/S 结构是指将某项任务在两台或多台计算机之间进行分配，其中，客户机用来提供用户接口和前端处理的应用程序，服务器提供可供客户机使用的各种资源和服务。客户机在完成某一项任务时，通常要利用服务器上的共享资源和服务器提供的服务。在一个 C/S 体系结构中通常有多台客户机和服务器，如图 1-4 所示。

从应用软件的角度讲，C/S 结构将信息系统进行层次划分，提高各层的逻辑独立性及对上层处理的透明性，其目的在于提高系统的灵活性和可扩展性，方便应用系统在网络环境中的配置和使用。

2. C/S 结构的应用分配模型

图 1-5 是 Gartner Group 在 20 世纪 90 年代初所

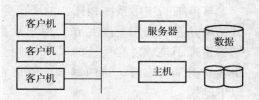

图 1-4 基本的 C/S 体系结构示意图

做的应用分配模型图,既说明了 C/S 演进的历史,又说明了其思想内涵。

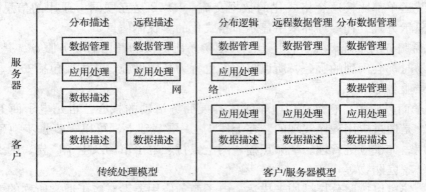

图 1-5　C/S 结构的应用分配模型

该模型在物理上将系统划分为客户和服务器两大部分,客户为最终用户提供服务,服务器向客户提供资源和服务,两部分通过网络连接;在逻辑上将应用系统功能划分为数据描述、应用处理和数据管理三大部分。数据描述主要是完成与用户的交互,接受用户输入,并提供系统输出;应用处理是应用系统的核心部分,负责应用系统的业务逻辑处理;数据管理完成业务数据的存储、管理及提取等功能。

所谓传统处理模型,主要是指以大型机为中心的主从式结构,该结构中客户使用简单的哑终端设备,基本上不具备处理能力,仅完成简单的输入、输出功能,由服务器完成绝大部分工作。这类应用系统功能相对简单,用户数量非常有限,网络技术尚不成熟。

随着个人计算机(PC)和网络应用的普及、软件技术快速提高,客户端逐渐承担了许多针对用户的处理工作。在最初的 C/S 结构下,一般采用文件服务器/工作站结构模式。在此模式下,客户机和服务器之间的应用协作能力不强,服务器仅提供数据共享服务,并不提供计算能力的共享,联机事务处理的响应时间和网络上无谓数据传输量的大大增加,增加了网络负担,降低了响应速度。

随着软件技术的提高,特别是数据库管理系统(DBMS)自身计算能力的提高,C/S 结构得到进一步发展,客户端只需要将数据请求发送给服务器端,由服务器端完成数据查找及客户请求的处理工作,将处理结果发回客户端,再由客户机完成与用户的交互工作,从而减少了数据传输量,提高了整个系统的吞吐量和响应速度,并充分利用了网络中的计算资源。C/S 结构在计算能力分担和网络流量控制等方面为企业应用带来了生机,借助客户机的处理能力,降低了对服务器和网络能力的要求,控制了企业投资的规模,成为 20 世纪 90 年代信息系统的主流结构。

3. 三层 C/S 结构

与传统的应用系统相比,电子商务应用系统的主要特征体现在互联网技术的使用上。其结果是系统应用范围扩张,用户数目和类型具有很大的不确定性,这就对传统的 C/S 结构带来了挑战。在传统的 C/S 应用分配模型中,表示部分和应用逻辑部分的功能都是由客户机来完成的,这两部分软件通常是作为一个整体安装在客户机上。这就势必造成以下问题:

(1)维护困难。由于表示部分和应用逻辑部分耦合在一起,任何对于应用逻辑的变化,都将导致客户端软件的变化，这就需要不断地更新客户端的系统，不但影响系统的可扩展性，导致工作量的增加，还可能导致错误的安装过程。同时，客户机直接访问服务器端的数据库，对数据库的各种操作使系统安全性难以得到保障。

（2）费用增加。在电子商务等新的应用中，用户的数量和范围都在不断扩张，如果客户端需要复杂的处理能力和较多的客户端资源，必然会导致应用系统总体费用的增加。

（3）培训困难。客户端通常由一些大的复杂的软件包构成，提供的功能很多，需要对用户进行大量的教育培训，因此，该类软件的使用通常局限在以局域网为中心的应用环境中，很难扩展到因特网环境中。

为此，将商业和应用逻辑独立出来，组成一个新的应用层次，并将这一层次放置于服务器端成为解决这一问题的必然之路。由此演变出三层 C/S 结构及更细致的多层结构。

1998 年，SUN 公司首先提出"三层结构"电子商务系统的概念。在其解决方案中，电子商务系统的体系结构被分解成表达层、应用（逻辑）层和数据层。表达层以 Web 服务器为基础，负责信息的发布；应用层负责处理核心业务逻辑；数据层的基础是 DBMS，负责数据的组织，并向应用层提供接口。从电子商务系统角度，可以将三层 C/S 结构称为 B/W/D（Browser/Web/Database）或 B/S（Browser/Server）结构。该结构广泛使用了 Web 技术，特别是在客户端使用了浏览器，并在应用服务器端配置 Web 服务器以响应浏览器请求。三层 C/S 结构的原理如图 1-6 所示。

图 1-6　三层 C/S 结构的原理

在这种结构中，客户机上只需要安装具有用户界面和简单数据处理功能的应用程序，负责处理与用户和应用服务器的交互。应用服务器负责处理商业和应用逻辑，具体地说，就是接受客户端应用程序的请求。因此，三层 C/S 结构的最大特征在于所有用户可以共享商业和应用逻辑，应用服务器是整个系统的核心，为处理系统的具体应用提供事务处理、安全控制，由此形成以应用服务器为中心的辐射状系统结构。

4. 多层 C/S 结构

三层结构的概念不断被引申、扩展，一些大的电子商务解决方案供应商先后提出了自己的多层次电子商务体系结构。世界著名的电子商务应用系统大多采用了多层结构设计。1999 年，BEA 公司在其 WebLogic 产品白皮书中所提出的多层结构的系统结构如图 1-7 所示。

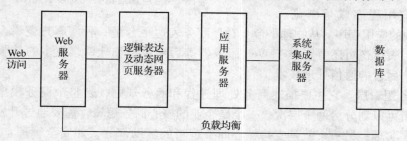

图 1-7　多层结构的系统结构示意图

多层结构使电子商务系统在各个实现层次之间具备明确的界限和分工。

（1）Web 服务器。它用于处理互联网客户提出的 HTTP 请求，调用后台网页生成服务，并将网页生成服务产生的页面经 HTTP 协议返回互联网客户。

（2）逻辑表达及动态网页服务器。它用于通过符合业界标准的程序接收 Web 服务提交的请求，访问后台提供的业务逻辑服务，提取业务数据，生成 HTML 页面，并返回给 Web 服务器。

（3）应用服务器。它用于通过运行组件或高效的中间件上的应用程序，执行电子商务的业务逻辑并访问数据库，更新或提取业务数据，并将结果返回给表达逻辑层。

（4）系统集成服务器。它用于接收来自表达逻辑层或业务逻辑层的请求，访问同构或异构资源，并将业务数据返回给服务调用者。

这种多层结构的出现，允许企业灵活地部署其电子商务应用，在系统的各个层次之间安装安全产品，提高整个电子商务应用系统的安全性。由于互联网应用体系结构采用集中化的管理方式，能够把应用开发和维护过程中所有的复杂性全部集中在专业管理服务器上，提供面向全公司甚至是全球的企业级应用，从而减少了应用开发和管理成本。

三、电子商务系统应用逻辑实现要素

图 1-8 从逻辑和物理两个不同的角度细化了电子商务系统的组成要素，其中上半部分为应用逻辑层次的划分，下半部分是物理实现层次的划分。

从应用逻辑上，电子商务系统由商务表达层、商务逻辑层和数据层组成，而在具体的实现中，涉及硬件环境和应用软件的具体配置，Web 应用的技术架构使得现实的物理实现层次划分与逻辑划分并非完全一致。

（1）商务表达层。商务表达层主要为电子商务系统的用户提供使用接口，最终表现在客户端应用程序的硬件设备——商务表达平台上，如计算机、移动通信设备等，应用程序或是浏览

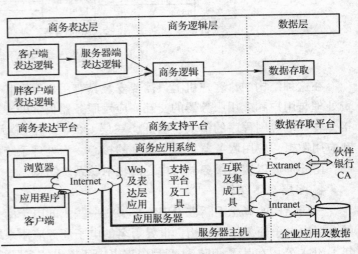

图 1-8　应用逻辑实现要素示意图

器，或是专用的应用程序。从物理平台上看，商务表达平台是一种瘦客户逻辑，但在具体的实现过程中，表达逻辑还要依赖于 Web 服务器等后台设备和软件，更多的是服务器端的逻辑处理及前、后台的通信处理技术。

（2）商务逻辑层。它主要描述商务处理过程和商务规则，是整个商务模型的核心。企业的商务逻辑可以划分为两个层次，一个是企业的核心商务逻辑，需要通过开发相应的电子商务应用程序实现；另一个就是支持核心商务逻辑的辅助部分，如安全管理、内容管理等，这些功能可以借助一些工具或通用软件，如内容管理、供应链管理等实现。从物理实现上

看，商务逻辑运行在商务支持平台上，企业核心商务逻辑由电子商务应用系统完成，需要根据系统需求进行应用软件的开发，相对比较独立；提供辅助功能的通用软件集成在一起，通过与其他软、硬件的集成构成支持商务逻辑的商务支持平台。

（3）数据层。它为商务逻辑层提供数据支持。这一部分为各个应用软件提供各种后端数据，这些后端数据一般具有多种格式和多种来源，如企业内部数据库、企业 ERP 系统的数据、EDI 系统的数据及企业外部的合作伙伴、商务中介（如银行、CA 等）的数据。数据层规划时的重点是标示清楚各种数据的来源、格式等特征，确定数据层与商务逻辑层数据交换的方式，构造数据层的关键是开发电子商务系统与外部系统、内部信息资源的接口，完成系统集成。

在这种模型中，应用的表达、商务逻辑处理及数据提取是低耦合的。商务逻辑层负责商务逻辑的处理，其结果通过应用表达层提供给客户，数据层关注商务活动中需要用到的各种不同格式的数据（如文本、图像、语音等），而商务逻辑层也不再过多地去处理数据导入问题。本书的第二、三、四章将根据应用逻辑实现的三个层次，结合应用逻辑的功能需求和物理平台的实现方法，分别讲述相关的技术基础。

第四节　物联网及其在电子商务中的应用

从推动经济发展的角度来讲，物联网可以说是作为计算机、互联网、移动通信后的又一次信息化浪潮；从长远来看，物联网有望成为后金融危机时代经济增长的引擎。

一、概念的提出

物联网概念产生的背景至少有两个因素：一是世界的计算机及通信科技已经发生了颠覆性的改变；二是物质生产科技的巨大变化，使物质之间产生相互联系的条件成熟。通俗地讲，物联网就是可以实现人与人、物与物、人与物之间信息沟通的庞大网络。毫无疑问，物联网将为人们带来新的消费体验，并广泛应用于购物、交通、物流、医疗等重要领域，其经济潜力很容易让人想到互联网经济的辉煌。

与互联网类似，物联网最初的应用也是在军事领域。20 世纪 80 年代后期及 90 年代，美国军方陆续建立了多个局域传感网，包括海军的 CEC 项目、FDS 项目和陆军的远程战场感应系统（Remote Battlefield Sensor System，REMBASS）等。随着通信时代的来临，世界上所有的物体从轮胎到牙刷、从房屋到纸巾几乎都可以通过互联网主动进行交换；RFID 技术、传感器技术、纳米技术、智能嵌入技术将得到更加广泛的应用。

在物联网时代，通过在各种各样的日常用品上嵌入一种短距离的移动收发器，人类在信息与通信世界里将获得一个新的沟通维度，从任何时间、任何地点的人与人之间的沟通连接扩展到人与物和物与物之间的沟通连接。

欧盟对物联网的定义较具代表性：物联网是一个动态的全球网络基础设施，它具有基于标准和互操作通信协议的自组织能力，其中，物理的和虚拟的"物"具有身份标识、物理属性、虚拟的特性和智能的接口，并与信息网络无缝整合。物联网将与媒体互联网、服务互联网和企业互联网一起，构成未来互联网。

物联网的内涵，可以从以下两个方面来理解。

（1）技术层面。物联网是指物体通过智能感应装置，经过传输网络，到达指定的信息处理中心，最终实现人和物、物与物之间的自动化信息交互与处理的智能网络（见图1-9）。

（2）应用层面。物联网是指把世界上所有的物体都连接到一个网络中，然后又与现有的互联网结合，实现人类社会与物理系统的整合，以更加精细和动态的方式管理生产和生活。物联网的应用目标就是把新一代IT技术充分运用到各行各业中，实现任何时间、任何地点、任何人、任何事物的充分互联。

综合起来，物联网就是通过RFID、红外感应器、全球定位系统（GPS）、激光扫描器等信息传感设备，按约定的协议，以有线或无线的方式把任何物品与互联网连接起来，以计算、存储等处理方式

图1-9　物联网示意图

构成所关心事物静态与动态的信息知识网络，用以实现智能化识别、定位、跟踪、监控和管理的一种网络。

物联网中的"物"要满足一些条件才能够被纳入其范围：① 要有相应的信息接收器；② 要有数据传输途径；③ 要有一定的存储功能；④ 要有CPU；⑤ 要有操作系统；⑥ 要有专门的应用程序；⑦ 要有数据发送器；⑧ 遵循物联网的通信协议；⑨ 在世界网络中有可被识别的唯一编号。

智能传感器、RFID标签、传统传感器、智能家居终端等都可以成为未来物联网的传感终端。现有的通信网络，如2G和3G网络、互联网、HFC（Hybfidfiber-coaxial，光纤同轴混合网络）将成为信息的传递、汇总网络，它们的相应处理平台将成为M2M运营平台的组成部分，为具体的物联网应用业务提供服务。

二、物联网的基本要素

物联网的两大特征是泛在化和智能化。首先是物联网的信息采集层部署的传感器的泛在化；其次是通信层面的泛在化，信息采集后要及时、安全、有效地传送到平台去作信息分类、整理和应用，需要有一个泛在化的有线通信网络，才能发挥物联网的效果。物联网要处理的信息是海量的，决定了它的决策支持非常关键，在未来的物联网中，信息采集和处理需要上下协同，采用智能化的技术处理信息，才能真正发挥物联网的作用。

物联网三个基本要素是：

（1）信息感知。全面信息采集是实现物联网的基础。在信息采集层面，RFID标码和读写器等是最重要的。不过，这些设备虽然可以感知物体的一些状态，但相对来说还是比较简单化的状态。要真正全面感知物体的一些特性、状态和属性及其变化的情况，还需要更全面、更敏感的感知技术（传感器，包括传感器网络）。这个层面要突破的问题主要是低功耗、小型化和低成本。

（2）传送网。无所不在、泛在化的无线通信网络是实现物联网的重要设施。物联网的传感器技术就是为了解决节电等问题，从而采用短距离通信的技术。第三代通信网将为物联网提供安全有效的信息传递。对物联网网络体系的研究将对物联网的各个研究方面和建设起着指导性的作用。

（3）信息处理。在信息处理中，最重要的就是如何低成本地处理海量信息。物联网是一个巨大的、多样的、复杂的网络系统。利用云计算、模糊识别等各种智能计算技术，对海量数据和信息进行分析和处理，对物体实施智能化控制。

三、物联网体系架构简述

从物联网三个基本要素分析中可以得出，物联网应该具备三个功能是：全面感知、可靠传递、智能处理。因此，物联网大致被公认为有三个层次：底层是用来感知数据的感知层，第二层是数据传输的网络层，最上层则是应用层（见图1-10）。它们与传统的基于互联网的电子商务系统的三层结构之间的对应关系是：感知层大体对应传统电子商务系统的数据层，区别是这些数据需要传输到信息中心的数据库中进行处理；而以云计算作为其核心技术的物联网网络层大致与逻辑层相对应；应用层较之传统的电子商务系统的应用层（表达层），有了更大的扩展和延伸。

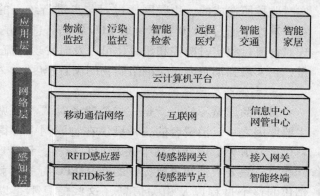

图 1-10　物联网体系架构

1. 感知层

感知层包括传感器等数据采集设备和数据接入到网关之前的传感器网络。感知层的主要技术包括 RFID 技术、传感和控制技术、短距离无线通信技术。其中又包括芯片研发、通信协议研究、RFID 材料、智能节点供电等细分技术。

2. 网络层

网络层建立在现有的移动通信网和互联网基础上。物联网通过各种接入设备与移动通信网和互联网相连。如手机付费系统中，由刷卡设备将内置手机的 RFID 信息采集上传到互联网，网络层完成后台鉴权认证并从银行网络划账。网络层中的感知数据管理与处理技术是实现以数据为中心的物联网的核心技术，其包括传感网数据的存储、查询、分析、挖掘、理解及基于感知数据决策和行为的理论和技术。正在高速发展的云计算平台将是物联网发展的又一助力。云计算平台作为海量感知数据的存储、分析平台，将是物联网网络层的重要组成部分，也是应用层众多应用的基础。

3. 应用层

应用是物联网发展的目的。物联网的应用层利用经过分析处理的数据为用户提供丰富的特定服务，包括监控（物流监控、污染监控）、查询（智能检索、远程抄表）、控制（智能交通、智能家居、路灯控制）、扫描（手机钱包、高速公路不停车收费）等。目前，已经有不少物联网范畴的应用。例如，当你早上拿车钥匙出门上班，在计算机旁待命的感应器检测到之后就会通过互联网自动发起一系列事件：通过短信或者喇叭自动报告今天的天气，在计算机上显示快捷通畅的开车路径并估算路上所花时间，同时通过短信或者即时聊天工具告知你的同事你将马上到达……又如，已经投入试点运营的高速公路不停车收费系统、基于 RFID 的手机钱包付费应用等。

15

四、物联网在电子商务中的应用

物联网在电子商务方面有着多方面的应用，对电子商务企业经营管理、消费者购物等方面将具有重要的推动作用。

1. 物流服务质量的提升

在网络交易中，很多客户投诉都集中在物流配送的服务质量上。如送错目的地、物流状态网络上查不到、送货不及时等现象时有发生。这主要是由于企业和消费者对物流过程不能实时监控所造成的。物联网通过对包裹进行统一的 EPC 编码，并在包裹中嵌入 EPC 标签，在物流途中通过 RFID 技术读取 EPC 编码信息，并传输到处理中心供企业和消费者查询，实现对物流过程实时监控和跟踪，可以及时发现物流过程中出现的问题，有效提高物流服务质量，切实增强消费者对于网络购物的满意程度。

2. 完善产品质量监控

对产品质量不放心，是一些消费者对"看不见，摸不着"的网络购物方式望而却步的主要原因之一。消费者的这种疑虑在物联网中将得到有效的解决。从产品生产（甚至原材料生产）开始，就在产品中嵌入 EPC 标签，记录产品生产流通的整个过程。消费者在网上购物时，只要根据卖家所提供的产品 EPC 标签，就可以查询到产品从原材料到成品，再到销售的整个过程以及相关信息（这些信息不是以卖家的意志而改变的），从而决定是否购买。

3. 改善供应链管理

通过物联网，企业可以实现对每一件产品的实时监控，对物流体系进行管理，不仅可对产品在供应链中的流通过程进行监督和信息共享，还可对产品在供应链各阶段的信息进行分析和预测，估计出未来的趋势和发生的概率，从而及时采取措施或预警。这极大提高企业对市场的反应能力，加快了企业的反应速度。

习 题

1. 谈谈你对电子商务的理解。
2. 电子商务的产生和电子商务技术的发展经历了哪几个阶段？
3. 电子商务技术解决方案中应包括哪些基本服务？
4. 简述电子商务系统的目标模式及其功能。
5. 电子商务技术分为哪几类？简述它们在电子商务活动中的作用。
6. 简要描述电子商务系统的一般技术框架，说明系统有哪些主要因素。
7. 何谓 C/S 计算模式，电子商务系统为什么要采用三层和多层应用体系结构？
8. 什么是物联网？说明它与互联网和移动网的关系。
9. 物联网分哪三个层次？简述各层次的功能以及它们之间的关系。
10. 简述物联网在电子商务上有哪些应用。

第二章
电子商务表达层技术

　　电子商务的迅速发展和普及，首先要归功于因特网和 Web 的出现与发展。电子商务表达层主要借助 Web 技术得以实现。业务数据的存储与 Web 页面的集成，推动了 Web 应用从单一的信息提供发展为电子商务工具，电子商务应用的发展也反过来促进了动态内容生成技术的发展。

　　本章内容主要包括：WWW 及网站的功能，静态页面表达及其技术基础，HTML 语言基础，动态页面的实现原理与主要技术等。

第一节　WWW 及网站的功能

一、Web 技术概述

　　WWW 是环球信息网（World Wide Web）的缩写，也可以简称为 Web。通俗地说，WWW 是互联网上支持超文本传输协议 HTTP（Hyper Text Transfer Protocol）的客户机与服务器的集合。客户机是一个需要某些东西的程序，而服务器则是提供某些东西的程序。HTTP 协议则是客户机请求服务器和服务器如何应答请求的各种方法的定义。

（一）简要的回顾

　　1989 年，欧洲粒子物理实验室（CERN）的蒂姆·伯纳斯·李（Tim Berners-Lee）和罗伯特·卡利奥（Robert Calliau）各自提出了一个超文本开发计划。在接下来的两年里，伯纳斯·李开发出了适用于因特网的超文本服务器程序代码，并把他设计的超文本链接的 HTML 文件构成的系统称为 Web。因此，人们把在 Web 上使用的超文本服务器称为 Web 服务器。

　　超文本服务器是一种存储超文本标记语言（Hyper-Text Makeup Language，HTML）文件的计算机，其他计算机可以接入这种服务器并读取这些 HTML 文件。超文本标记语言是附加在文本上的一套代码（标记）语言，这些代码描述了文本元素之间的关系。例如，HTML 中的标记说明了哪个文本是标题元素的一部分、哪个文本是段落元素的一部分、哪个文本是项目列表元素的一部分，其中一种重要的标记类型是超文本链接（Hyper Link，简称超链接）标记，超链接可以指向同一 HTML 文件的其他位置或其他 HTML 文件，以求实现因特网上所有文件之间的链接。

1993 年，伊利诺斯大学的马克·安德烈森（Marc Andreessen）等人写出了一个可以读取 HTML 文件的程序 Mosaic，它用 HTML 超文本链接在因特网上的任意计算机页面之间实现资源共享，成为第一个广泛用于个人计算机的 Web 浏览器。

人们很快意识到，用超文本链接构成的页面功能系统可以帮助因特网的众多新用户方便地获得因特网上的信息，企业界也发现了全球性的计算机网络所蕴藏的盈利机会。1994 年，有安德烈森参与其中的网景（Netscape Communications）公司成立，公司的第一个产品就是基于 Mosaic 的网景 Navigator 浏览器，获得极大的成功。微软公司也不甘示弱，随即在 1995 年开发出了 Internet Explorer 浏览器，并将其与 Windows 操作系统捆绑销售，从而迅速取得了浏览器市场的垄断地位。

超文本技术和浏览器技术的结合，带来了全球性的网络热，也使得 Web 技术得以在应用中不断发展。随着 Web 技术的发展，Web 正在改变并重新塑造企业的各项业务。这些业务主要包括广告、市场营销、零售和客户服务等。不仅如此，Web 还可以应用在企业内部的商务中，如企业内部的信息共享和传输等。这使得 Web 技术与电子商务的关系变得越来越密不可分，在电子商务中充分利用 Web 技术可以为企业带来更大的竞争优势。

（二）Web 的技术架构

Web 所依赖的各种概念和技术如图 2-1 所示。

1. 超文本传送协议

Web 是由互联网连接、浏览器和服务器软件组成的，HTTP 提供了服务器与浏览器沟通的语言，用于在互联网上传输文档。HTTP 是建立在 TCP/IP 之上的应用协议，但并

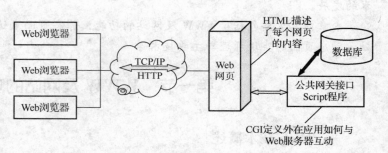

图 2-1　Web 的架构及工作原理示意图

不是面向连接的，而是一种请求/应答式协议，每个 HTTP 动作如下。

① 浏览器建立一个与服务器的连接（Connect）。

② 浏览器对服务器下了一个请求（Request）。

③ 服务器送出一个响应（Response）。

④ 浏览器和服务器中断连接（Disconnect）。

在 Web 中，HTTP 协议是一个"无状态"的协议。即服务器在发送给客户机的应答后便遗忘了此次交互。这与 Telnet 等"有状态"的协议不同，后者需记住许多关于协议双方的信息以及双方的各种请求与应答信息。

2. 统一资源定位地址

每个网页都有一个独一无二的位置，称为统一资源定位地址 URL（Uniform Resource Locator），Web 浏览器借此来寻找 Web 服务器。Web 的优势在于它具有使用超链接连接分散网页的能力，让用户可以借助点选网页上的超文本在网页间移动。

3. 超文本标记语言

HTML 是个可以包含文字、窗体及图形信息的超文本文件的表现语言，其目的在于使得 Web 页面能显示在任何支持 HTML 的浏览器中，而与联网的机器平台无关。特别需要指出

的是，HTML 提供的链接机制是 Web 的本质特性之一。

4. Web 服务器

Web 服务器是存储文件和其他内容的软、硬件组合，用于提供 HTTP 及 FTP 等服务，有的还可作为代理服务器（一个可以从别的服务器上为它的客户提取文件的服务器）。Web 服务器可直接提供返回在 URL 里指定的"静态"文件内容，也可以采用 CGI 等技术从一个运行的程序里得出"动态"内容。

5. Web 浏览器

Web 客户通常是指 Web 浏览器，如 Netscape Navigator 和 Microsoft Internet Explorer 等。这种浏览器能理解多种协议，如 HTTP、HTTPS 和 FTP；也能理解多种文档格式，如 TEXT、HTML、JPEG（一种图像格式）和 XML；也具备根据对象类型调用外部应用的功能。

总之，URL、HTTP、HTML、Web 服务器和 Web 浏览器是构成 Web 的五大要素，而 Web 的本质内涵是建立在互联网基础上的网络化超文本信息传递系统，而其外延是不断扩展的信息空间。它成功的主要原因就在于简易的导览和使用，新的内容发布、分送模式，以及实现了一个网络集中式的模式。

（三）Web 的工作原理

Web 所有活动的基础是基本的客户/服务器（C/S）结构，信息存储在 Web 服务器上，服务器存储档案并对客户端的请求作出响应。Web 浏览器借助信息的名称从服务器索取信息，并在客户端计算机上将信息格式化后显示在使用者的屏幕上，其原理如图 2-1 所示。人们通常将格式化显示的信息称为网页，而将 Web 服务器的软、硬件及其上的信息统称为网站。

依照 HTTP 协议，浏览器（客户机）的任务是：① 为客户制作一个请求（通常在单击某个链接时启动）；② 将客户的请求发送给服务器；③ 通过对直接图像适当解码，呈交 HTML 文档和传递各种相应的浏览器，把请求报告给客户。客户机向服务器发送的主要请求包括：GET、HEAD、SHOWMETHOD、PUT、DELETE、POST、LINK、UNLINK、CHECKIN、TEXTSEARCH 等。随着 HTTP 协议的发展，请求的方法还会越来越多。

服务器的任务是：① 接收请求；② 检查请求的合法性；③ 针对请求获取并制作数据，包括使用 CGI 脚本和程序、为文件设置适当的 MIME 类型来对数据进行前期处理和后期处理；④ 把信息发送给提出请求的客户机。服务器的应答应以下面的格式开头：

< status line > : : = < HTTP version > < status code > < reason line >

其中，< HTTP version > 表示服务器方采用的 HTTP 协议的版本号，如 HTTP 1.0；< status code > 为一个 3 位 ASCII 码，表示满足请求的代码；< reason line > 为针对该应答的解释。状态行上的字段用空格来分割，可能的状态码包括：成功 2××；出错 4××（代码说明客户端有错误）、5××（服务器端知道自己发生了错误）；重导向 3××，这些代码要求客户方的操作（通常自动完成），以完成特定的请求。

（四）Web 的技术优势

在 Web 上，通过点选标示出来的文字，使用者可以连接到包含了相关文件的网站，甚至不必知道网站的网址。不论是商业界还是个人消费者，都可以利用在线方式进行购买活动，可以比任何传统的方法更快更经济地传送数字商品，以及提供和使用金融类的交易。

Web 的技术优势为 Web 应用带来以下优点。

（1）广泛的传播面和极强的时效性。互联网已覆盖了世界各国，随着上网人数的增加，客户群也在迅速增长。网络的光电子传播速度，使得 Web 信息的传播具有极强的时效性。

（2）突破线性限制的超链接方式。超文本、超链接不仅大大方便了人们上网获得信息的能力，还提供了一个前所未有的信息资源整合方式，使无数的信息之间形成了千丝万缕的联系。

（3）灵活多变的传播模式。从传授者构成看，网络传播可以是"个人—个人、个人—多人、多人—多人、多人—个人"；从传播与接收的时间看，可以是同步传播（如网上直播、网上聊天等），也可以是异步传播（如大部分的网站信息），这使得受众在接收信息时，有更多的主动性。

（4）支持更广泛的客户端设备。网络集中式计算模式，使得大量的计算服务由网络承担，客户端设备的资源要求迅速降低。客户可以采用计算机、电视和手机等普通通信设备，极大地减少了投资，方便用户使用。

（5）对服务器资源的保护。Web 应用服务器能集成对资源（如数据库）的存取，从而简化了应用的设计，增强了可伸缩性，并提供了对资源的更好的保护。运行在服务器端的商务逻辑更容易得到保护、更新和维护，使得用户的应用环境得到集中管理并能在不同的客户机上重建。

（五）Web 2.0 的新特点及其表现形式

Web 2.0 以人为核心线索。Web 2.0 鼓励用户提供内容；根据用户在互联网上留下的痕迹，组织浏览的线索，提供相关的服务，给用户创造新的价值，同时给整个互联网也产生新的价值。在 Web 1.0 时代，Web 只是一个针对阅读的发布平台，由一个个超文本链接而成；而在 Web 2.0 下，Web 成了交互的场所。从知识生产的角度看，Web 1.0 的任务是将以前没有放在网上的人类知识，通过商业的力量放到网上去；而 Web 2.0 的任务是将这些知识通过每个用户的协作工作，把知识有机地组织起来，并进一步将知识深化，产生新的思想火花。从内容产生者角度看，Web 1.0 是以商业公司为主体，把内容放在网上；而 Web 2.0 则是以用户为主，以简便随意的方式，通过博客或播客把新内容放到网上。从交互性看，Web 1.0 是网站以用户为主；而 Web 2.0 是以 P2P 为主。从技术上看，Web 2.0 采用了 JavaScript 来发送 XML 和文本包，从而替代了静态的 HTML，使得 Web 2.0 应用越来越客户端化，工作效率越来越高。

Web 2.0 技术主要表现为以下形式。

（1）Blog。Blog 的全名应该是 Weblog，后来缩写为 Blog。Blog 是一个易于使用的网站，可以在其中迅速发布想法、与他人交流以及从事其他活动。

（2）RSS。RSS 是网站用来和其他网站之间共享内容的一种简易方式（也叫聚合内容）的技术。最初源自浏览器"新闻频道"的技术，现在通常被用于新闻和其他按顺序排列的网站，如 Blog。

（3）Wiki。Wiki 实质上是一种超文本系统，它支持面向社群的协作式写作，同时也包括一组支持这种写作的辅助工具。人们可以在 Web 的基础上对 Wiki 文本进行浏览、创建、更改，而且创建、更改、发布的代价远比 HTML 文本小；Wiki 的写作者构成了一个社群，Wiki 系统为这个社群提供简单的交流工具。

（4）Tags。网摘（Tags）又称网页书签，起源于 Del. icio. us 网站。它自 2003 年开始，

提供一项叫做"社会化书签"（Social Bookmarks）的网络服务，称为书签，又称"美味书签"（Delicious Tags）。

（5）SNS。它是一种社会化网络软件或应用，依据六度理论，以认识的朋友的朋友为基础，来扩展自己的人脉。

（6）P2P。P2P是 Peer-to-Peer 的缩写，网络上用于加强人际交流、文件交换、分布计算等。

（7）IM。IM（Instant Messenger，即时通信）是目前上网用户频率最高的活动之一。网上聊天的主要工具已经从初期的聊天室、论坛变为以 MSN、QQ 为代表的即时通信软件。

二、商务表达信息的组织——网站

电子商务系统是一种典型的 Web 应用系统，电子商务表达信息充分利用了 Web 应用的优势，通过网站实现了广泛的信息传递和多媒体化的信息展现。

（一）商务表达信息的特征

电子商务系统所提供的各种服务都是建立在大量的信息处理和交换之上的，因此，商务表达信息不仅包括单向的信息发布，还包括与用户的双向信息交互。这些信息包括供求信息、市场信息、企业信息、用户信息和交易信息等商务信息，此外还可能有新闻、投资合作、行业组织、用户交流和企业内部信息等。

从信息的内容来看，有些是即时信息，用于反映一些最新的消息，通常有很强的时效性，一旦过时就会被删除；而另一种是需要长期使用的信息，如客户信息等，需要合理地存储、管理与再次开发利用，进而提高电子商务系统的信息利用率及信息服务的水平。

从信息存在的形式来看，主要有文字、图片、图表、动画、音频和视频信息，这些信息形式对于提高信息的表达能力具有重要的作用，但对它们的采集、加工及传输、接收，都有较高的条件与设备要求。

从信息的传播媒体来看，网络成为电子商务信息的主要传播媒介，与报纸、广播和电视等传统媒介相比，网络具有得天独厚的优势。网络信息具有极强的时效性、广泛的传播面、突破线性限制的超链接方式、信息的多媒体化、不断增强的互动性和灵活多变的传播模式。

从信息的组织和表达来看，网页成为信息在网络中最有效的表达形式，网站成为最常见的信息组织和表达渠道。此外，在电子商务系统中，需要强大的交互功能，需要企业与消费者、企业与企业、消费者与消费者之间的广泛沟通与交流，从应用的层面上实现电子商务的各种功能。

（二）网站——电子商务系统的表达平台

无论是外部的或内部的电子商务系统，其信息的表达与组织通常都是由电子商务网站完成的。所谓网站，是指以 Web 应用为基础，提供信息和服务的互联网站点。

电子商务系统作为一个整体，不仅包括开展商务活动的外部电子化环境，如网站或与其他商务中介的数据接口，而且包括企业内部商务活动的电子化环境，这两部分必须结合起来才能满足开展电子商务活动的需要。在这种情形下，网站又常被称为门户站点，为合作伙伴、客户等提供访问企业内部各种资源的统一平台，企业内部信息系统的各种信息也得以向外发布。因此，可以将门户网站作为企业电子商务系统的一个组成部分

21

（见图2-2）。

网站作为电子商务系统的一个子系统，它会将更多的处理交给后台的内部商务信息系统处理，而网站主要完成电子商务表达平台的逻辑任务。网站系统的规划和建设有一套比较成熟的流程和方法，此类书籍比较常见。本书仅对与电子商务系统建设密切相关的部分给予简单的介绍。

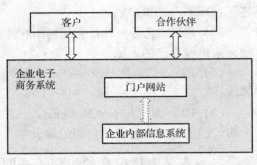

图 2-2　网站与电子商务系统的关系示意图

（三）**网站的逻辑组成与访问**

1. 网站的逻辑组成

从信息表达的逻辑处理上来看，网站由以下几部分组成。

（1）网页。它通常由 HTML 语言编写，包含文本、图形、声音和其他多媒体信息。一个网站的页面多到数百张，少到只有几张，页面通过超链接相互联系在一起，借此在浏览器中完成从一个页面到其他页面的浏览。在网站上通过浏览器看到的第一页，称为该网站的首页。

（2）网页空间。做好网页之后，就需要在因特网上申请一个存储空间用以存放网页，这就是网页空间。通常，它们是以网站文件的形式存储在服务器上，以目录结构进行组织的。

（3）网址与域名。在因特网上申请到网页空间的同时，也就拥有了一个与之相应的 IP 地址——网址。

域名，通俗地说，就是网站的名字，是 IP 地址的别名。网站名称是否响亮、易记，对网站的形象和宣传推广有很大的影响。域名大体可分为国际域名、国内域名和虚拟域名三类。从技术上看，域名是一个在互联网上用于解决地址对应问题的一种方法，它提供域名解析系统，把用户输入的域名转换为 IP 地址；从商业角度看，域名又被称为"企业的网上商标"，是由企业自己选择并申请，由域名注册机构批准注册的。

2. 网站的访问方式

对目前常见的网址类型，浏览器通过以下方式进行访问。

（1）标准网址：域名 + 目录名 + 文件名。例如，http：//www. altova. com/solutions/ajax-tools. html。在浏览器中将这个地址输入到地址栏，浏览器会首先与域名 http：//www. altova. com 对应地址的服务器进行连接。如果连接成功，接着向服务器要求下载 solutions 目录下的 ajax-tools. html 文件及图片，然后将它们一起显示在浏览器窗口上。此种方式，使得浏览器与 Web 服务器之间只有文件的传输关系。

（2）网址：域名 + 目录名。例如，http：//www. altova. com/de。若该目录下放置了文件 index. htm，则 Web 服务器会传回 index. htm 网页；若没有放置该文件，则 Web 服务器会传回 de/目录下的文件列表，与 FTP 类似。

（3）网址：域名。例如，http：//www. altova. com 等价于 http：//www. altova. com，即域名 http：//www. altova. com 对应地址的根目录。若该目录下放置了文件 index. htm，则 Web 服务器会传回 index. htm 网页；若没有放置该文件，则会传回根目录下的文件列表。

（4）含有程序的网址。例如，https：//shop. altova. com/pricelist. asp。这个网址的结尾不是. htm，而是一个程序，此时浏览器将会启动 Web 服务器上的程序，Web 服务器将程序运行结果送回到浏览器。如 https：//shop. altova. com/category. asp？category_name＝XMLSPY 这个网址含有 ASP 程序，并且附带两个参数，在浏览器中输入此地址后，则会启动此 category. asp 程序，同时 category. asp 程序会读取这两个参数，Web 服务器将程序运行的结果送回给浏览器。

（四）网站内容与功能的设计

1. 网站设计与策划

首先，确定最终用户是很关键的一步，不同的用户有不同的设计要求，包括从规划、界面设计，一直到颜色和文件格式的选择。其次，要分析网站的用户，根据所提供的内容类型，考虑在网络上实现表达的最好方法。例如，事业网站一般应该简洁而友好，娱乐性的网站往往色彩绚丽，而一些强调个性的网站可能是以新奇来吸引人。

网站结构设计的目标是确定网站所要表达的内容如何能够有效地被用户理解。它的核心是对网站内容的组织、页面/超链接、导航、网站风格等关键问题进行有效的决策。从设计角度看，需要将网站的组织的网状结构抽象成为由各类静态、动态页面表示的树状结构，这样才能够对网站的页面内容进行分解，进而分配给不同的 HTML 编写人员。

网站的风格直接影响网站的效率、客户对网站的忠诚程度等方面。例如，在网速较慢的情况下，用户对 Frame 结构的页面或者存在大量表（Table）的页面的忍耐力就会差一些。设计人员不仅需要对技术进行了解，而且对艺术、形象设计、客户心理等都需要有充分的理解。

2. 页面编程

页面编程主要是利用 HTML 及其他图形、图像表达工具，建立能够正确和准确表达商务服务的、对客户视觉有冲击力的页面。其主要任务包括：① 界面行为的表达，需要完成页面布局设计、素材搜集和 HTML 页面编写；② 集成动态页面当中需要嵌入的脚本。

制作者需要明确，当用户访问网站时，他们所看到的只是直接面对他们的网页，所体会到的也仅是网络的传输速度。因此，在进行网页设计时必须考虑到这两个因素，时刻为访问者着想，这是电子商务网站成功的要素之一。最后，要强调在不同的计算机、浏览器、不同的速度等条件下测试网页，及早查出并解决问题。

3. 内容创建或者信息采编

它主要包括页面需要表达的文字内容的编辑和整理、非文字内容（如图像、音乐等）的格式转换及其他的一些辅助性工作。这部分工作也被称为信息采编。Web 页面的设计是技术和艺术结合的设计。其发展趋势是：网页由二维平面转向三维立体空间，HTML 语言将由虚拟现实的标记模型语言和更新的语言代替；网页上不再只有静止的单调的文字和图片，而且还有丰富的动画、连续的声音、流畅的影像。

三、商务表达层的实现

电子商务系统的用户对于用户界面的易用性、通用性及灵活性有着更高的要求，基于因特网技术的 Web 浏览器也因此成为电子商务系统用户界面的主要形式。

（一）表达层的实现方式

表达层总体来说是"客户端独立的"，只用于为最终用户提供一个友好的用户界面，接受用户提交的事件，并将处理结果返回给用户。其页面格局和风格等的变化，对于业务逻辑

23

和数据连接层没有影响。商务表达层目前主要通过如图 2-3 所示的三种方式实现。

（1）利用 Web 支持以 HTML 为主的表达形式。这种方式的特点是结构简单，以 Web 服务器为基础，不需要额外的配置或产品支持，容易实现。

（2）在 Web 基础上增加表达层工具，扩展 Web 的表达功能。增加支持多种客户端的软、硬件，使 Web 服务器不仅支持 HTML，还支持其他数据表达方式，如 WAP、MIME 等数据表达协议（如 FSML、DOM 和 CSS 等）。目前，很多产品可以通过这种方式扩展 Web 的功能。

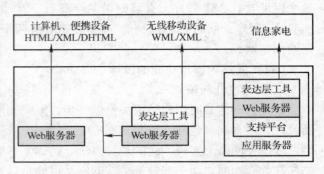

图 2-3　商务表达层的三种实现方式

（3）利用应用服务器的数据分布功能。由于应用服务器将数据表达层的功能和 Web 服务器紧密地结合在一起，所以可直接利用服务器来完成表达层的功能。目前的应用服务器逐步走向支持多种客户端设备和多种协议，如 HTML、WML 和 XML 等。

（二）表达层（客户端）实现技术

客户端是电子商务系统的最终用户接口，它包含两层含义：首先是指客户端的应用程序（如浏览器），其次是指运行客户端应用程序的具体硬件设备。

从设备角度，可以将客户端分成普通计算机（包括 PC、工作站等）、移动终端（如手机、PDA、寻呼机等）和其他信息终端（家用电器、ATM 取款机等）。在技术上，要求这些设备支持标准协议（HTML、WML 和 XML），能够从网络上下载插件，支持连接诊断或在线升级。这些客户端通常通过因特网与电子商务系统连接，并进行交互。它们一般都具有图形用户界面，需要支持电子商务表达层的各种格式化数据表达标准，如 HTML、XML 等。如果客户端是专用的，那么其一般支持 HTML/WML 的子集或者 Java 标准。

从逻辑角度，可以将客户端分成基于浏览器的瘦客户端和有数据处理功能的传统客户端应用程序，即胖客户端。在电子商务系统中通常采用瘦客户端策略，大多数的数据操作都在服务器端进行。浏览器的使用，使得任何用户不加训练就可以通过良好的用户界面使用这些应用程序。胖客户端则可以向终端用户提供更多的功能，复杂的计算操作通常由客户端自己完成，减轻了服务器的负担。

从客户端设备上所显示的信息内容看，网页可划分为静态页面和动态页面两种。所谓动态内容是指动态产生的内容，如根据客户的请求或数据库中可用的数据生成的内容；与之相反，静态内容并不是在客户发出请求之后产生的，而是通常事先存放在 Web 服务器的文件系统中。HTML 是构成静态网页最基本的元素，由 HTML 构成的网页文件不会因时因地而产生变化，所以被称为"静态"网页。要产生动态网页，必须选择一种程序语言编写程序。程序的可执行端可分成客户端技术和服务器端技术。如果程序在 Web 服务器上执行，则 Web 服务器只要把程序执行的结果传给浏览器即可；如果程序在浏览器上执行，则 Web 服务器必须把程序代码传给浏览器，而浏览器也要能够执行服务器所传下来的程序代码。

下面主要分析和阐述商务信息生成技术，即静态页面和动态页面的实现技术。

第二节 静态页面表达及其技术基础

一、静态页面的体系结构

事先存放在 Web 服务器上的静态网页的内容包括 HTML 文件、图像和视频等多媒体文件，当客户在浏览器页面中点选了某个超链接时，浏览器就会发出相应页面的请求，并通过互联网发送到 Web 服务器，Web 服务器识别所请求的文件后，将复制文件通过 HTTP 发送回浏览器，由浏览器解释并显示在界面之上，其原理如图 2-4 所示。

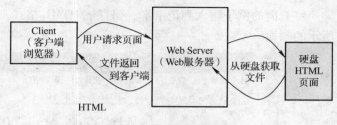

图 2-4 静态页面体系结构

物理上，Web 服务器属于后台设施，逻辑上主要用于商务表达信息的完成，是商务表达平台的重要组成部分。HTML 等标记语言是编制静态网页的技术基础。除了突出其超文本链接功能之外，HTML 语言的主要功能在于信息的显示。人们希望能创建一种文档格式，既可以保存文本信息，又可以做到平台兼容，这就要求 HTML 必须是全文本的。为此，HTML 以标记保存文档的格式，Web 服务器不处理这些标记，而由客户端的浏览器解释。浏览器一般是与平台相关的，但其在遵循万维网协会标准的基础上，都以完全一样的方式解释 HTML。

二、HTML 简介

（一）HTML

HTML 是为网页所设计的标记语言，以浏览器为应用软件。

HTML 语言通过夹在两个尖括号之间的标记字符串来控制文本、图像的显示方式及加于其上的动作。当用任何一种文本编辑器（如 Notepad）打开一个 HTML 文档时，所能看到的只是成对的尖括号和一些文档中的字符串；而用 Web 浏览器打开它时，就能看到它漂亮的外观。HTML 不是一种所见即所得的文本标记语言，它只是标记了一个文档如何显示，剩余的全部工作，包括翻译、显示等，都留给了浏览器。正因为如此，HTML 文档的外观显示与浏览器有关，同一段 HTML 代码在不同的浏览器（如 Microsoft IE、Netscape Navigator、Opera）上可能有不一样的显示结果。

现已有很多的工具软件可以帮助人们以所见即所得的方式生成 HTML 文档，如 Macromedia Dreamweaver、Microsoft FrontPage 等。它们能帮助网页编写者快速高效地编写 HTML 文档。今天的 HTML 已能使使用者在 Web 页面上随心所欲地放置图片和文字，并且，在 JavaScript、VBScript 的辅助下还具有动态的交互能力。

下面是一个最基本的 HTML 文档：

```
< html >
    < head >
        < title > 电子商务 </title >
```

```
        </head>
        <body>
          <h1 align = "center" >电子商务示例</h1>
          <hr/ >
          <p align = "center" >欢迎使用电子商务技术教程</p>
        </body>
</html>
```

将上面的例子输入到记事本，保存成 HTML 格式，然后用浏览器打开，会看到如图 2-5 所示的画面。

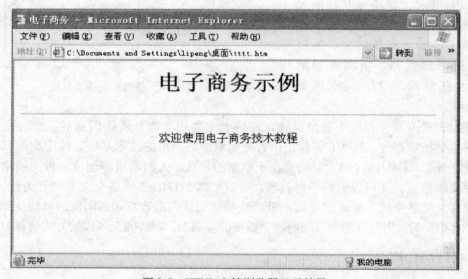

图 2-5　HTML 文档浏览器显示效果

（二）HTML 的文档结构

1. 标签、元素和属性

有关标签、元素、属性的概念，将在本书第九章介绍 XML 时再作详细介绍，这里只作简要说明。

在前面的例子中，<html>、<head>、</html>、</head> 都是标签，标签由一对尖括号和其中的标签名构成。其中，<html>、<head> 等叫开始标签，</html>、</head> 叫结束标签。

元素由开始标签、结束标签以及包含在其中的所有内容构成，如元素 <html> 就是一个包含了子元素的元素。HTML 文档要求 <html> 是其唯一的根元素，其他所有元素必须包含于其中，包含元素的元素叫被包含元素的父元素，被包含元素叫它的子元素，并列的元素叫兄弟元素。上例中元素 <head> 是元素 <title> 的父元素，元素 <title> 是元素 <head> 的子元素，元素 <head> 和 <body> 是兄弟元素。

元素可以有一个或多个属性，上例中元素 <h1> 就有一个属性 align，属性由"名 – 值"对构成，属性值由双引号或单引号包括。

2. 文档结构

HTML 文档包含定义文档内容的文本和定义文档结构及外观的标签。HTML 文档的结构很简单，最外层为 < html > 和 </html > 标签；文档里面一般分为两部分：文档首部（head）和文档主体（body）。文档首部是框在 < head > … </head > 中的部分，文档主体则是位于 < body > … </body > 之间的部分。文档首部是放置文档标题的地方，同时也可以在这个地方告诉浏览器其他可能会用于显示文档的参数。主体是放置文档实际内容的地方，包括要显示的文本和文档的控制标签，这些标签告诉浏览器如何显示这些文本。标签还可能引用指定效果的文件，包括图形和声音，并指出文档链接到其他文档的热点（超级链接锚）。

一个典型的网页的结构如下：

< html >

< head >

　　　（头部文档内容，如 < title >、< meta > 等）

</head >

< body >

　　　（html 文档的正文内容）

</body >

</html >

3. XHTML 和结构良好（Well-formed）的文档

HTML 文档不区分标签名的大小写，< body > 和 < BODY > 是被同样对待的，标签的嵌套要求也并不严格，浏览器对结构和书写上的语法错误也在一定程度上能够容忍。这对仅仅显示一个 HTML 文档看来提供了方便，但当需要精确地描述文档内容时，就需要更严格的语法。XHTML 是 HTML 的 XML 版本，遵循了 XML 严格的语法和"结构良好"的要求，即使是那些通过了最严格的测试，并被认为是合适的、完整的 HTML 文档，都可能被 XML 拒绝，因为它认为这些文档是不工整的，即使这些文档都是按照完整的语言指导书完成的。有关 XML 语法和结构良好的要求，本书后面有详细介绍，这里不再重复。

（三）HTML 的难题

HTML 的初衷是为了描述内容而不仅仅是显示，但结果并非如此。例如，要描述一个人的名字"杨树"，可用 < p > 杨树 </p >，也可用 < h2 > 杨树 </h2 > 等。如果单纯给出一个 < h2 > 杨树 </h2 >，就无法判断它是人名还是树种。更何况如果需要使用计算机程序来处理这段文字，用引擎搜索搜索一下就知道搜索的结果是一大堆有用和无用的信息混在一起。

所以，HTML 实际上是把信息的内容描述和显示混合在了一起。内容描述的不精确性造成的大量垃圾信息，给电子商务尤其是 B2B 带来难以逾越的障碍。有没有一种办法可以精确地描述内容，如把名字"杨树"描述成 < name-of-person > 杨树 </name-of-person >，把树种描述成 < name-of-tree > 杨树 </name-of-tree >，这样既便于人的阅读，又便于计算机的处理呢？这就是本书第九章介绍的 XML 试图解决的问题。

三、网页的制作与发布

（一）Web 设计环境

1. Web 的技术环境

网页设计应尽可能从用户的角度出发，例如，如果用户是普通的冲浪者，则应采用通用的技术；如果用户主要是高级技术人员，则可采用高的分辨率和连接速度；如果是企业内部的网站，那么也许可以精确地知道用户的操作系统和浏览器版本。无论哪种情况，都应确保在合适的层次上进行设计，充分考虑用户的技术环境，适应不同的浏览器、操作系统和计算机平台，否则就可能失去用户。

网页设计最大的挑战之一是如何使网页在不同的浏览器上都能正常显示。由于可供用户选择的浏览器种类和版本非常多，因此，在设计中，既要考虑使新老用户都可以访问，又要不断地向最新的版本靠近。

随着用户使用的显示器的尺寸不断变大，显示器分辨率也在不断提高，目前常见的分辨率都在 800×600 以上。为了满足不同用户对页面正常显示的要求，可以采用可变的分辨率来设计，随着屏幕分辨率的改变，网页一些内容之间的空白自动扩展或收缩，可采用百分比为单位来设定表格的宽度，以达到这种效果。

影响网页显示速度最主要的因素是页面上图形的大小和数量，如果页面包含庞大的、详细的图形或复杂的动画，则可能会导致下载速度缓慢，因而影响用户浏览网页的效果。因此，网页设计时应综合考虑电子商务网站的需求、电子商务服务器性能和用户网络带宽等实际状况，决定页面风格。

2. Web 的媒体环境

通常，计算机屏幕是网页的最终目的地。计算机屏幕与传统的基于纸张的媒体完全不同。大多数媒体是纵向的，而屏幕是横向的，即宽大于高；纸张能反射光线，而屏幕则是由后向前发光，改变了颜色和对比的特性；屏幕的分辨率比印刷品要低得多，这就要求网页设计者必须针对计算机屏幕进行设计，考虑布局、字体和颜色及它们如何显示。

此外，设计者必须考虑超链接的非线性特点，把合适的链接和相关内容有机地结合起来，通过提供对相关主题的链接，使用户可以自主地选择访问信息的路径。

（二）网页制作工具

网页的制作工具大致包括三类：

（1）简单的文档编辑工具，主要应用于 HTML 等纯文本文件的编辑。

（2）网页外观、超级链接及丰富的多媒体和动画处理工具，此外，这些工具还提供了更多的网站开发和管理工具。

（3）包含在集成开发环境中的网页制作工具。如 IBM WebSphere 集成开发环境中的 PageDesigner，它们提供了更多创建专业 Web 应用的工具，可以简化用户开发过程。

FrontPage 是微软公司开发的一体化 Web 设计工具，利用它可以方便地创建、维护和管理 Web 网站，并完成各种静态网页的编辑设计工作。Macromedia 公司也推出了设计多媒体动态网页的组合套件：Dreamweaver、Fireworks 和 Flash，俗称"三剑客"。其中，Dreamweaver 类似于 FrontPage，用来编辑网页和网站管理。FrontPage 和 Dreamweaver 都有各自的优势和缺点。例如，FrontPage 在与 Word 软件的兼容性和所见即所得方面具有优势；而在设计动态和互动式网页等方面，则 Dreamweaver 的功能更为强大。

（三）网站的发布

在设计好网页后，就可以进行网站发布了。所谓网站发布，就是将本地硬盘上的网站通过一定的传输协议传送到 Web 服务器上的过程。使用 FrontPage 和 Dreamweaver，都可以完成网站的发布工作。

第三节 动态页面表达及其技术基础

一、动态网页技术基础

（一）客户端脚本语言

随着 Web 应用的广泛，对 Web 交互功能的需求不断提高。开发人员试图提高客户端的性能，让在 Web 服务器上通过应用程序建立的响应逻辑，能够在用户的 Web 浏览器上可用，使得网页的反应更快。但 HTML 是一种不能作任何处理操作的标识语言，要创建自定义的逻辑命令和程序，需要一种语言来指导计算机如何处理网页，这就是脚本（Script）语言。

Script 是一种能够完成某些特殊功能的小"程序段"，它不像一般的程序那样被编译，而是在程序运行过程中被逐行解释。脚本语言允许在 Web 页面的 HTML 中插入一些程序（脚本）。下面是一个实例，这段脚本可以控制在浏览器窗口内显示当天的日期，这显然要比直接使用 HTML 灵活得多。

```
< script language = " JavaScript" >
< ! - -
document. writeln （"这是 JavaScript！采用直接插入的方法！"）；
// - JavaScript 结束 - - >
</script >
```

最早的脚本语言是 Netscape 公司开发的在 Navigator 浏览器中使用的 JavaScript。微软公司在推出 Internet Explorer 浏览器后，开发了基于 Visual Basic 的脚本语言 VBScript。为了与在互联网上使用 JavaScript 的众多站点兼容，微软又开发了类似 JavaScript 的语言，称为 JScript。Jscript 和 Javascript 差异很大，Web 程序员需要为两种浏览器编写两种脚本。为了解决这个问题，ECMA（European Computer Manufacturers Association）制定了标准脚本语言 EC-MAScript，这是一种国际标准化的 Javascript 版本。现在的主流浏览器都支持这种版本。

脚本语言的出现，使客户端具有一定的逻辑处理能力，Web 页面的交互性大大提高。随着脚本语言的广泛使用，脚本语言编写的简易性，使人们逐渐希望将这种开发思想应用到服务器端的应用系统开发中，由此诞生了服务器端脚本语言。

（二）服务器端脚本语言

服务器端脚本就是能够在服务器端执行的脚本程序。图 2-6a 中的文档是由 PHP 语言编写的 today. php，采用的主要是 HTML 格式，只有在"< ? php"和"? >"中间的行是用 PHP 写的。"< ? php"表示"开始 PHP 代码"，"? >"表示"结束 PHP 代码"。Web 服务器在将这个 Web 页面发送到请求它的浏览器之前，会对这两个标识符之前的所有内容进行处理，并将其转换成标准的 HTML 代码。

浏览器接收到的页面是图 2-6b 中的结果。将前文客户端脚本实例中的 JavaScript 代码与图 2-6a 中的 PHP 代码进行比较，关键的不同点在于：当 Web 浏览器解释 JavaScript 时，包含这个脚本的 Web 页面已经被下载了，而对于像 PHP 这样的服务器端脚本程序来说，解释工作是由服务器在将页面发送到浏览器之前完成的，Web 页面中的 PHP 的代码将由脚本运行的结果所代替，客户端 Web 浏览器接收到的完全是如图 2-6a 所示的标准 HTML 文件。所

29

```
〈HTML〉
〈HEAD〉
〈TITLE〉Today's Date〈/TITLE〉
〈/HEAD〉
〈BODY〉
〈P〉Today's Date is
〈?php
echo(date("l, F dS Y."));
?〉
〈/BODY〉
〈/HTML〉
```
a)

```
〈HTML〉
〈HEAD〉
〈TITLE〉Today's Date〈/TITLE〉
〈/HEAD〉
〈BODY〉
〈P〉Today's Date is
Wednesday, June 7th 2000.
〈/BODY〉
〈/HTML〉
```
b)

图 2-6　在服务器端（a）和浏览器端（b）看到的代码

有的 PHP 代码都不会传送到客户端，它们被相应的标准的 HTML 所取代，脚本完全由服务器来处理，这也就是它的命名由来，即服务器端脚本程序。

（三）客户端应用体系结构及其技术

　　除了 JavaScript 等客户端脚本程序以外，还可以采用在客户端加入诸如 JavaApplet、可下载 Java 应用程序和 ActiveX 等可运行在客户端的、功能完全的应用程序的体系结构。用户下载这些程序，并用来控制与用户的交互和内容构造。当服务器上的业务逻辑的执行必须初始化时，客户端和服务器端通过内嵌在 HTTP 中的协议来完成通信，并且只传输必要的网络数据，而不传输 HTML 数据内容。客户端和服务器端均需要附加如图 2-7 所示的通信逻辑。

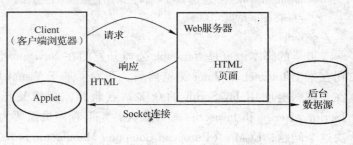

图 2-7　客户端应用体系结构

　　这种体系结构的好处是：将用户界面和业务逻辑的区别去掉了；和用户交互时与服务器的通信很少；Web 页面可以离线浏览；不需要很多服务器资源。

　　Java Applet 是由 Java 语言编写的包含在网页里的"小应用程序"，它不能独立运行，必须嵌入到 HTML 文件中，由浏览器解释之后作为网页的一部分来执行。通常这些小程序被放在 Web 服务器上，当客户在网上浏览含有 Applet 的网页时，Applet 就随网页一起下载到客户端的浏览器中，并借助浏览器中的 Java 虚拟机（JVM）运行工作。JVM 可以在浏览者面前展示由 Java 程序所设计的绘图、事件处理、播放多媒体及计算等诸多功能。在这种体系结构中，浏览器复杂度增高，客户端负担有所加重，同时需要大量的带宽以便每次执行时下载 Applet。

　　Java 应用程序是运行在客户端系统上的（与浏览器无关）独立应用程序，这些应用程序通过某种途径部署在终端用户系统上，例如，从网上下载或从 CD 装入。与 JavaApplet 不同，Java 应用程序只需在客户机上安装一次，例如，从网络上接收数字语音的 RealPlayer 等。这种应用方式与传统的 C/S 结构非常相像，主要适合客户逻辑比较多的企业内部网系统。

　　微软公司将 ActiveX 定义为一组综合技术，这些技术使得用任何语言写的软件构件在网络环境中都能相互操作。与独立于平台的 Java 语言不同，ActiveX 控件以二进制代码发放，并且必须针对目标计算机的操作系统分别编译，因此，采用 ActiveX 的应用系统应当在一个用户范围相对比较明确的环境中使用。

（四）客户端脚本体系结构及其技术

客户端脚本通常包括一些不需要与服务器应用程序通信就能在客户端执行的应用逻辑，这些应用逻辑不要求显示新的内容，不作页面切换；而复杂逻辑仍由服务器执行，它们需要客户端给服务器新的请求，服务器处理后，将结果返回给客户端，最终还是由脚本进一步处理，如图 2-8 所示。程序在浏览器上执行，Web 服务器必须把程序代码下传给浏览器。IE 上可执行的程序语

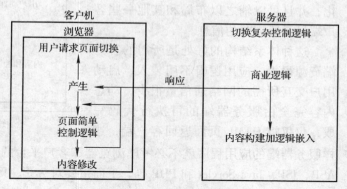

图 2-8　客户端脚本体系结构

言包括 Java、JavaScript、VBScript 和 ActiveX 控件。Netscape 上可执行的程序语言则只限于 Java 和 JavaScript。这种结构的好处是服务器与用户的通信比较少，需要的服务器资源少，可以对用户动作作更多的响应（如鼠标移动）。

借助 JavaScript 语言，可以直接在浏览器端进行特定的处理，而不必进行网络传输。例如，当用户输入自己的密码时，浏览器端运行的 JavaScript 就可以判断密码长度是否合适、密码中是否包含某些非法字符等，而不必将信息传给服务器。

VBScript（VisualBasic Scripting Edition）为 IE 带来了"动态脚本"，它同样也由 Windows 脚本主机和 Microsoft IIS 所支持。在基于浏览器技术的 Web 开发环境中，VBScript 与 JScript 的特征非常相似，包括与 ActiveX 的紧密集成，它的语法来自 Visual Basic，主要由 IE 支持。

JScript 是微软公司对 ECMAScript 语言规范的实现。JScript 主要由 IE 浏览器支持，并提供了一些 IE 浏览器功能的增强特性。JScript 和 JavaScript 在某种程度上很相似，因为两者都有和 ECMAScript 语言规范相同的部分。另一方面，它们也有一些重要的差异，体现为各自附加对象的差异，如与 ActiveX 控件的交互或者对客户文件系统的访问。

二、服务器端逻辑体系结构及其技术

对于大型电子商务系统来说，需要在服务器端完成大量的业务逻辑处理，处理结果需要和最终的显示页面有机地结合，服务器端逻辑体系结构为此提供了更便捷的实现方法。

（一）服务器端逻辑体系结构

服务器端构造逻辑及与用户的相互作用如图 2-9 所示。客户端由浏览器显示从服务器上得到的页面，每个用户动作（如单击一个按钮）都产生一个对服务器的请求，服务器处理请求并计算结果，生成一个新的页面发送到客户端。服务器端的操作可以分为三部分。

（1）控制逻辑。它负责整个应用系统的整体运转。服务器收到客户端的请求，取出传递的参数并确定相应的"业务对象"，并进行适当的"业务动作"。

（2）业务逻辑。它属于逻辑层部分，处理特定业务知识，并且与几乎所有的相关技术

31

代码相分离，这些技术代码包括分析和生成数据格式、数据库和 I/O 处理或内存和进程处理。

（3）内容构建。它属于表达层技术，执行业务逻辑之后的结果会被格式化，并且可以辅之以布局和其他一些客户端显示所需要的信息。

这种体系结构的好处是所需的客户端资源很少，应用逻辑不用装入，启动用户交互所需的网络通信量很少，动态内容完全由服务器端的可执行代码完成，仅仅将 HTML 页面返回客户端，这样服务器端的应用程序就不必考虑浏览器和客户平台的差异。支持这种体系结构的技术包括 ASP、JSP、Java Servlet 和 PHP 等。下面主要对 ASP、JSP 的基本原理作一个简单的介绍。

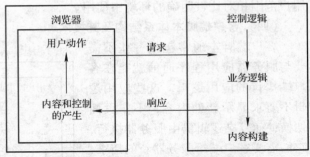

图 2-9　服务器端逻辑体系结构

（二）ASP 简介

ASP（Active Server Page）是微软推出的动态 Web 设计技术。ASP 能够将代码直接嵌入 HTML 在 Web 服务器上解释执行的脚本程序，可以很容易地把 HTML 标记、文本、脚本命令及 ActiveX 组件混合在一起构成 ASP 文件，以此来生成动态网页，创建交互式的 Web 网站，实现对 Web 数据库的访问。

当用户使用浏览器请求 ASP 主页时，Web 服务器响应并调用 ASP 引擎来执行 ASP 文件，解释其中的脚本语言（JScript 或 VBScript），通过 ODBC 连接数据库，由数据库访问组件 ADO 完成数据库操作，最后 ASP 生成包含有数据查询结果的 HTML 主页，并返回用户端显示。

一个 ASP 文件实际是由 HTML 部分和 ASP 脚本命令部分组成的。ASP 脚本利用"＜％"和"％＞"两种标记嵌入到 HTML 之中，在已有的 HTML 基础上对其输出实现控制。如图 2-10 所示的是 ASP 代码（图 2-10a）及其运行结果（图 2-10b）的一个例子。由于 ASP 在服务器端运行，运行结果以 HTML 主页形式返回用户浏览器，用户在客户端浏览器看不到 ASP 页本身的内容，因而 ASP 源程序代码不会泄密，增加了系统的安全保密性。

```
〈%@LANGUAGE=JScrip%〉
〈html〉
〈head〉〈/head〉
〈body〉
〈%for(i=0;i<7;i++)
|%〉
〈p>〉〈font size=〈%=i%〉〉
这是一个测试程序!〈/font〉〈/p〉
〈%|%〉
〈/body〉〈/html〉
```

a)

```
〈html〉
〈head〉
〈/head〉〈body〉
〈p〉〈font size=0〉
这是一个测试程序!〈/font〉〈/p〉
〈p〉〈font size=1〉
这是一个测试程序!〈/font〉〈/p〉
〈p〉〈font size=2〉
这是一个测试程序!〈/font〉〈/p〉
〈p〉〈font size=3〉
这是一个测试程序!〈/font〉〈/p〉
〈p〉〈font size=4〉
这是一个测试程序!〈/font〉〈/p〉
〈body〉〈/html〉
```

b)

图 2-10　ASP 代码及运行结果

　　ASP 本身是一种面向对象的程序语言，它的内部提供了如表 2-1 所示的六种重要的对象，在使用过程中，无需了解其内部复杂的交互机制，这也是 ASP 的重要优点之一。

表 2-1　ASP 的六种内部对象及其功能描述

对　象	功　能
Request	从客户端取得信息
Response	向客户端输出信息
Server	提供一些 Web 服务器工具
Session	记录和管理与用户的连接与会话过程
Application	在一个 ASP-Application 中让不同的客户端共享信息
ObjectContext	配合微软的交易服务器（MTS）进行分布式事务处理

　　使用 ASP 编写服务器端应用程序时，必须依靠 ActiveX 组件来增强 Web 应用程序的功能。这类组件包含执行某项或一组任务的代码，不必自己去创建执行这些任务的代码。当安装了 Microsoft IIS 后，就会得到几个由其自带的内部组件，这些内部组件具有存取、计数器、多网页计数器、广告轮显、浏览器兼容、数据库存储、文件超链接、个人信息、内容翻转等功能。

　　这些组件可提供一个或多个"对象"，在组件中执行指定的功能。使用由组件提供的对象可以创建对象实例。例如，使用 ASP 的 Server. CreateObject 方法可创建对象实例，同时可使用脚本语言变量赋值语句为对象实例指定名称。下面的语句为创建一个广告走马灯的实例：

< % var MulAds-Server. CreateObject（"MSWC. AdRotator"）% >

　　为了充分利用 ASP 所提供的内部对象和组件提高应用程序开发效率和程序的执行效率，编写者也可以通过编制自用的 ActiveX 组件提高编码的可重用性和可扩展性。

　　ASP 技术简单易用，遗憾的是，该技术基本上局限于微软的操作系统平台之上，主要工作环境是微软的 IIS 应用程序结构，不容易实现跨平台的 Web 服务器程序开发。

　　（三）**JSP 简介**

　　JSP（Java Server Pages）是由 SUN 公司提出、许多公司参与制定的一种动态网页标准。与 ASP 类似，JSP 在 HTML 代码中加入 Java 代码片段，或者使用 JSP 标签，包括使用用户标签，构成 JSP 网页。早期使用的 JSP 页面，一个 Web 应用可以全部由 JSP 页面组成，只辅以少量的 JavaBean 即可。自 J2EE 标准出现以后，JSP 慢慢发展成为单一的表现层技术，不再承担业务逻辑组件及持久层组件的责任。可以说，JSP 是一种经典的、应用广泛的表现层技术。

　　下面给出了在一个免费的集成开发环境 Eclipse（并安装了 MyEclipse 插件）中建立 Web 应用，并创建一个简单的 JSP 页面的例子。在安装 Eclipse 前，首先安装了 jdk1.5 和开源 Web 容器 Tomcat5. 0. 28。在 Eclipse 中创建一个 JSP 页面的步骤如下。

　　（1）单击"Window"菜单，选择"Preferences"菜单项。在弹出对话框的左边树形结构中，单击"MyEclipse"节点（安装了插件才会有此节点），然后再单击"Application Servers"节点。

（2）在"Application Servers"节点下单击"Tomcat"节点，在出现的界面中选择"Configure Tomcat 5. x"。在随后出现的对话框中选中"Enable"单选按钮，并在"Tom-cathomedirectory"文本框中输入 Tomcat 的安装路径。单击"OK"按钮即完成了服务器的安装。

（3）在 Eclipse 集成开发环境中，单击"File/New/Other..."菜单项，在出现的对话框中，单击打开"MyEclipse"节点下的"Java Enterprise Projects"节点，单击其中的"Web-Project"节点，然后单击"Next"按钮。

（4）在弹出的对话框中，输入项目名"jspdemo"，并在"J2EE Specification Level"框中选择"Java EE 5.0"单选钮。单击"Finish"按钮，就建立了一个新的 Web 应用 jspdemo。

（5）在 Eclipse 集成开发环境中，单击"File/New/JSP（Advanced Templates）"菜单项，出现新建 JSP 页面的对话框。

（6）在对话框中，单击"Browse"按钮，选择"/jspdemo/WebRoot"为 JSP 文件路径；在"File Name"文本框中，输入 JSP 文件名"ex2_5. jsp"。最后单击"Finish"按钮，就建立了 JSP 页面。

（7）在 JSP 页面编辑框中，Eclipse 已经自动生成了 JSP 页面代码。编辑并保存 JSP 页面，使得其代码如下。

```
< % @ page contentType = " text/html；charset = gb2312" language = " java" % >
< ！DOCTYPE HTML PUBLIC" –//W3C//DTD HTML4. 01Transional//EN" >
< html >
< head > < title >小脚本测试 </title > </head >
< body >
< table bgcolor = "9999dd" border = "1" >
< % for （int i = （）；i <10；i + +）｛% >
< tr > < td > circling result </td > < td > < % = i% > </td >
< % ｝% >
</table > </body >
</html >
```

可以看到，在 JSP 页面中可以将 Java 代码镶嵌在 HTML 代码中而得以执行。对于该 JSP 页面，通过简单的循环，将使 < tr/ > 标签循环 10 次，即生成一个 10 行的表格，并在表格中输出表达式值。

（8）单击工具栏的"Deploy MyEclipse J2EE Project To Server"按钮，在弹出对话框的 Project 下拉列表中选中需要部署的项目，然后单击"Add"按钮，在弹出的对话框的 Server 下拉列表中，选择"Tomcat 5. x"作为部署的目标服务器。单击"Finish"按钮，在"Project Deployments"对话框的"Deployment Status"栏中将显示"Successfully deployed"，表明 Web 应用的部署完成。单击"OK"按钮，关闭"Project Deployments"对话框。

（9）在 Eclipse 的工具栏中，单击"Tomcat5. x/Start"按钮，启动 Tocat5。

（10）打开 IE 浏览器，在地址栏中输入本例中所编辑的 JSP 页面的 URL，即 http：//localhost：8080/jspdemo/ex2_5. jsp，页面显示如图 2-11 所示。

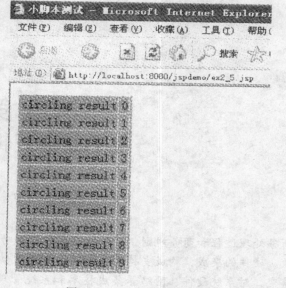

图 2-11　JSP 页面显示结果

35

习　题

1. Web 技术架构的主要组成包括哪些项?

2. 为什么 Web 能够成为电子商务信息表达的技术平台?

3. 如何理解电子商务网站与电子商务系统的关系?

4. 网站的基本组成主要包括哪几项?

5. 请写出典型的 HTML 文件的结构。

6. 与传统的信息形式相比,超文本的含义是什么?

7. 客户端脚本和服务器端脚本的本质区别是什么? 后者的优势是什么?

8. 在服务器端逻辑体系结构中,服务器的主要操作任务是什么?

9. 实现动态页面主要有哪些技术和特点?

10. 在 Eclipse 集成开发环境中,试建立一个 Web 应用,并创建一个简单的 JSP 页面。

第三章
电子商务逻辑层技术

商务逻辑层描述商务处理过程和商务规则，该层所定义的应用功能是电子商务系统开发的重点；通过与其他软、硬件的集成，构成支持商务逻辑的支持平台。电子商务系统的大系统特征及体系结构的演变，对系统硬件、网络等集成技术和系统管理都提出了更高的要求，进而推动了应用服务器技术的产生与发展。

本章主要内容有：核心商务逻辑的构建技术；商务支持平台（Web 服务器及应用服务器）技术；核心商务逻辑的实现及其技术方案（.NET、J2EE）；移动网及物联网中逻辑层技术等。

第一节　核心商务逻辑的构建技术

一、商务逻辑层概述

商务逻辑层的目标是要根据用户输入进行商业逻辑处理，将处理结果提供给商务表达层，完成动态内容的构建，其技术重点是如何构建和实现复杂的业务逻辑。

商务逻辑可以划分成两个层次：一是企业的核心商务逻辑，通常具有明显的企业特征，由电子商务应用系统（程序）完成；二是支持核心商务逻辑的辅助部分，在大多数企业有着许多相似之处，可以通过不同技术产品的集成构成商务支持平台，一般包括商务服务层、商务支持层和基础支持层三部分。

支持平台向上层（商务应用）提供的服务主要包括：表达、商务支持、运行支持、开发和集成服务。构成支持平台的技术产品至少应当包括：Web 服务器、商务支持软件、集成与开发工具、计算机主机、网络和其他系统软件（如操作系统、管理工具软件等）。通常，Web 服务器、商务支持软件、部分集成开发工具被集中在一个称为"应用服务器"的软件包中，所以，商务逻辑层在物理上可以简化为以下三个部分：应用软件（实现商务逻辑）；应用服务器（为应用软件提供软件支持平台）和其他支持软件；计算机主机及网络（提供硬件支持）。

二、电子商务系统及其生命周期

电子商务系统需要和外界发生信息交流，是一个大系统，Intranet（企业内联网）、Extranet（企业外联网）、Internet 为电子商务系统提供了宽广的平台，电子商务系统为企业与供应商和消费者之间的信息交互提供了技术保证。

信息系统生命周期，是指从考虑其概念开始，到该系统不再使用为止的整个时期。IBM 将电子商务系统的生命周期归纳为以下四个阶段。

（1）商务模型转变阶段。该阶段的主要任务是转变企业核心商务逻辑，创造电子商务模型。需要考虑电子商务技术对商务过程中各项商务活动的影响，并将电子商务系统与企业内部信息系统、企业与商务合作伙伴之间的信息共享作为一个整体考虑。

（2）应用系统的构造阶段。该阶段的主要任务是建立一个基于 Web 技术之上的新系统，并将其与电子商务系统的网络环境、支持平台与外部信息系统集成为一个整体，使最终构造的电子商务系统是一个基于标准的、以服务器为中心的、可伸缩的、可快速部署的、易用的和易管理的系统。

（3）系统运行阶段。该阶段不仅是计算机系统的正常运转，也涉及企业商务活动如何迁移到电子商务系统上，并将计算机系统和企业商务活动凝聚成一体。

（4）资源利用阶段。该阶段是指对知识和信息的利用，重点是知识管理，包括对显式知识和隐式知识的管理。显式知识的管理，即能写下来并能编程处理；隐式知识是人们基于直觉、经验和洞察力的知识。

电子商务系统的生命周期是一个复杂的过程，要发展电子商务系统的企业，无论何时都可以从任何一个阶段开始，即从简单的着手，快速地增长，在现有基础上，逐步将核心业务扩展到互联网上。从长久应用来看，电子商务系统更能够促进信息和知识在企业内外的共享，提高企业竞争力。

三、电子商务系统常用的设计模式

（一）设计模式概述

随着面向对象技术被越来越广泛地应用，人们对可重用软件的要求也越来越高。而设计模式，就是解决同一类问题的通用解决方案。利用设计模式可方便地重用成功的设计和结构，把已经证实的技术表示为设计模式，使它们更加容易被新系统的开发者所接受。

MVC（Model-View-Control，模型—视图—控制）设计模式是一种主流的电子商务系统设计模式，它也是第一个分开表示逻辑与业务逻辑的设计模式。MVC 把应用程序分成三个核心模块：模型、视图和控制器，它们分别担负不同的任务。MVC 强制性地把应用程序的输入、处理和输出分开。图 3-1 展示了 MVC 模块各自的功能及它们之间的相互关系。

模型是应用程序的核心，它封装了应用程序的数据结构和事物逻辑，接受视图请求的数据，并返回最终的处理结果。在 MVC 的三个部件中，模型拥有最多的处理任务。被模型返回的数据是中立的，就是说模型与数据格式无关，这样一个模型能为多个视图提供数据。由于应用于模型的代码只需编写一次就可以被多个视图重用，所以减少了代码的重复性，提高了系统设计的可重用性。

视图是用户看到并与之交互的界面，提供模型的表示，是应用程序的外在表现，它只是作为一种输出数据并允许用户操纵的方式。它可以访问模型的数据，却不了解模型的情况，同时也不了解控制器的情况。当模型发生改变时，视图会得到通知，它可以访问模型的数据，但不能改变这些数据。一个模型可以有多个视图，而一个视图理论上也可以与不同的模

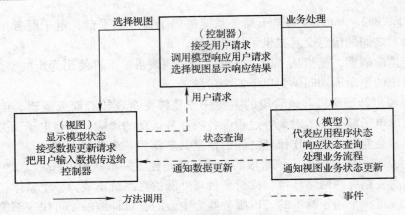

图 3-1　MVC 设计模式架构

型关联起来。

　　控制器的任务是从用户接受请求，将模型与视图进行匹配，共同完成用户的请求，控制层不作任何数据处理。

　　因为 MVC 本身就是一个非常复杂的系统，所以采用 MVC 设计模式实现 Web 应用时，最好选一个实现 MVC 模式的现有框架，在此基础上进行开发，可以取得事半功倍的效果。现在有很多可供使用的 MVC 框架，Spring 就是其中一个。

（二）MVC 常见应用开发框架——Spring

　　Spring 是一个基于 IoC（Inversion of Control，控制反转）和 AOP（Aspect Oriented Programming，面向方面编程）的分层框架。因为它允许开发者根据自己的需要选择使用它的某一个模块；Spring 对不同的数据访问技术提供了统一的接口，它采用的 IoC 可以很容易地实现 Bean 的装配，提供简洁的 AOP 并据此实现事务管理等特性。

　　Spring 框架由七个定义良好的模块组成。Spring 模块构建在核心容器之上，核心容器定义了创建、配置和管理 Bean 的方式，如图 3-2 所示。

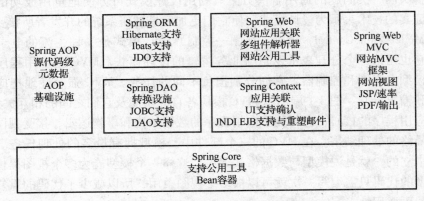

图 3-2　Spring 框架的七个模块

　　Core 包是框架的最基础部分，并提供依赖注入特性来使用户可管理 Bean 容器功能。这里的基础概念是 BeanFactory，它提供 Factory 模式来消除对程序性单例的需要，并允许用户从程序逻辑中分离出依赖关系的配置和描述。

图 3-2 表现的是 Spring 框架的静态结构。图 3-3 则从非常宏观的角度体现了 Spring 框架的动态功能。Spring 框架通过动态代理机制拦截了外界对 BeanFactory 管理下的对象的调用。其中 Ioc 机制用来装载 JavaBean，BeanFactory 可以管理所有应用的 JavaBean，用户只要将自己的 JavaBean 通过配置文件告诉 BeanFactory，那么 BeanFactory 将会加载这些 JavaBean。AOP 作为一个拦截机制创建了拦截器来拦截对象的调用，它通过一个横切面为这些 JavaBean 提供了权限访问、事务锁等

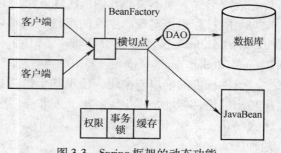

图 3-3　Spring 框架的动态功能

通用功能的实现，使得调用者无需指定被调用者的代理类就可以使用这些对象。这样就构成了一个完整的框架实现。

四、分布计算与组件技术

近年来，由于网络规模的不断扩大，以及计算机软、硬件技术水平的飞速提高，给传统的应用软件系统的实现方式带来了巨大挑战。首先，在企业级应用中，硬件系统集成商基于性能、价格和服务等方面的考虑，通常在同一系统中集成来自不同厂商的硬件设备、操作系统、数据库平台和网络协议等，由此带来的异构性对应用软件的互操作性、兼容性及平滑升级能力提出了挑战。另外，随着基于网络的业务不断增多，传统的 C/S 结构的分布应用方式越来越显示出在运行效率、系统网络安全性和系统升级能力等方面的局限性。

针对以上问题的解决，分布计算（也称网络计算）技术得到了迅速的发展。所谓分布计算是指网络中两个或两个以上的软件相互共享信息资源，这些软件可以位于同一台计算机中，也可以部署在网络节点的任意位置。基于分布式模型的软件系统具有均衡运行系统负载、共享网络资源的技术优势。

分布计算技术的发展，使软件的开发从单一系统的完整性和一致性，向着群体生产率的提高、不同系统之间的灵活互联和适应性发展，软件的非功能性需求比以往得到更大的重视，以主机为中心的计算方式转变为以网络为中心的计算方式。这一方面导致应用软件的功能、性能、规模和复杂性极大地增长，而且要求各种应用软件之间能够互相交互。为此，系统集成成为重要课题，不仅包括不同厂商的网络、计算机平台之间的集成，更重要的是应用软件层次上的集成。

20 世纪 90 年代，面向对象技术已经成为主流，随着分布式计算的发展，各种应用软件的互操作性显得越来越重要。应用软件的用户和开发者希望能像电子类产品部件的消费者和制造商那样即插即用各种应用软件，由此产生了部件（Component）技术，也称组件技术。

组件技术最基本的出发点是创建和利用可复用的软件组件，通过软件模块化、软件模块标准化，使大型软件可以利用能够重复使用的"软件零件"进行组装，加快开发的速度，同时降低成本。组件是一种可复用的一小段软件（可为二进制形式）。所谓组件，可以小到图形界面的一个按钮，大到一些复杂的组件，如文字编辑器和电子表格。对于用户来说，组件是不可见的、预先由开发商编制的一系列易于理解和应用的模型。这些组件具有种种优势，如模块化、可复用性和可靠性等，且只花很少的工作量就可以接插不同厂商的组件。

组件技术是从面向对象技术发展而来的，它独立于语言和面向应用程序，只规定组件的外在表现形式，而不关心其内部实现方法。它既可用面向对象的编程语言实现，也可用非面向对象的过程语言实现。主流的组件技术可以归纳为三种：微软的组件对象模型（COM）、SUN 的 JavaBean 和企业级 JavaBean（EJB），以及公共对象请求体系结构（Common Object Request Broker Architecture，CORBA）。

组件标准的推出与应用，使得基于组件技术的系统开发成为可能。各 IT 厂商针对自己所提出的组件标准，提供了各类开发和应用平台，如 SUN 公司的 J2EE 和微软公司的 .NET，大大简化了系统开发和集成工作。目前，在电子商务系统开发中最常用的开发平台正是这两种。

五、SOA 和 Web 服务技术

随着软件开发技术的不断发展，面向服务体系架构（Service Oriented Architecture，SOA）已逐渐成为继面向过程、面向对象和面向构件等技术以后的主流技术架构。SOA 及相关规范由 IBM、Oracle、SAP 和微软等公司共同推出。与以往的软件开发技术相比，SOA 突出的特点是粗粒度和松散耦合，使得不同的业务间可以通过跨网络、跨平台，甚至跨编程语言以服务的形式进行交互，利用 SOA 可以将业务作为链接服务或可重复业务任务集成到其他系统中，可在需要时通过网络访问这些服务和任务。

这些服务是自包含的，具有定义良好的接口，从而被远程调用，同时由于具有松散耦合特性，使得能够将服务组合为各种应用程序，从而大幅度提高代码重用率，可以在增加功能的同时减少工作量。服务与服务之间、应用程序和服务之间的交互都是基于消息进行的，而这些消息往往以 XML 形式规范，因此，SOA 就具有了独特的跨越不同编程语言的交互能力。

Web 服务是用于 SOA 最常见的技术标准，另外还有 CORBA、MQSeriesRPC 等都可以是 SOA 的实现技术。Web 服务是独立的、模块化的应用程序，能够在网络（一般是 WWW）上被描述、发布、查找和调用。根据 SOA 的特点，Web 服务定义了三种角色：服务提供者、服务请求者和服务注册中心。服务提供者向服务代理发布其能够提供的服务，当服务请求者发出服务请求时，服务注册中心负责寻找对应的服务并提供给服务请求者。

Web 服务建立在 SOAP、WSDL 和 UDDI 标准上，并包含一系列用于在服务设计、部署等情况下对服务进行约束的扩展规范，这些规范涉及寻址、安全、发现策略、元数据交换、事务、组合等方面。所有规范标准均采用 XML 格式描述（参见本书第十章），因此与服务所在的硬件环境、操作系统、应用系统、编程语言等无关。目前，越来越多的大型软件系统开始向 SOA 迁移。

基于 XML 技术的 Web 服务改变了传统的开发模式，有效地缩减了电子商务应用部署的费用规模，并能够方便地根据各类用户的不同需求定制应用。从外部用户的角度而言，Web 服务是一种部署在 Web 上的对象/组件，它具备完好的封装性、松散耦合、使用协约的规范性、高度可集成能力等特征。

第二节　商务支持平台及相关技术

商务支持平台为商务应用系统提供了一些通用的服务支持，包括系统性能和商务服务两

部分，IT 厂商将这两部分的主要功能集成为应用服务器软件和一些通用的商用软件，用户以此为核心进行各种辅助软件和硬件的集成，可以方便地搭建出电子商务的支持平台。

由于电子商务系统的复杂性，因此多采用多层应用体系结构模型设计。从图 1-7 中可以看出，在多层应用体系结构模型中，电子商务支持平台的构成主要包括 Web 服务器、应用服务器和数据库服务器等。

一、Web 服务器

简单地说，Web 服务器存储并传送 HTML 文档使浏览器可以显示 Web 页面。

（一）Web 服务器的核心功能

Web 服务器的核心功能即对 HTTP 协议的解析。当 Web 服务器接收到一个 HTTP 请求后，会返回一个对应的 HTTP 响应，通常是送回一个 HTML 页面，来让浏览器可以浏览。此外，Web 服务器的核心功能还包括以下四个方面。

（1）安全性。安全性和验证服务对内部网的 Web 服务器至关重要，它可以验证从互联网进入内部网服务器的员工身份。安全服务不仅包括用户名和口令的验证，还包括处理认证和私有/公开密钥。访问控制可基于用户名或 URL，同意或拒绝用户对文件的访问。

（2）FTP。Web 服务器提供文件传输协议（FTP）服务，用户可用 FTP 向服务器传输文件或从服务器获取信息。如果用户使用通用口令"anonymous"（匿名）登录服务器，所用的协议就是匿名 FTP。有些 Web 服务器不允许匿名 FTP，而有些服务器则允许匿名用户从服务器下载信息，但不可以向服务器上载信息。

（3）搜索。搜索引擎和索引程序是 Web 服务器的标准服务，索引程序提供全文索引，即为存储在服务器上的所有文档创建索引，搜索引擎或检索工具可在本网站或整个 Web 上检索所请求的文档。搜索引擎一般只返回用户获准查看的文档，这样增强了网络的安全性。

（4）数据分析。Web 服务器可获取访问者的信息，包括谁正在访问一个 Web 网站（访问者的 URL），访问者浏览网站的时间有多长，每次访问的日期和时间，以及浏览了哪些页面。这些数据放在 Web 运行日志文件里，对运行日志文件进行认真分析可以揭示出很多访问者的信息，会有很大收获。充分利用运行日志文件，可以采用第三方的 Web 运行日志文件分析程序。

（二）Web 服务器的其他功能

（1）网站管理。首先，网站管理工具提供链接检查，检查网站所有页面并报告断开的、似乎断开的或有些不正常的 URL；网站管理工具可以用电子邮件把网站维护的结果发到 Web 上的任何地址；Web 网站验证程序有时还可以检查 Web 页面的拼写错误和其他结构性内容，可以计算调制解调器连接时页面的下载时间。此外，Web 网站管理员利用远程服务器管理工具可在互联网上的任何位置控制企业的 Web 网站。

（2）应用构造。应用构造是使用 Web 编辑软件和扩展软件生成静态或动态页面。有些 Web 开发系统只提供简单的 Web 页面生成工具，而有些系统则有功能强大的开发引擎，即使不熟悉 CGI 和 API 编码的用户，也可用它创建动态页面。有些 Web 开发软件包可创建特殊的 Web 页面，这些页面可识别出正在请求 Web 页面的浏览器，并回复一个动态生成的页面，所生成的页面可完全适合此浏览器的独特配置。

（3）动态内容。动态内容是响应 Web 客户机的请求而构造的非静态的信息。例如，如果一台 Web 客户机在表格中输入顾客号码或订单号以查询一份已生效订单的处理情况，Web 服务器就要检索该顾客的信息，并根据找到的信息创建一个动态页面满足顾客的请求。成功的 Web 网站都有效地利用动态内容吸引顾客，并尽可能更长时间地留住顾客。动态页面的内容来自企业的后端数据库或 Web 网站的内部数据，动态页面可根据请求者的询问内容定制。

（4）网站开发。网站开发工具的功能包括 HTML 或可视化 Web 页面编辑软件、软件开发套件和 Web 页面上载支持。服务器不同导致和 Web 服务器软件捆绑的工具也不一样。软件开发套件一般含有样本代码和指导，帮助设计者用 Java、Visual Basic、WinCGI 及 Peri 等语言开发服务器端和客户机端的程序。软件开发套件还包括不同语言的样本代码和代码开发指导，可以使网站管理员设计出高水平的 Web 页面。

（5）电子商务。Web 服务器对于电子商务软件的支持是多方面的，O'Reilly 公司开发的 Web 服务器软件 WebSiteProfessional 捆绑了电子商务模板和其他工具，目的是增加 Web 网站开展电子商务的能力。这些模板可简化图形、产品和企业信息以及购物车的创建工作，甚至可以简化信用卡的处理业务。好的电子商务软件可以根据需要生成销售报告，使商店管理者掌握最新数据，甚至还能自动地重复和更换 Web 上的广告。

（三）典型的 Web 服务器产品

在选择使用 Web 服务器应考虑的特性因素有：性能、安全性、日志和统计、虚拟主机、代理服务器、缓冲服务和集成应用程序等。下面简单介绍一些典型的 Web 服务器产品。

（1）Apache HTTP Server。Apache HTTP Server 在 Web 上的安装数量占主导地位，很大程度上因为它是免费的，同时性能也非常好，甚至连 IBM 公司也将它用在自己的 Websphere 软件包中。现在，Apache 的用户已经超过其他所有 Web 服务器用户的总和。

Apache 可运行在多种操作系统及其相应的硬件平台上。Apache 有内置的检索引擎和 HTML 编辑工具，还支持 FTP。用户可以通过服务器控制台或 Web 浏览器管理 Apache，服务器控制台直接连在服务器上。Apache 还有可用于创建新网站和目录的自动帮助工具，服务器提供了多重运行日志文件，可自动更新或存档，运行日志的条目遵循标准的 NCSA 通用运行日志文件格式，很多服务器也都遵循这种格式。

Apache 的安全性是经过精心考虑的，支持口令验证和数字证书。对用户的访问可按域名、IP 地址、用户或用户组进行限制。Apache 禁止按目录或文件访问，支持 SSL。

Apache 的应用开发工具支持 CGI 和多种专用 API。一旦建起 API 代码组，程序员就可用通用的 API 接口来调用这些代码组。Apache 也支持 ASP 和 JavaServlet。

（2）微软公司的 IIS。微软公司的 IIS（Internet Information Server）免费捆绑在 Windows Server 系列的操作系统上。IIS 是允许在 Intranet 或 Internet 上发布信息的 Web 服务器，是目前最流行的 Web 服务器产品之一，很多著名的网站都建立在 IIS 的平台上。IIS 提供了一个图形界面的管理工具，称为因特网服务管理器，可用于监视配置和控制因特网服务。

IIS 是一种 Web 服务组件，其中包括 Web 服务器、FTP 服务器、NNTP 服务器和 SMTP 服务器，分别用于网页浏览、文件传输、新闻服务和邮件发送等方面，它使得在网络（包括互联网和局域网）上发布信息变成了一件很容易的事。它提供 ISAPI（Intranet Server API）作为扩展 Web 服务器功能的编程接口；同时，它还提供一个因特网数据库连接器，可以实现对数据库的查询和更新。

二、应用服务器

电子商务系统中的应用软件通常建立在电子商务基础平台和电子商务服务平台这两个层次上，前者是面向系统性能的，后者是面向商务服务的。将这两个层次与 Web 服务器集成在一起的应用服务器（Application Server），是一个电子商务应用的通用支持平台。

1. 应用服务器的基本功能

（1）将用户接口、商业逻辑和后台服务分割开来。所有的应用请求都将通过 Web 服务器转给应用服务器处理，而不是直接从 Web 服务器访问数据库服务器。应用服务器是独立的进程，对业务进行处理，并进行事务管理，将其中的所有数据操作转给数据处理层的数据库服务器。在特定情况下，也可以转给其他系统。

（2）系统的可扩展性和负载均衡。用户在建立最初的系统时无法精确预计未来的系统规模。在这种情况下，用户的最佳选择是可以先建立一个小规模的系统，而在系统规模扩大时，可以方便地进行扩充。应用服务器体系结构可以满足用户的这种要求。应用服务器系统具有负载均衡的能力，用户在扩大系统时，可以仅增加几台新的服务器，安装应用服务器软件，进行恰当的配置即可，无需对应用进行任何修改，就能满足可扩展性能的要求。

（3）高可靠性。在应用服务器领域，一般说的可靠性是指容错和错误恢复两个特性。容错是指在发生一定的错误，包括硬件错误、软件错误和网络错误的情况下，系统对外仍然可以正常工作。更加完善的应用服务器还可以进行错误恢复，即错误发生后，如果经过自动或手工的处理排除错误，那么这些应用服务器可以恢复工作，继续为用户提供服务。

（4）使用数据库连接池技术。在应用服务器系统中，一般都采用数据库连接池（Connection Pool）技术，即在系统初启动，或者初次使用时，完成数据库的连接，而后不再释放此连接，而是在处理后面的请求时，反复使用这些已经建立的连接。这种方式可以大大减少数据库的处理时间，有利于提高系统的整体性能。

（5）分布会话管理。由于标准的 HTTP 请求是每个请求一个连接的，为了方便用户使用，系统一般都会利用 Cookie、IP 地址识别等技术来实现会话管理。例如，在用户登录后，记住用户的基本信息等。在单服务器的情况下会话管理比较容易实现，但是在多服务器的情况下，存在会话信息的存放地点问题。应用服务器提供了比较好的分布会话管理功能。

（6）提供完善的系统开发集成环境。为了方便用户的开发，应用服务器一般提供自己的集成开发环境，将本地编辑、上传、项目管理和调试工具等集中在一起，使开发工作在一个界面内全部完成。还有一些产品内置一些代码的自动生成器、数据库设计辅助工具等。

（7）使用高速缓存机制。在应用服务器中，高速缓存一般用于页面的缓存和数据库的缓存。页面的缓存是指将特定的 URL 对应的页面在缓存中予以记录，以便在未来再次访问同一个 URL 时直接使用。数据库的缓存是指系统对数据库的访问结果进行缓存，这样，相同的 SQL 再次去访问数据库时，就不需要进行真正的数据库操作，而只需读取缓存即可。

2. 典型的应用服务器产品

（1）BEA Weblogic。在应用服务器产品中 BEA Weblogic 一直处于领先地位。遵从开放标准、多层架构、支持基于组件的开发，便于实现商务逻辑、数据和表达的分离，并且能够提供开发和部署各种业务驱动应用所必需的底层核心功能。图 3-4 是 Weblogic 应用服务器的主界面。

图 3-4　Weblogic 应用服务器的主界面

（2）IBM WebSphere。WebSphere 应用服务器是 IBM 电子商务计划的核心部分（见图 3-5）。它基于 Java 的应用环境，用于建立、部署和管理 Internet 和 Intranet 的 Web 应用程序，范围从简单到高级直到企业级。WebSphere 应用服务器，通过提供综合资源、可重复使用的组件、功能强大并易于使用的工具，以及支持 HTTP 和 IIOP 通信的可伸缩运行的环境，能够帮助用户从简单的 Web 应用程序转移到电子商务世界。

图 3-5　WebSphere 应用服务器的登录界面

（3）Tomcat。Tomcat 服务器是一个免费的开放源代码的 Web 应用服务器，它是 Apache 软件基金会的 Jakarta 项目中的一个核心项目，由 Apache、SUN 和其他一些公司及个人共同开发而成。由于有了 SUN 的参与和支持，最新的 Servlet 和 JSP 规范总是能在 Tomcat 中得到体现，Tomcat 5 支持最新的 Servlet 2.4 和 JSP 2.0 规范。因为 Tomcat 技术先进、性能稳定，而且免费，因而深受 Java 爱好者的喜爱并得到了部分软件开发商的认可，成为目前比较流行的 Web 应用服务器。

第三节　核心商务逻辑的实现及其技术方案

电子商务发展早期阶段，一般采用 CGI 技术即可实现电子商务系统的核心商务逻辑。随着电子商务的不断发展，核心商务逻辑愈加复杂化，实现核心商务逻辑可供选择的技术平台主要有微软公司的 .NET 平台和 SUN 公司的 J2EE 方案。

一、公共网关接口 CGI

CGI 并不是一种程序语言，而是一种在 Web 服务器上运行相应程序的技术标准。这种标准规定了服务器如何获得客户端的输入、处理结果如何输出，以及相关的一些技术标准等。按照这种标准，利用 Peri、C/C++、CShell 和 VB 等各种语言均可编制相应的程序，这些程序被统称为 CGI 程序。

（一）CGI 的工作原理

CGI 全名是公共网关接口（Common Gateway Interface），它是 Web 服务器调用外部程序的一个接口。通过 CGI，Web 服务器能将用户从浏览器中录入的数据作为参数，运行本机上的程序，并把运行结果通过浏览器返回给用户。CGI 程序的工作原理如图 3-6 所示。

CGI 的工作过程如下。

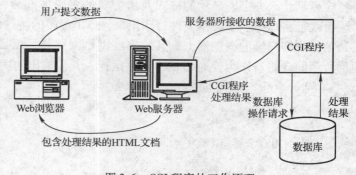

图 3-6　CGI 程序的工作原理

（1）用户在客户端浏览器上单击相应链接或提交窗体，由浏览器将相应资料发送给 Web 服务器；Web 服务器激活 CGI 程序，并以一定的格式将用户提交的资料传递给 CGI 程序。

（2）CGI 程序进行处理，若有需要则对数据库进行操作。

（3）CGI 程序的处理结果通过服务器以 HTML 文本的方式发送给浏览器，再由浏览器解释成为 Web 页面显示给用户。

通过 CGI 程序可以实现客户端与服务器端的信息交互能力。比较典型的 CGI 程序，如计数器，可以统计用户单击的次数，用户每单击一次，服务器端的计数器就加 1，并将数字显示给客户端。另一类非常典型的例子是用于表格提交处理的 CGI，这也是 CGI 最常用的方法之一，例如，在 Web 上填表或进行搜索用的就是 CGI 程序。

程序员在编写 CGI 时可以选用任何一种所熟悉的高级语言作为编程工具。其中 Peri 语言由于它具有强大的字符串处理能力成为编写 CGI 程序，特别是窗体类处理程序的首选。CShell 也是一种经典的语言，但必须运行在 UNIX 平台上。C 和 C＋＋功能强大，跨平台性较好，但是由于缺乏可以灵活使用的字符串处理函数，因此在写 CGI 的时候显得非常难以掌握，且维护比较复杂。另外，其他的一些语言如 Delph、PowerBuilder 等均可用于编制 CGI 程序。

下面是一个用 C 语言编制的 CGI 程序。

```
Void main ( )
{
printf ( "Content – type：text/html \ n \ ");
printf ( " < html > \ n");
printf ( " < title >用 C 编制 CGI 程序 < title > \ n");
printf ( " < body > \ n");
printf ( " < P >第一个 CGI 程序，这是用 C 编写的 </p > \ n");
printf ( " </body > </html > \ n");
}
```

单纯从程序编制的角度来说，CGI 程序与普通程序的结构基本上是相同的，所不同的是 CGI 程序处理输入与输出时需要根据 CGI 技术规范采用一些特殊的方法。

（二）CGI 程序的输出处理

用于浏览器输出的 HTML 文件实质上就是一个文本文件，在这个文本文件中规定了浏览器应显示什么文字、显示的格式及所需要的多媒体部分，如图像等的 URL。而 CGI 程序的输出就是将这样一个文本文件打印出来。CGI 程序的特殊之处在于它并不是向屏幕输出，而是输出到客户端的浏览器上，其输出经浏览器解释后就成为人们所看到的 Web 页面了。上例所示的代码若作为普通 C 语言程序运行，其应输出的内容如下：

Content – type：text/html

< html >
< title >用 C 编制 CGI 程序 < title >
< body >
< p >第一个 CGI 程序，这是用 C 编写的 </p >
</body > </html >

输出的第一行表示本次输出的内容是 HTML 文本，浏览器接收到此行后，将按 HTML 文件来解释下面的内容。注意，该行与 HTML 正文输出之间至少有 1 行的距离，因此在 printf 函数中要加入两个" \ n"。输出的第三行以后就是 HTML 正文内容了。

综上所述，CGI 程序的输出主要可分为两部分：输出类型说明和 HTML 正文。无论使用的具体语言是什么，均应遵守这个规定。另外，如果对 HTML 的语法不够熟悉，也可以先利用 HTML 编辑器编辑出理想的 HTML 输出文本，然后参照这个 HTML 文件的源码将其各部分输出并加入适当的控制。

（三）CGI 程序的输入

CGI 程序的输入处理，必须对不同方式输入的资料进行拆解。通常情况下，CGI 程序的输入是由客户端的窗体提交而产生的。窗体的提交有 POST 和 GET 两种方式。这两种方式提交资料的格式是不同的，细节内容可参考 CGI 编程指导书籍。

　　与 ASP、JSP 和 PHP 等服务器端脚本语言相比，用 Peri/C 语言书写的 CGI 脚本是一种"非嵌入式"的服务器端脚本，是一个单独的程序，即它不是嵌在 HTML 文档中，再通过另一个程序解释替换，而是利用传统程序设计语言直接完成 HTML 语言的输出。因此，如果 HTML 输出有所变化，就需要直接修改 CGI 程序，使维护工作非常复杂，这也使 CGI 技术的应用和推广受到限制。此外，这种开发技术存在着严重的扩展性问题——每个新的 CGI 程序要求在服务器上新增一个进程。如果多个用户并发地访问该程序，这些进程将耗尽该 Web 服务器所有的可用资源，直至其崩溃。

　　为克服 CGI 程序的弊端，微软公司推出了 ASP（Active Server Pages）技术，SUN 公司推出了 JSP（Java Server Pages）技术。这两种技术在本书第二章中均已经作过介绍。

二、.NET Framework

　　正如微软总裁兼首席执行官 Steve Ballmer 所定义的，.NET 代表一个集合、一个环境、一个可以作为平台支持下一代因特网的可编程结构。其最终目的就是让用户在任何地方、任何时间，以及利用任何设备都能访问所需的信息、文件和程序。用户不需要知道这些文件放在什么地方，只需要发出请求，然后只管接收就可以了。

　　1..NET Framework 的内容

　　根据微软的定义，.NET = 新平台 + 标准协议 + 统一开发工具。

　　一般来说，.NET 框架包含两个部分：.NET 框架类库（Framework ClassLibrary，FCL）和 .NET 公共语言运行库（CommonLanguageRuntime，CLR）。.NET Framework 可以通过面向对象编程技术来使用 FCL。这个库分为不同的模块，例如，一个模块包含 Windows 应用程序的构件，另一个模块包含联网的代码块，还有一个模块包含 Web 开发的代码块。.NET Framework 的 CLR 负责管理用 .NET 库开发的所有应用程序的执行。以 CLR 为基础，.NET Framework 可以支持多种语言（包括 C#、VB.NET 等）的开发。

　　具体来说，.NET 框架旨在实现下列目标。

　　（1）提供一个一致的面向对象的编程环境，而无论对象代码是在本地存储和执行，还是在本地执行但在互联网上分布，或者是在远程执行。

　　（2）提供一个将软件部署和版本控制冲突最小化的代码执行环境。

　　（3）提供一个保证代码安全执行的代码执行环境。

　　（4）提供一个可消除脚本环境或解释环境的性能问题的代码执行环境。

　　（5）使开发人员的经验在面对类型大不相同的应用程序（如基于 Windows 的应用程序和基于 Web 的应用程序）时保持一致。

　　（6）按照工业标准生成所有通信，以确保基于 .NET 框架的代码可与任何其他代码集成。

　　2. ASP.NET 简介

　　ASP.NET 是建立在公共语言运行库（CLR）上的编程框架，可用于在服务器上生成功能强大的 Web 应用程序，是 .NET 框架的重要组成部分。与以前的 Web 开发模型相比，ASP.NET 具有更强大的优势。

　　（1）ASP.NET 是在服务器上运行的编译好的公共语言运行库代码。和 ASP 即时解释程序不同，ASP. NET 将程序在服务器端首次运行时进行编译。

（2）ASP. NET 框架补充了 Visual Studio 中的大量工具箱和设计器。能够实现所见即所得编辑、拖放服务器控件和自动部署等功能。

（3）由于 ASP. NET 基于公共语言运行库，所以它能够运行在几乎全部的 Web 应用开发平台上。. NET 框架类库、消息处理和数据访问解决方案都可以从 Web 无缝访问。ASP. NET 与语言无关，所以，用户的程序可以用很多种语言来编写，现在已经支持的有 C#、VB 和 JScript。

（4）ASP. NET 使得一些常见的任务，如简单的窗体提交、客户端身份验证和网站部署与配置，变得非常容易。例如，ASP. NET 框架使得用户可以生成将应用程序逻辑与表示代码清楚分开的用户界面，和在类似 VB 的简单窗体处理模型中处理事件一样。另外，公共语言运行库利用代码托管服务（如自动引用计数和垃圾回收）简化了开发。

（5）ASP. NET 具有高效的可管理性。其使用一种以字符为基础的，分级的配置系统，使用户的服务器环境和应用程序的设置更加简单。由于配置信息是以纯文本形式存储的，新的设置就有可能在不重新启动本地管理员工具的情况下得到应用。

（6）ASP. NET 在设计时考虑了可缩放性，增加了专门用于在聚集环境和多处理器环境中提高性能的功能。另外，进程受到 ASP. NET 运行库的密切监视和管理，以便当进程行为不正常时，可以就地创建新进程，以帮助应用程序始终可用于处理请求。

（7）ASP. NET 附设了一个设计周到的结构，它使得开发人员可以在适当的级别"插入"代码。这样，开发人员可以用自己编写的自定义组件扩展或替换 ASP. NET 运行库的任何子组件。

（8）借助 ASP. NET 内置的 Windows 身份验证和基于每个应用程序的配置，可以保证应用程序是安全的。

3. ASP. NET 的环境配置和简单程序开发应用

要能够运行 ASP. NET 程序，需要配置的操作系统环境为 Windows 2003 SP1、Windows 2000 或 Windows XP，并安装 . NET 集成开发环境，其具体步骤如下。

（1）添加 IIS 组件。其目的是要让本机具备运行 ASP. NET 或 ASP 程序的环境。添加的时候需要 Windows 2003 SP1（或相应操作系统）的安装源文件或安装光盘，其关键步骤如下：

选择［控制面板］→［添加删除程序］命令，单击［添加/删除 Windows 组件］项，在出现的对话框中选中"应用程序服务器"选项。单击［下一步］按钮，在出现的对话框中，选中"ASP. NET"和"Internet 信息服务（IIS）"选项。单击［确定］按钮，在随后出现的"Internet 信息服务（IIS）"对话框中，选中"FrontPage2000 服务器扩展"选项（见图 3-7）。这样就完成了 IIS 组件的添加。

（2）配置 IIS 环境。配置 IIS6.0 环境作为 . NET 运行的 Web 服务器和应用服务器。其步

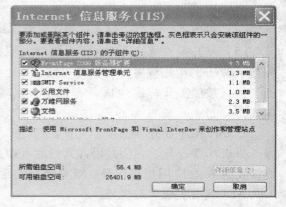

图 3-7 安装 FrontPage2000 服务器扩展组件

骤如下：

① 选择［管理工具］→［Internet 信息服务］命令，切换到［网站］→［Web 服务扩展］界面。将相应的 Web 服务扩展设置为允许或禁止，这样就可运行一般的 .NET 和 ASP 程序了。

② 建立一个指向需要运行的 .NET 网站的虚拟目录，如图 3-8 所示。在出现的对话框中，为虚拟目录命名，如"practice"。然后单击［下一步］按钮，在出现的对话框中，配置虚拟目录指向的网站所在的物理路径。这样，以后该网站的 HTML 等文件就位于该物理路径下了。而对于浏览器端的用户来说，是通过虚拟路径来访问网页文件的，真实的物理路径是不可见的。这样就在一定程度上提高了 Web 服务器文件的安全性。

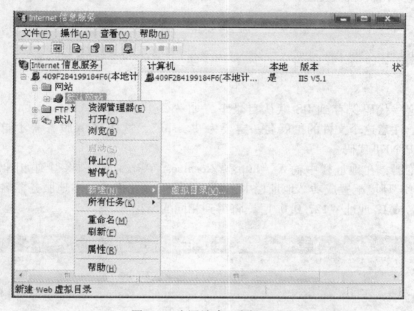

图 3-8　为网站建立虚拟目录

③ 单击"下一步"按钮后，在出现的对话框中，为虚拟目录赋予访问权限。要修改某个具体网站的当前 ASP. NET 版本为 ASP. NET2.0，需要先安装 .NET Frame-work2.0。ASP. NET 的版本可以在如图 3-9 所示的对话框中修改。经过以上配置，一般的 .NET2.0 程序就可以保证运行了。

（3）安装和配置 VWD2005。Visual Web Developer 2005 Express Edition 是微软推出的 Visual Studio 2005 的免注册精简版，有关安装过程此处从略。

（4）使用 VWD 建立网站。在 Visual Web Developer 2005 中，选择"ASP. NET 网

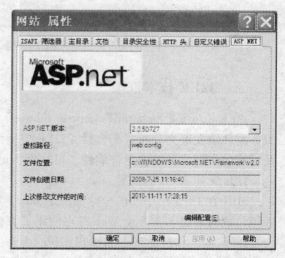

图 3-9　修改 ASP. NET 的版本

站"模板，在指定的物理路径下建立网站。

（5）测试.NET运行环境。可以用记事本等文本编辑器编写如下所示的代码。

```
< script language = " cs" run at = " server" >
Protected void Page_Load (object sender, Event Argse) |
lbl Test. Text = " Hello World!";
|
</script >
< html >
< head >
< title >. NET Test Script </title >
</head >
< body >
< asp: Label id = " lbl Test" run at = " server" / >
</body >
</html >
```

将以上这些代码保存到IIS默认目录下，如"C：\ Intepub \ wwwroot"，文件取名为"Test. aspx"。注意这个文件的扩展名一定要为".aspx"，这样Web服务器才能识别出网页中包含的ASP. NET代码。

打开浏览器，在地址栏中输入"http：//localhost/Test. aspx"，将得到如图3-10所示结果，表明.NET环境配置成功。地址栏中，"localhost"是指默认的本地服务器名称，也可以使用计算机名或IP地址"127. 0. 0. 1"，将得到相同的结果。

图3-10　测试结果页面

三、J2EE 技术框架

J2EE（Java 2 Platform Enterprise Edition）是Java技术进化的产物。在Java语言从客户/服务器环境发展为分布式平台后，J2EE应运而生。J2EE使得企业开发和部署的解决方案能及时推向市场，并能满足伸缩性、可靠性、可用性、安全性和易管理性等要求。

1. Java 和 J2EE 的发展

SUN在1995年中期向全球推出了Java，对IT行业产生了深远的影响。在Java推出的第一年，就有超过8.3万个Web站点使用了Java，数十万开发人员开始接触Java。

1996年，SUN发布了Java虚拟机（Java Virtual Machine，JVM）规范，这使得不同的平台能够通过创建虚拟机来支持Java，从而实现"一次编写，随处运行"。

1997 年，Java1.1 发布，该版本中包含了 RMI、JDBC 和 JavaBean 组件架构等多个强大的新功能。其中，RMI 是指 Java 编程环境中的远程过程调用实现，而 JDBC 则能够支持独立于平台的数据库连接。同年，SUN 发布了 Servlet API 规范，Java 从此替代了 Web 服务器上的 CGI 脚本。JSP（Java ServerPage，Java 服务器页面）新技术也随之在 1998 年 3 月发布。

1998 年，Java 2 发布，除了核心库支持以外，Java 2 还提供了包括 JavaMail API 和 Java Enterprise API 在内的扩展特性支持。在这些 API 的帮助下，可以创建和管理大型企业的应用程序。

随着 Java 技术的普及使用，出现了各种 Java API 和对应的规范。包括 J2SE（Java 2 Standard Edition）、J2ME（Java 2 Micro Edition）和 J2EE（Java 2 Enterprise Edition）等。其中，J2ME（Micro 版）包含设备级别的 Java 规范，它支持运行在手机、机顶盒和冰箱等设备上的 Java 程序。J2EE 技术于 1999 年年底对外公布，IBM、Netscape、Oracle 等 IT 巨头纷纷加入 SUN 的行列，并携手合作，组织修改了当前基于 Java 的企业应用程序，使其符合 J2EE 规范的要求，共同推动 J2EE 的发展，为 Java 企业版的最终成功立下汗马功劳。

2. J2EE 的体系结构

J2EE 平台使用多层分布式应用模型。应用逻辑根据功能划分成不同的组件，由多个应用程序组件所组成的 J2EE 应用系统可以安装在不同的计算机上，这取决于这些应用组件是属于整个多层的 J2EE 环境中的哪一层。如图 3-11 所示，J2EE 定义了一个典型的四层结构，分别是客户端层、Web 层、业务逻辑层和企业信息系统层。

客户层用来实现企业级应用系统的操作界面和显示层。另外，某些客户端程序也可实现业务逻辑，可分为基于 Web 的和基于非 Web 的客户端两种情况，前者主要是标准的 Web 浏览器，后者则是独立的应用程序，可以完成瘦客户端无法完成的任务。

Web 层提供 Web 应用服务，包括信息发布等。Web 层由 Web 服务器和 Web 组件组成。Web 组件包括 JSP 和 Servlets。Web 层也可以包括一些 JavaBean 来处理用户输入。Web 层主要用来处理客户请求，调用相应的业务逻辑模块，并把结果以动态网页的形式返回到客户端。

业务逻辑层也叫 EJB 层，它由应用服务器和 EJB 组件组成。一般情况下，开发商把 Web 服务器和 EJB 服务器产品结合在一起发布，称为应用服务器。EJB 层用

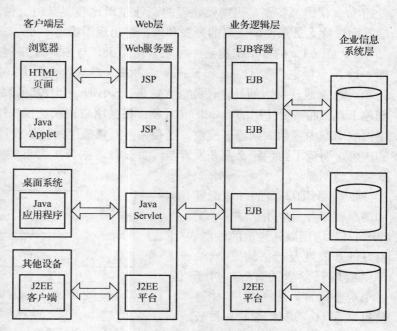

图 3-11 典型的 J2EE 四层体系结构图

来实现企业级信息系统的业务逻辑。企业 Bean 从客户端接收数据并处理，然后把数据传送到信息系统层存储起来。同样，企业 Bean 也可以从信息系统层取出数据，发送到客户端程序。运行在业务层的 EJB 依赖容器来为诸如事务处理、生命周期、状态管理、多线程及资源存储池等提供复杂的系统级代码。

企业信息系统层软件包括企业资源计划（ERP）系统、大型机事务处理系统、数据库系统及其他遗留系统。J2EE 连接器架构（JCA）使用户可以从一个 J2EE 部署访问信息系统。

3. J2EE 开发中的两种模式

在早期的 Java Web 应用中，JSP 文件是一个独立的、自主完成所有任务的模块，它负责业务逻辑、控制网页流程并创建 HTML。这给开发带来了一系列问题，由于 HTML 代码和 Java 程序强耦合在一起，致使内嵌的流程逻辑错综复杂，调试、修改、维护等都很不方便。为了解决这一问题，SUN 公司先后制定了两种规范，称为 JSP Model 1 和 JSP Model 2。

在 JSP Model 1 中，JSP 既要负责业务流程控制，又要负责提供表示层数据，同时充当视图和控制器，未能实现这两个模块之间的独立和分离。其体系结构如图 3-12 所示。JSP 从 HTTP 的请求中提取参数，调用相应的业务逻辑，处理 HTTP 会话，最后生成 HTTP 文档。一系列这样的 JSP 文件形成一个完整的应用。

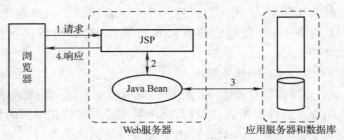

图 3-12　JSP Model 1 的体系结构

Model 1 的好处是简单，能很好地满足小型应用的需要，但是它把业务逻辑和表现混在一块，不能满足大型应用的要求。不加选择地随意使用 Model 1，会导致 JSP 页面内嵌入大量的 Java 代码。特别是当需要处理的商业逻辑比较复杂时，情况会变得非常严重。对于前端界面设计人员来说，代码的开发和维护将出现困难。

JSP Model 2 的体系结构是一种联合使用 JSP 与 Scrvlet 来提供动态内容服务的方法，如图 3-13 所示。它吸取了 JSP 和 Servlet 两种技术各自的突出优点，用 JSP 生成表示层的内容，让 Servlet 完成深层次的处理任务。在这里，Servlet 充当控制器的角色，负责处理用户请求，创建 JSP 页面需要使用的 JavaBean 对象，根据用户请求选择合适的 JSP 返回给用户。在 JSP 中提取动态内容插入到静态模块。这是一种有突破性的软件设计方法，它清晰地分离了表达和内容，明确了角色定义及开发者与网页设计者的分工。事实上，项目越复杂，Model 2 的优势就越明显。

4. 轻量级 J2EE 的环境配置和简单程序开发应用

J2EE 应用以其稳定的性能、良好的开放性及严格的安全性，深受应用开发者的青睐。对于一个企业而言，选择 J2EE 构建信息化平台，更体现了一种长远的规划。在将来，企业经常

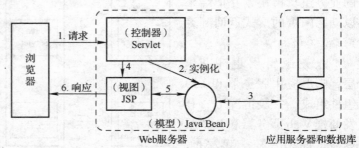

图 3-13　JSP Model 2 的体系结构

会有不同平台、不同系统的异构系统需要整合。J2EE 应用跨平台性、开放性及提供的各种远程访问的技术，为异构系统的良好整合提供了保证。

基于 EJB 的 J2EE 应用开发周期过长，并且必须运行在 J2EE 容器中。因此，目前大多数的企业应用采用的是轻量级的 J2EE 应用，它完全可以运行在 Web 容器中，无需 EJB 容器的支持，但其应用的稳定性及效果却都可以得到保证。轻量级 J2EE 开发环境的搭建主要包括 JDK 和 Web 容器的安装和配置。

（1）JDK 的安装。虽然 Java 是跨平台的，但 JDK 不是跨平台的。因此，在不同的平台上需要安装不同的 JDK。首先要到 SUN 的官方网站下载最新的 JDK（Java Development Kit），它分为 J2EE Development Kit 和 J2SE（TM）Development Kit（即 J2SDK）。限于篇幅，具体安装过程此处从略。

（2）Web 容器的安装。Web 开发必须安装 Web 容器。Tomcat 是 Java 领域最著名的开源 Web 容器，其简单、易用且稳定性极好。首先需要到 Apache Tomcat 官方网站下载 Tomcat 的最新版本。下载和安装过程此处从略。

（3）配置 Java 环境变量。在 JDK 安装成功后，用鼠标右击"我的电脑"，在下拉菜单中单击"属性"，进入设置环境变量的窗体。在随后出现的"系统属性"对话框中，打开［高级］－［环境变量］，将出现"环境变量"对话框，如图 3-14 所示。单击［新建］按钮，在对话框的变量名栏中输入"JAVA_HOME"，变量值栏中输入 JDK 的安装目录完成 JAVA_HOME 环境变量的新增，还需要新增一个 CLASSPATH 环境变量，编辑 Path 环境变量等。当需要执行 Java. exe、javac. exe 等程序时，Windows 就会从环境变量的最前面开始查找，查找到的是 SUN JDK 安装路径下的有关程序，就不会再去查找环境变量后面指示的路径了。

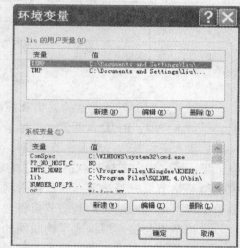

图 3-14 "环境变量"对话框

第四节 移动网及物联网中逻辑层技术与应用

一、WSN 技术及应用

无线感测网络（Wireless Sensor Network，WSN）近年来被广泛应用于环境监控、军事、医学及居家环境等领域，并越来越多地在移动商务和基于物联网的物流配送等方面得到应用。本节对 WSN 的机制及其相关应用简介如下。

（一）WSN 简介

天花板安放烟雾侦测器在很多公共场所已极为常见，这种用于侦测火灾的装置其实就是一种典型的感测器。随着技术的发展，感测单元的功能也逐渐多样化，除了能感受到环境中的声音、光线、压力、电、磁、味、温度高低等变化外，还能通过无线传输技术将感测数据传送出去。由于目前已能生产出价格低廉、可携带、低耗电且具有简易运算功能的感测器装置，所以在布置时可以采用大量的感测器而形成一个 WSN。

1. WSN 的结构

WSN 的基本组成包括如下几个基本单元（见图 3-15）：传感单元（由传感器和 A/D 转换功能模块组成）、处理单元（包括 CPU、存储器、嵌入式操作系统等）、通信单元（由无线通信模块组成）及能量单元。按照分工的不同，传感器网络又可以细分为末梢节点层和接入层。

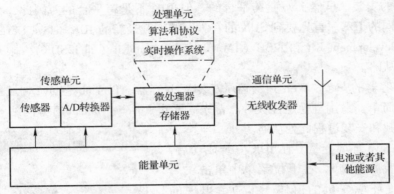

图 3-15　WSN 节点组成

末梢节点层由各种类型的采集和控制模块组成，如温度感应器、声音感应器、振动感应器、压力感应器、RFID 读写器、二维条码识读器等，完成物联网应用的数据采集和设备控制功能。接入层由基站（Sink）节点和接入网关组成，完成应用末梢各节点信息的组网控制和信息汇集，或完成向末梢节点下发信息的转发等功能。如果末梢节点需要上传数据，则将数据发送给基站节点，基站节点通过接入网关完成和承载网络的连接。而应用控制层需要下发控制数据时，由接入网关的基站节点将数据发送给末梢节点，实现信息转发和交互的功能。

末梢节点与接入层构成了物联网的信息采集和控制系统，其按照接入网络的复杂性不同可分为简单接入方式和多跳接入方式。简单接入就是在采集设备获取信息后直接通过有线或无线方式将信息直接发送至承载网络。目前，RFID 读写设备主要采用简单接入方式，此方式可用于终端设备分散、数据量的业务应用。

2. WSN 的特性及路由方式

WSN 具有以下几种特性。

（1）无中心架构（Non-centralized）。WSN 上的每个节点地位平等，没有特定的处理中心节点负责此网络的运作，每个节点都可以随时加入或离开此网络。当有节点发生故障时，不会影响整个网络的运作。

（2）自我组织能力（Self-organized）。WSN 的建立并不需要依赖任何的网络设定，各节点在开机后可通过分层协议及分布式算法自动地组成一个独立的网络。由于每个感测节点并不知道其他感测节点的位置，因此必须建立一套自我组织的协议，才能将收集的数据通过 WSN 传送到后端的用户。

（3）多层跳跃的数据交换（Multi-hops）。每个感测器所能感测的范围有限，因此，若某个节点要与范围以外的节点进行通信时，需要通过一些中间节点的多层跳跃转达，也就是信号范围所及的点可以直接传送，远距离的点则靠中间的点传送信息。

（4）动态拓扑（Dynamic Topology）。WSN 是一个动态网络，每个网络节点都可随意移动或是随时开、关机，每一个感测节点也可能因环境的变化或敌人的破坏等因素而遭到毁坏，所以，WSN 的网络拓扑变化频率很高，这意味着网络拓扑结构会随时发生改变。

基于上述特性，一般有线网络的路由协议无法有效应用于 WSN 上。从现行 WSN 的路由协议来看，WSN 的路由方式大致可分为以下三种。① 点对点直接传输通信（Direct Communication）。② 群集式传输通信（Clustering Communication），这种类型的网络架构可以减少数据在传送时所产生的能源消耗并具有扩展性，但缺点是网络架构较为复杂。③ 多层跳跃传输通信（Multi-hops Communication），每个在 WSN 里的感测器节点都可视为一个路由装置，各部分一起协力合作负责将感测信息封包转送到接收器节点。

但 WSN 在使用时会受到本身软硬件设备及使用环境上的影响，在设计上也有许多因素需要详细考虑，包括：感测器在硬件上的限制、WSN 的扩展性、实时性、容错能力、感测器的省电机制、感测器的成本、感测器的通信范围等。

（二）WSN 的应用

在现实环境中，由于 WSN 结合了移动定位服务（Location-based Mobile Service）等技术，衍生出许多不同类型的感测网络应用。现就以下几种 WSN 的应用进行介绍。

（1）军事上的应用。每个士兵节点可在轻巧的手持装备上配备感测器，以了解目前战场的环境、战术与所在位置，并能将信息通过其他中间感测器传送给后端的指挥官，作战术整合。此外，也可以接收自卫星传来的指挥官指令等重要信息，大大提升战略上的灵活性。

（2）海洋探测上的应用。由于人类无法长时间待在海底收集海洋的相关信息，因此可以将无线感测器大量地散布在海洋里，以侦测海底环境，如污染监控、航海辅助及灾难避免等应用，其架构如图 3-16 所示。先将海底感测器分成许多子群集，每个子群集里都有一个群集头节点（Cluster Head Node）负责收集群集内所有海底感测器的数据，再将收集的信息统一通过群集头节点传送给水面上的站台或是船只，最后通过卫星将数据传送至陆地上的站台（Onshore Sink Node）。

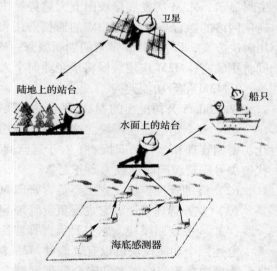
图 3-16　WSN 在海洋探测上的应用

（3）医疗服务上的应用。在病人身上装设感测器，一旦侦查到病人心跳停止或血压异常等状况，感测器就实时将感测到的信息传送给所在位置的节点接收器，再传送给后端的医护人员，并可结合移动定位服务清楚地知道病患目前的所在位置，争取救护时间。

二、M2M 技术

简单地说，M2M 是将数据从一台终端传送到另一台终端，也就是机器与机器（Machine to Machine）的对话。但从广义上，M2M 可代表机器对机器、人对机器（Man to Machine）、机器对人（Machine to Man）、移动网络对机器（Mobile to Machine）之间的连接与通信，它涵盖了所有在人、机器、系统之间建立通信连接的技术和手段的实现。M2M 的应用主要包括交通领域（物流管理、定位导航）、电力领域（远程抄表和负载监控）、农业领域（大棚监控、动物溯源）、城市管理（电梯监控、路灯控制）、安全领域（城市和企业安防）、环保（污染监控、水土检测）、企业（生产监控和设备管理）和家居（老人和小孩看护、智能安防）等。

1. M2M 产品分类及发展趋势

目前，各个行业迫切需要能够在恶劣环境下正常工作的卡类产品，主要是将 M2M 卡插入采集设备中，能够起到登录网络、鉴权的作用，从而实现数据采集和收集功能。当前的 M2M 卡类产品主要根据不同行业应用划分为以下三类。

第一类是普通 SIM 卡产品形态，主要应用在对环境要求不高的领域，要求工作温度在 $-25 \sim 85℃$ 范围内。

第二类是 M2M 卡，主要满足对工作温度要求比较高的应用，如车载系统、远程抄表、无人值守的气象和水利监控设备、煤矿和制造业施工监控等应用。这些领域环境比较恶劣，工作温度要求在 $-40 \sim 105℃$，并且要求 M2M 卡能够防湿和抗腐蚀。这些都对产品性能提出了极高的要求，要选择高性能芯片，并进行合适的封装。

第三类是 SMD 特殊封装的模块产品，将 M2M 模块焊接在设备主板上，除了温度要求达到 $-40 \sim 105℃$ 以外，还要求起到防震作用，这种产品主要应用在交通运输、物流管理和地震监控等应用领域。

当前 M2M 产品的主要问题集中在产品物理特性的提高，但随着未来 M2M 应用的不断发展，产品实现安全认证和图形化资讯服务等功能将会是市场的迫切需求。据工业和信息化部资料显示，M2M 的发展呈现出五大趋势：技术的改进将使 M2M 的产品成本快速降低；随着通信网络的融合与升级，M2M 的通信费用将大大降低；用户将更关注与业务密切融合的应用解决方案，以及 M2M 带来的创新服务；M2M 产业的专业化分工将快速形成，产业链的协同将更紧密；M2M 应用领域将从企业向个人和家庭用户的方向延伸。

2. M2M 平台功能架构

Watchdata 公司提出的 M2M 平台功能架构具有代表性，包括以下四个功能模块。

（1）安全访问控制模块。这个模块的功能主要是针对号码资源进行管理，如 SIM 个人化、密钥管理和鉴权访问控制。对于运营商来说，当前号码资源十分紧张，如何在物联网时代解决号码资源问题就成为当务之急。

（2）终端管理模块。它主要负责管理 M2M 终端的注册和状态监控。

（3）业务管理模块。它主要负责管理 SIM 和全网应用以及各级应用。

（4）业务定制模块。它主要负责管理各行业的二次开发和增值业务。

上述四个功能模块可以有效地对 M2M 的各个系统、终端和业务进行管理和支撑。

为解决号码资源问题和安全管理问题，Watchdata 公司推出了空中发卡解决方案和机卡认证解决方案。前者利用虚拟号码池和号码资源回收机制实现了号码资源充分利用，避免了号码资源闲置浪费的局面；后者则是利用终端的 IMEI 号和 SIM 模块的 IMSI 进行机卡绑定，同时通过 M2M 鉴权认证平台进行机卡互锁管理，平台定期下发更新密钥，可防止盗卡、盗机，确保了号码资源的安全性。

3. M2M 技术的应用

（1）电力抄表应用。电力抄表是 M2M 技术最主要也是需求量最大的典型应用之一。目前，电力抄表主要通过在 GPRS 集抄器上插入 SIM 卡来实现数据采集和通信功能。

（2）车载调度和监控管理。当前，物流运输管理和定位导航是 M2M 技术的另一个发展最为广泛的应用，很多企业开始通过安装车载 M2M 设备来实现车辆调度和物流监控管理。

（3）数据采集和监控领域。如农业灌溉、城市照明、电梯监控和工业控制都离不开 M2M 产品。

（4）智能家居应用。人们可以在下班之前就将家里的空调制冷、热水器开启、按照当前的菜谱来预订各种食品，并且通过手机监控系统可以看到家里老人和小孩的安全状态。

专家们认为，M2M 是物联网现阶段的主要表现形式和有效突破点。据统计，目前国内 M2M 应用大都集中在电力和交通运输行业（占 M2M 终端总数的 86.5%），而金融和安防等行业的需求正在快速凸显。

三、云计算技术

（一）云计算概念

1. 云计算定义及其原理

IBM 的技术白皮书中对云计算作的定义是："云计算一词用来同时描述一个系统平台或者一种类型的应用程序。"

云计算是并行计算、分布式计算和网格计算等计算机科学概念的商业实现。云计算是虚拟化、效用计算、IaaS（Infrastructure as a Service，基础设施即服务）、PaaS（Platform as a service，平台即服务）、SaaS（Software as a Service，软件即服务）等概念混合演进并跃升的结果。

云计算的基本原理是：通过使计算分布在大量的分布式计算机上，而非本地计算机或远程服务器中，企业数据中心的运行将与互联网更相似，这使得企业能够将资源切换到需要的应用上，根据需求访问计算机和存储系统。这就如同早期的单个发电站模式转向了如今的国家电网集中供电的模式。分布在各地的分布式计算机组成"云"，计算能力也可以作为一种商品进行流通，就像煤气、水、电一样，取用方便，费用低廉。这个由分布在各地的分布式计算机组成"超级计算机"——"云"连接上高速互联网，使用者通过网络就能获取运算结果。因此，任何有需求的单位甚至个人都能享受"云"所带来的便利。通过这项技术，网络服务提供者可以在数秒之内完成处理次数以千万计甚至亿计的信息，达到和"超级计算机"同样强大效能的网络服务。

2. 云计算的特点

（1）超大规模。"云"系统有相当的规模，Amazon、IBM、微软、Yahoo 等的"云"均拥有几十万台服务器。企业私有云一般拥有数百甚至上千台服务器。"云"能赋予用户前所未有的计算能力。

（2）虚拟化。云计算支持用户在任意位置、使用各种终端获取应用服务。所请求的资源来自"云"，而不是固定的有形实体。应用在"云"中某处运行，但实际上用户无需了解、也不用担心应用运行的具体位置，只需要一台 PC 或者一部手机，就可以通过网络服务来实现用户需要的一切，甚至包括超级计算这样的任务。

（3）高可靠性。"云"使用了数据多副本容错、计算节点同构可互换等措施来保障服务的高可靠性，使用云计算比使用本地计算机可靠。

（4）通用性。云计算不针对特定的应用，在"云"的支撑下可以构造出千变万化的应用，同一个"云"可以同时支撑不同的应用运行。

（5）高可扩展性。"云"的规模可以动态伸缩，满足应用和用户规模增长的需要。

（6）按需服务。"云"是一个庞大的资源池，按需购买；可以像自来水、电、煤气那样计费。

（7）极其廉价。由于"云"的特殊容错措施，可以采用极其廉价的节点来构成"云"，"云"的自动化集中式管理使大量企业无需负担日益高昂的数据中心管理成本，"云"的通用性使资源的利用率较之传统系统大幅提升。因此，用户可以充分享受"云"的低成本优势，经常只要花费几百美元、几天时间就能完成以前需要数万美元、数月时间才能完成的任务。

（二）云计算与网络

1. 云计算与网络的结合方式

云计算与互联网、移动网以及物联网各自具备很多优势，如果把云计算与这些网络结合起来，可以看出，云计算其实就相当于一个人的大脑，而网络就是其眼睛、鼻子、耳朵和四肢等。云计算与网络的结合方式可以分为以下几种。

（1）单中心，多终端。在此类模式中，分布范围较小的各物联网终端（如传感器、摄像头或3G手机等）把云中心或部分云中心作为数据处理中心，终端所获得的信息、数据统一由云中心处理及存储，云中心提供统一界面给使用者操作或者查看。这类应用非常多，如小区及家庭的监控、对某一高速路段的监测、幼儿园监管及某些公共设施的保护等都可以用此类信息。一般地，此类云中心为私有云居多。

（2）多中心，大量终端。该模式对于区域跨度大的企业（单位）较适合。这类企业需要对其各公司或工厂的生产流程进行监控、对相关的产品进行质量跟踪等。此外，有些数据或者信息需要及时甚至实时共享给各个终端的使用者也可采取这种方式。中国联通的"互联云"思想就是基于此思路提出的，前提是云中心必须包含公共云和私有云，并且它们之间的互联没有障碍。这样，对于机密的事情，可较好地保密而不影响信息的传递与传播。

（3）信息、应用分层处理，海量终端。这种模式可以针对用户范围广、信息及数据种类多、安全性要求高等特征来打造。可以根据客户需求及云中心的分布进行合理分配。对于需要大量数据传送，但安全性要求不高的，如视频数据、游戏数据等，可以采取本地云中心处理或存储；对于计算要求高、数据量不大的，可以放在专门负责高端运算的云中心里；而对于数据安全要求非常高的信息和数据，可以放在具有准备中心的云中心里。此模式是根据具体应用模式和场景，对各种信息、数据进行分类处理，然后选择相关途径传给相应的终端。

以上三种只是云计算与网络结合方式的粗线条的勾勒，还有很多种其他的具体模式，也许已经正在形成或已投入实际应用当中了。2004年，清华大学张尧学等人提出了一个称为"透明计算系统"的概念。图3-17显示了透明计算系统的组成结构。

其用户的显示界面是系统前端的轻巧设备，包括各种个人计算机、笔记本计算机、PDA、智能手机等，被统称为透明客户端。中间的透明网络则整合了各种有线和无线网络传输设施，主要用来在各种透明客户端与后台服务器之间完成数据传递，而用户无需意识到网络的存在。与云计算基础服务设施构想一致，透明服务器不排斥任何一种可能的服务提供方式，既可通过当前流行的 PC 服务器集群方式来构建透明服务器集群，也可使用大型服务器等。

2. 云连接技术

所谓云连接，是指将网络以最安全、最快速的方式实现互联，以按需、易扩展的方式将应用安全、可靠、快速地交付给所需者。云连接融合了 SaaS、应用交付、P2P 等多种模式和技术。每一个用户等同于一个节点，实现大量客户端的"超节点池"应用，用户只需要建立连接通道，就可以随时通过各节点从任何地方安全、高速地获取所需资源。云连接原理如图 3-18 所示。

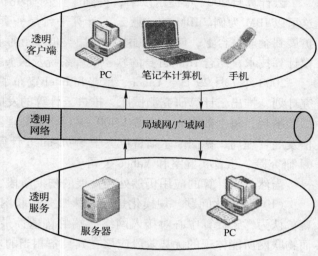

图 3-17　透明计算系统的组成结构

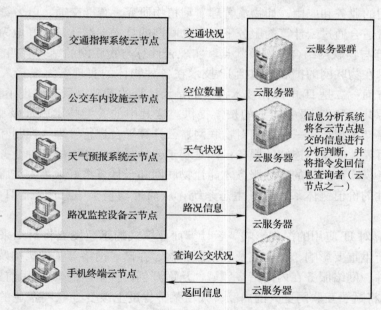

图 3-18　云连接原理图

实现云连接后，提升连接速度不再仅仅依靠本地带宽资源，而是依靠庞大的网络服务，用户数量越多，应用的稳定性和速度就越有保障。整个互联网就是一个巨大的"数据中转站"，参与者越多，每个参与者的连接性能就越好。

云连接的特征主要有两点。第一，随时随地地获取所需资源。只要建立连接通道，用户就可以通过一个唯一的通行证在任何设备、任何网络环境下按需获取资源。第二，连接性能。采用超级节点技术，用户获取所需应用的安全性及速度更有保障。如公交车内设施、交通指挥系统、天气预报系统、路况监控设备、手机终端都是云节点，云服务群则是各种信息的汇集站和发布站，如此方便快捷的云连接，会给人们带来极大的便利。

（三）云计算应用展望

云计算自 2007 年提出以来，得到了业内研究机构和跨国企业的极大关注，发展迅速。这里以 IBM 为例。IBM 的"蓝云"计算平台是一套软、硬件平台，将互联网上使用的技术扩展到企业平台上，使得数据中心使用类似于互联网的计算环境。该环境使用 IBM 的大规模计算技术，结合 IBM 自身的软、硬件系统及服务技术，支持开放标准与开放源代码软件。

2008 年 7 月 29 日，Yahoo、惠普和 Intel 宣布了一项涵盖美国、德国和新加坡的联合研究计划，推出云计算研究测试床，推进云计算的发展。该计划要建立六个数据中心作为研究试验平台，每个数据中心配置 1 400～4 000 个处理器。该计划的合作伙伴包括新加坡资讯通信发展管理局、德国卡尔斯鲁厄大学 Stein-buch 计算中心、美国伊利诺伊大学香槟分校、Intel 研究院、惠普实验室和 Yahoo 公司。

当然，云计算的应用仍然处在发展的初期阶段，下面对其应用前景进行简要分析。

（1）规模化问题。规模化是云计算服务物联网的前提条件。中国联通 IDC 运营中心的曹鲁认为，云计算中心对接入网络终端的普适性最终解决了物联网的 M2M 应用的广泛性，而物联网所能体现的优势阶段应该在其具备相当的规模之后。思科数据中心事业部大中华区首席技术官王纪奎认为，物联网本身不应该成为人们关注的重点，而是如何通过物联网实现对生产生活有用的业务和应用，如物流管理、动植物研究、智能交通、电力管理等规模较大的领域，就非常适合通过云计算的服务平台和物联网的技术支撑让其更好地为人类服务。

（2）云计算与物联网结合关键技术点。实现云计算与物联网的结合有四个关键技术点：一是互联网技术在物联网的扩展，包括 IP 技术在各种物体的实现、无线接入网络、网络与信息的融合等方面；二是 IT 虚拟化技术，这也是云计算的基础，只有实现了 IT 虚拟化，才能真正实现资源共享和 IT 服务能力的按需提供。这其中的关键技术就涉及服务器虚拟化、网络虚拟化和存储虚拟化；三是如何对物联网、云计算平台进行管理、控制和应用，才能让其更好地实现可靠、安全、连续的服务；四是基于云计算和物联网的各种业务与应用，只有通过合适的业务模式和实用的实际服务才能让物联网和云计算更好地为人类服务，才能形成一个有效、良性的价值链体系和业务生态系统，从而推动整个信息产业、IT 及各行各业良性可持续发展。

（3）云计算对 IT 应用的深刻影响。云计算商业模式的迅速发展将对未来电子信息领域的软硬件产业产生重要影响，将会波及包括服务器、存储、网络等基础架构及中间件、操作系统、应用软件、网络服务在内的诸多领域，从而开创一种全新的 IT 应用前景。

1）云计算将赋予互联网更大的内涵，并在某种程度上改变互联网企业的运营模式，通过云计算，更多的应用能够以互联网服务的方式交付和运行。

2）云计算将扩大 IT 软硬件产品应用的外延，并改变软硬件产品的应用模式。通过云计算，用户可以不必去购买新的服务器，更不用去部署软件，就可以得到应用环境或者应用本身。对于用户来说，软硬件产品也就不再需要部署在用户身边，这些产品也不再是专属于用户自己的产品，而是变成了一种可利用的、虚拟的资源。

3）IT 产品的开发方向也将发生改变以适应上述两种变化。Intel 曾表示，未来的技术发展将会与"云"里的应用发生很大关联，Intel 设计的服务器平台会去顺应这种改变，在技术发展的目标中也将增加关于"云"的新内容；IBM 对云计算更是投下了重注，并为此命名为"蓝云"计划。此外，现在甚至已经有专门定位于云计算应用的终端设备发布，其被称为"云计算计算机"。

展望未来，云计算主要有两个发展方向：一是构建与应用程序紧密结合的大规模底层基础设施，使得应用能够扩展到很大的规模；另一个是通过构建新型的云计算应用程序，在网络上提供更加丰富的用户体验。第一个发展趋势能够从现有的云计算研究状况中体现出来，在云计算应用的构造上，很多新型的社会服务型网络（如 Facebook）已经体现了这个发展趋势，而在研究上则开始注重如何通过云计算基础平台将多个业务融合起来。

习　　题

1. 商务逻辑层的主要任务是什么？主要通过哪些技术手段实现？

2. 在 MVC 设计模式中，模型、视图和控制器各自担负着什么作用？

3. 为什么 SOA 具有跨越不同编程语言的交互能力？

4. 在 Web 服务中定义的三种角色分别是什么？试分析在电子商务系统中应用 Web 服务技术具有什么好处。

5. 试分别使用 ASP. NET 和 J2EE 技术框架建立一个简单的网站，并分析比较二者的特点。

6. 商务支持平台的主要功能和技术要求是什么？

7. 应用服务器的主要功能有哪些？调查并分析市场上主流应用服务器产品的技术特征及发展动态与趋势。

8. 选择、安装并使用某个应用服务器产品，了解其主要功能和特征，并借助其提供的工具迅速完成简单电子商务应用系统的构建。

9. 简述 WSN 的结构和特点，并举例说明 WSN 在电子商务中的应用。

10. M2M 适合在哪些领域应用？简述 M2M 与物联网的关系及未来的发展趋势。

11. 什么是云计算？其与网络结合有哪几种方式？分别适用于什么应用环境？

12. 试说明云连接技术的原理，以及云计算对 IT 应用带来哪些深刻影响。

第四章
电子商务数据层技术

在电子商务应用系统中，数据库技术和 Web 技术得到了有机结合，为电子商务应用中的数据、信息和知识的管理和使用提供了有效手段。本章重点分析了电子商务系统中信息需求和数据管理技术的特征，并从数据平台建设和数据访问接口技术两个方面，介绍了相关领域的技术基础、技术特征及其方法。

第一节　电子商务与数据管理技术

电子商务应用需要大量的数据管理，同样离不开数据库技术的支持。事实上，也正是电子商务应用的需求推动了数据库技术与 Web 技术的全面结合，数据库核心技术和数据库访问接口技术等得到了发展。

一、电子商务系统中的数据管理需求

因特网作为一种主要的信息载体，改变了传统的信息表达、交流和获取方式，使得因特网上的信息发布和取得更加容易。与此同时，也表现出许多问题：因特网建立在对等的网络基础之上，每个网站都可以自主地发布信息，数据存在于海量的网站和网页里，查找起来漫无边际，获取知识的代价不断增大；网上的内容主要以 HTML 格式的形式存在，没有很好地描述内容的内在特点，给计算机的内容处理带来很大障碍。

如何管理和利用因特网上所蕴涵的海量信息，如何在 Web 应用中更好地为用户的应用需求提供数据管理，这些随着 Web 应用的发展而出现的问题，使人们开始更多地关注散落在企业和企业间数据交换所产生的非结构化数据。此外，电子商务应用的深入，将直接导致企业对于信息共享和知识管理需求的进一步提高。

传统数据库管理技术很难满足上述需求。为此，人们开始重新审视组织内的信息需求和数据管理技术，借鉴并发展了在知识管理领域及情报学领域的信息检索等技术，使数据管理技术朝着深度和广度范围不断发展，从组织角度更系统地分析和管理企业需求，在一些文献中将其称为组织存储（器）。组织存储器由数据、信息和知识三个部分组成。

组织存储可以是半结构化的，也可以是结构化的。在半结构化或未组织的存储中进行查找比较困难，例如，以个人方式建立和存储的网页中的半结构化信息，即使是最好的搜索引

擎也会返回许多无用的信息。结构化组织存储使得查找变得非常容易，如数据库中的数据、管理和索引非常好的网站中的信息、专家系统中的结构化知识，查找起来要容易得多。

结构化和半结构化的组织存储见表 4-1。从表中可以看出，当从结构化比较差的形式向结构化比较好的形式进行存储移动时，数据、信息和知识变得更容易查找，并且对管理更有用。例如，可以将未组织的列表转变为数据库或将独立的网页转变为带索引的网站。这也正是数据库技术、Web 信息管理技术和知识管理技术中信息组织和管理讨论的主要内容。

表 4-1 结构化和半结构化的组织存储

存 储 类 型	数 据	信 息	知 识
结构化	数据库 数据仓库	带索引网站、报表、图表、手册	虚拟团队、文档数据库、专家系统、常见问题（FAQs）、新闻组
半结构化	未组织的列表	网页、电子邮件	公告板，聊天组

二、电子商务系统中的数据库技术

1. 电子商务对数据库技术的挑战

从管理的内容看，在电子商务环境下，信息种类繁多、格式多样，包括了文本、图形、图像、声音和动画等大量的多媒体数据，不再限于数字和字符。现在一些厂商正在试图使其产品能够管理包括半结构化信息在内的所有信息。

从数据模型看，对于多媒体数据和空间数据的管理，关系模型显得力不从心，数据库厂商纷纷引入对象标识、复杂数据类型、方法、封装和继承等面向对象的概念。允许用户根据应用需要自己定义数据类型、函数和操作符，而且一经定义，这些新的数据类型、函数和操作符将存放在数据库管理系统（DBMS）的核心，可以被所有用户使用。

从性能方面看，由于电子商务系统是大量用户每天 24 小时同时并发访问，因此，它要求系统具有高度的可靠性和极高的响应速度。另外，基于因特网的电子商务系统，业务发展速度较快，新用户不断增加，高峰期数据处理量会很大，要求系统有很好的伸缩性。

从体系结构的变化看，随着应用逻辑从客户端移出，数据库服务器必须分担一部分复杂的应用逻辑功能，同时，由于 Web 客户的简单易用吸引了更多的用户使用，促使数据库服务器必须能支持更多的用户数及流通量。因此，DBMS 的事务处理、并发控制等功能必须加强。

这就要求数据库技术不仅要提高系统组织和管理数据的能力，还需要向应用提供有效的访问接口，完成应用系统与数据系统之间的数据请求与响应。

2. 数据库技术对电子商务的支持

数据库技术对电子商务的支持是全方位的，从底层的数据基础到上层的应用都涉及数据库技术（见图 4-1）。

（1）收集、存储和管理各种商务数据是数据库技术的基本功能。对于参与电子商务的企业而言，数据不仅包括来源于企业内部信息系统的内部数据，还包括大量的外部数据。数据是企业的重要资源，是进行各类生产经营活动的基础及结果，是决策的根本依据。利用数据库技术对数据进行全面和及时收集、正确的存储和有效的组织管理，是充分利用数据这一重要资源的基础工作。

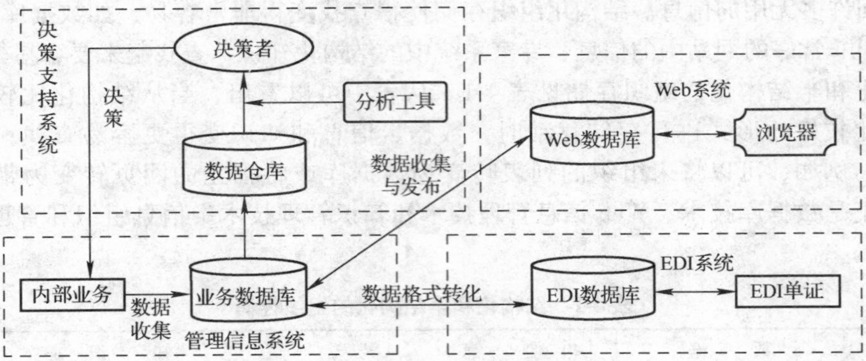

图 4-1　电子商务中的数据库技术

（2）决策支持。电子商务一方面将企业置身于一个全球化的市场，使企业可以得到更多的经济信息，有利于企业的经营；另一方面，由于电子商务交易的全球化，使得电子商务市场变化频繁，加大了企业预测市场动向和规划经营管理策略的难度。信息系统的广泛应用为企业积累了大量的原始数据，电子商务的应用丰富了企业外部信息来源，数据仓库、联机分析处理和数据挖掘工具的丰富为企业充分利用电子商务的海量数据进行决策分析提供了有效的技术手段，使得企业可以依据分析结果作出正确的决策，随时调整经营策略，以适应市场的需求。

（3）数据管理等基础设施建设是成功实现 EDI 的关键。没有良好的数据库系统的支持，就难以实现企业内部系统到 EDI 的转换过程。这一过程是企业内部的管理信息系统依据业务情况，自动产生 EDI 单证并传输给贸易伙伴的，而对方传来的 EDI 单证也可以由系统自动解释，并存入相应的数据库。业务数据库和 EDI 系统之间的接口的功能可以概括为以下四个方面。

① 提供标准的信息格式定义。

② 与 DBMS 的无关性。

③ 自动抽取数据库中的相关数据转化为 EDI 单证格式。

④ 自动抽取 EDI 单证的关键数据存储到数据库中。

企业可以设立一个 EDI 数据库专门用于有关 EDI 数据的处理。这样的管理方式简单明了，但如果数据库之间的沟通不顺畅，就可能产生数据不一致的现象。

（4）Web 与数据库的结合。由于 Web 上的数据主要由 HTML 表达，页面结构自由性大，导致 Web 上的信息又多又混乱。当今的 DBMS 有着比 HTML 档案更有利的条件，那就是它对查询处理的快速、对查询的弹性、能存储大量数据的能力，以及含有复杂资料形态的能力。但是，与 Web 相比，DBMS 显得严谨有余而灵活不足，很难迅速地向 Web 用户提供信息服务。只有将 Web 技术与数据库有机地结合在一起，才能满足电子商务系统中的数据管理需求。在这种结合中，前端有界面友好的 Web 浏览器，后台则有成熟的数据库技术作支撑，这样无疑会给企业电子商务带来一个良好的应用环境。让 Web 管理者能够制作取用后端数据库的网页，而不必使用 SQL 语言来作数据库的查询；Web 开发者可以制作出一些如在线产品和定价目录、在线购物系统、动态文件服务、在线聊天和会议、事件注册等的数据库解决方案；使用者可以不必编写 HTML 就可以对数据库作搜寻、新增、更新和删除等动作。

第二节　数据库平台技术简介

一、数据模型及其发展动态

（一）基本数据模型

通俗地讲，数据模型就是现实世界的模拟，是数据库系统中用于提供信息表示和操作手段的形式构架。各个厂商实现的 DBMS 软件都是基于某种数据模型的。数据模型的种类很多，大体上可分为两种类型：一种是独立于计算机系统的数据模型，即概念模型；另一种是涉及计算机系统和 DBMS 的数据模型。概念模型用于将现实世界抽象为信息世界，是抽象的，与具体的 DBMS 无关，通常仅在数据库设计中使用。

一般地，数据库系统支持的数据模型，通常由以下三部分组成。

① 数据结构：包括数据对象及其相互联系。

② 数据操作：主要是对数据的检索和更新。

③ 数据的约束条件：完整性规则的集合。完整性规则是指在给定的数据模型中数据机器联系所具有的制约和依存规则。

主要的数据模型有层次模型、网状模型、关系模型和面向对象模型。

（1）层次模型（Hierarchical Model）。其数据结构是一种树型结构，树的节点就是记录型（代表实体集合）。层次模型需要满足以下两个条件：有且仅有一个节点（实体集）无双亲节点，这个节点即为树根，而其他节点有且仅有一个双亲节点。层次模型的各层记录型间均具有一对多的联系，在现实世界中存在着许多具有这种性质的事物，如军队、学校等。层次模型是数据库中发展最早，技术上也比较成熟的数据模型，其缺点是处理效率较低，如果层次间是 N∶M 的联系，就难以用上述层次模型直接描述。

（2）网状模型（Network Model）。广义地讲，数据模型中各个记录型（实体集）相互联系形成一个整体均可以看做是网状模型。与层次模型的区别是，网状模型需要满足下列条件：可以有一个以上的节点（记录型）无父节点；至少有一个节点的父节点多于一个。在现实生活中，事物之间普遍存在的是具有网状结构的信息联系，所以这种模型具有广泛的适用性。

（3）关系模型（RelationalModel）。关系模型将数据的逻辑结构归纳为满足一定条件的二维表的形式，称为一个关系（Relation），关系又由关系框架和若干元组（Tuple）组成，一个元组实际上是二维表中的一行内容。关系的完整性约束条件包括三类：实体完整性、参照完整性和用户定义的完整性。由于关系模型具有规范化形式，在数据处理中，可以通过对各关系之间的系列运算，如合并、求差、求积、投影、选择等形成一些新的关系，以实现对数据的分析和交换。

在上述三种数据模型中，由于关系模型概念简单、清晰，用户易懂易用，有严格的数学基础及在此基础上发展的关系数据理论，简化了程序员的工作和数据库开发建立的工作，因此发展迅速，很快就成为深受用户欢迎的数据模型。目前市面上比较流行的数据库系统，如Oracle、Sybase、SQL Server、Access 和 FoxPro 等，均为关系型数据库。

（二）面向对象思想及其数据模型

面向对象的数据模型吸收面向对象方法学的基本思想，用面向对象观点描述现实世界（对象）的逻辑组织、对象间的限制、联系等。概括起来，该模型的核心概念有以下几条。

（1）对象标识。任何实体都被统一地用对象来表示，每一个对象有唯一的标识（称为对象标识，OID），它独立于值，系统全局是唯一的。

（2）封装。每一对象是其状态和行为的封装。对象的状态是该对象的属性值集合，对象的行为是在对象状态上操作方法（程序代码）的集合。对象被封装的状态和行为在对象外部是不可见的，只能通过显示定义的消息传递存取。

（3）类和类层次。所有具有相同属性和方法集的对象构成一个对象类（Class），任何一个对象都是某一个对象类的实例。所有的类被组成一个有根的有向非环图，称为类层次结构。类层次可以动态扩展，一个新子类能从一个或多个类中导出。

（4）继承。一个类可以从其直接和间接的祖先那里继承所有的属性和方法。类继承可分为单继承和多继承。若一个类只能有一个超类则称为单继承，否则为多继承。

在面向对象的数据库系统中，使用持久变量来存储复杂数据。对象的装入和转换过程可以交给语言支持系统去解决，从而大大简化了应用程序代码。目前，市场上已经推出了Gemstone、Objectivity 和 Obiectstore 等若干个面向对象的 DBMS 产品，满足这一类应用的要求。然而，这些产品在坚固性、可伸缩性、客户/服务器结构和应用开发工具等方面不如关系型数据库产品，目前的应用领域也比较局限。

二、DBMS

（一）DBMS 的功能

DBMS 位于用户和操作系统之间，实现对共享数据的有效组织、管理和存取。由于DBMS 实现的硬件资源、软件环境不同，DBMS 的功能和性能会有很大的差异。但不管有多少差异，它们一般均具有以下的基本功能。

（1）数据库定义功能。对数据库的结构进行描述，包括外模式、模式、内模式的定义、数据库完整性的定义、安全保密定义（如用户口令、级别、存取权限）和存取路径（如索引）的定义。这些定义存储在数据字典（也称系统目录）中，是 DBMS 运行的基本依据。

（2）数据操纵功能。它提供用户对数据的操纵功能，实现对数据的检索、插入、修改和删除。一个好的 DBMS 应该提供功能强、易学、易用的数据操纵语言，方便的操作方式和较高的数据存取效率。

（3）数据库运行管理。这是指 DBMS 运行控制和管理功能。它包括多用户环境下的并发控制、安全性检查和存取控制、完整性检查和执行、运行日志的组织管理、事务的管理和自动恢复等。这些功能保证了数据库系统的正常运行。

（4）数据组织、存储和管理功能。DBMS 要分类、组织、存储和管理各种数据，包括数据字典、用户数据、存取路径等。要确定以何种文件结构和存取方式在存储级上组织这些数据，如何实现数据之间的联系，基本目标是提高存储空间利用率和方便存取。

（5）数据库的建立和维护功能。它包括数据库的初始建立、数据的转换、数据库的转储和恢复、数据库的重组织和重构造，以及性能监测分析等功能。

（6）其他功能。它包括 DBMS 与网络中其他软件系统的通信，与另一个 DBMS 或文件系统的数据转换功能，以及异构数据库之间的互访和互操作功能等。

（二）DBMS 的分类

根据数据模型的不同，有层次、网状、关系和面向对象等类型的 DBMS。

层次和网状数据库现在已经很少使用，目前大多数的 DBMS 都是关系数据库。面向对象数据库系统，最初是建立在纯粹的面向对象技术之上的，往往是以一种面向对象语言为基础增加数据库功能，主要是支持持久对象和实现数据共享。但是，纯粹的面向对象数据库不支持通用的数据库查询语言 SQL，缺乏通用性，在查询等操作层面存在技术问题，因而其应用领域受到了很大限制，一直未能广泛流行。为此，一种借鉴关系数据库和面向对象数据库的对象—关系数据库逐步得到认可和使用。

对象—关系数据库是通过在传统关系数据库中增加面向对象特性，把面向对象技术与关系数据库结合建立而成的。首先，对象—关系数据库支持用户定义自己的抽象数据类型，并具备由基类组合成复杂的组合类型的能力，从而支持复杂数据；其次，对象—关系数据库支持 SQL 语言，遵从正在制定中的 SQL3 标准，从而能够支持复杂查询。基于复杂数据的决策支持查询在日益增长，对象—关系型数据库产品为这些应用需求提供了很好的解决方案。目前，已经推出的产品有 Illustra、UniSQL、Omniscience 等。

（三）对象—关系映射

理论上，面向对象的开发方法与关系数据库二者存在显著的区别。对象—关系映射（Object/Relation Mapping，ORM）正是为了解决面向对象的开发方法和关系数据库之间互不匹配的现象而出现的一种技术。具体来说，ORM 系统以中间件的形式存在，通过使用描述对象和数据库之间映射的元数据，将内存中的对象自动持久化到关系数据库中，实现程序对象到关系数据库数据的映射。

ORM 可以保存、删除和读取对象，也可以生成操作数据库的 SQL 语句，从而使得开发人员不必接触烦琐的数据库表和数据库操作代码，能够像操作对象一样从数据库获取数据，以面向对象的思想实现对数据库的操作。目前，很多厂商都提供了 ORM 的实现框架产品，常见的包括 Apache OJB、EntityEJB、iBATIS 和 TopLink 等。而 Hibernate 的轻量级 ORM 模型逐步确立了在 Java ORM 架构中的领导地位，甚至取代 EJB 模型而成为事实上的 Java ORM 工业标准，其中的许多设计均被 J2EE 标准组织吸纳而成为 EJB 3.0 规范的标准。

（四）DBMS 的优化技术

在电子商务应用系统中，采用多层应用体系结构，将数据层与商务逻辑层和表达层分离开，这为系统的开放性扩充和性能优化提供了很大的空间和灵活性。但要真正提高电子商务系统的运行效率，还必须合理使用数据库系统的一些关键优化技术。

（1）存储过程技术。在目前的多层体系结构中，由独立的应用服务器完成商业逻辑处理，但存储过程仍然是非常有利的简化应用设计的工具。存储过程有以下优点。

① 高性能：使用存储过程可避免通过网络传送 SQL 语句，也不必将数据回传进行处理，可用服务器对本地服务器上的数据进行处理或跨服务器执行远程的进程。这将使应用具有较好的性能。

② 简化应用开发过程：存储过程把用户和应用程序与数据源、网络和存取路径细节隔离开，使得非专业人员对于数据库服务器上的数据访问变得更加方便，提高了应用开发效率。

③ 共享性：多个用户可以使用同一个存储过程，而且使用时可存放在磁盘缓冲区内，即当某个存储过程已经在缓冲区时，别的用户可以直接使用，不必再从磁盘调入。

④ 简化了安全控制：存储过程可简化对某些操作的权限控制，例如，可以把一组操作定义成一个存储过程，然后将调用存储过程的权限授给特定的用户，就不需要对每一条命令的执行都进行授权。

各种 DBMS 都提供了服务器销售商的过程语言，如 Sybase 的 Transact – SQL、Oracle 的 PL – SQL 等。它们支持各种各样的操作，并且可使相当复杂的业务在服务器上模型化处理，而不需要用其他语言（如 C 语言）编写外部代码。

（2）触发器技术。触发器提供了基于数据库的事件编程能力。一方面可以利用在表上创建 Insert 触发器、Update 触发器或 Delete 触发器来保证数据的完整性；另一方面，也可以利用这种数据触发机制结合存储过程对数据库进行事件编程，从而满足业务系统在特殊事务和性能上的需要。实践证明，这种技术的应用大大增强了应用逻辑程序控制数据的能力。

（3）查询优化。查询处理的优化取决于相关数据库表的索引设计，基于应用逻辑的查询需求及可能涉及的多表连接操作，对相关的列创建索引，必然会在很大程度上提高性能。另外，优化运行系统的关键需求之一是缩短在线事务处理（OLTP）的处理时间，而优化表的设计起着重要的作用。

第三节　数据库访问接口技术基础

由于数据源的非唯一性，有时在一个电子商务应用系统中需要同时访问多种数据库。这些数据库系统既有可能在同一服务器中，也有可能在不同的数据库服务器中；既有可能是在同一局域网内，也可能是通过因特网访问。因此，需要一个公共的数据库接口，为不同的数据库系统提供一致的访问。微软公司推出的 ODBC 是最早的整合异质数据库的数据库接口，获得了极大的成功，现在已成为一种事实上的数据库接口技术标准。而随着 Java 的广泛使用，Java 开发者也发现，需要找到一种能够使 Java 应用与不同数据库对话的方式，JDBC 由此产生，它可以被理解为 Java 版本的 ODBC。

一、开放数据库互联

（一）ODBC 概述

开放数据库互联（Open DataBase Connectivity，ODBC）是微软公司开放服务结构（Windows Open Services Architecture，WOSA）中有关数据库的一个组成部分。它建立了一组规范，并提供了一组对数据库访问的标准 API（应用程序编程接口）。这些 API 独立于不同厂商的 DBMS，也独立于具体的编程语言，利用 SQL 来完成其大部分任务。利用 ODBC 所提供的数据库访问接口，应用程序不直接与 DBMS 交互，所有数据库访问操作都由对应的 DBMS 的 ODBC 驱动程序完成。也就是说，不论是 FoxPro、Access 还是 Oracle 数据库，都可以使用 ODBC 所提供的 API 进行访问。

（二）ODBC 的结构

ODBC 的结构如图 4-2 所示。它通过驱动程序提供数据库的独立性，驱动程序是一个用以支持 ODBC 函数调用的模块，通常是一个动态链接库（DLL），应用程序通过调用驱动程序所支持的函数来操作数据库。驱动程序管理器为应用程序装入驱动器，负责管理应用程序中 ODBC 函数和 DLL 中函数的绑定。它还处理几个初始化 ODBC 调用，提供 ODBC 函数的入口点，对 ODBC 调用的参数进行合法性检查等。若想使应用程序操作不同类型的数据库，就要动态地连接到不同的驱动程序上。

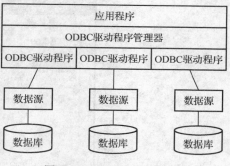

图 4-2 ODBC 结构示意图

ODBC 为应用和驱动提供了一种满足各自特殊需要的 API 方法，保持了与 SQL 标准的一致。故而 ODBC 定义了两种一致性级别：API 一致性和 SQL 一致性。

ODBC 的 API 一致性级别分为三级：核心级、扩展 I 级和扩展 II 级。核心级包括最基本的功能，由 23 个函数组成，包括分配、释放环境句柄、数据库连接和执行 SQL 语句等，能满足最基本的应用程序要求。扩展 I 级在核心级的基础上增加了 19 个函数，通过它们可以在应用程序中动态地了解表的模式、可用的概念数据类型及它们的名称等。扩展 II 级在扩展 I 级的基础上再增加 19 个函数，通过它们可以了解到关于主码和外码的信息、表和列的权限信息、数据库中的存储过程信息等，并且还有更强的游标和并发控制功能。

SQL 一致性也有三种：最低 SQL、核心 SQL 和扩展 SQL。其中，最低 SQL 提供了一个最大交集范围的 SQL 子集，以便使应用程序可以轻松地进行交互操作；核心 SQL 提供了与 X/Open SQL 规范相同的功能；扩展 SQL 则描述了独立于 ODBC 的 SQL 扩充，它为许多 DBMS 支持的高级 SQL 特性与数据类型提供了一种方便的途径，如外层连接、标量函数和存储过程援引等。

客户应用通过调用 ODBC 驱动程序管理器（Driver Manager）所提供的 API 或调用封装了 ODBC 驱动程序管理器 API 的类库，对不同数据库的数据源进行操作。在数据源和 ODBC API 之间起联系作用的是为不同的数据库专门开发的 ODBC 驱动程序，各种开发环境通常都提供 ODBC 访问接口，如图 4-3 所示的是 Windows 7 系统提供的 ODBC 数据源管理器界面。

现在大约有 50 多家数据库产品支持 ODBC，包括 MS SQLServer、Sybase SQL Server、Oracle 等客户/服务器网络数据库，以及 FoxPro、dBASE、Btrive、Excel 等单机数据库，而且随着 ODBC 的流行，越来越多的数据库厂商普遍会在自己的产品中支持 ODBC，随着数据库产品一起发放专用的 ODBCDriver。

（三）ODBC 数据源的配置

在 Windows 系列操作系统中，提供了一个桌面驱动程序，用以配置 ODBC 数据源，它支持多种 DBMS。当用户要增加一个连接特定数据库系统的数据源时，可以通过该桌面驱动程序，指定数据库文件名、系统（本地或远程）、文件夹等信息，同时给数据源命名。

例 4-1 以系统数据源为例，说明与 SQL Server 数据库实现连接的配制方法。一般来说，在正确安装了 SQL Server 数据库系统以后，就安装了 SQL Server 的 ODBC 驱动程序。配置数据源的步骤如下。

（1）打开 ODBC 数据源管理器如图 4-3 所示。单击"系统 DSN"选项卡。单击"添加"按钮，出现"创建新数据源"对话框，如图 4-4 所示。

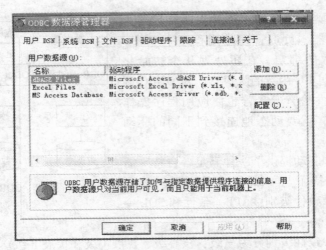

图 4-3　Windows 7 提供的 ODBC 数据源管理器

图 4-4　"创建新数据源"对话框

（2）在对话框中找到"SQL Server"选项，单击"完成"按钮。出现"创建到 SQL Server 的新数据源"对话框如图 4-5 所示。

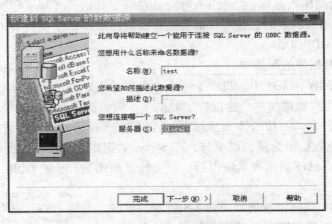

图 4-5　"创建到 SQL Server 的新数据源"对话框

（3）在图4-5所示的对话框"名称"栏填入数据源名称（由用户命名，本例中命名为"test"）；"描述"栏填写注释信息，也可以不填；"服务器"栏填写该 ODBC 数据源将要访问的数据库位置名称，即在企业管理器中设置的 TNS 服务名称，该名称也可以从下拉列表中选择。

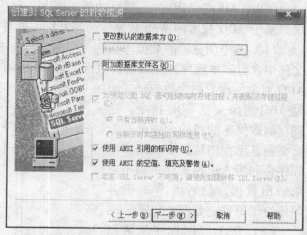

（4）单击"下一步"按钮，出现填写登录信息的对话框，在对话框中，输入数据库用户的连接密码。单击"下一步"，系统提示更改默认数据库等选项（见图4-6）。

（5）单击"下一步"，系统给出测试数据源对话框，如图4-7所示。点击"测试数据源"，数据源连接成功，系统将报告"测试成功！"的信息。

图4-6　提醒更改默认数据库

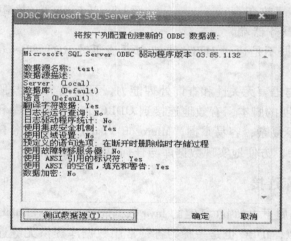

图4-7　测试数据源连接

（四）数据库访问对象

微软公司的 ODBC 为异质数据库的同时访问提供了公共的 API，但 ODBC API 并不容易使用，由此诞生了数据库存取对象，利用面向对象技术将 ODBC API 封装成对象的一部分功能，并针对某一种格式的数据库提供专用的数据库存取功能，如 Access、SQL Sever 和 Oracle 等均配有 ODBC 驱动程序，以提供快速通信手段。

DAO（Data Access Object）是微软公司应用程序及开发工具访问数据库的主要标准对象。DAO 除了可用来存取 ODBC 数据库之外，还可用来存取 .mdb 格式的数据库。RDO（Remote Data Object）是为强化服务器等级的大型数据库 SQL Server 的访问功能、提高执行效率而推出的，目前附属于 VB 企业版。数据库访问对象（ADO）提取了 DAO 和 RDO 最精华的功能，成为一个小而精的，更加适合于互联网的数据库存取对象群。ADO 属于较低层的技术，具有较大的灵活性，能独立创建对象、支持批量更新、支持返回数据量限制、支持多记录集等。

ODBC API 是 ADO 的一部分功能，因此，利用 ADO 访问数据时需要通过 ODBC 才能实现。基于 ADO 技术的 Web 数据库访问方法主要有以下两种。

（1）基于浏览器的数据库访问。当浏览器向 Web 服务器要求下载 ASP 文件时，若 ASP 文件中含有脚本程序则加以解释执行，若在程序中使用了 ADO 对象，则 Web 服务器会根据 ADO 对象所设置的参数启动对应的 ODBC 驱动程序，直接利用 ADO 对象访问数据库，或通过 ADO 对象发送 SQL 指令，达到存取数据库的目的。如果有数据必须显示在浏览器上，则脚本程序会利用 ASP 所提供的输出对象送出数据，然后由 Web 服务器传给浏览器，如图 4-8 所示。

（2）基于应用程序的数据库访问。如果 Web 的客户端使用诸如 VB 的应用程序，此时程序与其所使用的 ADO 都放在客户端，而 ODBC 放在服务器端，

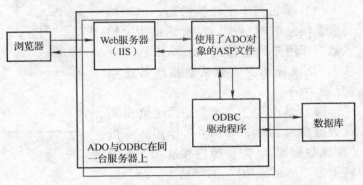

图 4-8　基于浏览器的数据库访问过程

因此，VB 程序访问数据不是通过 HTTP 协议，而是通过 RDS（Remote Data Service）进行访问。

ADO 具有先进的与语言无关性和查询处理能力，可使用 ADO 与服务器端脚本语言 VB-Script 或 Jscript 编写简明的脚本，有效地连接到 ODBC 兼容的数据库和 OLE DB 兼容的数据源。ADO 命令语句并不复杂，容易掌握，Microsoft Visual InterDev 将 HTML、ASP 及 ADO 汇集到一个集成的环境中，方便地实现数据库与任何 Web 页面的链接。

二、Java 数据库连接

JDBC 是 SUN 公司属下 Javasoft 制定的 Java 数据库连接（JavaDatabase Connectivity）技术的简称。和 ODBC 类似，JDBC 也是一种为各种常用数据库提供无缝连接的技术，其在 Web 应用程序中的作用和 ODBC 在 Windows 系列平台应用程序中的作用类似。

（一）JDBC 概述

由于 Java 是一种面向对象的、多线程的网络编程语言，因此能够用多个线程对应多个不同的数据库进行查询操作。因此，Java 语言自从问世以来，获得了众多数据库厂商的支持。

与 ODBC 类似，JDBC 是用于执行 SQL 语句的 Java 应用程序接口，它规定了 Java 如何与数据库进行交互作用。JDBC 现在可以连接的数据库包括：xBASE、Oracle、Sybase、Aceess 以及 Paradox 等。

与 ODBC 相比，JDBC 具有对硬件平台、操作系统异构性的良好支持。这主要是因为 JDBC 使用的是 Java 语言，Java 语言具有与平台无关、移植性强、安全性高、稳定性好等众多优点。JDBC 应用程序可以自然地实现跨平台特性，因而更适合于互联网上异构环境的数据库应用，用户很容易用 SQL 语句访问任何关系数据库，而不必为每一种数据库平台编写

不同的程序。此外，JDBC 驱动程序管理器是内置的，驱动程序本身也可以通过 Web 浏览器自动下载，无需安装和配置。基于上述优点，JDBC 发展迅速，成为 Intranet 和 Internet 环境下访问异构数据库的一种比较好的方式。

（二）JDBC 驱动程序

JavaSoft 将 JDBC 驱动程序分为四类（见图 4-9），在具体使用中，有些需要安装数据库的客户端程序，有些则不需要，这种不同正是由于所采用的 JDBC 驱动程序不同所造成的。

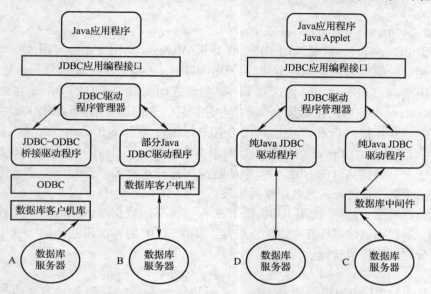

图 4-9　四类 JDBC 驱动程序技术原理示意图

图 4-9 中 A JDBC-ODBC 桥接驱动程序最适合于便于安装客户机的企业网，或使用 Java 编写的三层体系结构中的应用服务器代码。由于 JDBC-ODBC 桥接驱动程序先调用 ODBC，再由 ODBC 去调用本地数据库接口访问数据库，所以执行效率比较低，不适合大数据量的应用。另外，这种方法要求客户端必须安装 ODBC 驱动，所以也不适合于基于互联网的应用。

图 4-9 中 B 的本机 API 部分 Java 驱动程序将客户机上的 JDBC 调用转换成为数据库的标准调用，然后再访问数据库。这种类型的驱动程序比 JDBC-ODBC 桥接驱动程序的执行效率更高，但仍然要求将数据库厂商提供的代码库加载到每一台客户机上，因此不太适合基于互联网的应用。

图 4-9 中 C 的网络协议纯 Java 驱动程序是根据三层体系结构而建立的。由于驱动程序是基于服务器的，不需要在客户端加载数据库厂商提供的代码库，因而在执行效率和可升级性方面较好。但是，这种驱动程序在中间件层仍然需要配置其他数据库驱动程序，并且多了一个中间层传递数据，所以它的执行效率还不是最好。

图 4-9 中 D 本地协议纯 Java 驱动程序将 JDBC 调用直接转换为符合相关数据库系统规范的请求，因而允许从客户机直接调用 DBMS 服务。这一类的驱动程序通常由数据库厂商自己开发，不需要在客户端或服务器端装载任何软件或驱动。由于 JDBC 驱动程序可以直接和数据库服务器通信，这种类型的驱动完全由 Java 实现，因此实现了平台独立性，其执行效率也很高。

73

目前，各大数据库厂商（微软公司是个例外）基本都对 JDBC 提供了很好的支持，在其官方网站上都可以下载到其数据库产品的 JDBC 驱动程序。

（三）使用 JDBC 建立数据库连接

例 4-2 用 Java 语言写一段代码，打开位于 URL = "jdbc：odbc：ectech" 的数据库的连接，所用的用户名为 "ec"，口令为 "ec"。

Class. forName（"sun. jdbc. odbc. JdbcOdbcDriver"）；

String url = jdbc：odbc：ectech"）；

Connection con = DriverManager. getCnnection（url，"ec"，"ec"）；

在建立 JDBC 连接时，需要调用 JDBC 的 DriverManager 类用来跟踪可用的驱动程序，并在数据库和相应的驱动程序之间建立连接。DriverManager 类包含一系列 Driver 类。一般地，可以通过调用 Class. forName（）将这些 Driver 类显式地加载，所有的 Driver 在加载后会自动在 DriverManager 中注册。在加载 Driver 类并注册后，它们即可用来与数据库建立连接。

与数据库建立连接的标准方法是调用 DriverManager 类的 getConnection（）方法。DriverManager 类存有已注册的 Driver 的清单，当调用方法 getConnection（）时，它将检查清单中的每个驱动程序，直到找到可与 URL 中指定的数据库进行连接的驱动程序为止，然后返回一个 Connection 对象，它代表了与数据库的连接。

从上例可以看出，JDBC 使用 JDBC URL 来标识特定的数据库，相应的驱动程序能够通过 JDBC URL 来识别该数据库并与之建立连接。JDBC URL 的标准语法由如下式中的三部分组成，各部分之间用冒号分隔。

jdbc：<子协议>：<子名称>

其中，JDBC URL 中的协议总是 jdbc。<子协议>为驱动程序名或数据库连接机制名称，例如，在 JSP 中连接 Oracle 一般有 oci 和 thin 两种方式，一般使用 thin 方式连接，这样 Web 服务器端无需安装 Oracle 的客户端程序。此时，子协议名称可以写为 oracle：thin。<子名称>是一种标识数据库的方法，可以依不同的子协议而变化。

使用子名称的目的是为定位数据库提供足够的信息。在前面的 ODBC 数据源配置中，系统将提供其他信息，因此只要指明本地 ODBC 数据源名称就可以了。而对于位于远程服务器上的服务器来说，则需要更多的信息。例如，如果数据库是通过因特网来访问的，则在 JDBC URL 中应该将网络地址 URL 作为子名称的一部分包括进去。例如，要访问位于主机 192. 168. 96. 1 上的 Oracle 数据库，并已知该数据库监听程序位于 1521 端口，数据库名称（SID）为 my_db，则相应的 JDBC URL 为 idbc：oracle：thin：@ 192. 168. 96. 1：1521：my_db。

（四）使用 JDBC 访问数据库

数据库连接建立以后，就可以被用来向数据库传送 SQL 语句和接收数据库返回的结果集。JDBC 对可被发送的 SQL 语句类型不加任何限制，这就允许用户根据特定的数据库要求，使用合适的 SQL 语句甚至是非 SQL 语句，具有很大的灵活性。当然，用户必须自己负责确保所访问的数据库可以处理所发送的 SQL 语句，否则就会访问失败并出现异常。

1. JDBC 的类

JDBC 提供了三个类，用于向数据库发送 SQL 语句，其实例分别由 Connection 接口中的三个方法创建。这三个类分别如下。

（1）Statement 类。它提供了执行语句和获取结果的基本方法，用于发送简单的 SQL 语句，其实例由 createStatement( )方法创建。

（2）PreparedStatement 类。它从 Statement 类继承而来，用于发送带有一个或多个输入参数的 SQL 语句，其实例由 PrepareStatement( )方法创建。PreparedStatement 类的实例扩展了 Statement 类，并且添加了处理 IN 参数的方法。并且，PreparedStatement 对象都被预编译过并存放以供将来使用，因此效率比 Statement 对象更高。

（3）CallableStatement 类。从 PreparedStatement 类继承而来，添加了处理 OUT 参数的方法，用于调用 SQL 存储过程，其实例由 prepareCall( )方法创建。

例 4-3　用 Java 语言写一段代码，用例 4-2 中建立的数据库连接，向数据库发送 SQL 语句 "select * fromtablel"。代码如下：

```
Class. forName("sun. jdbc. odbc. JdbcOdbcDriver");
String url = "jdbc:odbc:ectech";
Connection con:DriverManager. getConnection(url,"","ec");
Statement stmt = con. createStatement();
ResultSet rs = stmt. executeQuery("select * from tablel");
```

2. 执行 SQL 语句的方法

可以看到，在建立了到特定数据库的连接，获得了连接实例后，可以用连接实例对象的 createStatement( )方法创建 Statement 对象。当创建了 Statement 对象以后，就可以使用该对象执行 SQL 语句了。Statement 接口提供了以下三种执行 SQL 语句的方法，使用哪一个方法由 SQL 语句所产生的内容决定。

（1）executeQuery( )方法。它用于产生单个结果集的语句，如 select 语句。在例 4-3 中，就是将 SQL 语句作为参数提供给该 Statement 对象的 executeQuery( )方法。其执行结果将返回查询结果集（ResultSet 对象）。

（2）executeUpdate( )方法。它用于执行 INSERT、UPDATE 或 DELETE 语句及 SQLDDL（数据定义语言）语句。其执行效果是修改表中零行或多行中的一列或多列。此时，executeUpdate( )方法的返回值是一个整数，指示受影响的行数；对于 CREATE TABLE 和 DROP TABLE 等不对行操作的 DDL 语句，executeUpdate( )方法的返回值为 0。

（3）execute( )方法。它仅在语句能返回多个 ResultSet 对象、多个更新计数或 ResultSet 对象与更新计数的组合时使用。SQL 语句的执行结果通过 ResultSet 对象来访问。ResultSet 类型的对象将包含符合 SQL 语句中条件的所有行，并且它通过一套 get 方法提供了对这些行中数据的访问。

当连接处于自动提交模式时，其中所执行的 SQL 语句在完成时将自动提交或还原。当语句已经执行且所有结果都返回时，即认为已经完成。此时，若已不再需要 Statement 对象，则应显式地关闭它们，这将立即释放 DBMS 资源，有助于释放内存。

三、使用 Hibernate 完成持久化

（一）Hibernate 简介

当前的软件开发语言已经全面转向面向对象，而数据库系统仍然停留在关系数据库阶段，而非面向对象的。很多时候，用面向对象的方法完成了前期的设计和分析，到了数据库编程的时候就会变得非常别扭，其中最痛苦的就是编写面向过程的 SQL 语句。在此背景下，

就产生了一些数据库持久化技术。其中，Hibernate 就是一种符合 Java 编程习惯、适合轻量级开发的、易于使用的数据库持久化解决方案。

简单地说，Hibernate 是一个面向 Java 环境的对象/关系数据库映射工具。Hibernate 在数据库外包裹了一层面向对象的外衣，它能够消除那些针对特定数据库厂商的 SQL 代码，并且把结果集由表格的形式转换成值对象的形式，即实现和管理 Java 类到数据库表的映射。此外，Hibernate 还提供数据查询和获取数据的方法。这样，Java 程序中所有进出数据库的操作都交给 Hibernate 来处理，程序员不需要写烦琐的 SQL 语句，也不需要把实体对象每个字段拆开又组装，从而能够大幅度减少开发者通常的数据库持久化相关编程任务量。

Hibernate 可以从其官方网站 http：//www. hibernate. org 下载（见图 4-10）。限于篇幅，Hibernate 的安装和配置此处从略。

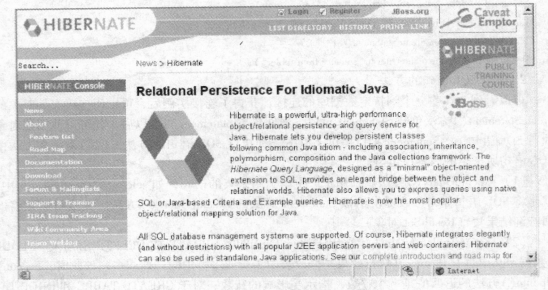

图 4-10　Hibernate 网站

（二）在 Hibernate 中通过 PO 持久化对象访问数据库

PO 持久化对象即 Persistent Object，通过该对象可对数据执行增、删、改的操作，以面向对象的方式操作数据库。简单地说，一个 PO 可以对应数据库表中的一条记录。其优点在于可以把一条记录作为一个对象处理，可方便地转为其他对象。在 Hibernate 中，完全采用普通 Java 对象作为 PO 持久化对象使用。

建立 XML 映射文件，使得普通的 Java 类 POJO 具备了持久化操作的能力，成为 PO 持久化对象。

在如图 4-11 所示的 XML 映射文件中，< class > 项定义了实体类和数据表之间的关系，name 是实体类的名称，table 是对应的数据表；< id > 项定义了主键 id 字段所用的键值生成方法，identity 则是一种 MSSQL、DB2、MySQL 通用的主键值生成方法；< property > 子项定义了实体类和表字段的关联。本例只设置了定义类字段的 name 属性。

在 Hibernate 中，使用 Session 对象来和数据库交互。这里的 Session 对象类似于 JDBC 的 Connection，但包含的内容更多，功能范围更广。对 PO 持久化对象的操作只有在 Session 的

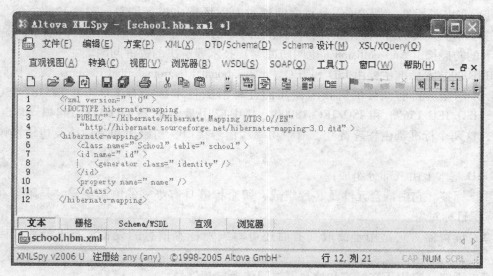

图 4-11　XML 映射文件 school. hbm. xml

管理下才能与数据库同步。因此，要使用 PO 持久化对象访问数据库，首先要创建一个类，（本例中为 SchoolHibernate），用于实现对 Session 的管理。

在创建了 SchoolHibernate 类以后，就可以使用该类提供的 Session 对象来实现对数据库的访问了。SchoolManager 类用于提供数据库操作方法，其中包括向 School 表插入一条记录的方法，以及取出 School 表中 id 值大于 2 的所有记录的方法。

在 Session 中，每个数据库操作都是在一个事务（Transaction）中进行的，这样可以隔离开不同的操作。Hibernate 的事务是 JDBC 事务的更高层次的抽象，它提供了更好的灵活性和适应性。使用 Hibernate 不必将实体对象的字段逐个拆散并组合成 SQL 语句，或者从数据库取出数据后将字段值逐个封装到实体对象，而能够实现数据库访问的完全对象化操作方式。

可以看到，通过使用 XML 映射文件，将普通 Java 类转换为 PO 持久化对象以后，就可以采用完全对象化的方式，实现对关系数据库的访问。

第四节　物联网数据采集与跟踪技术 RFID

RFID 是在物联网中得到广泛应用的一种数据采集技术，它通过射频信号自动识别目标对象并获取相关数据，识别过程无须人工干预，可工作于各种恶劣环境。RFID 技术可识别高速运动的物体，并可同时识别多个标签，操作快捷方便。RFID 技术与互联网、通信等技术相结合，可实现全球范围内物品跟踪与信息共享。

一、RFID 的技术标准及组成

RFID 电子标签是一种把天线和 IC 封装到塑料基片上的新型无源电子卡片，具有数据存储量大、无线无源、小巧轻便、使用寿命长、防水、防磁和安全防伪等特点，是近几年发展起来的新型产品，也是未来几年代替条形码走进物联网时代的关键技术之一。读写器（即

PCE 机）和电子标签（即 PICC 卡）之间通过电磁场感应进行能量、时序和数据的无线传输。在 PCE 机天线的可识别范围内，可能会同时出现多张 PICC 卡。准确识别卡片是 A 型 PICC 卡的防碰撞（Anti-collision，也叫防冲突）技术要解决的关键问题。

RFID 的技术标准主要由 ISO 和 IEC（International Electrotechnical Commission，国际电工委员会）制定。目前，可供射频卡使用的几种射频技术标准有 ISO/IEC 10536、ISO/IEC 14443、ISO/IEC 15693 和 ISO/IEC 18000，其中应用最多的是 ISO/IEC 14443 和 ISO/IEC 15693，这两个标准都由物理特性、射频功率和信号接口、初始化和反碰撞及传输协议四部分组成。

RFID 基本上由三部分组成：

（1）标签。它由耦合元件及芯片组成，每个标签具有唯一的电子编码，是附着在物体上的标识目标对象。

（2）读写器。它是用于读取（有时还可写入）标签信息的设备，有手持式和固定式两种。

（3）天线。它用于在标签和读写器之间传递射频信号。

二、RFID 的工作原理

读写器凭借发射一特定无线电频率的电磁波来传送能量与信号，当电子标签（Tag）接收到的读写器所发射的电磁波能量足以驱动电子标签电路时，电子标签便开始操作。电子标签内含芯片、天线，具有无线电发送功能，可以将电子标签内的识别数据码以无线电波的方式传送给读写器。读写器每秒可辨认 50 个以上的电子标签，读取到的电子标签数据可以利用有线或无线通信方式与后端应用系统结合使用。图 4-12 为 RFID 的系统架构图。

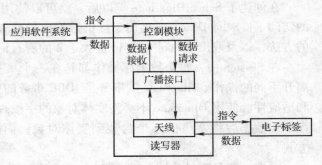

图 4-12 RFID 的系统架构图

电子标签按电池的有无，可以分为主动式和被动式两种类型。主动式的电子标签内装有电池，不需等待读写器的驱动，便可以自主地发送信号。被动式的电子标签依赖读写器所传送的能量来维持电子标签内部电路的运作，故必须在电磁波所及的范围内才能被驱动，电子标签不需安装电池，具有体积小、价格低及寿命长等优点，所以目前应用较广。

RFID 读写器能感测到电子标签的有效距离因所使用的频率而异。RFID 使用的频率分为：① 低频（LF，9~135KHz），有效读取范围约为 15~20cm。由于有效距离短，在设计上通常无法同时感测多个电子标签。这个范围内的频率绝大多数的国家都是开放的，因此不涉及法规开放和执照申请的问题，是目前应用最普遍的 RFID 类型。② 高频（HF，13.56MHz），又分为短距离（5cm 左右，ISO 14443）及中距离（1~1.5m 左右，ISO 15693）两种。这一类型的 RFID 技术最为成熟，读写速度较快，能同时读取多个标签，如大楼门禁管制、巡检等都属于这一类型的应用。③ 超高频（UHF，欧洲规范 868MHz，美国规范 915MHz），有效距离约为 3~10m。UHF RFID 发展潜力最好，被视为未来取代条形码的主要规格，但仍有许多问题尚待解决。例如，频率太相近的时候可能会产生同频干扰，无法百分之百保证能正确判读。其信号穿透能力不高，容易受到环境因素的影响，遇到金属、水、灰尘、雾等悬浮颗粒物质，信号可能被阻隔，因此在某些复杂环境的应用上还是会有些缺陷。目前，UHF RFID 常见的应用有物流仓储管理、停车场门禁管制等。④ 微波（Microwave，2.45GHz 或 5.8GHz），有效距离最长，常用于特殊用途，如高速公路收费系统或军事上的应用等。

RFID 的应用相当广泛，它可结合数据库管理系统与计算机网络等技术，提供安全便利的实时监控管理功能。相关整合应用包括航空行李监控、生产自动化管控、仓储管理、运输监控、保全管制以及医疗管理等，尤其是在物流上的应用，已有取代传统条码的趋势。条码所能提供的信息量有限，一维条码容量为 50 字节，二维条码最大的容量可达 2 000~3 000 字节，而 RFID 的最大容量可达数百万字节。RFID 是利用 IC 及无线电来存放及传送辨认数据的，记录的数据内容可以更新，不像条码那样会随商品的寿命结束而结束，因此可重复使用。此外，RFID 还具有免用电池、免接触、免刷卡及同时可读取范围内多个 RFID 等优点。表 4-2 为 RFID 与条码的比较。

表 4-2 RFID 与条码的比较

特 性	RFID	条 码
无线	是	是
表面是否污损	不需考虑	需考虑
携带的数据量	可变动	固定
数据的读取	快速	较慢
安全性	有	无
一次读取的个数	多个	一个
成本	较高	较低

习　题

1. 简述组织存储的主要内容与数据管理技术的特征。

2. 试述数据模型的概念、作用和组成部分，举例说明数据模型发展各阶段的特征及优缺点。

3. 简述关系 DBMS 的主要功能、运行机理和主要优势。

4. 分析、理解 ODBC 的技术思想，选择并安装两种 DBMS，在客户机上安装配置 ODBC 源，并创建 JSP 页面进行访问。

5. 用 Java 语言写一段代码，用 JDBC 和数据库建立连接，并使用该连接访问数据库。

6. 列出 RFID 与条码间的特性差异。

第五章
EDI 技术

　　EDI（Electronic Data Interchange，电子数据交换）是电子商务的核心技术之一，其最大的优点就是迅速、高效、安全。它的交换功能使数据直接进入计算机应用系统，而不需要人工重复输入和干预。又因为它要求交换数据的双方必须事先建立伙伴关系，因此比其他技术更安全。

　　本章将介绍 EDI 的基本概念和发展概况，EDI 的作用，EDI 的标准，EDI 系统的组成及实现过程，以及 EDI 的应用等。

第一节　EDI 的概念

　　电子数据交换（EDI）诞生于 20 世纪 60 年代后期，其发展速度惊人，乃至于当今商家争相把 EDI 作为必备的手段以及进入国际市场的通行证。EDI 在包括运输、杂货、汽车制造、电子、化工、零售、卫生和仓储等多个行业中得到了应用。

一、EDI 的产生背景与发展概况

（一）EDI 的产生背景

　　20 世纪 70 年代初，以微电子技术为核心的高新技术的出现，改变了原有的工业格局。电子计算机、远程通信设施等新兴产业及相关产品，为国与国之间实现远距离的电子形式的资料互换提供了最基本的条件。特别是 20 世纪 80 年代以来，更新更快处理业务、更强的新的计算机的出现及光缆通信、卫星通信、网络通信的开展，为 EDI 提供了极其雄厚的物质基础。

　　第二次世界大战后国际商务活动迅猛发展，经济全球化趋势日益加剧，全球贸易额激增，产生了大量的各种贸易单证，纸面管理文件大增，造成了人工劳动强度大、效率低、速度慢、费用大及纸张浪费等大量的问题。处理大量纸面单证严重影响了国际商务活动的发展。

　　（1）传统纸单证业务存在弊端。纸面文件的处理工作（包括文件缮制、邮寄、管理等）之繁重可想而知，而且人工处理文件费时费力，易出差错，虽然计算机及其他自动化设备的出现减轻了人工处理纸面单证的劳动强度，但没有从根本上消除纸面文件所形成的成本高、传递速度慢、重复处理等问题，纸面贸易文件成了阻碍国际贸易发展的一个重要因素。国际商务活动的发展对传统纸单证业务进行重大改革有迫切要求，全球经济发展呼唤无纸化时代

的到来。

（2）国际商务对标准化的客观要求。伴随着国际商务活动业务量的增加，出现了各种各样的业务单证，在不同国家之间存在着单证业务不规范的问题。对于同样的业务，单证的缮制格式和具体内容会有很大的差别，对贸易的往来会产生不利的影响。单证业务的规范化、标准化，日益成为贸易发展的迫切需要。

（3）市场竞争出现新特征。价格因素在竞争中所占的比重逐渐减小，而服务性因素所占比重逐渐增大。销售商为了减少风险要求小批量、多品种、供货快，以适应瞬息万变的市场行情。这给供应商提出了较苛刻的条件。而在整个交易链中，绝大多数的企业既是供货商又是销售商。因此，提高商业文件传递速度和处理速度成了所有贸易链中成员的共同意愿。这种需求刺激了信息技术及其应用的迅速发展，以计算机、网络通信和数据标准化为基础的 EDI 应运而生。

（4）库存管理的变化。当今世界流行的"无库存制造技术"，即"Just in time Manufacturing Technique"，要求商业文件的传递能迅速、准确，以确保原材料的采购、储备及产品的库存都控制在一定的时间范围以内，最大限度地加速资金的周转。

（5）跨行业 EDI 的应用要求。在其他领域，如运输业、海关、保险业等也存在着类似的情形，快速传递文件的呼声越来越高；许多机构普遍有了计算机应用系统，可以制作各种电子单据并希望对方传递来的单据直接进入自己的计算机应用系统，跨行业 EDI 的概念就形成了。

（二）EDI 的产生和成长过程

有关 EDI 的研究始于 20 世纪 60 年代。1960 年初，由联合国欧洲经济委员会（UN/ECE）发起，研讨贸易文件的简化及标准化问题，一般认为这是有关 EDI 的最早探讨。

EDI 的实质性研究首推美国运输业。1968 年，美国运输业联合成立了一个运输数据协调委员会来研究开发电子通信标准的可行性，这个委员会就是 TDCC（Transportation Data Coordinating Committee）。1975 年，TDCC 发表了第一个 EDI 标准，从而开始了美国运输业的信息电子交换方法。TDCC 的这一方案成了当今的 EDI 的基础。

电子资金传递（EFT）与 EDI 的产生同步。1968 年，美国加利福尼亚州的许多银行，联合起来研究用某种无纸交换支票金融信息的形式的可能性，他们的工作形成了现在使用的电子资金传递（EFT）的开发基础。1970 年，美国银行家协会组成一个委员会，研究在美国银行界使用的支付系统。这个委员会推出了行业标准，并为无纸金融信息传递开发了美国全国的结算系统。1972 年，第一个自动票据交换所系统成立。1973 年，美国全国自动票据交换所协会（National Automated Clearing House Association，NACHA）成立，这个协会的目的是要允许在全国范围内电子交换金融信息。1975 年，美国政府开始用自动票据交换所来处理政府的支付，如社会安全支票和军队军饷支票等。

1976 年，第一个专用 EDI 系统——美国医院供给网（American Hospital Supplies）投入运行，标志着 EDI 网络的开发已经开始。通用电气公司和国际数据集团（IDG）开发了一种方法，可以使外界用户进行"时间分享网络"通信。铁路行业的通信网络（RAILINC）也在这时建立。

1978 年，美国建立的 EDI 标准及网络工作的全国性委员会——X. 12 委员会成立。1979 年，X. 12 委员会开始了跨行业使用的 EDI 标准的开发。1981 年，该委员会发布了第一套标准。

1980 年，美国杂货业组成了一个"统一通信标准委员会"（UCS），1982 年用 UCS 标准进行了第一次 EDI 传递。同期，美国的汽车制造业成立了汽车工业行动小组，开始执行整个汽车制造业的 EDI 计划，其目的是为了增强美国汽车制造商与国外汽车制造商竞争的能力。与此同时，美国全国自动票据交换所协会为合作贸易支付推荐了第一套标准格式。

在 20 世纪 80 年代中期，EDI 的应用迅速发展，大量的大企业、大集团，尤其是那些汽车制造业的大企业，开始宣布其供货商应采用 EDI。德国、加拿大、英国、法国、澳大利亚、韩国、新加坡等国家和地区都纷纷制定了自己的 EDI 标准。由于这些标准互不统一，无法进行国际的 EDI 运行。因此，美国 ANSIX.12 委员会与欧洲的同行们联合研究国际标准。1985 年 11 月，EDI 标准协调会在纽约召开，这次会议为 EDI 国际标准——EDIFACT 标准的产生奠定了基础。

1986 年 3 月，第一个国际标准的 EDI 报文格式——"发票报文格式草案"问世，1988 年 9 月，发票报文作为"UN/ECE 推荐标准"颁布实施。另一方面，EDIFACT 语法规则提交给国际标准化组织（以下简称 ISO），ISO 把它列为编号为 9735 的标准，即 ISO9735。1989 年年底，在 UN/ECE/WP.4 和北美专家的共同努力下，完成了 EDI 国际标准——EDIFACT 标准的制定。

从形式上来说，EDI 的发展经历了以下四个阶段。

（1）公司、企业、集团内部的 EDI 化。此阶段被称为"内部在线系统（On Line System）"。该类系统网络的建设最初是通过专用电缆和网络集线器把公司内部各个办公室的终端与主机连接起来，各部门共享主机的程序数据和设备等资源。由于这种内部交换网渐渐不能满足公司及集团化趋势的需要，所以又出现了集团 EDI 网络，即通过拨号线路或内部专线把附属公司或机构的有关部门连接起来，如航空公司、铁路公司的订票系统和银行的通存通兑系统。

（2）同行业内的 EDI。同行业的电子数据交换是利用增值网络（Value Added Network，VAN）进行的。由于涉及范围较广，各个单位计算机型号、软件系统、数据格式都不尽相同，实施起来就有一定困难。这一时期主要注重研究网络建成之后的经济和社会效益，国内、国际银行间的电子结算系统（SWIFT）是行业内 EDI 应用的成功范例。

（3）跨行业的 EDI。由于对外贸易的进出口业务涉及银行、海关、商检、保险、运输等诸多行业和部门，各个部门彼此间业务量很大又较烦琐，所以适用电子数据交换技术来处理。实现 EDI 一条龙服务，是信息化社会的主要标志。由于各个行业和部门的计算机型号、软件系统、通信规范、对单证格式、数据格式的要求各不相同，要使这种跨行业的 EDI 网络真正发挥应有的效益，必须要各个部门全部加入，否则，真正的"EDI 一条龙"就难以实现。

（4）全球 EDI。全球 EDI 是无纸贸易的最高阶段。国际间银行的联网、电子资金结算系统的实现标志着全球 EDI 的雏形已经出现。跨国公司和地区经济贸易一体化的发展、联合国及世界贸易组织（WTO）的推动都将加快全球无纸贸易时代的到来。为了给无纸贸易以法律的保护，联合国还制定了《电子商务示范法》供各国制定法律时参考。

（三）EDI 国际发展现状

综合 IDC 等机构提供的资料，1995 年，全世界 EDI 用户达到 50 余万户，之后仍以每年

50%以上的速度增长。目前，EDI 在北美、欧洲、大洋洲和亚洲的部分国家都有相当普遍的应用。英国等发达国家海关 90%的结关手续已使用 EDI。下面简要介绍 EDI 在各个国家及地区的发展情况。

（1）欧洲。在欧洲，英、法、德等国开展 EDI 业务时间较早，可追溯到 20 世纪 60 年代末期。1988 年，欧共体开始实施"贸易电子数据互换系统"（TEDIS）计划。该计划目标是将纵向 EDI（行业内 EDI）和横向 EDI（跨行业 EDI）合二为一；并积极发展 EDI 报文的国际标准，解决 EDI 所涉及的法律问题、安全问题等。TEDIS 支持的行业项目有：汽车工业、化学工业、电子及数据处理设备业、分销和零售业、再保险业、运输行业等。这些项目几乎覆盖了所有西欧国家，EDI 技术成为加强各成员国之间经济、贸易、金融联系的具有战略意义的工具。

（2）北美洲。美国凭借行业电算化管理水平及其完善的计算机通信网络设施，促进了 EDI 的成功发展。基于美国的 EDI 服务提供商在全球的 EDI 用户在 1997 年的 19.5 万户基础上，到 2002 年增加到 66.5 万户。据统计，1998 年，美国企业之间的交易金额为 6 710 亿美元，以网络为基础的交易只有 920 亿美元，其他 5 790 亿美元都是通过 EDI 完成的。

这里比较典型的是 IBM 公司位于佛罗里达州的信息网络中心（IIN），它拥有 15 台大型 2090 机，提供的网络服务遍及 73 个国家和地区；它既支持 SDLC、BSC、Asyns 等各类通信规程的计算机和通信设备联网工作，还支持电传、传真等声像常规通信设备，并提供 IBM 设备和非 IBM 设备的兼容服务及备份机服务等。作为 IIN 对 EDI 一种强有力的支持，IBM 提供的 expEdite 系列软件能通过 IIN 用户信箱（X.400）完成贸易伙伴间的标准格式的数据传送。

在加拿大，百货、运输、汽车、零售、制造、金融、电信、石油等行业中应用 EDI 已有相当程度，其中海关 EDI 应用发展最快、规模最大。1988 年，加拿大海关就安装了海关商业管理系统 CCS，使进口业务的各个环节实现了自动化。其控制中心设在渥太华，有 75 个分中心遍及加拿大各地，拥有 2 000 台终端和 4 000 多家用户。在此基础上，加拿大海关又实施了"海关 2000"计划，在这一领域保持着领先地位，同时更好地完善了社会保障职能。

（3）澳洲（大洋洲）。澳大利亚和新西兰两国的官方机构和半官方代表处是 EDI 系统的最大使用者。拥有 3 000 个税务代理的澳大利亚税务办公室是澳大利亚 EDI 系统的最大用户集团，各税务代理通过 EDI 征收税款，澳大利亚、新西兰两国的海关 EDI 应用发展速度也非常惊人。澳大利亚在运输、船运和港务局采用了一套名为 Pilot 的 EDI 系统。

澳大利亚政府指定澳大利亚贸易门有限公司（TRADEGATE AUSTRALIA LTD）为唯一 EDI 业务经营权组织。它由澳大利亚海关、航空公司、海港管理协会等 11 个组织机构组成。其主要使命是：通过分布在全澳大利亚的贸易链提供全面的无纸贸易服务，以提高效率，加快货物的运转速度，从而提高经济效益。

（4）亚洲。面对国际贸易的挑战，亚洲各国亦在秣马厉兵，积极推动 EDI 的发展。

新加坡耗资 2.1 亿美元，建立了全国 EDI 贸易服务网（TRADENET），该网是由新加坡政府主导开发的世界上第一个全国性 EDI 网络。通过横向和垂直联合，该网目前已与超过 5 000 家公司的管理信息系统实现联网，确保信息流的畅通，实现了"无纸贸易"环境。TRADENET 网络已与日本富士通网络、美国的 GE 网联网，并逐步发展成为一个国际性网络。为使电子数据能够具有法律效力并作为法律诉讼的依据，新加坡已通过有关法律，法律规定任何贸易数据都必须保存 11 年备查，这在世界当属首例。

日本工业广域网、EDI 服务和专线网的 EDI 用户在 5 万户以上。其主要行业分布为销售业占 70% ~ 80%，制造业占 10% ~ 15%，海运及相关行业占 10% ~ 15%。1988 年，日本电子机械工业协会（ETAJ）制定了产业界使用的 EDI 标准——EIAJ，使大企业间收发货的票据实现了 EDI 化。1992 年 9 月，日本成立了日本 EDI 委员会（JEDIC）并与美国和欧洲的 EDI 组织商定联合行动。

韩国作为亚太 EDI 发展的后起之秀。EDI 用户包括贸易、船运、银行业、汽车制造业和报关行等。1989 年，韩国引入 EDI 贸易自动化概念，1992 年 12 月，政府签署了"推动贸易商业自动化法律"，以完成贸易自动化项目。贸易、工业和能源设计了 KYNET 和 DACOM 作为贸易增值网的载体。韩国海关与 KYNET 一起建立海关 EDI 系统，1994 年以来，此系统相继完成了海上贸易、航空贸易、海运及港口自动处理等部分子系统的建立。

此外，经济相对落后的国家，近几年也都非常积极地参加亚洲 EDI 的有关活动。

（四）我国 EDI 发展现状

（1）中国香港。香港现有的商业性 EDI 服务网络主要有航运业的 GazetteNet，香港电讯有限公司的 Intertrade，以及若干以英国及北欧为基地的网络如 GE 网和 lin 网等。香港 11 家大公司联合成立了贸易通公司（Tradelink）；1990 年 3 月，香港政府宣布与贸易通公司携手合办"电子资料联通合作计划"（SPEDI），把 EDI 的发展带进了一个新阶段。SPEDI 面向社会的 EDI 装置的技术规格，精选出一组政府部门和企业的业务进行初步服务，包括产地证明、报关单、限制性的纺织品出口许可证及载货清单等的交换。截至 1997 年 8 月，贸易通公司已有 5 000 个用户，到 2000 年增长到 80 000 多个用户。

（2）中国台湾。台湾 EDI 发展非常迅速，且引起各界高度重视。台湾贸易增值网（TRADE-VAN）在空运货物申报关业务中发展势头良好。目前，电子文件交换的法律效力已被认同。台湾从 1991 年 1 月起已制定了有关法规，为 EDI 的实施奠定了基础。为推动 EDI，在 TEC（台湾 EDIFACT 委员会）下成立了报文、技术、支持三个工作组，同时对应 ASEB（亚洲 EDIFACT 理事会）又建立了相应的工作组，并进行了海运、汽车业、银行业等方面的多项电子报文的开发。

（3）中国大陆。1990 年 5 月，第一届《中文 EDI 标准研讨会》在深圳蛇口举行。这是 EDI 概念首次被引入中国大陆。1991 年 9 月，原对外经济贸易部组团代表中国 EDIFACT 委员会（CEC）首次参加了在日本东京举行的"亚洲 EDIFACT 理事会（ASEB）"第三次会议，从而使我国成为 ASEB 的正式成员。邮电部为满足社会各界对信息通信的需求，已建成投产的七套配备了 EDI 软件的电子信箱系统，分别装在北京、上海、广州、深圳、青岛和江门等地，约 20 000 个信箱，可向全国提供符合 UN/EDIFACT、CCITTX.435 标准的 EDI 电子信箱业务。并与日本、美国、意大利、新加坡等国家或地区的电子信箱互联。我国海关也在加快实现 EDI 的步伐，报关自动化系统逐步发展和完善，并已开发出数十种电子报文，朝着无纸报关的方向迈进。"三金工程"（金桥工程、金关工程和金卡工程）的实施，为发展诸如 EDI 这样的电子商务活动奠定了基础。与此同时，我国的交通运输业、金融保险业、零售业、制造业等积极探讨和采用 EDI 技术，以便与国际接轨。国家技术监督局本着等同或等效采用国际标准的原则，制定了《EDI 系统标准化总体规范》，发布了数十项 EDI 有关国家标准，为经贸业务 EDI 化奠定了坚实的基础。

二、EDI 的定义及内涵

（一）EDI 的定义

EDI 是一种在公司之间传输订单、发票等作业文件的电子化手段。它通过计算机通信网络将贸易、运输、保险、银行业和海关等行业信息，用一种国际公认的标准格式，实现各有关部门或公司与企业之间的数据交换与处理，并完成以贸易为中心的全部过程。

国际标准化组织（ISO）将 EDI 描述成"将贸易（商业）或行政事务处理按照一个公认的标准变成结构化的事务处理或信息数据格式，从计算机到计算机的电子传输。"

一个较为公认的 EDI 定义是："按照协议的结构格式，将标准的经济信息，经过电子数据通信网络，在商业伙伴的电子计算机系统之间进行交换和自动处理。"EDI 是用电子数据输入代替人工数据录入，以电子数据交换代替传统的人工交换的方法。EDI 的主要目的并不是消除纸张的使用，而是消除处理延迟和数据的重新录入。

（二）EDI 的基本内涵

第一，定义的主体是"经济信息"，也就是说 EDI 是面向商业文件，如汇票、发票、船运单、进出口货物报关单、进出口许可证等。从目前 EDI 的应用情况看，国与国之间的对外贸易信息是 EDI 处理的主要对象，当然，这其中也必然会包含企业处理业务所必须涉及的企业内部经济信息。特别需要指出的是，EDI 所涉及的经济信息一定是"具有固定格式的"，这是与其他所有在网上进行交流的电子信息所不可比拟的一点。非格式化的信息交换可通过电子邮件（E-mail）的传递完成，如海外的朋友可通过互联网发送电子邮件，互通信息，而这种交流的对象并非 EDI 所处理的范畴。

第二，交换的信息是"按照协议"形成的，是"具有一定结构特征的"。EDI 技术本质地区别于其他电子数据的关键在于 EDI 技术所处理的对象，即信息资料必须是"标准的"。EDI 的标准包括数据元标准、数据段标准和报文格式标准等。EDI 相关标准的建立是以国际上所达成的"协议"为基础的，以"结构性"为特点，这是 EDI 数据赖以传输的基础，是 EDI 技术的核心，因而，有人称标准是 EDI 技术的灵魂。有无格式是区分 EDI 与其他电子通信手段的关键。

第三，传输渠道中无人工干预。传递信息的路径是计算机到数据通信网络，再到商业伙伴的计算机，中间不需要人工干预。经济信息的标准化及通信网络为信息传递建立了基础。

第四，EDI 信息的最终用户通过计算机应用软件系统自动处理传递来的数据。EDI 信息的传输发送和接受依赖于 EDI 软件技术的开发和使用。尽管在实际业务中，这种软件技术可以以不同面貌及情形出现，但其本质终归于一点，即可以自动发送或接受 EDI 的数据，从而实现贸易伙伴间信息的交换。由于 EDI 信息的发送者和接收者是计算机的应用软件系统，所以这种传输是机对机、应用对应用的。

从上述 EDI 定义不难看出，EDI 包含了三个方面的内容，即计算机应用、通信网络和数据标准化。其中计算机应用是 EDI 的条件，通信环境是 EDI 应用的基础，标准化是 EDI 的特征。这三方面相互衔接、相互依存，构成 EDI 的基础框架。

三、EDI 的作用

EDI 的作用可以概括为以下几个方面。

（1）改进了单证处理流程，成本大为降低。通信速度的提高能够更快地将发货单或发票送出，从而减少付费周期，缩短发票/付费周期，可以节省利息和贷款；EDI 的使用使基于纸制单证的密集型处理被自动的电子处理所替代，减少了传统的事务处理中所需的重复的数据输入，消除了不必要的开支。引进 EDI 可以从以下三方面降低费用：① 劳动力成本（可以减少 85% 的劳动力成本，包括人工分类、配料、归档以及发送邮件）；② 原材料成本（减少纸制单证处理所需的材料和服务的成本）；③ 通信成本。

（2）排除了传统事务处理中极易发生的人为错误。文件处理任务的减少归结为出错的减少。出错可以发生在通信的任一阶段：信息生成阶段、发送及接收阶段等，而大多数错误是人为引起的。EDI 消除了通信过程中人的介入，因而提供了减少出错的途径。

（3）储存效率的提高。EDI 的使用能够减少对储存的需求，主要通过下列三种方式来实现：① 减少关键时间（为降低成本，公司需要在固定时间间隔——关键时间内定购一定数量的货物，采用 EDI，关键时间减少，可以采取批量小但更频繁的定购方式）；② 降低关键时间的不确定性（快捷、可靠的 EDI 数据传输，可以将货物实际到达日期的不确定性减少到最小）；③ 改变储存策略（EDI 可以帮助获得及时的信息，从而消除了大批量储存的需求）。

（4）充分有效地利用人力资源。EDI 代替人们进行诸如收集、发送和接收信息等烦琐的劳动密集型工作，从而使得公司能够在不增加劳动力成本的基础上增加信息处理活动，帮助公司实现日常事务处理的自动化，重新安排富余人员，获得生产力优势。

（5）提高了信息传输的速度和质量。商业数据的电子传输极大地压缩了时间。自动化的电子报文传输减少了公司对营业时间限制的依赖，尤其是与其他时区的公司进行交易的时间范围扩大了；发送方能够发送及时信息的报文，这样，接收方可以得到最新的数据信息。

（6）更有效的客户服务。通过减少时间延迟，提供更精确的信息，提供更新的服务等方式可以改进面向 EDI 的客户服务。目前，由物流服务商提供的一种新服务是"追溯"。所谓"追溯"，是指及时弄清货物所在的位置，并且将这一信息与责任方数据连接起来。没有EDI，"追溯"很难向用户说明有关货物的目前状态。另外一种新服务是航运公司联盟。针对相同的货代，联盟中各航运公司的航线是共享的，这样做可以获得额外的折扣。与新服务间接有关是调整营销方式以满足消费者的需要，使消费者能够获得灵活的交货计划甚至是最低的市场价。另外，大量 EDI 用户的快速响应能力直接影响到销售的增加及利润的提高。

（7）获得竞争优势，巩固竞争地位。一般而言，EDI 的实现可以改进目前的竞争地位，甚至改变当前的产业结构。EDI 可以减少公司处理事务的成本，增加产品或生产过程的信息密度，提高内部效率及组织间的效率，使这些公司尽量避免竞争危机，获得"比较效率"优势。当竞争基础改变时，产业重组就有可能发生，这种重组可能是由于买方和产业间竞争的转移，或者是由于引进新产品或替代产品，甚至是由于新的参与方加入了市场。

（8）改进内部流程。使用 EDI 的公司可以实施以下三种策略来改进内部流程：① 事务流程的评估、改进；② 将其他管理技术与 EDI 的使用结合起来，这些技术要求贸易伙伴之间的通信更快、更精确；③ 系统集成，将应用系统的输入输出连接起来的能力将会改变组织对信息需求的重新定义，组织的某些操作或功能领域被废弃不用，而产生一些新的操作或功能。

（9）更好的供应链管理。供应链的管理贯穿整个链，而不仅仅关系到相邻的下一个实体或层次。较好的供应链管理意味着商业过程及活动之间更好的协调。实现方法主要是：调整通信方式、减少存在的不确定因素。因此，只有了解并改进这些不利因素，才能减少对客户服务的影响。EDI 能够在贸易伙伴之间快速、高效地传送数据，这将使得整个链中的每一方均能尽快地获得有关客户需求的信息；链中的有关方能够更及时地知道哪里出了问题，相应地能够尽快对问题作出反应。

四、EDI 的分类

根据功能划分，EDI 可分为以下四类。

（1）订货信息系统。它是最基本的也是最知名的 EDI 系统。它又可称为贸易数据互换（Trade Data Interchange，TDI）系统，用电子数据文件来传输订单、发货票和各类通知。

（2）电子金融汇兑（Electronic Fund Transfer，EFT）系统，即在银行和其他组织之间实行电子费用汇兑。EFT 已使用多年，但它仍在不断改进。最大的改进是同订货系统联系起来，形成一个自动化水平更高的系统。

（3）交互式应答（Interactive Qurey Response）系统。它可应用在旅行社或航空公司作为机票预定系统。这种 EDI 在应用时要询问到达某一目的地的航班，要求显示航班的时间、票价或其他信息，然后根据旅客的要求确定所要的航班，打印机票。

（4）带有图形资料自动传输的 EDI。最常见的是计算机辅助设计（CAD）图形的自动传输。例如，设计公司完成一个厂房的平面布置图，将其平面布置图传输给厂房的业主，请业主提出修改意见。一旦该设计被认可，系统将自动输出订单，发出购买建筑材料的报告，同时，在收到这些建筑材料后，自动开出收据。例如，美国一个厨房用品制造公司 Kraft Maid 公司，在 PC 上以 CAD 设计厨房的平面布置图，再用 EDI 传输设计图样、订货、收据等。

第二节　EDI 系统模型和工作原理

一、EDI 系统的结构

在 EDI 工作过程中，所交换的报文都是结构化的数据，整个过程都是由 EDI 系统完成的。EDI 系统设立在用户的计算机系统上，其结构如图 5-1 所示。

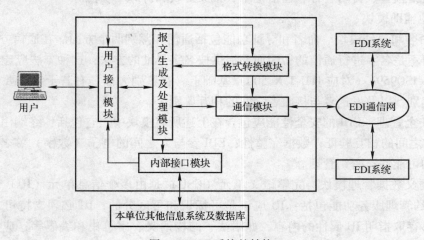

图 5-1　EDI 系统的结构

1. 用户接口模块

用户接口模块主要是 EDI 系统和用户相关的应用系统之间的接口，它既可以与本单位数据库信息系统连接，也可以与其他用户连接；业务管理人员可用此模块进行输入、查询、统计、中断、打印等，及时地了解市场变化，调整策略。

2. 内部接口模块

这是 EDI 系统和本单位内部其他信息系统及数据库的接口。一份来自外部的 EDI 报文，经过 EDI 系统处理之后，大部分相关内容都需要经内部接口模块送往其他信息系统，或查询其他信息系统才能给对方 EDI 报文以确认的答复。

3. 报文生成及处理模块

该模块有以下两个功能。

（1）接受来自用户接口模块和内部接口模块的命令和信息，按照 EDI 标准生成订单、发票等各种 EDI 报文和单证，经格式转换模块处理之后，由通信模块经 EDI 网络发给其他 EDI 用户。

（2）自动处理由其他 EDI 系统发来的报文。在处理过程中要与本单位信息系统相连，获取必要信息并给其他 EDI 系统答复，同时将有关信息传送给本单位其他信息系统。

如因特殊情况不能满足对方的要求，经双方 EDI 系统多次交涉后不能妥善解决的，则把这一类事件提交用户接口模块，由人工干预决策。

4. 格式转换模块

格式转换模块将产生的报文转换成符合通信标准的格式，同时将接收到的报文转换成本系统可读懂的格式；所有的 EDI 单证都必须转换成标准的交换格式，转换过程包括语法上的压缩、嵌套、代码的替换以及必要的 EDI 语法控制字符。在格式转换过程中要进行语法检查，对于语法出错的 EDI 报文应拒收并通知对方重发。

5. 通信模块

该模块是 EDI 系统与 EDI 通信网络的接口。包括执行呼叫、自动重发、合法性和完整性检查、出错报警、自动应答、通信记录、报文拼装和拆卸等功能。

6. 其他辅助模块

（1）命名和寻址模块。命名和寻址功能包括通信和鉴别两个方面。在通信方面，EDI 是利用地址而不是名字进行通信的，因而要提供按名字寻址的方法，这种方法应建立在开放系统目录服务 ISO9594（对应 ITU-T X.500）基础上。在鉴别方面，有若干级必要的鉴别，即通信实体鉴别，以及发送者与接收者之间的相互鉴别等。

（2）安全管理。EDI 的安全性能应包含在上述所有模块中。它包括：终端用户以及所有 EDI 参与方之间的相互验证；数据完整性；EDI 参与方之间的电子（数字）签名；否定 EDI 操作活动的可能性；密钥管理。

（3）语义数据管理模块。完整语义单元（CSU）是由多个信息单元（IU）组成的。其 CSU 和 IU 的管理服务功能包括：IU 应该是可标识和可区分的；IU 必须支持可靠的全局参考；应能够存取指明 IU 属性的内容，如语法、结构语义、字符集和编码等；应能够跟踪和对 IU 定位；对终端用户提供方便和始终如一的访问方式。

二、EDI 系统的功能

从功能上看，一个 EDI 系统由 EDI 标准、EDI 翻译软件、支持其他应用系统的接口和网络通信基础四部分组成，它们构成 EDI 系统服务的基础，下面分别加以叙述。

1. EDI 标准

EDI 标准定义了在不同部门、不同公司、不同行业以及不同国家之间进行信息传送的通用方法。标准的 EDI 事务处理允许在不同的机构和组织之间交换各种各样的格式化事务处理数据，而不管原始的数据格式是怎样的。如今的 EDI 标准主要是由两家著名的标准组织（美国国家标准局和由联合国发起成立的国际标准组织 EDIFACT）所制定和管理的。这两个组织已经建立了 200 多个标准报文，用来满足各种数据交换的需要。

2. EDI 翻译软件

用相关的软件将 EDI 与它们现有的业务处理系统进行连接，并确定进行数据传送的通信结构（见图 5-2）。EDI 翻译软件的功能包括将业务处理系统的文档格式转换为相应的 EDI 标准格式，并将转换后的数据封装在具有唯一识别代码的一个电子信封内，交给有关的通信软件，其通过 EDI 的网络传送给指定的接收者。

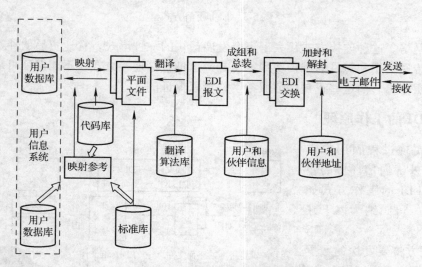

图 5-2　翻译系统的内部结构

3. EDI 与其他应用系统的接口

EDI 与其他应用系统的接口即 EDI 系统与现有业务处理系统的有机集成。这个接口要保证原始数据经过 EDI 翻译之后可以顺利地通过网络传送给指定的接收者。

4. EDI 网络通信基础

传送 EDI 报文的通信软件和网络系统也是 EDI 系统必需的组成部分。在传统的 EDI 服务中，大多数的 EDI 服务都依赖一个增值服务网络来进行 EDI 报文的传送（见图 5-3）。这些专用的增值服务网络通过一个中央电子清算中心，承担传送、控制、记录、保存所有的 EDI 报文信息的责任。

有些公司则采取让贸易伙伴直接连接上它们自己的内部网络系统，而不需要使用第三方

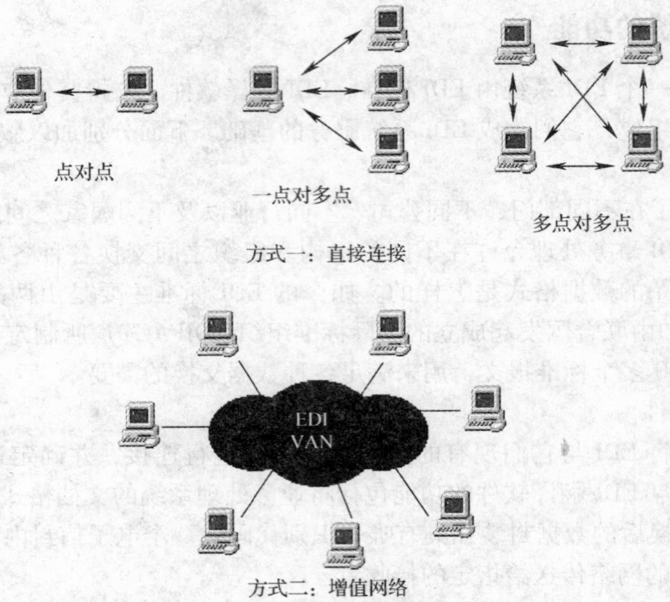

方式一：直接连接

方式二：增值网络

图 5-3　EDI 通信方式

的增值服务网络。这种连接方式代表了当今发展最快的一种形式，它让贸易伙伴避免了增值服务网络的传送费用和每月的维护费用。但是，这种直接连接方式还不能保证可靠性、完整性以及报文跟踪等，而这些正是增值服务网络可以保证的。

三、EDI 的工作原理

　　EDI 的实现过程因用户应用系统以及外部通信环境的差异而不同。EDI 的工作方式如图 5-4 所示，可归纳为以下几个步骤。

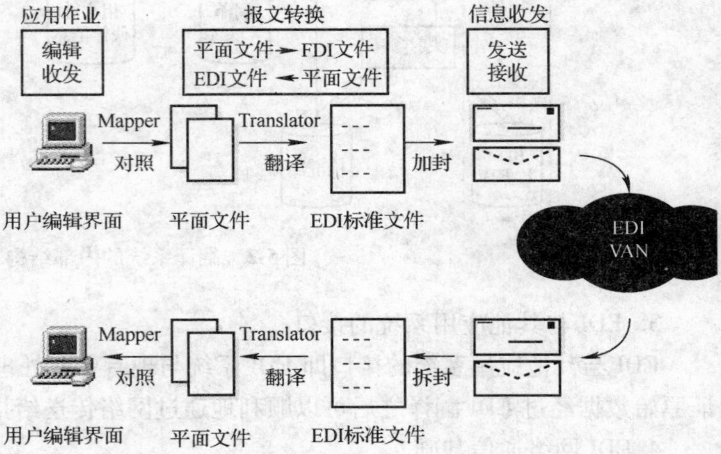

　　① 发送方将要发送的数据从信息系统数据库中提出。

　　② 转换成平面文件（亦称中间文件）。

　　③ 将平面文件翻译为标准 EDI 报文，并组成 EDI 信件。

　　④ 接收方从 EDI 信箱收取信件。

图 5-4　EDI 的工作方式

　　⑤ 将 EDI 信件拆开并翻译成为平面文件。

　　⑥ 将平面文件转换并送到接收方信息系统中进行处理。

　　由于 EDI 服务方式不同，平面转换和 EDI 翻译可在不同位置（用户端、EDI 增值中心或其他网络服务点）进行。EDI 通信流程中各功能模块说明如下：

1. 映射——生成 EDI 平面文件

EDI 平面文件（Flat File）是通过应用系统将用户的应用文件（如单证、票据）或数据库中的数据，转换成的一种标准的中间文件。这一过程称为映射（Mapping）。平面文件是用户通过应用系统直接编辑、修改和操作的单证和票据文件，它可直接阅读、显示和打印输出。

用户应用系统与平面文件之间的转换过程，是连接翻译和用户应用系统的中间过程。用户应用系统（如 MIS、EDP 等）存储了生成报文所需的数据，该过程的任务就是读取用户数据库，按照不同的报文结构生成平面文件以备翻译。在实际应用中用户可以将翻译系统与应用系统集成起来，在输出数据时，直接生成平面文件，随后再翻译。如果用户应用系统不含翻译软件，翻译工作可由 EDI 增值服务网或由其他 EDI 服务提供者完成，但生成平面文件的工作需要用户自己完成。平面文件不必包含用户文件的全部数据，只需包含要翻译的数据。

该过程需要一些初始化工作，以确定贸易伙伴的电子地址、网络地址、贸易伙伴的报文类型和版本。这就需要用户建立每一个贸易伙伴要接收的报文类型、报文标准类型和版本以及电子邮寄地址等清单。如果贸易伙伴有安全要求（如报文鉴别和加密），会有更多的信息（如加密方式、密钥等）需要列入清单。

2. 翻译——生成 EDI 标准格式文件

翻译（Translation）就是根据报文标准、报文类型和版本，将平面文件转换为 EDI 标准报文。而报文标准、报文类型和版本由上述 EDI 系统的贸易伙伴清单确定，或由服务机构提供的目录服务功能确定。在翻译之前需对平面文件做准备工作，包括对平面文件进行编辑、一致性检查和地址鉴别。首先，根据报文标准检查平面文件是否包含了所有规定的字项。ANSI X.12 和 EDIFACT 要求有一些规定字段，如控制号、内层项数和日期等。如果缺少字段，则要重新编辑平面文件。如果规定字段都存在，就要对字段一致性、句法和数据格式进行详细检查，检查内容包括是否与要求的标准一致、是否与标准的相应版本一致、是否与相应标准的相应文件类型一致。以上检查结束以后，还要进行地址鉴别，检查对方的电子地址和交易关系是否存在、有效。

翻译的过程就是翻译程序根据标准的句法规则，用规定分隔符将平面文件中的数据连接起来，生成不间断的 ASCII 码字符串，并根据贸易伙伴清单生成报文头，最后生成报文尾，形成一个完整的 EDI 报文。根据 EDIFACT 标准，一个交换可包含报文或功能组（也称报文组）。交换的生成和功能组的生成过程详见本书本章第三节相关内容。

3. 通信

通信参数文件一般包含电话拨号，网络地址或其他的特殊地址号码，以及表示停顿、回答和反应的动作描述码。通信模块根据这些通信设置拨通网络，与远端的通信模块进行对话，建立用户的 EDI 服务通道，进行文件传输。对于非实时 EDI 服务，文件先要传送到用户自己的信箱，然后再由 EDI 邮局管理分发。报文分发是 EDI 信箱管理系统根据报文中的目标地址，将报文分发到贸易伙伴的信箱中。在分发之前要通过交易关系认可，确认发送和收件方的收发意向，以保证双方对传输对象已事先同意交换。这可以避免"垃圾"文件的传送，以及信箱、网络和连接时间的滥用。在贸易伙伴认可后，再向对方信箱投递报文。

4. EDI 文件的接收和处理

接收和处理过程是发送过程的逆过程。在实际操作过程中，EDI 系统为用户提供了 EDI 应用软件包，包括了应用系统、映射、翻译、格式校验和通信连接等全部功能。其处理过程可看做是一个"黑匣子"，用户完全不必关心里面具体的过程。

在企业内部，EDI 在信息系统中属于电子数据处理（EDP），直接与企业的管理信息系统（MIS）连接，为其提供订货、财务汇兑、库存和价格等基础信息。这些信息经过处理为决策和执行提供支持。在企业间，EDI 系统起着信息传输和格式转换的作用，它可以连接各企业孤立的应用系统，将各系统集成为一个新的跨组织系统。

从技术的角度讲，EDP 系统提供 EDI 系统交换的内容，可以看做是 EDI 系统的数据库手段；EDI 系统可以看做是 EDP 系统的通信手段。应用企业一般先开发内部的 EDP 系统，然后与其他企业间实现 EDI 连接，EDP 显然是 EDI 的前提。

四、实现 EDI 的环境和条件

要实现 EDI 的全部功能，需要具备以下四个方面的条件。

（一）数据通信网是实现 EDI 的技术基础

EDI 的通信环境由一个 EDI 通信系统（EDIMS）和多个 EDI 用户（EDIMG）组成。EDI 的开发、应用就是通过计算机通信网络实现的，主要有以下三种方式。

（1）点对点（P2P）方式。早期的 EDI 通信一般都采用此方式，但它有许多缺点，如当 EDI 用户的贸易伙伴不再是几个而是几十个甚至几百个时，这种方式很费时间，需要重复发送。同时这种通信方式是同步的，不适于跨国家、跨行业之间的应用。近年来，点对点的方式已有所改进，采用的是远程非集中化控制的对等结构，利用基于终端开放型网络系统的远程信息业务终端，用特定的应用程序将数据转换成 EDI 报文，实现国际间的 EDI 报文互通。

（2）增值网（VAN）方式。增值数据业务（VADS）公司，提供给 EDI 用户的服务主要是租用信箱及协议转换，后者对用户是透明的。信箱的引入，实现了 EDI 通信的异步性，提高了效率，降低了通信费用。另外，EDI 报文在 VADS 公司自己的 VAN 系统中传递也是异步的，即存储转发。但是由于各 VAN 系统 EDI 服务功能不尽相同，不能互通，从而限制了跨地区、跨行业的全球性应用。同时，此方法还有一个致命的缺点，即 VAN 只实现了计算机网络的下层，相当于 OSI 参考模型的下三层。而 EDI 通信往往发生在各种计算机的应用进程之间，这就决定了 EDI 应用进程与 VAN 的联系相当松散，效率很低。

（3）MHS 方式。信息处理系统 MHS 是 ISO 和 ITU-T 联合提出的有关国际间电子邮件服务系统的功能模型。它建立在 OSI 开放系统的网络平台上，具有快速、准确、安全、可靠等特点。它是以存储转发为基础的、非实时的电子通信系统，非常适合作为 EDI 的传输系统。MHS 为 EDI 创造一个完善的应用软件平台，减少了 EDI 设计开发上的技术难度和工作量。EDI 与 MHS 互连，可将 EDI 报文直接放入 MHS 的电子信箱中，利用 MHS 的地址功能和文电传输服务功能，实现 EDI 报文的完善传送。

（二）计算机应用是实现 EDI 的内部条件

EDI 不是简单地通过计算机网络传送标准数据文件，它还要求对接受和发送的文件进行自动识别和处理。因此，EDI 的用户必须具有完善的计算机处理系统。

从 EDI 的角度看，一个用户的计算机系统可以划分为两大部分：一部分是与 EDI 密切相关的 EDI 子系统，包括报文处理、通信接口等功能；另一部分则是企业内部的计算机信息处理系统（Electronic Data Processing，EDP）。

（三）标准化是实现 EDI 的关键

EDI 是为了实现商业文件、单证的互通和自动处理，这不同于人—机对话方式的交互式处理，而是计算机之间的自动应答和自动处理。因此文件结构、格式、语法规则等方面的标准化是实现 EDI 的关键。

EDI 的国际标准发展情况如前所述，即 UN/EDIFACT 标准已经成为 EDI 标准的主流。但是仅有国际标准是不够的，为了适应国内情况，各国还需制定本国的 EDI 标准。因此，实现 EDI 标准化是一项十分繁重和复杂的工作。同时，采用 EDI 之后，一些公章和纸面单证将会被取消，管理方式将从计划管理型向进程管理型转变。所有这些都将引起一系列社会变革，故人们又把 EDI 称为"一场结构性的商业革命"。

（四）EDI 立法是保障 EDI 顺利运行的社会环境

EDI 的使用必将引起贸易方式和行政方式的变革，也必将产生一系列的法律问题。例如，电子单证和电子签名的法律效力问题，发生纠纷时的法律证据和仲裁问题等。因此，为了全面推行 EDI，必须制定相关的法律法规。只有如此，才能为 EDI 的全面使用创造良好的社会环境和法律保障。

然而，制定法律常常是一个漫长的过程。但是，如何解决对于在 EDI 法律正式颁布之前如何处理法律纠纷这一问题，一些发达国家一般的做法是，在使用 EDI 之前，EDI 贸易伙伴各方共同签订一个协议，以保证 EDI 的使用，如美国律师协会的"贸易伙伴 EDI 协议"等。

第三节 EDI 标准

一、EDI 标准概述

所谓标准，实际上是对需要协调统一的技术或其他事务所作的统一规定，它以科学技术和实践经验为基础，经有关方面协商同意，由有关（或主管）机构批准，以特种形式发布，其目的是为了获得最佳的秩序和效益，保证事务处理的一致性。

（一）EDI 的有关标准

标准化工作是实现 EDI 互通和互联的前提和基础。EDI 的标准包括 EDI 网络通信标准、EDI 处理标准、EDI 联系标准和 EDI 语义语法标准等。

（1）EDI 网络通信标准，解决 EDI 通信网络应该建立在何种通信网络协议之上，以保证各类 EDI 用户系统的互联。目前国际上主要采用 MHX（X. 400）作为 EDI 通信网络协议，以解决 EDI 的支撑环境。

（2）EDI 处理标准，它主要研究那些不同地域、不同行业的各种 EDI 报文相互共有的"公共元素报文"的处理标准。它与数据库、管理信息系统等接口有关。

（3）EDI 联系标准，规范 EDI 用户所属的其他信息管理系统或数据库与 EDI 系统之间的接口。

93

（4）EDI 语义语法标准（又称 EDI 报文标准），规范各种报文类型格式、数据元编码、字符集和语法规则以及报表生成应用程序设计语言等。EDI 语义语法标准是 EDI 技术的核心。要在任何两个用户系统之间交换数据，需要遵守一个大家都能理解的数据格式或报文格式，当一个 EDI 用户按照国际通用的报文格式发送信息时，接收用户又根据符合发送报文格式的语法规则对收到的报文进行相关处理，它就可以正确地理解所收到的报文的内容。

关于 EDI 的业务标准，主要涉及语法规则、数据结构定义、编辑规则与转换、出版公共文件、计算机的通用语等五个方面的内容。

作为一个 EDI 标准，应具备以下两个特点：一是提供一种统一的标准语言，参与 EDI 数据交换的任何贸易伙伴都可使用这种语言；二是这种标准不受计算机软硬件系统和通信系统的影响，它既适用于计算机系统间的数据交流，又独立于计算机系统之外。

（二）EDIFACT 和 ANSI X. 12 标准的比较

EDIFACT 和 ANSI X. 12 标准在语义、语法等许多方面都有很大区别。图 5-5 比较了 EDIFACT 标准的控制字段和 ANSI X. 12 标准的控制字段。ANSI X. 12 标准目前只可用英语。而 EDIFACT 标准则可用英语、法语、西班牙语、俄语，即日耳曼语系或拉丁语系均可使用该标准的语义、数据字典等。

EDI 的迅猛发展，其影响已波及全球。但 EDIFACT 和 ANSI X. 12 两大标准的使用在某种程度上制约了 EDI 全球互通的发展。例如，当一个美国的公司要与它在欧洲或亚洲的子公司或贸易伙伴联系时，因双方所采用的 EDI 标准不同，就要进行复杂的技术转换才能达到目的。虽然绝大多数翻译软件的制造厂商都支持这两个标准，但仍会给用户或厂商造成一些不必要的麻烦。

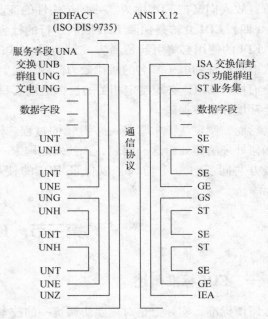

图 5-5　EDIFACT 标准和 ANSI X. 12 标准的比较

在 EDIFACT 被 ISO 接受为国际标准之后，国际 EDI 标准就逐渐向 EDIFACT 靠拢。1992年 11 月，美国 ANSI X. 12 鉴定委员会又投票决定，1997 年美国将全部采用 EDIFACT 来代替现有的 X. 12 标准。这意味着从用户的角度来看，今后面对的将是唯一的国际标准。

二、EDI 数据格式标准

（一）EDI 标准的基本组成要素

一个 EDI 标准至少要包括元目录、段目录和 EDI 标准报文格式。数据元、数据段和标准报文格式是 EDI 标准的三要素。

（1）数据元。它又称为贸易数据元，是电子单证最基本的单位。制定 EDI 标准首先就要定义标准涉及的贸易数据元，对其名称、使用范围、数据类型和长度作出详细规定，贸易数据元是制定 EDI 标准的基础，它决定了标准的适用范围。

数据元的描述和应用在数据元手册中有详细说明。两个或两个以上的数据元可以组合在一起构成一个复合数据元。构成复合数据元的那些数据元，此时还可称为成分数据元，并在复合数据元手册中被描述。

在段中的数据元的状态可以是：

强制型（M）——该数据元必须在段中出现。

条件型（C）——该数据元是否在段中出现，取决于一定的条件。要求该数据出现的有关条件应作为段定义的一个部分给出。如果没有指定条件，那么该数据元是否出现取决于贸易伙伴之间的协议或报文起草者的选择。

（2）数据段。任何贸易单证都是由一些具有一定功能的项组成的，那么电子单证为实现贸易单证的功能而与其相对应的就是段。数据段是报文中的中间信息，它由预先定义的数据元集合而成。

段的定义包括段标识、段名、段功能和组成段的数据项。数据段从段标识符开始，以段终止符结束。段标识符由三个大写英文字母的代码表示，每一个段都是由多个数据元构成的。电子单证是以报文形式在计算机网络上传输的，它除包含相应的贸易单证的内容外，还包括一些必要的控制段。控制段与数据段的不同之处在于：控制段是对整个 EDI 报文的控制、标识与描述，不同类型的 EDI 报文具有相同的控制段。而数据段的取舍决定于 EDI 报文的类型。

在报文中，段的状态可以是：

强制型（M）——该段必须在报文中出现。

条件型（C）——该段是否在报文中出现取决于一定条件，要求该段出现的有关条件应作为报文的一个部分给出。如果没有指定条件，那么该段是否出现取决于贸易伙伴之间的协议或报文设计者的选择。

每个数据段，在报文的段序列中都有一个确定的位置，并且同一类型的段在报文中可以出现多次。数据段可以出现在报文的下面三个分区中的任何一个之中：

头区——出现在这一分区中的段与整个报文有关。

细目区——出现在这里的段，只与该报文细节信息有关。

汇总区——只可能是那些包含总数或控制信息的段，如货物总数、发票总数等。

对于复杂的报文，这些分区的划分会提供逻辑上的清晰度，而简单报文可以不需要定义上述的所有分区。

（3）报文。报文是数据的集合，逻辑上由多个数据段组成。它用于数据交换，以实现 EDI 伙伴之间的信息传递。贸易报文由代表通用商业事务的特定的数据段组成，例如，一个报文可以代表一张订单或一张发票。每个报文以一个报文段头开始，以一个报文段尾结束。为了电子单证格式的统一与协调需要标准报文格式，它一般包括报文控制和报文内容部分。报文控制部分由控制段构成，至少包括报文头和报文尾两个段；报文内容部分由数据段构成，涉及的段由报文性质决定，报文中用到的数据段概述需要从相应的段目录中选取出来，按一定先后次序出现在标准报文中，控制段＋数据段构成 EDI 标准报文。

（二）EDI 标准的组成结构

电子数据交换的实质就是报文在不同的用户计算机系统之间的传递。所谓通信包括通信规程（起始）、联通、通信规程（终止），每个联通都包含两个或多个交换信封，每个信封内部包含单一文件或多个相同文件，这个文件也就是前面所说的报文。

在 EDIFACT 标准中，每次能传送的数据仍可分为以下几个层次，即交换、功能组、报文、数据段和数据元。

UNA、UNB、UNZ、UNG、UNE、UNH 和 UNT 称为服务段。符号"'"表示段结束符；"+"表示段标识符与数据元以及段中数据元与数据元之间的分隔符；":"表示成分数据元与成分数据元之间的分隔符。

① 一次交换包括：UNA——服务串通知（如果使用）；UNB——交换头标；功能组或报文；UNZ——交换尾。

② 功能组包括：UNG——功能组头标；相同类型的报文；UNE——功能组尾标。

③ 一个报文包括：UNH——报文头标；多个数据段；UNT——报文尾标。

④ 一个数据段包括：TAG——段标识符；简单数据元和/或复合数据元，或两者皆用。

⑤ 段标识符包括：段代码，如果明显指示，重复并嵌套数值。

⑥ 一个复合数据元包括：多个成分数据元。

⑦ 一个成分数据元包括：单一数据元值。

几种不同内容的交换结构举例：

① 有功能组的交换结构：

服务串通知 UNA	交换头 UNB	功能组头 UNG	EDI 报文 UNH……数据段……UNT	……	功能组尾 UNZ	……	交换尾 UNZ

② 不含功能组的交换结构：

服务串通知 UNA	交换头 UNB	EDI 报文 UNH……数据段……UNT	……	交换尾 UNZ

③ 不含功能组也不含 UNA 的交换结构：

交换头 UNB	EDI 报文 UNH……数据段……UNT	……	交换尾 UNZ

（三）EDI 标准的语法规则

EDI 标准的语法规则类似语言的文法，即如何组合一群最小的数据元成为数据段，再如何组合一群段成为一个标准报文。

实际上，在一个行业或一个地区内部建立一个数据交换中心、所有用户不必采用国际标准，而是采用它们自己定义的数据交换格式。这种内部格式只在行业内部或地区内部使用。如果某个用户需要与外界的 EDI 用户交换数据，将由这个数据交换中心将内部格式转换为符合国际标准的数据格式，再传送给 EDI 用户。从外部接收 EDI 报文时，数据交换中心将标准报文翻译成内部格式，再传送给内部用户。这就是电子商务中心需要完成的功能。

三、UN/EDIFACT 标准

EDIFACT 包括了十个部分和三个附录，以简略形式表述用户格式化数据交换的应用实施的语法规则。其中，第一部分说明了标准的适用范围；第二部分罗列了此标准的相关标准；第三部分说明在此标准中用到的名词的定义；第四部分说明了 EDIFACT 标准报文中符号集合的级别划分；第五部分分级列出 EDIFACT 标准的字符集；第六部分定义了 EDIFACT 标准报文的结构；第七部分涉及把单证转换成 EDIFACT 标准报文过程中对 EDIFACT 标准报文数据元的压缩；第八部分说明了设计 EDIFACT 报文时段重复的可能性；第九部分是关于设计 EDIFACT 报文时段的嵌套；第十部分是数字型数据元使用的规定。

下面就 EDIFACT 报文的结构及语法规则作重点介绍。

（一）EDIFACT 报文的结构

在 EDI 的结构中，报文是关键的部分，这是因为所有的数据都是以规定的形式组成报文，然后加以传送。如前所述，每个报文依其内容可以分成三个分区：头区、细目区和汇总区。其中，头区说明报文的性质，细目区用于对报文的内容作详细说明，汇总区则对报文内容进行汇总核对。在报文中使用分区控制段 UNS 来隔开各个分区，例如：

UNH + …data…'　——报文头

AAA + …data…'

BBB + …data…'　}构成头区的用户数据段

CCC + …data…'

UNS + D'　隔开头区和细目区的分区控制段

EEE + …data…'

FFF + …data…'　}构成细目区的用户数据段

GGG + …data…'

HHH + …data…'

UNS + S'　隔开细目区和汇总区的分区控制段

III + …data…'　}构成汇总区的用户数据段

JJJ + …data…'

UNT + …data…'　——报文尾

（二）EDIFACT 语法规则

1. 段的次序和段的组合

在报文中所有的段，应按报文图中所指定的次序出现，即从上到下，从左到右的次序。

段由它们的标识符指明；段的状态由 M（强制型）和 C（条件型）表示；段的重复，直接用数字表示。例如，UNH 段，为强制型，重复一次，可以用 UNH/M1 表示。在实际应用中，强制型至少要出现一次，至多不超过段的重复数：条件型段，可以不出现，也可以重复出现，但最大重复数不应超过规定的重复指示数。

当一个段嵌套在另一个段内时，该段应位于报文图中相邻的更低的一个层次上，0 层上的段不应有重复，故不含嵌套的段。两个以上的段可以组合起来形成段组，在报文图中，段组和段，可以是强制型的，也可以是条件型的，同时也可以重复。

在图 5-6 中，如果 GR.1 出现两次，另外的段组只能出现一次，且各段不重复，则段的排列次序为：UNH，AAA，BBB，CCC，DDD，EEE，FFF，GGG，DDD，EEE，FFF，GGG，HHH，…，III，JJJ，KKK，…，LLL，UNT。

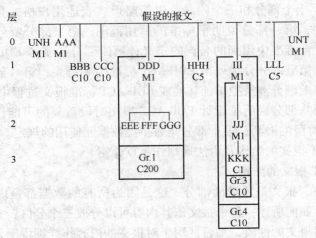

图5-6　报文图

2. 段结构的成分

① 段标识符（M），由 $\left\{\begin{array}{l}\text{段代码（M，成分数据元）}\\ \text{成分数据元分隔符（C）}\\ \text{嵌套和重复指示（C，成分数据元）}\end{array}\right\}$ 组成。

② 数据元分隔（M）。

③ 简单数据元或复合数据元（M或C，由段手册指定）。

④ 段终止符（M）。

段分用户数据段和服务段。用户数据段包括许多数据元，如量、值、名字、地点和另外要传送的数据。服务段包含服务数据元，如交换的发送者。所有服务段的标识符都以字母"UN"开始。

段由代码识别，在段手册中，给出了每个段的唯一识别码。服务段目录，在ISO9735附录B中有详细描述。在数据段中，最后一个数据元之后不应有数据元分隔符。

3. 数据元结构的成分

数据元可以包含单个的数据项，如"2310—交货月"，此时称简单数据元。数据元也可以包含几个数据项，例如，复合数据元"198—产品标识"含有两个数据元，即"7020—物品号"和"7023—物品号标识符"。在复合数据元中的每个数据项称为成分数据元。

成分数据元由其在复合数据元内的位置来识别。例如，若用数据元来表示保险费，则应该定义成有两个成分数据元的复合数据元。在第一个位置是"5486—保险费"，第二个位置是"6345—货币代码"。

数据元分为用户数据元和服务数据元。用户数据元包含待传送的实际数据，如果超出了标准和范围，则应重新定义，并经交换伙伴的认可，在用户手册中加以说明。服务数据元包含保证传送结构化所需要的数据。服务数据元目录，详细描述由数据元手册中以"S"+"000"系列给出，它们也可在ISO9735中找到。

在复合数据元中，最后一个成分数据元之后不应有成分数据元分隔符。

4. 压缩的规则

在数据元手册中指明的变长度数据元，在使用时如果没有另外的限制，无意义的字符位置应该取消，数据元前的零和后面的空格也应取消。当压缩报文时，应遵守下面的省略规则。

（1）数据段的省略。不含用户数据的条件型段应该略去（包含其段标识符）。

（2）数据元的省略。在段内，数据元由其顺序位置来识别。如果省略条件型数据元，则在它的原位置应保留该数据元分隔符；如果一个或多个条件型数据元在段的结尾处被省略，就可以用段终止符来截止该段，也就是说尾部的数据元分隔符不需要传送。

（3）成分数据元的省略。复合数据元由其给定的顺序位置识别。如果条件型成分数据元被省略，则在它的原位置应用成分数据元分隔符来表示出来。

5. 重复的规则。

（1）段的重复。给定报文类型，重复有两种不同的表示方法：显式方法和隐式方法。在同一报文中，两种方法不能混用。因此，在设计报文时，应作好选择。

① 显示重复：在段标识符中，第一个成分数据元应该是段代码，最后一个成分数据元应指明段达到的重复数。

② 隐式重复：报文中的段应按报文类型说明所给出的次序出现，因而段的重复是隐式表达的，由它们的原始位置所限定（见图5-7）。

99

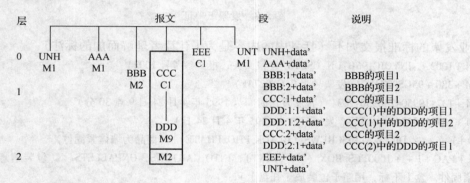

图 5-7　有一层强制型段嵌套的报文

在 0 层的段不应有重复，它们的标识符不包含重复指示数。服务段（TXT 除外）不应有重复，它们的标识符不包含重复指示数。

（2）数据元的重复。在数据段内，数据元重复不应大于段手册中所规定的次数。如果重复数小于所规定的次数，则应使用前面所述的省略规则。

6. 嵌套的规则

在报文结构中，段可以依赖高层次的段，因此在这些段中形成了嵌套。嵌套有两种不同的表示方法：显示方法和隐式方法。在同一报文中，两种方法不能混用。服务段（参见 ISO9735）和 0 层的段不应有嵌套。限于篇幅，有关具体规则此处从略。

（三）报文格式举例

图 5-8 是一张由中国金属制品进出口公司将一批墙体紧固件从上海港口经汉堡发往 TEPLICE 的商业发票，下面是它的标准报文（有删节）。

Issuer CHINA NATIONAL METAL PRODUCTS IMPORT & EXPORT CO.BLDG.15，BLOCK 4，ANGUILI，CHAOYANG DISTRICT，BEIJING，CHINA TEL(010)64916967 FAX(010)64916967 TLX:222864 MIMET CN		中国金属制品进出口公司 商业发票 *COMMERCIAL INVOICE*	
To FOSTA S.R.O TEL:001-909-861201 FAX:001-909-860208		No. Date 95GS0274F Apr，24，1995	
Transport details FROM:SHANGHAI TO:TEPLICE BY:VESSEL SAILING ABOUT:BEFORE THE END OF APRIL，1995		S/C NO. L/C No. 95GS1472035CZ-F NONE Terms of payment L/C 30 DAYS FROM B/L DATE	

Marks and numbers	Number and kind of packages description of goods	Quantity	Unit price	Amount
4579 FOSTA HAMBURG/TEPLICE 1–25	DRYWALL SCREWS(BLACKPHCSPHATE) M3.5×25 M3.5×35 M3.5×55	(MPCS) 4 320.000 4 800.000 960.000	CIF TEPLICE (USD) 4.100 5.100 8.029	(USD) 17 712.00 24 480.00 7 707.84
		TOTAL:10 080.000MPCS	USD	49 899.84

PACKAGE:1000PCS.BOX(NO PRINT).INTO CARTONS，ON PALLETS
TOTAL:25PALLETS.G.W.18798KGS.
SHIPMENT FROM SHANGHAI TO HAMBURG BY VESSEL YHEN WITH
TRANSIT TO TEPLICE.

图 5-8　发票纸单证

商业发票的标准报文如下（括号中的内容是为了让读者理解而加的标注）：

UNH＋1002＋:INVOIC:96B:UN:CSBTS'（报文头，报文参考号 1002）

BGM＋380＋95GS0274F'（发票号为 95GS0274F）

DTM＋137:199504240930:203'（报文发送时间为 1995 年 4 月 24 日 9 点 30 分）

DTM＋137:19950424:102'（发票日期为 1995 年 4 月 24 日）

IMD＋F＋＋:::DRYWALL SCREWS（BLACK PHOSPHATE）'（商品为墙体紧固件）

FTX＋PAC＋1＋＋1000PCS. BOX（NO PRINT），INTO CARTONS，ONPALLETS'（包装信息：一盒装 1000 个紧固件。盒上不标，用箱子包装放于托盘上）

FTX＋TDT＋1＋＋SHIPMENT FROM SHANGHAI TO HAMBURG BY VESSEL THEN WITH TRANSIT TO TEPLICE'（用轮船从上海经汉堡转至 TEPLICE 进行运输）

DTM＋270:BEFORE THE END OF APIRL，1995'（运输期限是 1995 年 4 月底之前）

RFF＋CT:95GSl472035CZ-F'（合同号为 95GSl472035CZ－F'）

……

LOC＋5＋:139:SHANGHAI'（起运地是上海）

LOC＋8＋:::TEPLICE'（目的地是 TEPLICE）

TOD＋3＋CIF'（交货条件是 CIF）

LOC＋1::+TEPLICE'（交货条件的地点是 TEPLICE）

……

UNS＋S'（细目节与总节分隔符）

CNT＋2:3'（报文中分项数量为 3）

CNT＋8:10080. 000:MPCS'（货物散件总数 10080. 000 千件）

CCNT＋7:18798:KGM'（总毛重 18 798kg）

CNT + 11:25:PF'（货物包装总件数 25 个托盘）

MOA + 39:49899.84:USD'（总金额：49 899.84 美元）

UNT + 52：1002'（报文中的数量为 52，报文参考号为 1002）

（四）EDIFACT 数据元目录及代码

EDIFACT 数据元目录是联合国贸易数据元目录的一个子集，收录了 200 个与设计 EDI-FACT 报文相关的数据元，这些数据元通过数据元号与联合国贸易数据元目录相联系。这一目录对每个数据元的名称、定义、数据类型和长度都予以了具体的描述。

此外，EDIFACT 目录收录了 60 多个复合数据元，对每个复合数据的用途进行了描述，罗列出组成复合数据元的数据元，并在数据元后面注明其类型。注有字母 M 的表示该数据元在此复合数据元中是必写的，注有字母 C 的表示该数据元在此复合数据元中的出现与否是根据具体条件而定的，复合数据元通过复合数据元号与段目录相联系，组成复合数据元的数据元通过数据元号与数据元目录代码表相联系。

EDIFACT 代码表收录了 103 个数据元的代码，这些数据元选自 EDIFACT 数据元目录，并通过数据元号与数据元目录联系起来。

（五）EDIFACT 标准报文格式

EDIFACT 标准报文格式分成：0 级、1 级和 2 级。0 级是草案级，1 级是试用推荐草案级。2 级是推荐报文标准级，UN/ECE/WP.4 每年对标准报文进行增订，并通过各大洲的召集人向世界各国散发，每个国家都有权向本地区的召集人索取有关 EDIFACT 标准的材料。最初制定的标准报文是发票的报文格式，目前发票报文格式是 2 级报文。该标准分成四部分，前三部分是发票报文格式的总体描述，规定了报文使用范围和报文中用到的专用名词的定义；第四部分是报文定义部分，规定了报文的结构（包括段的功能、段表和分支表）。

101

第四节　EDI 系统的实现

一、建立和推广 EDI 系统的要素

应用推广成功与否的关键在市场定位，分析 EDI 应用领域，可以得到 EDI 所对应的应用对象与用户类别。影响 EDI 应用推广的关键因素归纳为：政府主导支持、经营机制、系统的选择和建立、系统集成和软件开发商的长期配合。

1. 政府主导支持

EDI 应用推广初期需要政府大力的支持，在用户逐渐习惯于使用 EDI 系统，其交易量与效益较为明显之后，政府介入程度可逐渐减少，由其自行成长发展。政府的功能表现在：促进电信和数据通信基础设施的发展；制定鼓励政策，支持企业的电子商务应用；成立指导监管产业标准法规的机构；建立顺应国际趋势的国家行业的规范框架。

2. 经营机制

建立和经营 EDI 中心的成本高，不可能提供免费服务，必须向用户收费。

由于 EDI 应用技术难度大、文件规范严格，初期交易量不会很大，导致单靠 EDI 交易处理收取的费用，通常无法平衡中心经营成本，获利更困难；配合其他网络应用，如互联网接入、电子邮件、可视会议、传真存转、数据库服务等，可更容易吸引用户上网。

3. 系统的选择和建立

EDI 中心建立的目的在于长期的经营、获利以及与国际网络的连接，因此在着眼点上与一般系统的建立应有所不同。

（1）整体规划。EDI 系统应用是一连串很严谨、涉及程序比较多的作业流程，不仅需要 EDI 系统自身的运作，而且需要其他系统协同作业。怎样达到使用者所需要求和系统在短期和长期内最经济这两个基本目标，是整体规划需要考虑的问题。负责建立 EDI 中心的专业技术人员，应具有足够的运营管理经验，具有 EDI 系统技术，对目标产业企业应用需求有足够经验。和这样的系统集成软件开发商配合能够增大成功的可能性。

（2）系统功能规划。对于 EDI 系统所需的软、硬件设备的种类与规格，在建立系统需考虑的因素中重要性较低。以 EDI 软件而言，EDI 应用已有二十年以上的历史，凡是目前能在国际上被使用的系统，功能应都可满足 EDI 标准的要求，差异不会太大。需要注意的是，如果建立 EDI 中心有特定目标产业，而该产业应用有特殊功能需求时，选用的 EDI 系统能否达到该项需求就相当关键了。确定方式有两种：一是了解该系统是否曾在相同或类似产业中使用过；二是实机测试，评估确定其功能的完整性。

（3）成本控制。此处所提的成本控制，不单是指建立 EDI 中心时所投入的资金，更重要的是系统建立时，设备及软硬件的选择对长期营运成本所造成的影响。当然，初期投入资金是必须考虑的因素，但若不考虑长期的成本影响，日后可能会形成经营管理上的困难。当然，设备和经营方式的选择，与长期经营的成本以及经营获利的可能性具有密切的关系。

（4）系统安全。EDI 中心或者任何增值网的经营，都有特殊的安全要求：

① 不间断服务：即"一年 365 天，每天 24 小时的服务"。在确定建立 EDI 中心的方案时，必须把此类要求作为评估重点，尽可能提高系统的不间断、无故障运营率。

② 报文安全：在规划 EDI 中心时，需要考虑的安全需求是用户的报文。它包括软件对报文的处理方式、备份保存、中心管理以及各项网络安全措施（如 RSA、DES、SET）的使用。考虑的重点包括：用户数据被更改和丢失的风险；用户报文在网络上被拦截的风险；用户报文遗失的风险；用户报文被中心人员私下复制的风险。

（5）技术方案。基于技术发展的考虑，硬件、软件和支持服务应是引进消化和自主开发的结合，逐步实现核心软件、系统平台和技术支持本地化，并全力扶持客户培训和企业应用开发。其主要考虑因素包括：① 技术转移。EDI 应用技术由于其涉及面宽、集成难度大和技术发展快，不能被简单地用"一揽子交钥匙工程"方法买到。EDI 中心的操作重点应在保证顺利运行以及获利上，不必用大量的资源投入来承担技术开发和工程项目。② 寻找当地合作软件商。其应考虑的因素包括：具有技术积累和工程实践，深入掌握 EDI 专门技术，有消化引进系统的经验和能力；对目标产业应用需求有经验，完成 EDI 与应用系统的集成；公司能长期经营，可保证支援 EDI 中心后续的更新、加强、开发、修改等工作。

建议采用的技术方案有：

数据库：Oracle、DB2、SQL、Sybase、Infomix。

网络通信：TIP、X. 400、X. 435、OTX、IP、PHONE。

操作系统：UNIX、Linux、NT、Solaris。

开发工具：WebSphere、WCS、Net. Commerce、WebLogic、Site Server、Inter Merchant。

开发语言：Java、XML、ColdFusion、ASP、PHP、CGI、Perl。

二、EDI 的实现技术

（一）EDI 与计算机通信网络

随着计算机与通信技术的结合与协同发展，数据通信网络正向着综合、高速、宽带、智能、有效、统一的全球化、现代化和全方位的通信网络发展。EDI 与电子商务是在现有的数据通信网基础上，增加 EDI 与电子商务的服务功能，而使网络增值。它们属于网络服务的范畴，是在现有的数据通信上的增值业务。EDI 应用系统通过数据增值网络的电子信箱、远程登录和文件传送等方式来完成 EDI 通信。

EDI 是通过数据增值网络来完成相应的通信，它可以基于以下各种通信网：分组交换数据网（PSDN）；电话交换网（PSTN）；数字数据网（DDN）；综合业务数据网（ISDN）；卫星数据网（VAST）；移动数据通信网；局域网（LAN）。

在互联网上实现 EDI 是 EDI 应用发展中的重大变化。由于互联网大大减少了企业的费用，从而使中小企业可以从事 EDI 业务活动，基于 Internet 的 Intranet 和 Extranet 是企业发展 EDI 的重要网络平台，对未来企业 EDI 的发展有重要的意义。

（二）EDI 通信标准

EDI 通信经过了以下三个发展历程：点到点的通信；计算机的报文转发；标准的 EDI 报文通信。引入 EDI 报文通信标准的优点如下：

① 具有良好的扩展性，便于协调与其他应用业务的互通，并考虑到三个主要标准，EDIFACT 和 ANSIX.12 在通信中的兼容。

② 在 OSI 体系结构基础上，提供 EDI 所需业务。

③ 在 EDI 服务提供者之间，提供完备的 EDI 互通服务。

④ 支持传输文本、语音和图像多媒体信息的服务能力。

⑤ 提供 EDI 增值型的安全功能。

⑥ 支持 X500 系列号码簿的分拆和分发功能。

（三）EDI 的网络组织结构

EDI 网络的通信机制是建立在信箱系统基础之上的存储转发系统，整体上是建立在分组网上的一种星形网络结构，如图 5-9 所示。

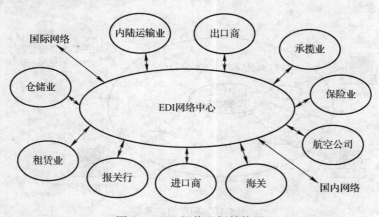

图 5-9　EDI 网络逻辑结构图

　　具体讲就是在分组交换网上划区建立有限几个（有时甚至一个就可以）物理信箱系统，在其他地区则建立通信节点（Node），然后再通过通信节点和分组交换网连通所有的用户。物理上，信箱系统和通信节点的数据通道，可根据业务量的大小，采用呼叫连接或 DDN 专线等多种不同形式。

（四）EDI 的服务组织结构

　　EDI 的服务（业务）组织结构取决于两方面的因素。一是 EDI 的网络组织结构（技术方面），二是 EDI 业务本身固有的特点（使用部门、业务对象、业务流程、法律问题等）。

　　（1）EDI 的服务中心。它需要解决两个层次的问题，一个是通信层次问题（包括传输和信箱），另一个是 EDI 文件标准和法律效力等问题。在通信网络问题解决之后，其他大量的工作包括协调用户之间 EDI 文件格式标准，确定 EDI 业务种类、开发周期和 EDI 标准，解决文件传送的法律效力问题，管理入网用户，开发用户终端软件等。这些工作是大量的和经常性的，因此必须有一个 EDI 服务中心来承担这些工作。这里，EDI 的信箱中心与服务中心可以合二为一，也可以分离。这就要取决于信箱系统的提供者。

　　（2）电信部门与 EDI 服务中心的关系。直接采用电信部门提供的信箱系统组建 EDI 服务中心，是建立 EDI 服务中心最为经济、最迅速的方法。它不但可以节约服务中心和用户大量的投资，而且可以省去大量的设备维护费和更新费，并节省大量的时间。这样，就可使服务中心能够集中精力搞好 EDI 的服务工作。

　　为了保证在电信部门的信箱系统上建立 EDI 服务中心，需要实现 EDI 的通信平台与 EDI 服务中心的相对分离。也就是说，电信部门必须提供开放性的 EDI 通信平台，通过节点将本地用户和服务中心与信箱系统连接起来，并同本地服务中心一起组织本地用户业务，或直接参加服务中心的组建。

（五）基于 MHS 的 EDI 信息处理系统

　　MHS 是以存储转发为基础的、非实时的电子通信系统，建立于 OSI 开放系统的网络平台上，适应多样化的信息类型，能较好地满足上述开放式 EDI 模型的要求。基于 MHS 的 EDI 信息处理系统由信息传送代理（MTA）、EDI 用户代理（EDI-UA）、EDI 信息存储（EDI-MS）和访问单元（AU）组成（见图 5-10）。MTA 完成建立接续、存储/转发，由多个 MTA 组成 MHS 系统。

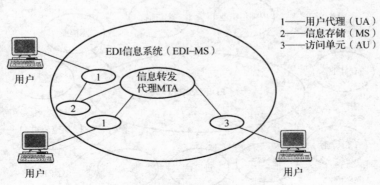

1——用户代理（UA）
2——信息存储（MS）
3——访问单元（AU）

图 5-10　EDI 信息系统

EDI-MS 存储器位于 EDI-UA 和 MTA 之间，它如同一个资源共享器或邮箱，帮助 EDI-UA 发送、投递、存储和取出 EDI 信息。同时，EDI-MS 把 EDI-UA 接收到的报文变成 EDI 报文数据库，并提供对该数据库的查询、检索等功能。为有利于检索，EDI-MS 将报文的信封、信首、信体映射到 MS 信息实体的不同特征域，并提供自动转发及自动回送等服务。

EDI-UA 是电子单证系统与传输系统之间的接口。它的任务是利用 MTS 的功能来传输电子单证。EDI-UA 将它处理的信息对象分为两种：一种称为 EDI 报文（EDIM），另一种称为 EDI 回执（EDIN）。前者是传输电子单证的，后一种是报告接收结果的。EDI-UA 和 MTA 共同构成了 EDI 信息系统（EDI-MS），EDI-MS 和 EDI 用户又一起构成了 EDI 通信环境（EDIME）。

EDI 与 MHS 结合，大大促进了国际 EDI 业务的发展。为实现 EDI 的全球通信，EDI 通信系统还使用了 X.500 系列的目录系统（DS）。DS 可为全球 EDI 通信网的补充、用户的增长等目录提供增、删、改功能，以获得网络名址服务、通信能力列表、号码查询等一系列属性的综合信息。

（六）开放式 EDI 系统的安全与保密

EDI 的兴起、纸张文件的消失和电子文件的出现在提高办事效率、加强商业竞争地位的同时，也带来了诸如认证等方面的问题。如何确保交易的准确、安全和可靠，成为开放性 EDI 系统的关键问题。

由 ITU-T 提出的 X.435 建议，主张用 X.400 的 MHS 已有的安全机制支持 EDI 的安全，并在其 1988 年的版本中详细规定了 MHS 的安全服务和安全元素。由于 MHS 有较完整的标准及产品，下面介绍基于 MHS 的开放式 EDI 系统的安全与保密问题。

1. MHS 与 X.435 的安全服务

由 X.402 定义的 MHS 安全模型是独立于低层实体提供的通信业务的。MHS 包括了多种安全服务元素，且在密码算法和服务元素的选择上具有很强的灵活性，为 EDI 安全业务的选择奠定了基础。但 MHS 的安全功能是为人际文电而设计的，并不能完全满足 EDI 通信的需要。为此 ITU-T X.435 建议就针对 EDI 应用的具体要求，新增了九种安全服务：① 接收证明或不可抵赖；② 检索证明或不可抵赖；③ 传递证明或不可抵赖；④ 内容证明或不可抵赖；⑤ 安全 MS 审计跟踪；⑥ 安全 MT 审计跟踪；⑦ MS 记录档案；⑧ MD 记录档案；⑨ MTA 管理和路由信息的安全。

2. 开放式 EDI 系统的安全分析及策略

ITU-T X.435 建议定义了开放式 EDI 系统所受到的主要威胁和攻击包括：冒充，篡改数据，偷看、窃取数据，报文丢失，抵赖或矢口否认，拒绝服务等。针对 EDI 应用所面临的威胁和攻击，EDI 系统中的用户所需求的安全业务主要有以下几种：① 鉴别，包括源点鉴别和实体鉴别；② 用户身份识别，包括访问控制和证书管理两方面的内容，前者确保只有合法用户才能进入 EDI 系统，后者为合法用户签发证书并实行有效管理；③ 防抵赖，即源点不可抵赖、接收不可抵赖和回执不可抵赖。有关 EDI 系统的安全策略的内容参见本书第六章。

第五节 EDI 应用及发展

在 EDI 应用推广二十多年来，使用 EDI 较多的产业主要有制造业、贸易运输业、流通

105

业和金融业等。据统计，世界前 1 000 家企业（美国《财富》杂志统计的前 10 名国家中各 100 家企业）98% 都在使用 EDI。许多重要的制造厂家，包括克莱斯勒、福特和通用汽车，以及一些计算机公司，如 IBM 和德州仪器公司均要求供货商采用 EDI。

因特网的推出使人们对远程访问数据和远程数据交换的梦想变成了现实。因特网是一个成本低、速度高的开放网络。EDI 和因特网的结合使 EDI 有了更进一步的发展。

一、EDI 的应用领域

（一）商业 EDI 应用

广州宝洁公司采用的是广州电信 EDI 中心提供的 EDI 服务。该公司和运输商之间的货运订单处理以及和全国各地的分销商之间的订单处理均采用 EDI 方式（见图 5-11）。通过采用 EDI 技术，实现了订单数据标准化及计算机自动识别和处理，消除了纸面作业和重复劳动，提高了文件处理效率，加速把货物运输到销售地的运输速度，大大降低了成本。

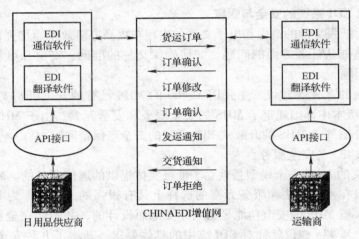

图 5-11　EDI 货运订单电子自动处理系统示意图

（二）对外贸易及商检的 EDI 应用

采用 EDI 可大大降低文件处理费用、增强竞争能力，有了国际统一标准的 EDI 文件格式，各国贸易将无语言/文化障碍，加速货物、资金周转，有力地推动全球市场的形成。新加坡的 TRADENETEDI 体系，1989 年投入营运，依靠网络将相关机构（如贸易发展局、港务局、海关、管制单位、民航局、九龙港口管理、船运代理、航空货运站、船运公司、空运代理业者）和贸易商等连接起来，每年可为政府及贸易界节省 10 亿新加坡币，约合 5 亿美元，每份文件处理的成本从 5 美元降至 0.8 美元，处理时间从 24 小时缩短为 15 分钟。

商检单证作为外贸出口的重要环节之一，利用 EDI 技术可以提高它的审核签发效率，加强统一管理，与国际惯例接轨，为各外贸公司提供方便快捷的服务。外贸公司可通过 EDI 的方式与商检局进行产地证的电子单证传输，无需再为产地证的审核、签发往返于商检局，既节约了时间和费用，也节约了纸张。而对于商检局来说，有了 EDI 单证审批系统，不仅减轻了商检局录入数据的负担，减少了手工录入出差错的机会，同时也方便了对大量的各种单证的统一管理。商检 EDI 审签系统流程图如图 5-12 所示。

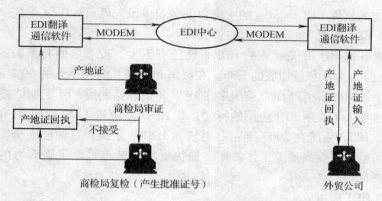

图 5-12　商检 EDI 流程图

（三）运输业 EDI 应用

以应用较为广泛的船运业为例，日本船运界计算机普及率很高，每个航运公司都在促进它的客户应用 EDI，以增强竞争实力。1986 年 4 月，航运界推出 SHIPNETS 网络，它是连接全日本航运公司、货运代理、计量公司、理货公司之间的跨行业网络系统。目前正在将 ED-IFACT 标准网络引入 SHIPNETS 网络系统中，并将不断发展完善它。在美国，船运业也是EDI 应用的大用户，纽约和新泽西港务管理局正在安装快速自动装货系统，它可将所有与货运相关的电子通信服务集中管理，也可作为货主和货物终端操作员的票据交换站，提供贸易书、货运统计报表等 EDI 格式的相关文件。

我国的港口口岸也已广泛采用 EDI 技术。图 5-13 是上海港航 EDI 中心提供给客户端用

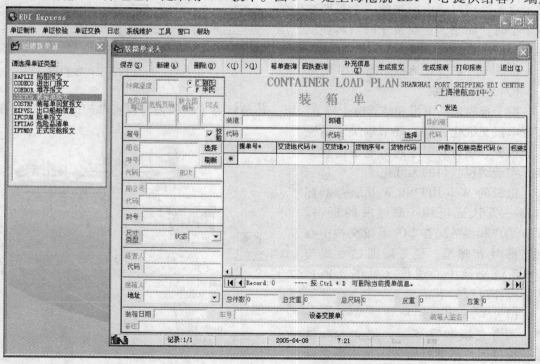

图 5-13　EDI Express 的主窗口及装箱单录入界面

于生成 EDI 报文的软件 EDI Express 的主窗口及装箱单录入界面。

（四）海关 EDI 应用

目前，世界各地用于海关业务的 EDI 系统已有不少，较著名的有英国的 CHIEF、法国的 SOPHIE、美国的 ABI 和新加坡的 SHS。在法国和美国，海关手续的 50% 采用了 EDI，英国海关的结关手续 90% 采用 EDI，英国早在 1978 年就开始利用 EDI 定期结关。

我国海关也加入了发展 EDI 应用的行列，其 H883 系统进入 20 世纪 90 年代后，开始采用 EDI 的技术。H883 系统在 2003 年左右更新为 H2000 系统，目前已在全国各海关普遍推行，为加强海关监管、提高通关工作效率、加快货物流转等提供了强有力的技术支持（参看本章末的阅读材料）。

（五）金融 EDI 应用

金融 EDI 采用 EDI 技术，能够实现银行和银行、银行和客户间的各种金融交易单证的安全有效交换，如付款通知、信用证等，它是实施企业电子商务的关键，同时也是银行提供金融电子商务服务的基础。金融 EDI 的实施能够提高银行在资金流动管理、电子支付、电子对账和结算等业务的效率。

广州市电信局与广东发展银行合作，应用 EDI 技术处理话费托收业务。应用 EDI 技术进行话费托收之后，能够实现计算机自动进行托收单证的处理、传输，避开了人工干预，减少人为差错，节省人力和纸张费用，实现托收单证处理自动化，大大提高了效率，整个业务处理时间由原来的一个星期减少到几个小时，加快了企业资金的周转速度，增加了经济效益。

金融 EDI 的工作流程如图 5-14 所示。

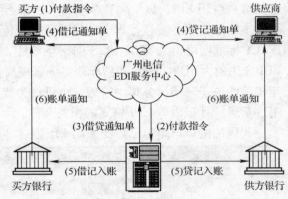

图 5-14　金融 EDI 工作流程图

（六）网上报税

网上报税包括申报和结算两个环节。第一环节解决了纳税人与税务部门间的信息交换，实现申报无纸化；第二环节解决了纳税人、税务、银行及国库间的电子信息交换，实现纳税收付的无纸化。

报税的 Web 用户和 Web 服务器都有第三方认证机构 CA 颁发的证书。Web 用户和税务局在 EDI 系统交换中心拥有账号和邮箱，税务局通过专线与 EDI 系统交换中心通信（见图 5-15）。实际操作过程如下。

（1）Web 报税用户登录 Web 服务器，两者交换数字证书，建立 SSL 链接。报税用户浏览器和 Web 服务器之间后继的通信都是加密进行的。

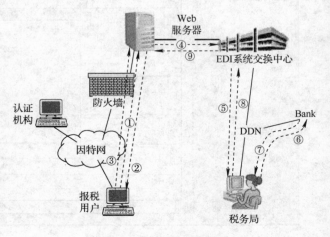

图 5-15　Web-EDI 报税系统

（2）报税用户从 Web 服务器下载报税表单。

（3）用户填写表单后提交。

（4）Web 服务器根据表单信息和用户信息生成标准格式的 EDI 报文发送到 EDI 系统交换中心税务局的邮箱。

（5）EDI 系统交换中心发送报税单证报文到税务局报税单证处理系统.

（6）报税单证处理系统根据用户提供的银行账号，向银行查看用户账号信息。

（7）返回账号信息。

（8）报税单证处理系统根据返回的账号查询信息向 EDI 系统交换中心的报税用户邮箱发送回执单证报文。

（9）EDI 系统交换中心将报税用户邮箱内的回执报文发送到 Web 服务器。

（10）Web 服务器根据回执的报文信息生成 HTML 页面传送给报税用户浏览器。用户浏览器和 Web 服务器之间 Socket 保持连接。

同传统交税方式相比，网上报税提高了申报的效率和质量，降低了税收成本。由于申报不再受时间和空间的限制，方便了纳税人。税务机关也减少了录入工作，降低了输入、审核的错误。采用网上报税，可以加速票据的传递速度、缩短税款滞留环节和时间，从而确保国库税收及时入库。

总之，由于 EDI 从根本上改变了现代产业结构、组织管理和贸易方式，因此，EDI 被认为是一场全球性的商业大革命。西方 EDI 专家曾说："做生意，如果没有 EDI，将很快像没有电话一样。"日本 EDI 专家也指出："EDI 正如电力、煤气、水和电话一样，成为日本经济基础设施的组成部分"。

二、EDI 与互联网的结合

（一）传统 EDI 发展受限

（1）高成本低速度。使用 EDI 最大的重复费用是使用网络通信的费用，增值服务网络将收取数据传送费用、网络连接时间费用、网络维护费用和技术支持费用。调查显示，EDI 服务提供者年收入的 80% 来自增值服务网络的收入。在专用的网络上提供 EDI 的服务，其实际工作性能也是一个不可回避的问题，因为所有 EDI 的信息都依赖于调制解调器的速度和增值服务网络的批处理方式。EDI 系统采用专用网络，限制了再增加新的增值服务和网络信息服务功能，不能更好地为用户提供全面的服务。

（2）缺乏通用规则。企业要实现传统的 EDI，商业伙伴必须做到：① 达成称为商业协议的某种协议；② 选取某种增值网（VAN）；③ 商业伙伴订购或自己编写客户软件，对双方所使用的两种数据集合的格式进行映射；④ 每当有新的商业伙伴加入时，都要编写新的软件，以便将发送方的数据集合翻译成接收方所能识别的格式。当一个新的商业伙伴加入时，上述步骤都要从头做起。

（3）技术上存在缺陷。传统 EDI 在事务集合中嵌入了商业规则。这就引起了许多问题，其原因有以下几点：① 固定的事务集合会妨碍企业发展新的服务和产品，并妨碍企业改变计算机系统和改善对业务的处理；② 高额费用，中小型企业必须适应较大的商业伙伴们的各种各样的 EDI 标准，这会增加另外的成本；③ 固定的商业规则给不同规模、不同行业企业间造成操作困难。

传统 EDI 太注重把处理方法作为事务集合的内在部分，这是一个致命的缺陷。像 XML 这样的新技术就把处理方法或商业规则同数据的内容和结构分离开来，实际上，实现这种分离对于 EDI 的广泛采用至关重要。

（二）基于因特网电子商务的兴起

现代电子商务系统是一个基于因特网技术平台的信息服务系统。因特网有 EDI 的专用网络所不具备的优点：① 连接方便，可以从世界上不同的地方访问网络上任何一个节点；② 网络连接费用低，通常因特网只收取少量的月租费用，而与数据传送量无关；③ 网络连接可靠性高，因为通常有多条通路为用户提供连接；④ 网络的带宽高，可以支持较高的数据吞吐量；⑤ 用户平台独立，用户端的系统可以由用户自己确定。

发展包含 EDI 系统功能和其他增值服务功能在内的电子商务系统的概念为许多组织（企业）所认同。在服务功能方面，这种新系统除了支持 EDI 的各种标准外，还支持 Intranet 范围内定义的各种信息交换标准，提供 Internet 有关的服务，在 Intranet 和 Internet（有限制地连接）的范围内交换数据。它是利用 XML、因特网、基于因特网的服务和数据库连接等技术建立起来的一个商业伙伴网络。XML 提供了将数据、结构和处理方法分离开来的能力。因特网提供了无处不在的物理连接，以此为基础，商业伙伴网可以迅速发展起来。安全、认证以及事务支持等因特网技术能满足 EDI 的需要。数据库连接意味着：XML 数据和与这些数据进行交流的商业规则能通过中间层数据过滤器和聚集器在不同的系统间进行通信。

总之，XML、因特网技术和数据库技术共同促成了一场 EDI 的革命。EDI 的应用摆脱了仅仅局限于大型企业的尴尬局面，它将会从传统的一对一的供应链转变为由商业伙伴构成的具有丰富连接的网络，并最终形成基于因特网的"万维商务网"。

习　题

1. 简述 EDI 的产生和发展过程。
2. EDI 是由哪几部分组成的？各部分分别起到什么作用？
3. 试述有关 EDI 的两个国际标准，以及它们分别是由什么机构制定的。
4. 什么是 EDI 标准三要素？简述它们之间的关系。
5. EDI 中使用了哪些网络技术？
6. EDI 系统中的安全问题有哪些？怎样解决？
7. 分析 EDI 发展受限的主要原因，简述新型 EDI——InternetEDI 的主要优势。

阅读材料　H2000 海关通关管理系统

H2000 系统是为适应我国海关业务量的不断增长、要求通关效率不断提高、强化对进出口的监管、适应不断变化发展的业务要求的形势下实施的新一代海关通关业务系统。

H2000 系统建立在 Windows 平台之上，系统可分成三个层次：

（1）数据层：总署信息中心和分署分信息中心。其包括有报关单数据库、周边子系统数据库。

（2）业务逻辑层：总关信息中心。它对报关的各个流程进行处理，对业务数据进行各种操作。

（3）用户界面层：在海关关员处理业务的现场。它根据报关的各个流程，向海关关员展示各种业务数据，接收关员的各种业务操作，向业务逻辑层发出进行业务处理的请求。

H2000 系统基于 Windows 的 Active Directory 和总署的 CA 系统（基于 IC 卡）。H2000 系统的业务处理安全控制可以通过灵活的 Active Directory 的安全策略与 com + 安全访问控制的配置实现。H2000 系统与现有的 OA 系统共用一套 Active Directory 服务，成为整个海关的企业级目录服务基础设施。在用户界面层上，可以组成多达 1 024 个 CPU、2 048GB 内存的集群系统，为用户界面处理提供极其强大的处理能力。

H2000 系统大量的业务处理逻辑是通过参数化来实现的。例如，对申报的业务数据的逻辑检查，对各种证件数据的逻辑检查，等等。业务处理要动态、及时地反映业务逻辑的变化，通过参数化的设计，可以通过调整参数，适应业务逻辑的变化而不用进行新的应用开发、修改、维护，提高了系统对业务的适应能力和系统的可用性。

资料来源：http：//www. enet. com. cn/article/2003/1204/A20031204275316. shtml。

第六章
电子商务安全技术基础

随着电子商务在互联网上全球性的推广，安全的重要性更加凸现，企业与消费者对电子交易安全的担忧已严重阻碍了电子商务的发展。电子商务的安全技术涉及网络安全、系统安全和信息安全的各个方面，其目的是保证整个电子商务系统安全、有效地运行。

本章主要阐述电子商务安全问题、密码技术、报文鉴别技术、数字签名技术、时戳业务等电子商务安全的技术基础。

第一节　电子商务安全与安全技术

一、电子商务的安全问题

电子商务是在网络上得以实现的。从技术的角度看，网络系统是脆弱的，从而给建立在网络平台之上的电子商务系统，以及保存在系统中或在网络中传递的敏感的业务信息带来各种威胁。其主要原因有以下四个方面。

（1）网络的开放性。首先，业务基于公开的协议，协议的体系和实现是公开的，其中的缺陷很可能被一些熟悉协议的程序员所利用；其次，所有信息和资源都通过网络共享，远程访问使得各种攻击无需到现场就能得手。此外，基于主机上的社团彼此信任的基础是建立在网络连接之上的，同传统方式（如相貌、声音等）完全不同，容易假冒。网络的开放性决定了网络信息系统的脆弱性是先天的。

（2）组成网络的通信系统和信息系统的自身缺陷。现有的商用计算机系统（包括通用和专用操作系统及各种应用系统）存在许多安全性问题，它们在客观上导致了计算机系统在安全上的脆弱性。由于人们的认知能力和实践能力的局限性，在系统设计和开发过程中会产生许多错误、缺陷和遗漏，成为安全隐患，而且系统越大、越复杂，这种安全隐患就越多。由此可见，网络信息系统中弱点和隐患是普遍存在的。此外，用户使用时系统配置本身和用来提供保护的安全系统的配置也可能存在问题。

（3）黑客（Hacker）的攻击。其实，在20世纪60～70年代的黑客（Hacker）是褒义的，他们是独立思考、奉公守法的计算机迷，他们享受智力上的乐趣，对解放和普及计算机技术作出了重大贡献，培养了一批信息革命的先驱。典型的代表是微软公司的盖茨、苹果公司的伍兹和乔布斯，他们的大本营在 MIT、硅谷、斯坦福等计算机人才云集的地方。而当今的黑客是指那些专门闯入计算机系统、网络、电话系统和其他通信系统，具有不同的目的（政治的、商业的、或者仅仅出于恶作剧的），非法地入侵和破坏系统、窃取信息的攻击者，他们是破坏者（Cracker）。随着网络的发展，由于存在大量公开的黑客站点，所以，获得黑客工具非常容易，黑客技术也越来越易于掌握，这导致网络面临的威胁也越来越大。

（4）病毒等恶意程序的攻击。大家熟知的计算机病毒是指能利用系统进行自我复制和传播，通过特定事件触发破坏系统的程序，根据其自我复制和传播的方式分为引导型、文件型、宏病毒、邮件传播等类型。

综上所述，尽管庞大的互联网提供了各种各样的商业应用，但其技术基础是不安全的。

二、受到攻击的种类

网络或计算机系统除了受到自然灾害攻击的威胁外，精心设计的人为攻击威胁最大，也最难防备。人为攻击通常都是通过寻找系统的弱点，以非授权方式达到破坏、欺骗和窃取数据等目的的。美国国家安全局在 2000 年 9 月发布的《信息保障技术框架（IATF）》中将攻击分为以下五类：被动攻击、主动攻击、物理临近攻击、内部人员攻击和软硬件配装攻击。下面着重介绍前两类攻击的特点。

（一）被动攻击

被动攻击是在未经用户同意和认可的情况下将信息或数据文件泄露给系统攻击者，但不对数据信息作任何修改。它通常包括监听未受保护的通信、流量分析、解密弱加密的数据流、获得认证信息（如密码）等。

被动攻击常用的手段有下列几种。

（1）搭线监听。搭线监听是最常用的手段，将导线搭到无人值守的网络传输线上进行监听。只要所搭的监听设备不影响网络负载平衡，是无法被发现的。通过解调和正确的协议分析，完全可以掌握通信的全部内容。

（2）无线截获。对难于搭线监听的可以用无线截获方法得到信息，通过高灵敏接收装置接收网站辐射的电磁波或网络连接设备辐射的电磁波，通过对电磁信号的分析恢复原数据信号从而获得网络信息。尽管有时数据信息不能通过电磁信号全部恢复，但可能得到极有价值的情报。有些网络通信是通过无线传送的，此时无线截获与搭线监听有同样的功效。

（3）其他截获。用程序和病毒截获信息，例如，在通信设备或主机中预留程序代码或施放病毒程序后，这些程序会将有用的信息通过某种方式发送出来。

被动攻击不易被发现，常是主动攻击的前期阶段。由于被动攻击不会对被攻击的信息作任何修改，留下的痕迹很少，或者根本没有留下痕迹，因而非常难以检测。抗击这种攻击的重点在于预防，具体措施包括使用虚拟专用网（VPN）、采用加密技术保护网络以及使用加保护的分布式网络等。

（二）主动攻击

主动攻击涉及某些数据流的篡改或虚假流的产生。这些攻击可分为以下四个子类。

（1）假冒。假冒是指某个实体（人或系统）假扮成另外一个实体，以获取合法用户的权利和特权。

（2）重放。重放即攻击者对截获的某次合法数据进行复制，以后出于非法目的重新发送，以产生未授权的效果。

（3）篡改消息。篡改消息是指一个合法消息的某些部分被改变、删除，或者消息被延迟或改变顺序，以产生未授权的效果。如修改数据文件中的数据，将"允许甲执行某操作"改为"允许乙执行某操作"。

（4）拒绝服务。拒绝服务即常说的 DoS（Deny of Service），会导致对通信设备的正常使用或管理被无条件地拒绝。如用大量无用信息将资源（如通信带宽、主机内存等）耗尽，可以达到降低性能、中断服务的目的。这种攻击也可能有一个特定的目标，如到某一特定目的地（如安全审计服务）的所有数据包都被阻止。

主动攻击的特点与被动攻击正好相反。被动攻击虽然难以检测，但可采用措施有效地防止，而要绝对防止主动攻击是十分困难的，因为这需要随时随地对所有的通信设备和通信活动进行物理和逻辑保护。因此，防止主动攻击的主要途径是检测，以及能从此攻击造成的破坏中及时地恢复，同时检测还具有某种威慑效应，在一定程度上也能起到防止攻击的作用。具体措施包括自动审计、入侵检测和完整性恢复等（参见本书第七章）。

（三）其他攻击方式

（1）物理临近攻击。物理临近攻击是指未授权个人以更改、收集或拒绝访问为目的而物理接近网络、系统或设备。这种接近可以是秘密进入或公开接近，或两种方式同时使用。

（2）内部人员攻击。内部人员攻击可以是恶意的或非恶意的。恶意攻击是指内部人员有计划地窃听、偷窃或损坏信息，或拒绝其他授权用户的访问。美国联邦调查局（FBI）的评估显示，80%的攻击和入侵来自组织内部。这种攻击最难于检测和防范。

（3）软硬件配装攻击。它又称分发攻击，是指在软硬件的生产工厂内或在产品分发过程中恶意修改硬件或软件。这种攻击可能给一个产品引入后门程序等恶意代码，以便日后在未获授权的情况下访问信息或系统。

在现实世界中，一次成功的攻击过程会综合几种攻击手段。通常是采用被动攻击手段来收集信息，制定攻击步骤，然后通过主动攻击来达到目的。

三、电子商务安全保障体系与安全服务

电子商务的安全，其实质是信息安全。信息安全的属性包括保密性、完整性、可用性、可靠性、不可否认性和可控性。信息安全保障体系可分为五个方面：监察安全、管理安全、技术安全、立法安全、认知安全。但就技术安全而言，牵涉到六个方面的学科：密码学理论与技术、信息隐藏理论与技术、安全协议理论与技术、安全体系结构理论与技术、信息对抗理论与技术、网络安全与安全产品。

通常将为加强网络信息系统安全性及对抗安全攻击而采取的一系列措施称为安全服务。安全服务的主要内容包括安全机制、安全连接、安全协议和安全策略等，能在一定程度上弥补和完善现有操作系统和网络信息系统的安全漏洞。

关于安全服务与有关机制的一般描述，可参见 ISO 制定的国际标准 ISO7498-2：《信息处理系统，开放系统互连，基本参考模型，第 2 部分——安全体系结构》。该标准为开放系统互连（Open Systems Interworking，OSI）描述了安全体系结构的基本参考模型，并确定在参考模型内部可以提供这些安全服务与安全机制的位置。

ISO7498-2 中定义了与安全属性的五个方面基本对应五类可选的安全服务。

（1）鉴别（Authentication）。鉴别用于保证通信的真实性，证实接收的数据就来自所要求的源方，包括对等实体鉴别和数据源鉴别。数据源鉴别连同无连接的服务一起操作，而对等实体鉴别通常与面向连接的服务一起操作，一方面可确保双方实体是可信的（即每个实体都确是他们宣称的那个实体），另一方面可确保该连接不被第三方干扰（如假冒其中的一方进行非授权的传输或接收）。

（2）访问控制（Access Control）。访问控制用于防止对网络资源的非授权访问，保证系统的可控性。访问控制可以用于通信的源或目的，或是通信链路上的某一地方。一般用在应用层，有时希望为子网提供保护，可在传输层实现访问控制。

（3）数据保密（Data Confidentiality）。数据保密用于保护数据以防止被动攻击，服务可根据保护范围的大小分为几个层次。其中最广义的服务可保护一定时间范围内两个用户之间传输的所有数据；较狭义的服务包括对单个消息的保护或对一个消息中某个特定字段的保护，不过同广义服务比起来，这种服务用处较小，代价可能更高。

（4）数据完整性（Data Integrity）。数据完整性用于保证所接收的消息未经复制、插入、篡改、重排或重放，还能对遭受一定程度毁坏的数据进行恢复。同数据保密性一样，数据完整性可用于一个消息流、单个消息或一个消息中的所选字段，最为有用和直接的方法是对整个流进行保护。

（5）不可否认（Non-repudiation）。不可否认用于防止通信双方中的某一方抵赖所传输的消息。即消息的接收者能够证明消息的确是由消息的发送者发出的，而消息的发送者能够证明这一消息的确已被消息的接收者接收了。

第二节　密码技术

密码技术自古有之，到目前为止，已经从外交军事领域走向公开。密码技术不仅具有保证信息机密性的信息加密功能，而且具有数字签名、身份验证、密钥分配、系统安全等功能。

一、密码学基础

保密学是技术安全的核心。保密学包含密码学和密码分析学两个分支。密码学研究对信息进行编码以实现隐蔽信息，而密码分析学则研究分析破译密码。两者相对独立、相互促进。

密码学先后经历了纯手工阶段、机械化阶段、电子阶段，而现在则进入了计算机和网络时代阶段。密码学是结合数学、计算机科学、电子通信等诸多学科于一身的交叉学科。

（一）密码学简介

密码学中有两个基础概念，即加密和解密。所谓"加密"，简单地说，就是使用科学的方法将原始信息（明文）重新组织，变换成只有授权用户才能解读的密码形式（密文）；而"解密"就是将密文重新恢复成明文。

密码学中有三个最基本也是最主要的术语，分别是明文（X）、密文（Y）和密钥（Z）（见图6-1）。在Shannon的保密通信（或密码系统）模型中，消息源要传输的消息X（可以是文本文件、位图、数字化的语言、数字化的视频图像）被称为明文，明文通过加密器加

密后得到密文 Y，将明文变成密文的过程称为加密，记为 E，它的逆过程称为解密，记为 D。

对明文进行加密时所采用的一组规则或变换称为加密算法，对密文进行解密时所采用的一组规则或变换称为解密算法，加密和解密通常都是在一组密钥的控制下进行的，分别称为加密密钥和解密密钥。要传输消息 X，首先加密得到

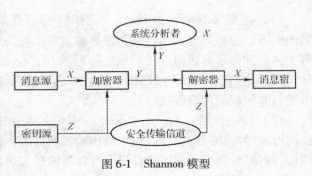

图 6-1 Shannon 模型

密文 Y，即 $Y = E(X)$，接收者收到 Y 后，要对其进行解密 $D(Y)$，为了保证将明文恢复，要求 $D(E(X)) = X$。

一个密码系统由算法以及所有可能的明文、密文和密钥（分别称为明文空间、密文空间和密钥空间）组成。

（二）密码分析

在信息传输和处理系统中，攻击者会通过各种办法（如搭线窃听、电磁窃听、声音窃听等）来窃取机密信息。虽然不知道系统所用的密钥，但通过分析可能从截获的密文推断出原来的明文或密钥，这一过程称为密码分析。成功的密码分析不仅能够恢复出消息明文和密钥，而且能够发现密码体制的弱点，从而控制通信。常用的密码分析方法有以下四类。

（1）唯密文攻击（Cybertext-Only Attack）。密码分析者知道一些消息的密文（加密算法相同），并且试图恢复尽可能多的消息明文，并进一步试图推算出加密消息的密钥（以便通过密钥得出更多的消息明文。

（2）已知明文攻击（Known-plaintext Attack）。密码分析者不仅知道一些消息的密文，也知道与这些密文对应的明文，并试图推导出加密密钥或算法（该算法可对采用同一密钥加密的所有新消息进行解密）。

（3）选择明文攻击（Chosen-plaintext Attack）。密码分析者不仅知道一些消息的密文以及与之对应的明文，而且可以选择被加密的明文（这种选择可能导致产生更多关于密钥的信息），并试图推导出加密密钥或算法（该算法可对采用同一密钥加密的所有新消息进行解密）。

（4）选择密文攻击（Chosen-ciphertext Attack）。密码分析者能够选择不同的密文并能得到对应的明文，密码分析的目的是推导出密钥（这种方法主要用于公钥算法，有时和选择明文攻击一起被称作选择文本攻击（Chosen-text Attack）。

（三）密码体制的分类

根据不同的标准，密码体制有多种分类方法。最常用的分类是将密码体制分为对称密码体制（也叫做单钥密码体制、秘密密钥密码体制）和非对称密码体制（也叫做双钥密码体制、公开密钥密码体制）。

在对称密码体制中，加密密钥与解密密钥是相同的。早期使用的加密算法大多是对称密码体制，所以对称密码体制通常也称为传统密码体制。在这种密码体制下，有加密（或者解密）的能力就意味着必然也有解密（或者加密）的能力。对称密码体制的优点是具有很高的保密强度，甚至可以经受国家级破译力量的分析及攻击，最有影响的对称密钥密码体制

是 1977 年美国国家标准局颁布的 DES 密码体制。但它的密钥必须通过安全可靠的途径传播。密钥管理成为影响使用对称密码体制系统安全的关键性因素，因而难以满足互联网络系统的开放性要求。

20 世纪 70 年代产生了非对称密码体制。在这种密码体制下，人们把加密过程和解密过程设计成不同的途径。当密码算法公开时，在计算上不可能由加密密钥求得解密密钥，因而加密密钥可以公开，而只需要秘密保存解密密钥即可。代表性的公钥密码体制是 1977 年由 Rivest、Shamir 和 Adleman 提出的 RSA 密码体制。

公钥密码体制的优点是简化了密钥管理的问题，可以拥有数字签名等新功能。缺点是算法一般比较复杂，加解密速度慢。因此，今天网络中的加密普遍采用对称密钥和公钥密码相结合的混合加密体制，即加解密是采用对称密钥密码，密钥传送则采用公钥密码。这样既解决了密钥管理的困难，又解决了加解密速度慢的问题。

二、单钥密码体制

常见单钥密码体制有两种，一种是流密码，另一种是分组密码。

流密码体制是手工和机械密码时代的主流。到了 20 世纪 50 年代，由于数字电路技术的发展，使密钥流可以方便地利用以移位寄存器为基础的电路来产生，这促使线性和非线性移位寄存器理论迅速发展，加上有效的数学工具，如代数和谱分析理论的引入，使得流密码理论迅速发展和走向成熟。流密码实现简单、速度快以及没有或只有有限的错误传播，在实际应用中，特别是在专用和机密机构中仍保持优势。

单钥分组密码是系统安全的一个重要组成部分，分组密码易于构造拟随机数生成器、流密码、消息认证码（MAC）和散列函数等，还可进而成为消息认证技术、数据完整性机构、实体认证协议以及单钥数字签名体制的核心组成部分。

（一）分组密码

分组密码是将明文消息编码表示后的数字序列 x_1，x_2，$\cdots$，x_i，$\cdots$，划分成长为 m 的组 $x = (x_0, x_1, \cdots, x_{m-1})$，各组（长为 m 的矢量）分别在密钥 $k = (k_0, k_1, \cdots, k_{t-1})$ 控制下变换成等长的输出数字序列 $y = (y_0, y_1, \cdots, y_{n-1})$（长为 n 的矢量），其加密函数 $E: Vn \times K \rightarrow Vn$，其中，$Vn$ 是 n 维矢量空间，K 为密钥空间，如图 6-2 所示。

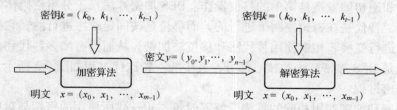

图 6-2　分组密码框图

分组密码输出的每一位数字不是只与相应时刻输入的明文数字有关，而是与一组长为 m 的明文数字有关。这种密码实质上是字长为 m 的数字序列的代换密码。通常取 $n = m$。若 $n > m$，则为有数据扩展的分组密码。若 $n < m$，则为有数据压缩的分组密码。在二元情况下，x 和 y 均为二元数字序列，它们的每个分量 x_i，$y_i \in$ 有限域 GF（2）。设计的算法应满足下述要求。

（1）分组长度 n 要足够大，使分组代换字母表中的元素个数 2^n 足够大，防止明文穷举攻击法奏效。DES、IDEA、FEAL 和 LOKI 等分组密码都采用 $n = 64$，在生日攻击下用 2^{32} 组密文成功概率为 $1/2$，同时要求 $2^{32} \times 64\text{bit} = 2^{15}\text{M byte}$ 存储，故采用穷举攻击是不现实的。

（2）密钥量要足够大（即置换子集中的元素足够多），尽可能消除弱密钥并使所有密钥同等地好，以防止密钥穷举攻击奏效。但密钥又不能过长，以利于密钥的管理。Denning 等人估计，在今后 30 ~ 40 年内采用 80bit 的密钥足够安全。

（3）由密钥确定置换的算法要足够复杂，充分实现明文与密钥的扩散和混淆，没有简单的关系可循，能抗击各种已知的攻击，如差分攻击和线性攻击；有高的非线性阶数，实现复杂的密码变换；使对手破译时除了用穷举法外，无其他捷径可循。

（4）加密和解密运算简单，易于软件和硬件高速实现。

（5）一般无数据扩展，在采用同态置换和随机化加密技术时，可引入数据扩展。

（6）差错传播尽可能地小。

（二）DES 算法

DES（Data Encryption Standard）算法是电子商务系统中最常用的对称密码算法，是一种对二元数据进行加密的算法，数据分组长度为 64bit（8byte），密文分组长度也是 64bit，没有数据扩展。密钥长度为 64bit，其中有 8bit 奇偶校验，有效密钥长度为 56bit。DES 的整个体制是公开的，系统的安全性全靠密钥的保密。

DES 的出现在密码学史上是一个创举。以前任何设计者对于密码体制及其设计细节都是严加保密的。而 DES 公开发表，任人测试、研究和分析，无需通过许可就可制作 DES 的芯片和以 DES 为基础的保密设备。

1. DES 加密过程

DES 算法的加密步骤如下：

① 明文分组：每个分组输入 64 位的明文。

② 初始置换（IP）：初始置换过程是与密钥无关的操作，仅仅对 64 位码进行移位操作。

③ 迭代过程：共 16 轮运算，这是一个与密钥有关的对分组进行加密的运算。

④ 逆初始置换（IP^{-1}）：是第②步中 IP 变换的逆变换，这一变换过程也不需要密钥。

⑤ 输出 64 位码的密文。

初始置换和逆初始置换是简单的移位操作。DES 加密算法属于分组密码体制，在迭代过程这一步骤中，替代是在密钥控制下进行的，而移位是按固定顺序进行的，它将数据分组作为一个单元来进行变换，相继使用替代法和移位法加密，从而具有增多替代和重新排列的功能。迭代过程是 DES 加密算法的核心部分，其中的一轮迭代过程如图 6-3 所示。

2. DES 解密过程

DES 的解密和加密使用相同的算法，解密时每一轮迭代所使用的密钥与对应的加密迭代轮次所使用的密钥是相同的。也就是说，如果各轮的加密密钥分别是 K_1，K_2，…，K_{15}，K_{16}，那么解密密钥就是 K_{16}，K_{15}，…，K_2，K_1。显然，DES 的解密过程是加密过程的逆过程。

3. DES 密码系统的安全性

DES 加密算法重复地使用替代法和置换法来破坏对密码系统所进行的各种统计分析。DES 算法的设计者认为：替代法可将输出变换成输入的非线性函数；而置换法则是一种线性

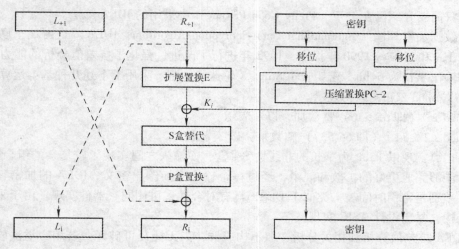

图6-3 DES算法的一轮迭代过程

变换，它扩散了输出对输入的依赖性。通过连续使用这两种变换，将一种弱的密码变换变成一种强的密码变换。

许多密码都有弱密钥，DES 也一样。如果 DES 密钥置换中所产生的 16 个子密钥均相同，则这种密钥称为弱密钥。不难知道，当密钥全是 1 或全是 0，或者一半全是 1 而另一半全是 0 时是弱密钥。如果一个密钥能够解密用另一个密钥加密的密文，则这样的密钥称为半弱密钥。半弱密钥的 16 轮迭代仅仅产生了 2 个不同的子密钥，而不是 16 个不同的子密钥。为了确保 DES 加密系统的安全性，选择密钥时不能使用弱密钥或者半弱密钥。

研究表明，DES 算法经过 8 轮迭代后，密文基本上是所有明文和密钥位的随机函数。Biham 和 Shamir 的差分密钥分析阐明了在迭代次数少于 16 次的情况下，对任意 DES 的已知明文的攻击比穷举攻击有效，而当迭代次数是 16 次时，就只有采用穷举攻击才能有效。

对于 DES 加密体制共有 2^{56} 个密钥可供用户选择。若采用穷举法进行攻击，假如 1 微秒穷举一个密钥，则需要用 2 283 年的时间。如果设计一种由 100 万个 1 微秒可以核算一个密钥的超大规模集成芯片构成的专用机，那么它可以在不到一天的时间里用穷举法破译 DES 密码。1977 年，这样一部专用机的造价约为 2 000 万美元。1994 年，M. Matsui 提出一种攻击 DES 的"线性密码分析法"，在一台普通的工作站上，使用 2^{43} 个已知的明文及其密文，50 天之内找到了 DES 的密钥。1998 年 7 月，美国电子新产品开发基金会（EFF）花了不到 25 万美元研制了一台计算机"Deep Crack"，以每秒测试 8.8×10^{10} 个密钥可能组合的速度，连续测试了 56 个小时即破译了 DES 密码。

对称分组密码算法最主要的问题是：由于加解密双方都要使用相同的密钥，因此在发送、接收数据之前，必须完成密钥的分发。密钥的分发便成了 DES 加密体制中一个相当薄弱的环节。此外，当使用同一密钥对相同的信息块加密后，将得到相同的密文，这有可能为破译留下后门。

（三）其他分组密码算法

上述描述的 DES 只是众多分组密码算法中最具代表性的一种。其他分组密码算法包括：Lucifer 算法、Madryga 算法、New DES 算法、RC2 算法、RC4 算法、RC5 算法、IDEA 算法等。此处只简要介绍已在 PGP（Pretty Good Privacy）中采用的 IDEA 算法。

国际数据加密算法（International Data Encryption Algorithm，IDEA）是由瑞士联邦技术学院 X. J. Lai 和 Massey 1990 年提出，1992 年进行了改进，强化了抗差值分析的能力。IDEA 的输入和输出字长为 64bit，密钥长 128bit，8 轮迭代体制。采用了下述几种基本运算。

① 逐位 mod 2 和，以 $\oplus$ 表示。

② mod 2^{16}（即 65 536）整数加，以 + 表示。

③ mod（$2^{16}+1$）（即 65 537）整数乘，以 · 表示。

这些运算实现以 16bit 为字长的非线性 S – 盒，使输入之间实现了较复杂的组合运算，8 次迭代后能够完成更好的扩散和混淆，经过一个输出变换给出密文。IDEA 的加密、解密运算相似，差别是密钥时间表，类似于 DES，具有对合性，可用同一器件实现。由于采用规则的模块结构，易于设计 ASIC 实现。

对 IDEA 抗差值分析和相关分析，似不构成群，尚无捷径可破译。若用穷举法破译，要求进行 $2^{128} \approx 10^{38}$ 次试探；若每秒完成 1 百万次加密，需 10^{13} 年；若以 10^{24} 个 ASIC 芯片阵计算，需要一天，似无 DES 意义下的弱密钥。

三、双钥（公钥）密码体制

双钥（公钥）密码体制于 1976 年由 W. Diffie 和 M. Hellman 提出。这一体制的最大特点是采用两个不同的加密密钥和解密密钥，其中一个密钥公开（称为公钥），另一个密钥保密（称为私钥）。通信双方无需事先交换密钥就可进行保密通信。而要从公钥或密文分析出明文或密钥在计算上则不可行。若以公钥作为加密密钥，以用户专用密钥（私钥）作为解密密钥，则可实现多个用户加密的消息只能由一个用户解读；反之，以用户专用密钥作为加密密钥而以公钥作为解密密钥，则可实现由一个用户加密的消息而使多个用户解读。前者可用于保密通信，后者可用于数字签名。这一体制的出现在密码学史上是划时代的事件，它为解决计算机信息网中的安全提供了新的理论和技术基础。

各种公开密钥密码算法都是建立在一定的数学基础之上的，按其建立的数学基础来分，公开密钥密码算法可以分成三类：

① 建立在大整数素因子分解基础上的（如 RSA）。

② 建立在有限域的离散对数问题上的（如 ElGamal）。

③ 建立在椭圆曲线之上的（ECC）。

将离散对数和素因子分解问题结合起来，又可以产生同时基于离散对数和素因子分解难题的公钥算法。一种素因子分解的特殊情况是数学中的二次剩余难题，基于二次剩余问题可以设计多种公钥算法。下面对 RSA、ElGamal 和 ECC 三密码体制分别加以介绍。

（一）RSA 密码体制

1978 年，MIT 三位年青数学家 R. L. Rivest、A. Shamir 和 L. Adleman 发现了一种用数论构造双钥的方法，称为 MIT 体制，后来被广泛称为 RSA 体制。RSA 是目前仍然安全并且逐步被广泛应用的一种体制，国际上一些标准化组织（如 ISO、ITU 及 SWIFT 等）均已接受 RSA 体制作为标准。PGP 也将 RSA 作为在因特网上传送会话密钥和数字签名的标准算法。

RSA 体制：独立地选取两大素数 p_1 和 p_2（各 100～200 位十进数字），计算

$$n = p_1 \times p_2 \tag{6-1}$$

其欧拉函数值 $\varphi(n) = (p_1 - 1)(p_2 - 1)$，随机选一整数 e，$1 \leqslant e < \varphi(n)$，$(\varphi(n), e) = 1$。因而在模 $\varphi(n)$ 下，e 有逆元

$$d = e^{-1}(\bmod \varphi(n)) \tag{6-2}$$

取公钥为 n、e。秘密钥为 d（p_1、p_2 不再需要，可以销毁）。

加密：将明文分组，各组在 $\bmod\ n$ 下可唯一地表示（以二元数字表示，选 2 的最大幂小于 n）。各组长达 200 位十进数字。可用明文集 $A_z = \{x : 1 \leqslant x < n, (x, n) = 1\}$。注意，$(x, n) \neq 1$ 是很危险的。

密文：

$$y = x^e \quad \bmod n \tag{6-3}$$

解密：

$$x = y^d \quad \bmod n \tag{6-4}$$

证明：$y^d = (x^e)^d = x^{de}$，因为 $de \equiv 1\ \bmod \varphi(n)$ 而有 $de = q\varphi(n) + 1$。由欧拉定理，$(x, n) = 1$ 意味 $x^{\varphi(n)} \equiv 1\ \bmod n$，故有 $y^d = x^{de} = x^{q\varphi(n)+1} \equiv x \cdot x^{q\varphi(n)} = x\ \bmod n$。

RSA 加密实质上是一种 $Z_n \rightarrow Z_n$ 上的单表代换。给定 $n = p_1 p_2$ 和合法明文 $x \in Z_n$，其相应密文 $y = x^e\ \bmod n \in Z_n$。对于 $x \neq x'$，必有 $y \neq y'$。Z_n 中的任一元素（0、p_1、p_2 除外）是一个明文，但它也是与某个明文相对应的一个密文。因此，RSA 是 $Z_n \rightarrow Z_n$ 的一种单表代换密码，关键在于 n 极大，而用模指数算法又易于实现一种给定的代换，在不知陷门信息时，又极难确定这种对应关系。正是这种一一对应性，使 RSA 不仅可以用于加密，也可以用于数字签名。

RSA 算法安全性基于数论中大整数分解的困难性。大整数的分解算法和计算能力在不断提高，计算所需的硬件费用在不断下降，早已能分解 110 位十进制数字。RSA-130 于 1996 年 4 月 10 日利用数域筛法分解出来，RSA-154 也受到冲击。因此，要用 RSA，需要采用足够大的整数。目前，512bit 模在短期内仍十分安全，但大素数分解工作在 WWW 上的协作已构成对 512bit 模 RSA 的严重威胁。在 European Institute for System Security Workshop 上，与会者认为 1 024bit 模在今后十年内足够安全。

（二）ElGamal 密码体制

1985 年，ElGamal 研发出一种基于解离散对数困难度的公钥密码体制，它与 RSA 最大的差异是，在 ElGamal 密码体系中，相同的明文可以产生不同的密文。也就是说，这次使用 ElGamal 密码系统对某份信息作加密所产生的密文，当下次使用同样的 ElGamal 密码系统（相同密钥及加密算法）对此相同的明文信息再作加密处理，所产生的密文会与上次不相同，而且每次都会不相同。反观 RSA 密码系统，只要是相同的明文信息、相同的密文以及相同的 RSA 加密算法，不管执行几次、什么时候、在什么地方作加密处理，每次所得到的密文都是相同的。

相同明文对应到不同密文有什么好处呢？下面举例说明。假设一份机密文件经过 20 年后因已不具机密性而被解密公开，若采用相同明文产生相同密文的加密方式，有心者便可得知某些密文所对应的机密信息，并以此已知的密文与所对应的机密信息，试图去解读其他尚未公开的密文。获得越多的明文与密文的对应关系，也就得到越多的破解密码信息。若相同明文能对应到不同的密文，就不会有类似的情况发生。

121

1. ElGamal 加解密机制

密钥的产生过程如下。

① 选择一个大质数 P 及与 P 互质的原根 g。

② 随机选取一个私密密钥 x，并计算其公开密钥 y，其中 $y = g^x \bmod P$。

③ 私密密钥为 x，公开密钥为 (y, P)。

加密：产生一个随机数 r，其中 $r \in Z$，也就是 r 为小于 P 的整数。计算

$$b = g^r \bmod P \qquad\qquad (6\text{-}5)$$

$$c = M \times y^r \bmod P \qquad\qquad (6\text{-}6)$$

解密：

$$M = c \times (b^x) \bmod P \qquad\qquad (6\text{-}7)$$

证明：

$$c \times (b^x)^{-1} \bmod P = My^r \times ((g^r)^x)^{-1} \bmod P = Mg^{xr} \times g^{-xr} \bmod P = M$$

ElGamal 密码系统（相同密钥及加密算法）对相同的明文信息作加密处理，所产生的密文每次都会不相同的关键在于每次使用 ElGamal 密码系统，都会随机产生一个不同的随机数 r，因此，即使是相同的密钥和相同的明文信息，每次所产生的密文都会不相同。除非是选择相同的随机数 r 所产生的密文才有可能相同。但由于随机数也是很大的数，因此，随机产生相同随机数的概率相当小。

2. ElGamal 密码机制的安全性

在 ElGamal 的密码机制中，若想要从用户的公开密钥 (y, P) 求得其私钥 x 是困难的。数学上有许多著名的问题尚未找到有效的解决方法，解离散对数的问题就是其中一个。试想在 $y = g^x \bmod P$ 这个式子中，若知道 g、x 和 P 的值，就可以轻易地算出 y 的值。反之，若知道 g、P 和 y 的值，当 P 的值很大时（至少 512 位），将难以推导出 x 的值，这就是所谓解离散对数的问题。

ElGamal 密码系统的安全性取决于解离散对数的问题。也就是说，要从其公开密钥 $y = g^x \bmod P$ 去试着找出 x 的值，到目前为止，尚无法实现。

（三）椭圆曲线密码体制（ECC）

RSA 或 ElGamal 密码系统最让人头疼的问题，就是在加解密或是签名的时候需要庞大的运算量，所以需要较长的运算时间，这对于运算能力较差的设备，如手机、PDA 或是需要即时响应的系统是相当不利的。因此，近年来许多密码学家纷纷试图寻求更有效率的公开密钥算法。1985 年，N. Koblitz 和 V. Miller 独立地将椭圆曲线引入密码学中，成为构造双钥密码体制的一个有力工具。利用有限域 GF(2^n) 上的椭圆曲线上点集所构成的群上定义的离散对数系统，可以构造出基于有限域上离散对数的一些如 Diffie-Hellman、ElGamal、Schnorr、DSA 等双钥体制。对这种椭圆曲线离散对数密码体制（ECDLC）的安全性已进行了十余年的研究，至今尚未发现其明显的弱点，它有可能以更小规模的软、硬件实现有限域上具有相同安全性的同类体制。

1. ECDLC 主域参数

ECDLC 的主域参数可能会被群体共享，也可能由单个用户使用。首先需要选择一个有限域，可以选择 $q = p$，一个奇的素数；或者 $q = 2^m$，一个 2 的幂。这样，在 $q = p$ 的情况下，选择的域便是 F_p，p 是模数；在 $q = 2^m$ 的情况下，选择的域便是 F_2^m。

另外，对选择的椭圆曲线有一定的要求：为避免对 ECDLC 的攻击，E 上的有理点的数量应能够被一个足够大的素数 n 整除，ANSIX9.62 要求 $n > 2^{160}$，曲线应是非奇异的。

验证对任意的 $k(1 \leqslant k \leqslant c)$ 不能被 $q^k - 1$ 整除，c 必须足够大（在实际应用中，$c = 20$ 便足够使用）；为避免对 F_q 上不规则曲线的攻击，不可以选用 F_q 上的异常曲线。

慎重地选取椭圆曲线的做法是随机选取一个椭圆曲线 E，且 $\#E(F_q)$ 可以被大素数整除。按这种方法随机选取一个曲线可以被特殊攻击的可能性是可以忽略的。

ECDLC 主域参数 $D = (q, FR, a, b, G, n, h)$ 由如下各部分组成。

① 选定一个域，$q = p$ 或者 $q = 2^m$。

② 一个域表示法 FR 用来表示域中的元素。

③ F_q 中的两个域元素 a 和 b。

④ F_q 中的两个域元素 X_G 和 Y_G 用于定义 $E(Fq)$ 上一个的基点 G。

⑤ 基点 G 的秩 n，$n > 2^{160}$ 且 $n > 4$。

⑥ 协因子 $h = \#E(F_q)/n$。

2. ECDLC 密钥对

确定椭圆曲线的主域参数 $D = (q, FR, a, b, G, n, h)$，便可确定 ECDLC 的密钥对。

假设需要进行信息加密的实体为 A。实体 A 可以按如下算法产生签名所需要的私钥和公钥。

① 在区间 $[1, n-1]$ 中选取一个随机数或者伪随机数 d。

② 计算 $Q = dG$。

③ 实体 A 的公钥是 Q，私钥是 d。

在椭圆曲线公钥密码系统中，密文不仅仅依赖待加密的明文，而且依赖一个随机数 d，所以，即使加密相同的明文，由于随机数不同，因而得到的密文也不同。由于这种加密体制的不确定性，所以又称其为概率加密体制，该加密体制可以有效抵抗已知明文攻击。

随着大整数分解和并行处理技术的进展，当前采用的公钥体制必须进一步增长密钥，这将使其速度更慢、更加复杂。而 ECC 则可以较小的开销（所需的计算量、存储量、带宽、软件和硬件实现的规模等）和时延（加密和签字速度高）实现较高的安全性。特别适用于计算能力和集成电路空间受限（如 PC 卡）、带宽受限（如无线通信和某些计算机网络）、要求高速实现的情况。

加拿大的 Certicom 公司对 ECC 和 RSA 进行了对比，在实现相同的安全性下，ECC 所需的密钥量比 RSA 少得多，如表 6-1 所示。其中 Mip 年表示用每秒完成 100 万条指令计算机所需的年数，m 表示 ECC 的密钥由 2^m 点构成。以 40MHz 的钟频实现 155bit 的 ECC，每秒可完成 40 000 次椭圆曲线运算，其速度比 1 024bit 的 DSA 和 RSA 快 10 倍。

表 6-1 ECC 与 RSA 的比较

ECC 的密钥长度 m	RSA 的密钥长度	Mip 年
160	1 024	1 012
320	5 120	1 036
600	21 000	1 078
1 200	120 000	10 168

ECC 特别适用如下应用。

（1）无线 Modem 实现。对分组交换数据网提供加密，在移动通信器件上运行 4MHz 的 68330 CPU，ECC 可实现快速 Diffie – Hellman 密钥交换，并极小化密钥交换占用的带宽，将计算时间从 60s 降到 2s 以下。

（2）Web 服务器实现。Web 服务器上的带宽有限，采用 ECC 可节省计算时间和带宽，且通过算法的协商较易于处理兼容性。

（3）集成电路卡的实现。ECC 无需协处理器就可以在标准卡上实现快速、安全的数字签名，RSA 体制则难于做到。ECC 可使程序代码、密钥、证书的存储空间极小化，数据帧最短，便于实现，大大降低了 IC 卡的成本。

当前，IEEE、ISO、ANSI 等标准化组织正在着手制定有关 ECC 的标准。

四、密钥管理

密钥管理综合了密钥的生成、分配、存储、销毁等各环节中的保密措施。所有工作都围绕一个宗旨：确保使用中的密钥是安全的。具体的管理方式根据加密采用的密码体制而不同。

目前流行的密钥管理方案中一般采用层次的密钥设置，目的在于减小单个密钥的使用周期，增加系统的安全性。从概念上密钥分成两大类：数据加密密钥（DK）和密钥加密密钥（KK）。前者直接对数据进行加密，后者用于保护密钥本身，通过加密进行密钥的安全传送。

（一）选择密钥长度

在密钥管理中，密钥长度是影响系统安全性的主要因素之一。决定密钥长度通常首先考虑如下因素：数据价值有多大？数据要多长的安全期？攻击者的资源情况怎样？例如，密钥长度必须足够长，即使假设技术在此期间每年有 30% 的增长速度，也要使得破译者花费一亿美元在一年中破译系统的可能性不超过 $1/2^{32}$。表 6-2 给出了对各种信息的安全需求的估计。

表 6-2　不同信息的安全需求

信 息 类 型	时间（安全期）	最小密钥长度（位）
战场军事信息	数分钟/小时	56 ~ 64
产品发布	几天/几周	64
贸易秘密	几十年	112
间谍的身份	>50 年	128
个人隐私	>60 年	128
外交秘密	>65 年	至少 128

计算机的计算能力和加密算法的发展也是影响密钥长度选择的重要因素。根据摩尔定律粗略地估计：计算机设备的性价比每 18 个月翻一番或以每 5 年 10 倍的速度增长。这样，在 50 年内最快的计算机将比今天快 10^{10} 倍，但这只是对于普通用途的计算机而言；某些特制的密码破译机在下个 50 年内的发展将更难预测。假定一种加密算法能用 30 年，也就是说，这种算法在 30 年后仍然可用来为那些需保密 50 年以上的信息加密。总之，保险的做法是选择比需要的密钥长度更长的密钥。

（1）对称密钥长度。对称密钥密码体制的安全性是算法强度和密钥长度的函数。如果密钥长度为 8 位，那么有 $2^8 = 256$ 种可能的密钥，用穷举攻击的方式试探找出正确的密钥将需要 256 次尝试，在 128 次尝试后找到正确密钥的概率是 50%；假如密钥长度为 56 位，会有 2^{56} 种可能的密钥，用一台每秒能检验一百万个密钥的超级计算机也需要 2285 年才能找出正确的密钥；如果密钥长 128 位，则需要 10^{25} 年。一般来讲，根据需要保密信息的价值来确定应该采用多长的密钥。在计算机技术没有取得革命性突破之前，要对 112 位以上长度的对称密钥进行穷举攻击是不现实的。

（2）公钥密钥长度。现在的公钥加密算法大多数是基于分解一个大整数的难度，这个大整数一般是两个大素数的乘积。其他一些算法基于离散对数问题，基本情况类似。这些算法也会受到穷举攻击的威胁，只不过方式不同。破译它们的出发点并不是穷举所有的密钥进行测试，而是试图分解这个大整数（或者在一个非常大的有限域内取离散对数）。显然，这个数取多大直接关系到安全程度，也就是关系到进行因子分解所需要的代价和成功的可能性。因此，选择公钥密码体系时为了决定所需要的密钥长度，必须考虑所需要的安全性和密钥的生命周期，以及了解当前因子分解技术的发展水平。

密钥长度的选择是和需求直接相关的，不同的应用场合和使用群体需要的安全级别不同，相应的密钥长度也不同。

（二）密钥生成

算法的安全性依赖于密钥，使用一个弱的密钥生成方法会导致整个体制的脆弱。因此，密钥的生成是很关键的。

1. 密钥选择

选择密钥，应尽量避免弱密钥。聪明的攻击者总是首先尝试最可能的密钥。综合考虑用户的姓名、简写字母、账户名和其他有关的个人信息等及从各种数据库中得到的单词，攻击者可生成一本公用的密钥字典，然后逐个尝试，这就是所谓的"字典攻击"。用这种方法一般能够破译普通计算机上 40% 的口令。攻击者通常会把加密的口令文件下载后进行离线攻击。

对公钥密码体制来说，生成密钥更加困难，因为密钥必须满足某些数学特征（如必须是素数、是二次剩余的等）。通常可以利用一个完整的短语代替一个单词，然后将该短语转换成密钥。这些短语被称为通行短语。例如，使用一个单向散列函数就可将一个任意长度的文字串转换为一个伪随机比特串。如果这个短语足够长，所得到的密钥将是随机的。"足够长"的含义可根据信息论来计算。信息论认为在标准的英语中平均每个字符含有 1.3 位的信息。对于一个 64 位的密钥来说，一个大约有 49 个字符或者 10 个一般的英语单词的通行短语应当是足够的。这种技术也可为公开密钥体制产生私钥：文本串经处理后可成为一个随机种子，该种子被输入到一个确定性系统后就能产生公钥/私钥对。

2. 随机密钥及随机数

最好的密钥是随机密钥，因此，随机数在加密技术中起着重要的作用。在网络安全中随机数的作用不仅限于生成密钥，主要的应用还有：

① 相互认证，如在密钥分配过程中使用一次性随机数来防止重放攻击。

② 对称密钥密码体制中会话密钥的生成。

③ 公钥密码体制中密钥的生成。

评价随机性的准则是：均匀分布性和独立性。前者比较容易检测，后者一般只能通过反向验证（即无法证明不满足独立性）来保证其独立性。数列中每个数的不可预测性在诸如相互认证和会话密钥的生成过程中是需要特别强调的，这一点是由随机数列的相互独立性来保证的。

实际上，网络安全中的随机数通常借助于安全的密码算法产生，由于算法是确定的，由此产生的数列不是真正随机的，但能通过各种随机性检测，故称为伪随机数。

（三）密钥分配

密钥分配的研究一般需要解决两个主要问题：一是引进自动密钥分配机制，减轻负担，提高系统的效率；二是尽可能减少系统中驻留的密钥量，提高安全性。

目前典型的有两类自动密钥分配途径：集中式分配方案和分布式分配方案。所谓集中式分配，是指利用网络中的密钥分配中心（Key Distribution Center，KDC）来集中管理系统中的密钥，密钥分配中心接收系统中用户的请求，为用户提供安全地分配密钥的服务。分布式分配方案是指网络中各主机具有相同的地位，它们之间的密钥分配取决于它们自己的协商，不受任何其他方面的限制。此外，系统密钥分配也可能采取两种方案的混合：主机采用分布式方式分配密钥，而主机对于终端或它所属的通信子网中的密钥可采用集中方式分配。

由于对称密钥密码体制和公钥密码体制的差别很大，其密钥分配方法也有所不同，下面分别加以介绍。

1. 对称密钥加密体制的密钥分配

用户在采用对称密钥密码体制进行保密通信时，通信双方首先必须有一个共享的密钥，而且为防止攻击者得到密钥，还必须时常更新密钥。因此，密钥分配技术直接影响到整个密码系统的强度。

两个需通信的用户 A 和 B 获得共享密钥的方法通常有以下几种方式。

（1）密钥由 A 选取并通过物理手段发送给 B。

（2）密钥由第三方选取并通过物理手段发送给 A 和 B。

（3）如果 A、B 事先已有一密钥，则其中一方选取新密钥后，用已有的密钥加密新密钥并发送给另一方。

（4）如果 A 和 B 与第三方 C 分别有一保密信道，则 C 为 A、B 选取密钥后，分别在两个保密信道上发送给 A、B。

前两种方法称为人工发送。在采用网络链路加密时，密钥的人工发送是可行的，因为在每个链路上这一端仅和另一端交换数据，一条链路只需要一个密钥。在网络的端到端加密方式中，密钥的人工发送是不可行的，因为如果加密是在网络层，则网络中任一对希望通信的主机都必须有一共享密钥。如果有 n 个主机，则需要的密钥总数为 $n(n-1)/2$，当 n 很大时，密钥分配的代价非常大。如果加密是在应用层，则任一对希望通信的用户和进程都必须有一共享密钥。如果网络中有数百台主机，则可能有数千个用户和进程，分配密钥的代价会更大。

第三种方法在链路加密和端到端加密方式下都是可行的，但是攻击者一旦获得一个密钥就可很方便地获取以后所有的密钥；此外，在对所有主机或用户分配初始密钥时，代价仍然很大。

第四种方法广泛用于端到端加密方式时的密钥分配，其中的第三方通常是一个负责为用户（主机、进程、应用程序）分配密钥的密钥分配中心。这时每一用户必须和密钥分配中心有一个共享密钥，称为主密钥。通过主密钥分配给一对用户的密钥称为会话密钥，用于这一对用户之间的保密通信。通信完成后，会话密钥即被销毁。在这种情况下，如果用户数为 n，则会话密钥数为 $n(n-1)/2$。但主密钥数却只需 n 个，所以主密钥还是可通过物理手段发送的。

2. 公钥加密体制的密钥分配。

公钥的分配方法有以下几种。

(1) 公开发布。公开发布是指用户将自己的公钥发给每一其他用户，或向某一团体广播。例如，PGP 中采用了 RSA 算法，它的很多用户都是将自己的公钥附加到消息上，然后发送到公共区域（如互联网邮件列表）。这种方法有一个非常大的缺点，即任何人都可伪造这种公开发布，即发布伪造的公钥。如果某个用户假冒用户 A 并以 A 的名义发送或广播自己的公钥，则在 A 发现假冒者以前，这一假冒者可解读所有发向 A 的加密消息，而且假冒者还能用伪造的密钥获得认证。

(2) 公用目录表。公用目录表是指建立一个公用的公钥动态目录表，目录表的建立、维护以及公钥的分布由某个可信的实体或组织承担，通常称这个实体或组织为公用目录的管理员。此方案的安全性高于公开发布的安全性，但如果攻击者成功地获取管理员的密钥，就可以伪造一个公钥目录表，以后既可假冒任一用户又能监听发往任一用户的消息，且公用目录表还容易受到攻击。

(3) 公钥管理机构。在公钥目录表的基础上，引入一个公钥管理机构来为各用户建立、维护和控制动态的公钥目录。为达到这个目的，系统还要满足以下要求：每个用户都可靠地知道管理机构的公钥，而且只有管理机构自己知道相应的私钥。如图 6-4 所示，公钥的分配步骤如下。

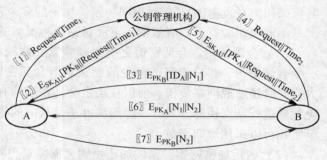

图6-4 公用管理机构分配密钥

1) 用户 A 向公钥管理机构发送一个带时间戳的请求消息，申请获取用户 B 的当前公钥。

2) 管理机构对 A 的请求作出应答，应答用一个消息表示，该消息由管理机构用自己的私钥 SK_{AU}，因此 A 能用管理机构的公钥解密，并使 A 相信这个消息的确是来源于管理机构。

3) A 用 B 的公钥加密一个消息后发往 B，这个消息有两个数据项 A 的身份标识 ID_A 和一个一次性随机数 N_1，用于唯一地标识这次业务。

4) B 以相同方式从管理机构获得 A 的公钥。这时，A 和 B 都已安全地得到了对方的公钥，可以开始保密通信。然而，他们也许还可以通过以下两步认证对方。

5) B 用 PK_A 加密一个消息后发往 A，该消息的数据项有 A 的一次性随机数 N_1 和 B 的一次性随机数 N_2。因为只有 B 能解密 A 发给 B 的消息，所以 A 根据收到的消息中的 N_1 可以相信通信的另一方的确是 B。

6) A 用 B 的公钥对 N_2 加密后返回给 B，可使 B 相信通信的另一方的确是 A。

上面的过程共发送了七条消息，其中前四条消息用于获取对方的公钥。用户得到对方的公钥后保存留用，这样以后就不必再发送前四条消息了，然而还必须定期地通过密钥管理中

127

心获取通信对方的公钥，以免对方更新公钥导致当前通信不能继续。

（4）公钥证书。用户通过公钥证书相互交换自己的公钥而不需和公钥管理机构联系。公钥证书由证书管理机构（Certificate Authorily, CA）为用户建立，其中的数据项包括与该用户的私钥相匹配的公钥及用户的身份和时间戳等，所有的数据项经 CA 用自己的私钥签字后就形成证书。证书的形式为 $C_A = E_{SKCA}[T, JD_A, PK_A]$，其中 ID_A 是用户 A 的身份标识，PK_A 是 A 的公钥，T 是当前时间戳，SK_{CA} 是 CA 的私钥，C_A 就是用户 A 的证书。

用户可以把自己的公钥通过公钥证书发给另一用户，接收方使用 CA 的公钥 PK_{CA} 对证书加以验证：$D_{PKCA}[C_A] = D_{PKCA}[E_{SKCA}[T, ID_A, PK_A]] = (T, ID_A, PK_A)$

因为只有用 CA 的公钥才能解读证书，这样接收方就验证了证书确是由 CA 发放的，并且也获得了发方的身份标识 ID_A 和公钥 PK_A。时间戳 T 是为了保证接收方收到的证书的有效性，用以防止发方或敌方重放一旧证书。

（四）密钥保护

从密钥保护的角度，密钥管理需要注意以下环节。

1. 密钥的有效期

没有哪个加密密钥能无限期使用，对任何密码应用，必须有一个策略能够检测密钥的有效期，主要原因如下：① 密钥使用时间越长，泄露的机会就越大；② 如果密钥已泄露，那么密钥使用越久，损失就越大；③ 密钥使用越久，人们花费精力破译它的诱惑力就越大，甚至采用穷举攻击法；④ 对用同一密钥加密的多个密文进行密码分析一般比较容易。

不同密钥应有不同有效期，下面讨论几种类型的密钥的有效期。

（1）会话密钥。会话密钥更换得越频繁，系统的安全性就越高。因为攻击者即使获得一个会话密钥，却只能解密很少的密文。但会话密钥更换得太频繁，将使通信交互时延增大，同时还造成网络负担。所以在决定会话密钥的有效期时，应综合考虑这两个方面。为避免频繁进行新密钥的分发，一种解决办法是从旧的密钥中产生新的密钥，称为密钥更新。更新密钥可以采用单向函数。

（2）密钥加密密钥。密钥加密密钥无需频繁更换，由于它们只是偶尔地用作密钥交换，因此只给密钥破译者提供很少的密文分析数据，而且相应的明文也没有特殊的形式。然而，如果密钥加密密钥泄露，那么其潜在损失将是巨大的，因为所有的通信密钥都经其加密。在某些应用中，密钥加密密钥一月或一年更换一次。同时，分发新密钥也存在泄露的危险，因此，需要在保存密钥的潜在危险和分发新密钥的潜在危险之间权衡。

（3）公钥密码应用中的私钥。公钥密码对中的私钥的有效期是根据应用的不同而变化的。如用作数字签名和身份识别的私钥可以持续数年乃至终身，而用作抛掷硬币协议的私钥在协议完成之后就应该立即销毁。即使期望密钥的安全性持续终身，两年更换一次密钥也是值得考虑的。许多网络中的私钥仅使用两三年，此后用户必须采用新的私钥。但旧密钥仍需保密，以便用户验证从前的签名；新密钥用来对新文件签名，以减少密码分析者所能攻击的签名文件数目。

2. 存储密钥

单用户的密钥存储比较简单，因为只涉及用户自己，且只有用户本人对密钥负责。这种系统中，用户可直接输入 64 位密钥，或输入一个更长的字符串，系统自动通过密钥碾碎技术从这个字符串生成 64 位密钥。其他解决方案通常通过物理手段进行密钥存储：将密钥储存在磁卡中、嵌入 ROM 芯片的密钥（称为 ROM 密钥）或智能卡。密钥使用的过程是用户先将物理标记插入加密箱上或连在计算机终端上的特殊读入装置中，然后把密钥输入到系统中。用户只能用这种方式使用密钥，但是并不知道密钥，也不能泄露密钥。

把密钥分割后以不同的方式存放是更安全的办法，例如，把密钥平分成两部分，一半存入终端，一半存入 ROM 密钥。

用密钥加密密钥可以对难以记忆的密钥进行加密保存。例如，一个 RSA 私钥可用 DES 密钥加密后存在磁盘上，要恢复密钥时，用户只需把 DES 密钥输入到解密程序中即可。如果密钥是确定性地产生的（使用密码上安全的伪随机序列发生器），每次需要时从一个容易记住的口令产生出密钥会更简单。

密钥存储的目标是密钥永远也不会以未加密的形式暴露在加密设施以外，但是这一点很难做到，因此，严格的保密制度是必不可少的，密钥管理的效果是大大减少了保证保密性需要投入的人力，同时极少量的主密钥驻留在密码装置中是安全、现实的。

3. 销毁密钥

如果密钥必须定期替换，旧密钥就必须销毁。旧密钥是有价值的，即便不再使用，有了它们，攻击者就能读到由它加密的一些旧消息，因此必须安全地销毁。对于记录在物理介质上的密钥，必须将存储介质彻底销毁，以免他人轻易地利用残留的密钥片断恢复旧密钥。

4. 备份密钥

由于密钥在保密通信中的重要地位，人们竭尽全力对密钥进行保护。一方面是防止泄露，另一方面则是保证安全的密钥始终可用。如果保护核心密钥的人或系统发生了意外，必须保证仍然可以进行安全的通信，而不需要重建相关的密钥；否则由此引起的直接和间接的开销会很大。密钥托管就是满足这种需求的一种有效技术。

5. 密钥托管

密钥托管也称为托管加密，其目的是提供一个备用的解密途径。这种技术产生的出发点是政府机构希望在需要时可通过密钥托管技术解密一些特定信息，此外，用户的密钥若丢失或损坏时也可通过密钥托管技术恢复出自己的密钥。所以，这个备用的手段不仅对政府有用，对用户自己也有用，为此一些国家出台了相关的法律。密钥托管的实现手段通常是把加密的数据和数据恢复密钥联系起来，数据恢复密钥不必是直接解密的密钥，但由它可以得到解密密钥。理论上，数据恢复密钥由所信任的委托人持有，委托人可以是政府机构、法院或有契约的私人组织。一个密钥也可能是在数个这样的委托人之间分拆。

第三节　报文鉴别技术

电子商务安全中另一个重要领域是报文鉴别以及相关的数字签名技术。用户通过网络传输大量的报文（或称消息），出于安全性考虑，必须对消息或报文的有效性和合法性进行鉴别或认证。在一些参考文献中报文鉴别也称为报文认证或消息鉴别。

一、报文鉴别与鉴别系统

（一）报文鉴别的必要性

在网络通信环境中，消息传递的安全可能受到各种威胁和攻击，几个比较典型的例子如下。

① 信息泄露：消息的内容被泄露给没有合法权限的人或过程。攻击者还可能通过通信量分析，来获得通信双方的通信方式和参数，如在面向连接的应用中的连接频率和连接持续时间，在无连接的环境中通信双方的消息数量和长度等。

② 伪造信息：攻击者伪造消息发送给目的端，却声称该消息源来自一个已授权的实体。另一种情况是攻击者以接收者名义伪造假的确认报文。

③ 内容篡改：以插入、删除、调换或修改等方式篡改消息。

④ 序号篡改：在依赖序号的通信协议中（如 TCP）等，对通信双方消息序号的任何修改，包括插入、删除和重排序等。

⑤ 计时篡改：篡改消息的时间戳以达到报文延迟或回放的目的。

⑥ 行为抵赖：接收端否认收到某消息，或源点否认发过某消息。

防止信息泄露的最有效的措施是加强消息的保密性，这可以通过加密手段来实现。防范消息伪造和篡改的一般方法是报文鉴别技术，它提供了一种证实收到的消息来自可信的源点且未被篡改的过程，它也可证实序列编号和及时性。数字签名机制是报文鉴别技术中的一项重要内容，它提供一种包括防止信源点或信宿点抵赖的鉴别技术。

（二）报文鉴别系统

报文鉴别系统的功能一般可以划分成两个基本的层次。在较低的层次上，系统需要提供某种报文鉴别函数 f 来产生一个用于实现报文鉴别的鉴别符或鉴别代码。鉴别符是一个根据消息计算出来的值，源端和目的端利用报文鉴别函数 f 来进行报文鉴别。对鉴别系统的高层来说，底层的鉴别函数通常作为一个原语，用于实现高层鉴别协议的各项功能。消息的接收者通过鉴别协议完成对消息合法性的鉴别。

在报文鉴别系统中，鉴别函数是决定鉴别系统特性的主要因素。根据鉴别符的生成方式，鉴别函数可以分为以下几类。

① 基于消息加密方式的鉴别：以整个消息的密文作为鉴别符。

② 报文鉴别码（MAC）方式。

③ 散列函数方式：采用一个公共散列函数，将任意长度的消息映射为一个定长的散列值，并以散列值作为鉴别符。

（三）基于报文加密方式的鉴别

报文加密机制本身就能提供一定的鉴别能力。下面分别对对称密钥加密方式和非对称密钥加密方式进行分析。

1. 对称密钥加密方式

假定源点 A 和终点 B 共享加密解密的密钥 K。采用直接加密的方法，源点 A 利用密钥 K 和加密函数 $E_k(\ )$ 对消息 M 进行加密，形成密文 $X = E_k(M)$，然后传送到终点 B。由于密钥仅由 A 和 B 共享，因此它能提供保密性，其他人不能解密得出报文的明文。另一方面，如果终点 B 收到的密文 X，可以利用密钥 K 和解密函数 $D_k(\ )$ 正确解密得到明文 $Y = D_k(X)$，那么 B 就可以确信收到的报文是由 A 产生的，且解密得到明文 Y 就是原始的消息 M。这是因为密钥仅被 A 和 B 共享，A 是唯一拥有密钥 K 和生成正确密文的一方。如果密文 X 能够被正确恢复，B 就可以知道 M 中的内容未被篡改，因为不知道密钥 K 将无法改变密文 X 从而使明文 Y 产生变化。因此可以说对称密钥加密方式同时提供了保密和报文鉴别的功能，如

图 6-5 所示。

　　但是，问题在于 B 如何判断收到的密文 X 的合法性。在通信过程中，消息的内容可能是完全随机的二进制比特序列，接收端 B 解密得到的输出结果 Y 中不存在任何可用于鉴别的特征；因此，接受者 B 无法判断 Y 是合法消息

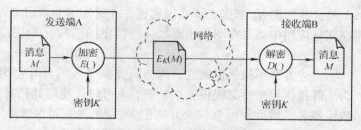

图 6-5　对称密钥加密方式提供的保密和报文鉴别功能

M 的明文还是毫无意义的二进制比特序列，从而也就无法鉴别消息是否来自源点 A。因此，接收方 B 需要一种自动化的方法来确定 $Y = D_K(X)$ 是否合法。

　　一般来说，合法的消息二进制比特模式仅仅是所有消息取值空间中的一个很小的子集。如果能提取出合法消息集的模式特征，那么实现一种自动的判断 Y 合法性的算法是可行的。解决这个问题的一种有效方法是强制明文具有某种结构，这种结构易于识别，不能被复制，并且是不依赖于加密的。其办法是在对消息 M 进行加密以前，在消息上附加一个检错码（检错码的形式可以是多种多样的，如使用帧检验序列号或帧校验和 FCS）。这样一来，整个系统的工作方式就变成了下述方式（见图 6-6）。

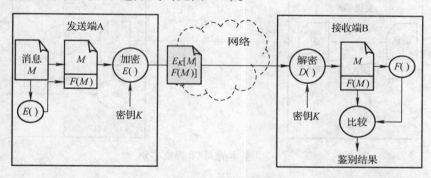

图 6-6　附加报文鉴别机制

　　这里校验码的生成和加密函数执行的顺序至关重要，校验码必须被作为内部的差错控制，在加密之前附加到明文上，才能提供鉴别功能。因为攻击者很难在密文中产生一个校验码，使其在解密后仍然有效。如果采用外部差错控制的方法，即对加密后的密文 X 生成校验码 $F(X)$，附加到密文上传输 $[X \parallel F(X)]$，攻击者就可能伪造具有有效校验码的消息。这会使伪造的无效消息被接收端 B 确认，造成混乱，破坏其正常工作。

　　事实上，对传送的消息附加任何类型的结构都能起到加强鉴别能力的作用。例如，在 TCP/IP 协议体系结构中，若采用 TCP 协议来传送信息，则可对 TCP 报文段进行加密。由于 TCP 消息段本身具有特定的控制结构和格式，如果经过解密的 TCP 消息段不能通过 TCP 协议自身的合法性检查，就可说明该消息是非法的。

　　2. 非对称密钥加密方式

　　在公开密钥体系结构中，为了提供鉴别功能，源点 A 可以使用其私有密钥 K_{Ra} 对消息进行加密，而终点 B 使用 A 的公开密钥 K_{Ua} 进行解密。这种方式提供的鉴别过程在原理上与对称密钥加密方式是相同的。因为 A 是唯一拥有消息加密密钥 K_{Ra} 的用户。如果密文 X 能够用

A 的公共密钥 K_{U_a} 解密，那么说明密文 X 必定来自源点 A，因为只有 A 能生成密文 X。当然，在实际应用中需要在明文中附加一些特定的结构（如用户 A 的数字签名）来提高其鉴别的能力。

上述方案不提供保密性，因为只要拥有 A 的公开密钥，任何人都能对该密文进行解密。为了既提供保密性又提供鉴别功能，A 可以先使用其私有密钥 K_{R_a} 对消息 M 进行加密以提供数字签名，然后使用 B 的公开密钥 K_{U_b} 加密来提供保密性。

（四）采用报文鉴别码（MAC）的鉴别方式

报文鉴别码（Message Authentication Code，MAC）也常称为密码检验和。MAC 通过一个生成函数 $C_k()$ 计算生成。函数 C 以一个共享密钥 K 作为参数，以变长的报文 M 为输入，其输出是一个定长短分组，即 $MAC = C_K(M)$。发送端在发送正确消息时，将计算出来的 MAC 附加到消息中。接收者通过重新计算 MAC 来对消息进行合法性的鉴别。

假定通信双方共享一个密钥 K。当源点 A 向终点 B 发送消息 M 时，首先计算出该消息 M 的 MAC 值：$MAC = C_K(M)$。MAC 被附加到原始消息发往接收者 B。B 使用相同的密钥 K 对收到的消息 M 执行相同的计算并得出新的 MAC，并将收到的 MAC 与计算得出的 MAC 进行比较。如果二者匹配，就可以确认收到的消息是合法的，如图 6-7 所示。

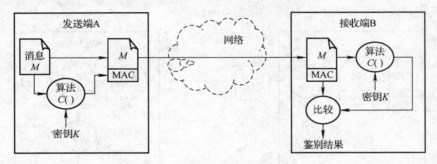

图 6-7　基本的 MAC 报文鉴别

由于计算 MAC 的密钥 K 只有 A 和 B 共享，因此，如果 B 端通过比较发现 MAC 匹配，则可确信消息 M 没有被篡改过。若攻击者更改消息内容而未更改 MAC，则接收者计算出的 MAC 将不同于接收到的 MAC。由于攻击者不知道密钥 K，所以不可能计算出一个与更改后的消息相对应的 MAC 值。同时，接收者 B 也能够确信消息 M 是来自发送者 A 的。因为只有 A 了解密钥 K，也只有 A 能够计算出消息 M 所对应的正确的 MAC 值。如果消息 M 中还包括序号等控制信息，接收者 B 也能够确信这些控制信息的正确性，因为攻击者无法成功地更改控制信息。

对于基于 MAC 的报文鉴别方式，其鉴别过程独立于加密和解密过程，鉴别函数与保密函数的分离能提供结构上的灵活性。例如，可以在应用层完成鉴别而在更低层（如运输层）来实现保密功能，也可以将鉴别功能与保密功能分布到网络中的不同计算机节点上分别实现。

在某些应用中，鉴别消息的真实性也许比消息的保密更重要。例如，在简单网络管理协议（SNMP）中，SNMP 消息的真实性对系统更为重要，特别是那些包含管理命令的消息。在这种情况下，采用 MAC 方式是非常适合的。MAC 方式更适合对不需要加密保护的数据进行鉴别。例如，可将报文鉴别码附加到明文形式的计算机程序代码上，这样就可以很容易地实现对程序合法性的鉴别。

在采用加密的方式来提供消息的保密性时，MAC 的安全强度通常依赖于密钥 K 的位长度 k，不论是对称加密和非对称加密都一样。从抗攻击性上来说，攻击者必须采用强行攻击法，多次使用解密函数 $D_K()$ 来尝试密钥 K 取值空间 $[0, 2^k-1]$ 中所有可能的密钥值。在加解密的密钥的位长度为 k 的前提下，攻击者平均需要进行 2^{k-1} 次尝试才能找到正确的密钥值。一旦截获了一个消息的明文 M 及其对应的密文 X，攻击者在理论上就能够通过尝试密钥空间中的所有值来搜索到可匹配明文 M 的正确密钥。当然，通过增加密钥的位长度，可以使攻击者的这种攻击方式在实际计算中不可行。

对于 MAC 来说，尽管 MAC 函数与加密函数一样都使用了一个密钥，但其安全性与加密方式的安全性完全不同。这主要是由于 MAC 计算函数的输入由任意长度的消息组成，函数值是一个定长的短比特串，因而 MAC 函数一般是一个多对一的函数。很显然，MAC 函数的值域空间相对于消息 M 的取值空间来说是很小的：若采用位长度为 n 的 MAC，那么 MAC 的取值空间为 $[0, 2^n-1]$，共 2^n 个可能的 MAC 值；而变长报文的组合总数将远远大于 2^n，因此，这个映射必然是一个多对一的映射。在这种情况下，攻击者要想搜索到 MAC 函数所使用的鉴别密钥，其搜索空间又大大增加了。

在讨论 MAC 函数 $C()$ 的安全性时，还需要考虑到各种攻击的类型。在假定 MAC 函数 C 公开但密钥 K 保密的情况下，设计 MAC 函数的时候，应该使其满足以下性质。

（1）假定攻击者窃取到了报文 M 及 MAC，但他在伪造报文 M' 使 $C_K(M') = C_K(M)$ 时，在计算上是不可行的。这一点保证了攻击者在密钥未知的情况下，无法伪造新报文匹配给定的 MAC 值。

（2）$C_K(M)$ 函数的值域空间应该是均匀分布的，对于两个随机选择的消息 M 和 M'，$C_K(M') = C_K(M)$ 的概率应为 2^{-n}，其中 n 为 MAC 的位长度。这一特性可以防止攻击者在消息空间中进行搜索，来寻找匹配给定 MAC 值的消息。如果函数的值域空间是均匀分布的，那么攻击者平均需要 2^{n-1} 次尝试才能找到一个与给定 MAC 匹配的消息。

（3）对消息 M 进行某种已知变换后，其 MAC 值相等的概率很小，即：$M' = f(M)$，而 $C_K(M') = C_K(M)$ 的概率应为 2^{-n}。这就要求鉴别算法不能在消息特定部分上存在弱点，否则攻击者就能针对已知的弱点进行尝试。

（五）基于散列函数的鉴别方法

MAC 的算法可有多种设计方法，例如，可以采用单向散列函数来构造 MAC。散列实际上可看作报文鉴别码的一种变形。

与报文鉴别码类似，一个散列函数 $H()$ 以一个变长消息 M 作为其输入，产生一个固定长度的 $H(M)$。$H(M)$ 有时也称为报文摘要。散列码是消息中所有比特的函数值，并具有差错检测能力，消息中任意内容的变化将导致散列码的改变。使用散列码来进行报文鉴别可采用多种方式。下面讨论使用散列码进行报文鉴别的几种方法。

一种比较直观的方法是采用对称密钥加密方式。对附加了散列码的消息 $[M \| H(M)]$ 进行加密，得到密文 $X = E_k[M \| H(M)]$，并进行传输，如图 6-8 所示。这种方法提供内部差错控制的结构。实现鉴别的原理也很简单：因为只有源点 A 和终点 B 共享该加密密钥，因此，终点 B 能够根据 $H(M)$ 来断定消息是否来自源点 A 且未被篡改。这里散列码提供了报

文鉴别所需要的结构和冗余。由于对消息和散列码整体进行了加密，因此，这种方法提供了消息的保密功能。

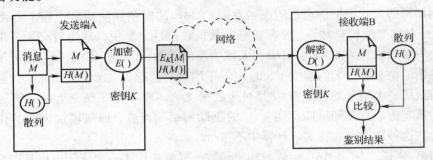

图 6-8　基本的散列函数报文鉴别

在一些不需要消息加密的应用场合，可采用仅对散列码使用对称密钥进行加密，将加密后的散列值 $C = E_K[H(M)]$ 附加在消息 M 上进行传输。实际上，在这里 C 值的计算函数是一个 MAC 的计算函数（即 C 是消息 M 和密钥 K 的函数值，且其输出是定长的）。如果不发生密钥的泄露，这种方式也是相当安全的。

如果采用公开密钥加密方法来对散列码进行加密，就可生成所谓的数字签名（其原理参见数字签名技术有关内容）。如果希望在数字签名鉴别的基础上同时提供消息的保密性，则可使用一个对称密钥 K 对附加了数字签名（加密的散列码）的消息进行加密，即传输 $E_k[M \parallel E_{kRa}[H(M)]]$。当然也可以使用接收端 B 的公钥 K_{Ub} 来进行加密（$E_{kUb}[M \parallel E_{kRa}[H(M)]]$），由接收端 B 使用其对称密钥 K_{Ra} 进行解密。

对散列码进行加密通常需要消耗一定的系统计算资源。若不使用加密，则可采用一种替代方法来保证其安全性。这种方法约定通信双方共享一个公共的密值 S。在计算散列值时，该密值 S 被附加到消息 M 上一起进行计算，得到 $H(M \parallel S)$，但在传输过程中，密值 S 并不传输，仅传输消息 M 加散列值，即 $M \parallel H(M \parallel S)$。接收端进行鉴别时，利用收到的消息 M 和自己掌握的密值 S 重新计算散列值，并与收到的散列值进行比较。该技术使用了散列码，但不对散列码加密。由于密值 S 本身不被发送，因此，攻击者很难篡改或伪造出能够通过合法性鉴别的假消息。

只对散列码进行加密可大大降低计算量。而采用密值的方法避免了加密过程，在实际应用中越来越受到重视。这是由于实现加解密的软硬件开销都很大，特别是针对散列值这样的小分组数据，算法效率更低。避免加密将有利于提高效率，降低成本。

二、MD5 消息摘要算法

MD5 的前身是 MD4 消息摘要算法，MD5 消息摘要算法在［RFC1321］中进行了说明。MD5 是由麻省理工学院 Ron Rivest 提出的，曾被认为是非常安全的，也是使用最普遍的一种安全散列算法。直到近年来硬件技术的发展使强行攻击和密码分析攻击的能力大大增强，人们才开始寻求更安全的散列算法。

MD5 算法可以一个任意长数据块作为输入，输出一个 128 位的消息摘要。输入被划分成 512 位的数据块，处理过程遵循安全散列算法的一般结构，如图 6-9 所示。具体来说，MD5 的算法过程包括以下步骤。

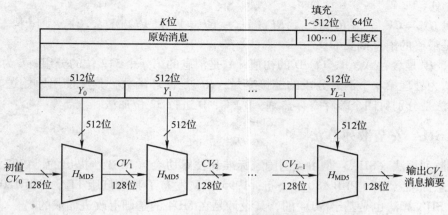

图 6-9　MD5 的算法结构

（1）填充。它是指对消息进行填充，使消息长度加上 64 位后是 512 位的整数倍，即填充后的消息长度 K 对 512 取模等于 448（$K \bmod 512 = 448$）。填充的长度为 1～512 位。填充的位模式是：第一位为 1，其余各位为 0，即 $100\cdots0$。

（2）附加长度值。将 64 位的消息长度字段附加在消息的最后。字节顺序为低位字节优先。消息长度是填充前原始消息的长度。若消息长度大于 2^{64}，则使用该长度的低 64 位。附加长度值以后，消息的长度为 512 位的整数倍。消息被划分成 L 个 512 位的分组 Y_0，Y_1，…，Y_{L-1}。扩展后消息长度等于 $512 \cdot L$ 位。

（3）初始化消息摘要（MD）缓存器。MD5 使用 128 位的缓存来存放算法的中间结果和最终的散列值。这个缓存由 4 个 32 位的寄存器 A、B、C、D 构成。MD5 寄存器的初始值为：A = 0x67452301　B = 0xefcdab89　C = 0x98badcfe　D = 0x10325476；数据存储时采用低位字节存放在低地址上的形式，存储方式见表 6-3（十六进制形式）。

表 6-3　MD5 算法的数据存储方式

寄　存　器	0	1	2	3
A	01	23	45	67
B	89	ab	cd	ef
C	FE	dc	ba	98
D	76	54	32	10

（4）处理每一个 512 位的消息分组。处理算法的核心是 MD5 的压缩函数 HMD5。HMD5 压缩函数由四个结构相似的循环组成。每次循环时，一个不同的原始逻辑函数（分别以 F、G、H 和 I 表示）处理一个 512 位的分组 Y_q。每一轮循环都将对 128 位的缓存器 A、B、C、D 进行更新。在循环时还需要使用一个 64 个元素的常数 T。

（5）输出。当所有 L 个 512 位的分组都处理完成后，最后第 L 个阶段产生的输出就是 128 位的消息摘要，结果保存在缓存器 A、B、C、D 中。

MD5 的算法可形式化描述为：

① 设置初始值 $CV_0 = IV$。

135

② 对 Q = 1，2，…，L 计算

$$CV_q = CV_{q-1} + RF_I[Y_{q-1}, RF_H[Y_{q-1}, RF_G[Y_{q-1}, RF_F[Y_{q-1}, CV_{q-1}]]]]。$$

CV_L 是最终的消息摘要 MD。

其中，IV 是缓存 A、B、C、D 的初值；Y_q 是消息的第 q 个 512 位的分组；L 为消息的分组数；CV_q 为处理第 q 个消息分段的链接变量；RF_x 是循环函数，其中使用原始逻辑函数 x。其中的加法是分别对四个缓存寄存器 A、B、C、D 进行 32 位加法。

三、SHA 安全散列算法

安全散列算法（SHA）是由美国国家标准和技术协会（NIST）提出的，1993 年作为美国联邦信息标准（FIPS PUB 180）公布；1995 年又发布了其修订版 FIPS PUB 180-1（称为 SHA-1）。SHA 算法也是基于 MD4 的，其设计是在 MD4 的基础上改进而成的。

SHA-1 算法允许的最大输入消息的长度不超过 2^{64} 位，输出 160bit 的消息摘要。SHA-1 算法计算时是按照 512 位的分组进行处理的。总体处理过程与 MD5 结构类似。但散列码和链接变量的长度均为 160 位。处理操作与 MD5 的操作十分类似，即包括填充、附加长度值、初始化消息摘要（MD）缓存器、处理每一个 512 位的消息分组和输出等五个步骤。所不同的是 SHA-1 使用 160 位的缓存（由五个 32 位的寄存器 A、B、C、D、E 构成）来存放算法的中间结果和最终的散列值。SHA-1 将寄存器的初始值设为：A = Ox67452301　B = Oxefcd-ab89　C = Oxg8badcfe　D = Ox10325476　E = Oxc3d2e1fO；最后产生的输出 CV_L 就是 160 位的消息摘要，结果保存在缓存器 A、B、C、D、E 中。

因此，SHA – 1 算法的形式化描述为：

① 设置初始值：$CV_0 = IV$。

② 对 q = 1，2，…，L 计算：$CV_q = CV_{q-1} + A + B + C + D + E_q$。

③ CV_L 是最终的消息摘要 MD。

其中，IV 是缓存 A、B、C、D、E 的初值；A、B、C、D、E_q 是对第 q 个消息分组 Y_q 处理后，最后一个循环输出的缓存器 A、B、C、D、E 的值；L 为消息的分组数；CV_q 为处理第 q 个消息分段的链接变量。其中的加法是分别对五个缓存寄存器 A、B、C、D、E 进行 32 位加法。

一些散列算法，如 GOST、SNEFRU、REPE-M、HAVAL、RIPEMAC、MASH – 1、MAA 等已有实用。

第四节　数字签名与身份认证

数字签名技术是公开密钥体系加密技术发展的一个重要的成果。数字签名在信息安全（包括身份认证、数据完整性、不可否认性以及匿名性等）方面有重要应用，特别是在大型网络安全通信中的密钥分配、认证以及电子商务系统中具有重要作用。

一、数字签名

（一）数字签名的产生

在网络通信中，用户遭受到的网络攻击可能来自多方面。为此，在网络通信中采用了各种措施来抵御来自各方面的攻击。上一节中讨论的报文鉴别技术用于保护通信双方，使其免受来自第三方的攻击。但是，简单的报文鉴别技术无法防止通信双方的欺骗和抵赖行为。

数字签名是对现实生活中笔迹签名的模拟。手书签字的笔迹因人而异，而数字签名是0和1的数字串，因消息而异。签名具有的基本特性是它必须能够用来证实签名的作者和签名的时间；在对消息进行签名时，必须能够对消息的内容进行鉴别。同时，签名应具有法律效力，必须能被第三方证实用以解决争端。数字签名技术必须包含对签名进行鉴别的功能。在这些特性的基础上，可归纳出数字签名的设计目标如下。

① 签名的比特模式是依赖于消息的，也就是说，数据签名是以消息作为输入计算出来的，签名能够对消息的内容进行鉴别。

② 数据签名对发送者来说必须是唯一的，能够防止伪造和抵赖。

③ 产生数字签名的算法必须相对简单、易于实现，且能够在存储介质上保存备份。

④ 对数字签名的识别、证实和鉴别也必须相对简单、易于实现。

⑤ 无论攻击者采用何种方法，伪造数字签名在计算上是不可行的。

（二）数字签名的实现

按照技术特点，数字签名可分为两类：一种是对整体消息的签字，它是消息经过密码变换的被签字消息整体；一种是对压缩消息的签字，它是附加在被签字消息之后或某一特定位置上的一段签字图样。

若按明、密文的对应关系划分，每一种中又可分为两个子类，一类是确定性数字签名，其明文与密文一一对应，它对一特定消息的签名不产生变化，如 RSA、Rabin 等签名；另一类是随机化的或概率式数字签名，它对同一消息的签名是随机变化的，取决于签名算法中的随机参数的取值。一个明文可能有多个合法数字签名，如 ElGamal 等签名。

一个签名体制一般含有两个组成部分，即签名算法和验证算法。签名算法或签名密钥是秘密的，只有签名人掌握。证实算法应当公开，以便于他人进行验证。

通常签名体制可由量 (M, S, k, V) 表示，其中 M 是明文空间，S 是签字的集合，k 是密钥空间，V 是证实函数的值域，由真、伪组成。

对于每一 $K \in k$，有一签名算法，易于计算

$$S = Sig_k(M) \in S \tag{6-8}$$

和一证实算法：

$$Ver_k(S, M) \in \{真, 伪\} \tag{6-9}$$

它们对每 $M \in M$，有签名 $Sig_k(M) \in S$ 为（$M \rightarrow S$ 的映射）。M、S 对易于证实 S 是否为 M 的签名

$$Ver_k(M, S) = \begin{cases} 真, 当 S = Sig(M) \\ 假, 当 S \neq Sig(M) \end{cases} \tag{6-10}$$

签名体制的安全性在于，从 M 和其签名 S 难于推出 K 或伪造一个 M'，使 M 和 S 可被证实为真。

消息签名与消息加密有所不同，消息加密和解密可能是一次性的，它要求在解密之前是安全的。而一个签名的消息可能作为一个法律上的文件（如合同等），很可能在对消息签署多年之后才验证其签名，且可能需要多次验证此签名。因此，签名的安全性和防伪造的要求

更高些，且要求证实速度比签名速度还要快些，特别是联机在线实时验证。

随着计算机网络的发展，过去依赖于手书签名的各种业务都可用这种电子数字签名代替，它是实现电子贸易、电子支票、电子货币、电子购物、电子出版及知识产权保护等系统安全的重要保证。

（三）签名算法及其分类

签名算法一般由公开密钥密码算法（RSA、ElGamal、DSA、ECDSA 等）、对称密钥密码算法（DES、AES 等）和单向散列函数（MD2、MD4、MD5 或 SHA 等）构成。

假设签名方是 A，验证方是 B。则使用签名算法计算数字签名的过程如下。

① A 使用单向散列函数得到待签名文件的散列值。

② A 用对称密钥密码算法将文件加密。

③ A 使用公钥算法，用 A 的私钥加密文件的散列值生成数字签名，并用 B 的公钥加密对称密钥密码算法中所使用的密钥。

④ A 将加密后的源文件、签名、加密密钥和时间戳存放在一个信封中发送出去。

相应的验证过程如下。

① B 使用公钥算法，用 B 的私钥解密 A 发送的加密文件的对称密钥；用 A 的公钥解密 A 发送的数字签名得到文件的散列值。

② B 用对称密钥解密文件并自己使用单向散列函数生成散列值，若该值与 A 发送的散列值相等，则签名得到验证。

可以将数字签名方案按照公开密钥密码算法建立的数学基础进行以下分类：

① 建立在大整数素因子分解基础上的 RSA 数字签名方案。

② 建立在有限域的离散对数问题上的 ElGamal 数字签名方案。

③ 建立在椭圆曲线上的 ECC 数字签名方案。

还可以按照数字签名能够满足实际需要的特殊要求来进行分类：满足一般需求的基本数字签名、满足特殊需要的特殊数字签名以及满足多人共同签名需要的多重数字签名等。

（四）基于 RSA 密码体制的数字签名

RSA 既能用于加密，也能用于数字签名。RSA 数字签名算法如下。

① 密钥的生成与密码算法中的密钥的生成完全相同。

② 签名过程：计算 $S \equiv m^d \bmod n$，S 即是对应于明文 m 的数字签名。签名者将签名 S 和明文 m 一起发送给签名验证者。

③ 验证签名过程：计算 $m' \equiv S' \bmod n$，若 $m' = m$，则签名得到验证。

RSA 数字签名算法和 RSA 加密算法区别仅仅在于：RSA 加密算法加密过程使用用户公钥求幂，解密过程使用用户私钥求幂；而 RSA 数字签名算法签名过程使用用户私钥求幂，验证签名过程使用用户公钥求幂。这使得 RSA 数字签名算法非常易于理解和通过软件、硬件来实现。

（五）基于 ElGamal 密码体制的数字签名

ElGamal 的公开密钥密码系统也可以用来作为数字签名，私钥为 x，公开密钥为 y、P，且满足 $y = g^x \bmod P$。利用私钥对一份文件 M 作签名，其签名及验证过程如下。

① 先选择一个数 k，并使得 $\gcd(k, p-1) = 1$。

② 计算 $r = g^k \bmod P$。

③ 求得 s，使得 s 满足：$M = xr + ks \bmod (P-1)$。其中，x 为私钥。

④ 签名者将签名 r、s 和明文 m 一起发送给签名验证者。

⑤ 验证签名过程：只需验证 $g^m = y^r r^s \bmod P$ 是否成立，若相等，则签名得到验证。

（六）基于 ECC 密码体制的数字签名

1992 年，Scott Vanstane 首先提出椭圆曲线数字签名算法 ECDSA。1998 年，ECDSA 被授为 ISO 标准（ISO14888-3），1999 年成为 ANSI 标准（ANSIX 9.62，2000 年 ECDSA 成为 IEEE 标准（IEEEP1368）以及 FIPS 标准（FIPSl88-2）。

关于 ECDSA 主域参数和 ECDSA 密钥对的产生与 ECC 密码体制完全相同，读者可参见前面章节。ECDSA 签名的产生和签名的验证过程如下。

1. 签名的算法

假设 ECDSA 签名方案的参与者为：签名实体 A、可信的中间机构 CA（负责产生主域参数和密钥）、验证签名的实体 B。输入参数为签名消息 m，实体 A 所需要的主域参数 $D = (q, FR, a, b, G, n, h)$ 以及相应密钥对 (J, Q)；输出为椭圆曲线数字签名 (r, s)。产生椭圆曲线数字签名的算法描述如下。

① 选取一个随机数 k，$1 \leqslant k \leqslant n-1$。

② 计算 $kG = (x_1, y_1)$，以及 $r = x_1 \bmod n$；如果 $r = 0$，转向①。

③ 计算 $k^{-1} \bmod n$。

④ 计算 $e = SHA - 1(m)$。

⑤ 计算 $S = k^{-1}(e + dr) \bmod n$，如果 $S = 0$，转向①。

⑥ 实体 A 对消息的签名是 (r, S)，算法结束。

2. ECDSA 签名的验证

输入参数为 A 的数字签名 (r, s)，签名消息 m，实体 B 所需要的主域参数 $D = (q, FR, a, b, G, n, h)$ 以及 A 的公钥 Q；输出为接受或者拒绝签名。验证过程如下。

① 验证 r 和 s 是 $[1, n-1]$ 中的整数。

② 计算 $e = SHA - 1(m)$；

③ 计算 $\omega = S^{-1} \bmod n$；

④ 计算 $u_1 = e\omega \bmod n$；$u_2 = r\omega \bmod n$；

⑤ 计算 $X = u_1 G + u_2 Q$，记 X 的坐标为 (x_1, y_1)，如果 $X = 0$，就拒绝签名；否则计算 $v = x_1 \bmod n$。

⑥ 当且仅当 $v = r$ 时，接受签名，算法结束。

（七）特殊数字签名

迅猛发展的电子商务涌现了大量的对数字签名实现功能的特殊要求，一般的数字签名方案已经不能满足这些特殊的签名需要，这时便需要借助于特殊数字签名。下面介绍一些常用的特殊数字签名。

1. 盲签名

当签名者签署一份不知道内容的文件时，就需要使用盲签名。盲签名具有匿名的性质，因而在电子货币和电子投票系统中得到了广泛的应用。

假定 A 需要得到 B 在不知道内容的情况下对某文件的签名，实现过程如下。

① A 取一文件并以一随机值乘之，称此随机值为盲因子。

② A 将此盲文件送给 B。

③ B 对盲文件签名。

④ A 以盲因子除之,得到 B 对原文件的名字。

可以将盲变换看做是信封,盲化文件是对文件加个信封,而去掉盲因子过程则是打开信封。在盲文件上签名相当于在复写纸信封上签名,从而得到了对真文件(信封内)的签名。若盲因子完全随机,则可保证 B 不能获取有关文件的信息。B 不能由所看到的盲文件得出原文件的信息,即使 B 将所签盲文件复制,他也不能(对任何人)证明在此协议中所签的真正文件,而只是知道其签名成立,并可证实其签名。

2. 双重签名

双重签名是安全电子交易(SET)协议使用的一种数字签名方案。当签名者希望验证者只知道报价单,中间人只知道授权指令时,能够让中间人在签名者和验证者报价相同的情况下进行授权操作。

双重签名可以描述为:消息 M_1、M_2 经杂凑后得 $h(M_1)$ 和 $h(M_2)$,链接后由发信人的密钥 k_{ps} 签名得双重签名,$S_D = \mathrm{Sig} k_{ps}$,将 $M \parallel S_D$ 发给 B,将 $M_2 \parallel S_D$ 发给 C,B 和 C 都可用发信人公钥对双重签名进行验证,但接收者 B 只能读得消息 M_1,并计算和验证 $h(M_1)$ 而对消息 M_2 一无所知,但通过验证签名 S_D 而相信 M_2 的存在。同样,接收者 C 只能读得消息 M_2,并计算和验证 $h(M_2)$ 而对消息 M_1 一无所知,但通过验证签名 S_p 而相信 M_1 的存在。这一方案还有一个优点,即发信人对两个消息 M_1 和 M_2 只需要计算一个签名。许多支付系统都采用了这一技术。

3. 群签名及门限签名

允许一个群体中的成员以整个群体的名义进行数字签名,并且验证者能够确认签名者的身份。群签名中最重要的是群密钥的分配,要能够高效处理群成员的动态加入和退出。一般的群密钥的管理可以分为两大类:集中式密钥管理(密钥管理员产生密钥并分发给每一个群成员)和分散式密钥管理(由所有群成员共同建立群密钥)。对于有 n 个成员的群体,至少有 t 个成员才能代表群体对文件进行有效的数字签名。

门限签名通过共享密钥方法来实现,它将密钥分为 n 份,只有将超过 t 份的子密钥组合在一起时才能重构出密钥。门限签名在密钥托管技术中得到了很好的应用,某人的私钥由政府的 n 个部门托管,当其中超过 t 个部门决定对其实行监管时,便可重构密钥。

4. 代理签名

允许密钥持有者授权给第三方,获得授权的第三方能够代表签名持有者进行数字签名。1996 年,Mambo 首次提出了代理签名的概念,之后,代理签名开始被广泛研究。目前提出了全权代理、部分代理和授权代理三种不同的代理机制。

为了控制代理签名中授权的第三方不会乱用签名,门限代理签名方案将密钥分配给 n 个代理者,只有超过 t 个人联合时才可以重构密钥。通过这样的方法可以限制代理者的权限。可以看出,门限代理签名实际上是门限签名和代理签名的综合应用。不可否认的门限代理签名用来防止门限代理签名中的 n 个签名者同谋重构签名,方案中参与代理签名的人均不可否认其签名。

5. 多重数字签名

一般的数字签名是单个用户签名方案,而多个用户的签名方案又称为多重数字签名方案。多重数字签名是一种需要多人对同一文件进行签名后文件才生效的数字签名。多重数字签名与特殊签名中的门限签名不同，多重数字签名中的签名者均有自己不同的一对密钥，而门限签名中的签名者多人共享一个密钥；多重数字签名中的签名者以个人的名义签名，而门限签名中的签名者代表集体签名。

随着分布式网络系统的发展，在分布式环境中实现高效率、抗攻击的多重数字签名显得尤其重要。1983 以来，各种不同的多重数字签名方案相继提出，较流行的多重数字签名方案有广播多重数字签名和顺序多重数字签名两种。前者是发送者将消息同时发送给每一位签名者进行数字签名，签名完毕后将结果发送到签名收集者计算整理，最终发送给签名验证者；后者则是消息发送者预先设计一种签名顺序，将这种签名按顺序发送到每一位签名者进行数字签名，最终发送给签名验证者。

其他特殊数字签名包括：基于 ID 号的多重数字签名、签名权限各异多重数字签名、使用自鉴定公钥的 ElGamal 型多重数字签名、基于文件分解的多重数字签名、因特网上顺序多重数字签名方案、消息还原 ElGamal 型多重数字签名方案等。

三、身份认证技术

身份认证的作用是对用户的身份进行鉴别，是网络安全的重要基础之一。身份认证作为网络安全中的一种重要技术手段，能够保护网络中的数据和服务不被未授权的用户所访问。

（一）概述

认证的基本思想是通过验证称谓者的一个或多个参数的真实性和有效性，以验证其是否名副其实。这要求验证的参数和被认证的对象之间存在严格的对应关系。理想情况下这种对应关系是唯一的。身份认证是系统对网络主体进行验证的过程，用户必须证明他是谁。认证的标准方法就是验证网络主体的身份，有什么特征可用于识别。一个纯认证系统模型如图 6-10 所示。

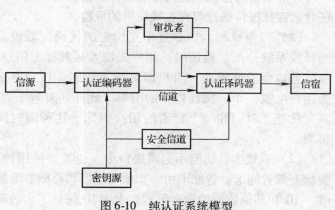

图 6-10　纯认证系统模型

在这个系统中，发送者通过一个公开信道将消息传送给接收者。接收者需要验证消息是否来自合法的发送者以及消息是否经过篡改。安全认证系统必须建立在密码学的基础之上。

身份认证通常使用的对象包括口令、标识符、信物、指纹、视网纹等作为认证的证件。具体来说可以分成三类。

① 只有该主体了解的秘密，如口令、密钥。

② 主体随身携带的物品，如智能卡和令牌卡。

③ 主体具有的独一无二的特征或能力，如指纹、声音、视网膜或签名。

对于非时变参数可采用在保密条件下预先产生并存储的位模式作为认证证件；而对于经常变化的参数则应适时产生位模式作为认证证件。最简单的身份认证方式是采用用户名/密码方式，它是一种最基本的认证方式，其特点是灵活简单。但是在网络环境下容易受到窃听和重放攻击，安全级别很低。因此必须寻求更安全可靠的认证方式。

在身份认证系统中，提供证件的被验证者称为示证者，检验证件正确性和合法性的一方称为验证者，提供仲裁和调解的一方必须是可信赖的。此外，网络中还存在企图进行窃听和伪装来骗取信任的攻击者。一个身份认证系统一般需要具有以下特征。

① 验证者正确识别合法客户的概率极大。

② 攻击者伪装示证者骗取验证者信任的成功率极小。

③ 通过重放认证信息进行欺骗和伪装的成功率极小。

④ 计算有效性，实现身份认证的算法计算量足够小。

⑤ 通信有效性，实现身份认证所需的通信量足够小。

⑥ 秘密参数能够安全存储。

⑦ 第三方的可信赖性。

⑧ 可证明安全性。

（二）基本的身份认证方法

常用的基本身份认证方法包括以下几个方面。

（1）主体特征认证。利用个人特征进行认证的方式具有很高的安全性。目前已有的方法包括：视网膜扫描、声音验证、指纹和手型识别器。这些识别系统能够检测指纹、签名、声音、形状物理特征。但大多数主体特征认证系统价格昂贵，而且可靠性仍存在问题。在验证时远程数据传送过程存在被窃听的危险。

（2）口令机制。口令是相互约定的代码，假设只有用户和系统知道。口令可由用户选择或系统分配。验证时，用户先输入某种标志信息（如用户名），然后系统询问用户口令，若口令验证成功，用户即可进入访问。口令有多种形式，如一次性口令，系统可以为用户生成一个一次性口令的清单。此外还有基于时间的口令，口令随时间变化而变化，其变化基于时间和一个秘密的用户钥匙。这种随时间变化的口令使攻击者难以进行口令猜测。

（3）智能卡。访问不但需要口令，也需要使用物理智能卡。在允许其进入系统之前需要检查其智能卡。智能卡由一个微处理器和存储器等部件构成。微处理器可计算该卡的一个唯一 ID 和其他数据的加密形式。由于 ID 保证了卡的真实性，持卡人就可访问系统。为防止智能卡遗失，许多系统需要智能卡和身份识别码（PTN）同时使用。智能卡比传统的口令方法的安全性更好。

（4）一次性口令。一次性口令系统允许用户每次登录时使用不同的口令。它使用一种口令发生器设备，口令发生器内含加密程序和一个唯一的内部加密密钥。系统在用户登录时给用户提供一个随机数，用户将这个随机数送入口令发生器，口令发生器用用户的密钥对随机数加密，然后用户再将口令发生器输出的加密口令送入系统。系统也采用同样的方法计算出一个结果，并与用户输入比较，如果二者相同，则允许用户访问系统。这种方案的优点是用户不需口令保密，只需保护口令发生器的安全。

（5）PAP（RFC1334）。PAP（Password Authentication Protocol，密码认证协议）是一种用于 PPP（点对点协议）的身份认证协议。PAP 在建立初始 PPP 链路时，通过双向的握手方式为访问方标明其身份。PAP 提供了一个在 PPP 上进行身份认证的简单方法。但 PAP 协议的主要问题在于用户的口令是以未加密的明文方式在网络上传送的,这为窃听者提供了可乘之机。

(6) CHAP (Challenge Handshake Authentication Protocol,竞争握手认证协议)。CHAP解决了 PAP 所具有的非保密弱点。CHAP 在 PPP 链路建立后,接入路由器向客户端发送含有随机值的质询(Challenge)信息。接到质询信息后,客户端采用双方约定的算法及所收到的随机值生成一个校验值,并将该值传回接入路由器。接入路由器采用同样算法计算出结果,并对两值进行比较。若两值相同,则可认为认证通过,否则将终止该连接。CHAP 可有效地阻止非法侵入者连接被保护的网络。由于 CHAP 不在网络上传送口令信息,CHAP 比PAP 具有更强的安全性。

(三)分布式环境中的身份认证

随着计算机及互联网技术的发展,当今的计算环境发生了非常大的变化。具有代表性的应用环境是由大量的客户工作站和分布在网络中的公共服务器组成的。在这种开放的分布式计算环境中,工作站上的用户需要访问分布在网络不同位置上的服务。通常为了保护自身资源安全性,服务提供者需要通过授权来限制用户对资源的访问。对用户进行授权和访问限制策略是建立在对用户服务请求进行鉴别的基础上的。也就是说,用户的服务请求或用户自身必须要通过鉴别或认证,才能访问服务器提供的服务。

在涉及电子商务和网上交易时,身份认证在整个安全设计框架中更是具有极其重要的作用。交互过程是在网络上进行的,存在大量安全性的威胁。例如,一个用户可能假扮成工作站上的另一个授权用户来操作和访问网络服务;攻击者可能窃听到消息的交互过程,利用重放攻击来获得服务的访问授权。而合法用户也可能经常迁移,使用不同的工作站来访问网络。身份认证机制必须能正确地判断和处理这些情况。网络系统的安全性可采用不同的身份认证策略实现。

① 基于客户工作站的用户身份鉴别,由客户工作站确保用户身份的真实性,服务器对用户身份进行标识,以强化其安全策略。

② 基于客户系统的身份鉴别,客户系统向服务器证实自身,服务器将信任该客户系统中的用户的身份。

③ 用户在访问网络中的每一项服务时都必须证实其自身的身份,同时服务器必须向用户证实其身份。

在小型的封闭网络环境中,如果能够对网络和计算机进行统一管理,采用前两种策略还是可行的。在开放的分布式环境中,则必须采用第三种策略来保护服务器中的信息和资源。在这种环境中,对用户请求和身份的鉴别无法依靠客户系统来完成,原因是由于开放性和用户的流动性使客户系统无法向网络服务提供者证实每一个用户的身份。因此,通常需要一个集中式的服务器或服务器系统来完成用户身份的认证和访问授权。

在身份认证协议中最著名的是 Kerberos 和 X.509 协议。下面详细讨论这两种协议的实现。

三、认证服务与认证协议

(一) Kerberos 认证服务

Kerberos 是美国麻省理工学院(MIT)开发的一种身份鉴别服务。一个完整的 Kerberos

环境包括 Kerberos 服务器、一组工作站和一组应用服务器，提供工作站用户到应用服务器以及应用服务器到工作站的验证服务。其要求有：① Kerberos 服务器必须在其数据库中拥有所有参与用户的 ID（UID）和口令散列表，所有用户均在 Kerberos 服务器上注册；② Kerberos 服务器必须与每一个服务器之间共享一个保密密钥，所有服务器均在 Kerberos 服务器上注册；③ 每个当事人和每个应用服务器共享 Kerberos 服务器的对称密钥。

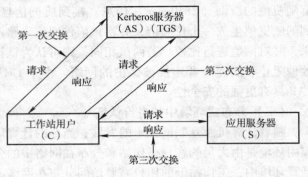

图 6-11 Kerberos 处理过程

客户端首先与 Kerberos 服务器通信，得到一个受保护的称为标签的数据项，然后将标签传送到应用服务器。只有与 Kerbergs 服务器共享正确的密钥的服务器才能翻译标签的结构。图 6-11 描述了 Kerberos 机制的处理过程。

Kerberos 体系包含以下三种信息交换顺序。

（1）验证服务交换（AS）。客户机向 Kerberos 服务器发出访问应用服务器的请求，Kerberos 服务器响应，向客户机发送推荐的 Kerberos 服务器的标签。该交换通常发生在登录会话开始，即用户向客户端软件给出口令时，口令输入给某个单向函数来计算客户的秘密密钥。

（2）标签承认服务交换（TGS）。这是客户机与某个称为标签承认服务器的 Kerberos 服务器之间的交换，交换时不需要使用客户的秘密密钥，而是使用在验证服务交换的早期所获得的标签。通过这一交换，客户可以获得进一步访问其他服务器所需要的标签。通常，标签承认服务交换发生在登录会话过程中客户需要访问一个新的服务器时。

（3）客户机/服务器验证交换（CS）。这是客户端为实现客户端对应用服务器验证或者实现应用服务器对客户端验证的交换，交换时要使用前两次交换中获得的标签。AS 和 TGS 相继两次成功交换信息的结果是客户端和应用服务器共享由 Kerberos 服务器为它们生成的保密会话密钥。这为随后的多方验证和对通信会话的解密与完整性校验奠定了基础。

Kerberos 的吸引人之处主要在于它提供了较严格的保护和相对便宜的技术。Kerberos 第五版规范已经被互联网广泛采纳使用。与使用数字签名技术的身份验证方法相比，Kerberos 的缺点在于：它需要可信赖的在线服务器作为 Kerberos 服务器，攻击者可以采用离线方式攻击用户口令；它需要安全的同步时钟，依靠时间戳来防止重放攻击，难以升级到任意多的用户规模。有的 Kerberos 认证机制结合了智能卡等基本用户身份认证技术，从而可以提供更高的安全性。

（二）X.509 认证服务

X.509 是 ITU-T 的 X.500（目录服务）系列建议中的一部分，它定义了目录服务中向用户提供认证服务的框架。X.509 建议最早在 1988 年发布，又在 1993 年和 1995 年分别发布了第二和第三个修订版。X.509 目前已经是一个非常重要的标准，而且得到了广泛的应用。

X.500 目录服务是由一个或一组分布式的服务器来完成的。通常情况下可以认为目录就是一个保存了用户的公开密钥证书的知识库。在每一个证书中都包含了用户的公开密钥以及一个可信的权威证书颁发机构的数字签名。X.509 定义了一种基于公开密钥证书的认证协议，协议的实现基于公开密钥加密算法和数字签名技术，并没有专门指定加密算法，但一般推荐使用 RSA 算法。X.509 中的数字签名需要使用散列函数生成，但 X.509 同样没有专门指定使用哪一种散列算法。

X.509 支持单向认证、双向认证和三向认证三种不同的认证过程，以适应不同的应用环境。X.509 的认证过程使用公开密钥签名，它假定通信双方都知道对方的公开密钥。

单向认证的过程如图 6-12a 所示。单向认证需将信息从一个用户 A 传送到另一个用户 B。这个过程中需要使用 A 的身份标识。鉴别过程仅验证发起实体 A 的身份标识，而不验证响应实体的标识。在 A 发送给 B 的报文中包括一个时间戳 t_A、一个现时值 r_A 以及 B 的身份标识，以上信息均使用 A 的私有密钥进行签名。时间戳 t_A 中可包含报文的生成时间和过期时间，且必须是唯一的。如果只需要单纯的认证，报文只需简单地向 B 提交证书即可。报文也可以传递签名的附加信息（sgnData），对报文进行签名时也会把该信息包含在内，保证其可信性和完整性。此外，还可以利用该报文向 B 传递一个会话密钥（密钥需用 B 的公开密钥加密保护）。

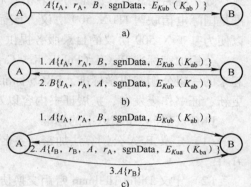

图 6-12　X.509 认证

双向认证过程如图 6-12b 所示。双向认证需要 A、B 双方相互鉴别对方的身份。除了 A 的身份标识外，这个过程中需要使用 B 的身份标识。为了完成双向认证，B 需要对 A 发送的报文进行应答。在应答报文中包括 A 发送的现时值 r_A、B 产生的时间戳 t_B 以及 B 产生的现时值 r_B。同样，应答报文也可能包括签名的附加信息和会话密钥。

三向认证方式主要用于 A、B 之间没有时间同步的应用场合中，其过程如图 6-12c 所示。三向认证中需要一个最后从 A 发往 B 的报文，其中包含 A 对现时值 r_B 的签名，其目的是在不用检查时间戳的情况下检测重放攻击。由于两个现时值 r_A 和 r_B 均被返回给原来的生成者，每一端都用它来进行重放检测。

第五节　公开密钥基础设施——PKI

公开密钥基础设施（PKI）是利用公钥密码理论和技术建立的提供安全服务的基础设施。PKI 把公钥密码和对称密码结合起来，希望从技术上解决身份认证、信息的完整性和不可抵赖性等安全问题，为用户建立起一个安全的、值得信赖的网络运行环境。

PKI 最初主要应用于互联网环境，由于其技术上的明显优势，PKI 在电子商务和电子政务领域得到了广泛应用。目前，PKI 已成为解决电子商务安全问题的技术基础，是电子商务安全技术平台的基石。PKI 体系结构采用证书管理公钥，通过第三方的可信机构，把用户的公钥和用户的其他标识信息（如名称、电子邮件、身份证号等）捆绑在一起，以便在互联网上验证用户的身份。B2B 电子商务活动需要的认证、不可否认等功能只有 PKI 产品才有能力提供。在国外，PKI 已被银行、证券、政府等的大量核心应用系统采用。

一、PKI 标准

PKI 发展的一个重要方面就是标准化问题。PKI 标准是建立在互操作性的基础上的，PKI 标准化主要有两个方面：一类用于定义 PKI，另一类用于 PKI 的应用。大部分 PKI 产品为保持兼容性，都会支持这两种标准。随着 PKI 的进一步发展，新的标准也在不断增加和更新。

在 PKI 的技术框架中，许多方面都经过了严格的定义，如用户注册流程、数字证书格式、数字签名格式、作废证书列表格式和证书申请格式等。PKI 体系中最基础的一个国际标准是国际电信联盟 ITU X.509 协议。该标准的主要目的在于定义一个规范的数字证书格式，以便为基于 X.509 协议的目录服务提供一种强认证手段。

公钥加密标准 PKCS（Public Key Cryptography Standards）是在 RSA 安全标准基础上发展起来的一组公钥密码学标准。PKCS 标准定义了许多基本的 PKI 部件，包括证书申请、证书更新、证书作废发布、扩展证书内容以及数字签名、数字信封的格式等一系列相关协议。

PKCS 已经公布了以下的标准。

（1）定义 RSA 公钥算法加密和签名机制的 PKCS#1。PKCS#2 和 PKCS#4 被合并到 PKCS#1 中。

（2）定义 Diffie-Hellman 密钥交换协议的 PKCS#3。

（3）描述利用从口令派生出来的安全密钥加密字符串的方法的 PKCS#5。它主要用于加密私钥，不能用于加密消息。

（4）描述公钥证书（主要是 X.509 证书的扩展格式）标准语法的 PKCS#6。

（5）PKCS#7 标准。PKCS#7 与 PEM 兼容，主要定义一种通用的消息语法，包括数字签名和加密等用于增强的加密机制。它指定了一种用来对电子邮件等进行消息保护的信封格式。变种的 PKCS#7 仅包含签发的证书和在 ASN.1 卷中某一层次的高级证书，而不包括整条信息。

（6）描述私钥信息格式的 PKCS#8。它包括公钥算法的私钥以及可选的属性集等。

（7）PKCS#9 标准。它定义了一些用于 PKCS#6 证书扩展、PKCS#7 数字签名和 PKCS#8 私钥加密信息的属性类型。

（8）用于描述证书请求语法的 PKCS#10。它定义了请求从认证机构获得证书的消息格式，利用该格式提出请求的实体，可以提供自己的公钥以及其他在证书请求中所需要的值。

（9）PKCS#11 标准。它定义了一套独立于技术的程序设计接口，用于智能卡和 PCMCIA 卡之类的加密设备。

（10）描述个人信息交换语法标准的 PKCS#12。它描述将用户公钥、私钥、证书和其他相关信息打包的语法。

（11）椭圆曲线密码体制标准 PKCS#13。

（12）伪随机数生成标准 PKCS#14。

（13）密码令牌信息格式标准 PKCS#15。

自 PKI 应用的早期开始，PKCS#10 以及变种的 PKCS#7 的结合，就已经成为流行的证书请求和证书发布协议，这很大程度上是由于生成和解析这些数据结构的软件在通用的软件开发平台上可以广泛运用。

二、PKI 的组成及功能

PKI 是一种遵循标准的密钥管理平台。PKI 必须具有认证中心（Certficate Authority，CA）、证书库、密钥备份及恢复系统、证书作废处理系统、客户端证书处理系统等基本成分，构建 PKI 也将围绕着这五大系统来进行。

1. 认证中心

认证中心是证书的申请及签发机关，它是 PKI 的核心。众所周知，构建密码服务系统的核心内容是如何实现密钥管理，公钥体制涉及一对密钥，即私钥和公钥。私钥只由持有者秘密掌握，无需在网上传送，而公钥是公开的，需要在网上传送。故公钥体制的密钥管理主要是公钥的管理问题，目前较好的解决方案是引进证书（Certificate）机制。

证书是公开密钥体制的一种密钥管理媒介。它是一种权威性的电子文档，如同网络计算环境中的一种身份证，用于证明某一主体（如人、服务器等）的身份以及其公开密钥的合法性。在使用公钥体制的网络环境中，必须向公钥的使用者证明公钥的真实合法性。因此，在公钥体制环境中，必须有一个可信的机构来对任何一个主体的公钥进行公证，证明主体的身份以及他与公钥的匹配关系。认证中心的主要职责有：

① 验证并标识证书申请者的身份。

② 确保认证中心用于签字证书的非对称密钥的质量。

③ 确保整个签证过程的安全性，确保签字私钥的安全性。

④ 证书材料信息（包括公钥证书序列号、CA 标识等）的管理。

⑤ 确定并检查证书的有效期限。

⑥ 确保证书主体标识的唯一性，防止重名。

⑦ 发布并维护作废证书表。

⑧ 对整个证书签发过程作日志记录。

⑨ 向申请人发通知。

其中最为重要的是认证中心自己的一对密钥的管理，它必须确保其高度的机密性，防止其他人伪造证书。认证中心的公钥在网上公开，整个网络系统必须保证完整性。

2. 证书库

证书库是证书的集中存放地，它与互联网上的"白页"类似，是互联网上的一种公共信息库，用户可以从此处获得其他用户的证书和公钥。

构造证书库的最佳方法是采用支持 LDAP（目录服务）协议的目录系统，用户或相关的应用通过 LDAP 来访问证书库。系统必须确保证书库的完整性，防止伪造、篡改证书。

3. 密钥备份及恢复系统

如果用户丢失了用于解密数据的密钥，则密文数据将无法被解密，造成数据丢失。为避免这种情况的出现，PKI 应该提供备份与恢复解密密钥的机制。

密钥的备份与恢复应该由可信的机构来完成，如认证中心可以充当这一角色。值得强调的是，密钥备份与恢复只能针对解密密钥，签字私钥不能够作备份。

4. 证书作废处理系统

证书作废处理系统是 PKI 的一个重要组件。同日常生活中的各种证件一样，证书在认证中心为其签署的有效期内也可能需要作废。为实现这一点，PKI 必须提供作废证书的一系列机制。作废证书有如下三种策略：① 作废一个或多个主体的证书；② 作废由某一对密钥签发的所有证书；③ 作废由某认证中心签发的所有证书。

作废证书一般通过将证书列入作废证书表（CRL）来完成。通常，系统中由认证中心负责创建并维护一张及时更新的 CRL，而由用户在验证证书时负责检查该证书是否在 CRL 之列。CRL 一般存放在目录系统中。证书的作废处理必须在安全及可验证的情况下进行，系统还必须保证 CRL 的完整性。

5. PKI 应用接口系统

PKI 的价值在于使用户能够方便地使用加密、数字签名等安全服务，因此，一个完整的 PKI 必须提供良好的应用接口系统，使得各种各样的应用能够以安全、一致、可信的方式与 PKI 交互，确保所建立起来的网络环境的可信性，同时降低管理维护成本。

为了向应用系统屏蔽密钥管理的细节，PKI 应用接口系统应该是跨平台的，同时 PKI 应用接口系统需要实现如下的功能。

① 完成证书的验证工作，为所有应用以一致、可信的方式使用公钥证书提供支持。

② 以安全、一致的方式与 PKI 的密钥备份与恢复系统交互，为应用提供统一的密钥备份与恢复支持。

③ 在所有应用系统中，确保用户的签字私钥始终只在用户本人的控制之下，阻止备份签字私钥的行为。

④ 根据安全策略自动为用户更换密钥，实现密钥更换的自动、透明与一致。

⑤ 为方便用户访问加密的历史数据，向应用提供历史密钥的安全管理服务。

⑥ 为所有应用访问统一的公用证书库提供支持。

⑦ 以可信、一致的方式与证书作废系统交互，向所有应用提供统一的证书作废处理服务。

⑧ 完成交叉证书的验证工作，为所有应用提供统一模式的交叉验证支持。

⑨ 支持多种密钥存放介质，包括 IC 卡、PC 卡、安全文件等。

三、X. 509 证书

（一）证书的格式

X. 509 协议中最核心的内容就是公开密钥证书。X. 509 证书是与每一个用户密切相关的。用户证书由认证中心来创建，并由用户或者认证中心将证书存放在目录服务器中。X. 509 证书的格式如图 6-13 所示。X. 509 版本 2 的证书在版本 1 的基础上进行了扩展，版本 3 再次对证书进行了扩展。X. 509 证书中的内容包括以下各项。

① 版本号：不同版本的证书格式存在差异，因此查看证书时必须首先检查其版本号。

② 证书序列号（Certificate Serial Number）是一个与该证书唯一对应的整数值；每一个证书都有一个唯一的证书序列号与之对应。

③ 签名算法标识符：用于说明生成数字签名所采用的算法以及算法所使用的参数。

④ 颁发者名字（Issuer Name）：创建该证书并对该证书进行签名的认证中心的名字。

⑤ 有效期：证书的有效期由证书有效的起始时间和终止时间来定义。

⑥ 主体名（Subject Name）：主体是指本证书所涉及的用户（或其他实体），该用户持有证书中的公开密钥所对应的私有密钥。

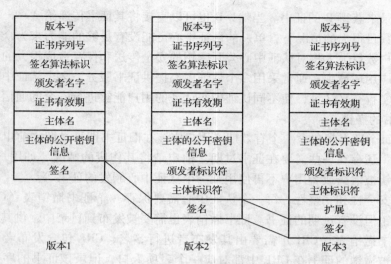

图 6-13 X.509 证书格式

⑦ 主体的公开密钥及相关信息：包括主体的公开密钥（Key）、加密算法的标识符以及算法的相关参数等。

⑧ 证书颁发者的唯一标识符（Issuer Unique Identifier）：在版本 2 中增加的可选字段，该字段用于支持对颁发者名字的重用。

⑨ 主体的唯一标识符（Sub Jectuninup Identifier）：在版本 2 中增加的可选字段，该字段用于支持对主体名字的重用。

⑩ 扩展（Extensions）：版本 3 中支持，它是一个包含若干扩展字段的集合。

⑪ 签名：是认证中心对除签名字段自身以外的整个证书的其他所有字段的数字签名，在签名字段中，包含用认证中心的私有密钥进行加密的证书散列码、签名算法的标识符和算法的参数。

在 X.509 中证书机构 Y 颁发给用户 X 的证书表示为 Y≪X≫；Y 对信息 I 进行的签名表示为 Y{I}。这样一个认证中心颁发给用户 A 的 X.509 证书可以表示为：

$$CA≪A≫ = CA\{V, SN, Al, CA, T_A, A, A_p\}$$

其中 V 为版本号，SN 为证书序列号，Al 为算法标识，T_A 为有效期，A_p 为 A 的公开密钥信息。由于认证中心用其私有密钥对证书进行了签名，因此，如果用户知道对认证中心的公开密钥就可以验证该证书是否是认证中心签名的有效证书。

因为证书是不可伪造的，因此在管理证书时可以将证书存放数据库中，而无需进行特殊的保护。

（二）用户证书的获取

在使用公开密钥加密进行的通信过程中，发送方 A 向接收方 B 发送的消息需要采用 B 的公开密钥来进行加密。这里涉及一个密钥获取的问题，由于公开密钥包含在用户的证书中，因此需要解决的问题是 A 如何获得 B 的证书。在通信网络中，根据 A 和 B 所处的位置不同，获取证书的方式也是不同的。

在小型网络环境中，所有用户都共同信任同一个认证中心。在这种情况下，所有用户的证书可以被存放在一个公共目录（数据库）中，被所有用户所共享。这样，A 可以通过访问这个公共目录来获得 B 的证书。当然，B 也可以直接将其证书传递给 A。

在用户的数目很大的情况下，单一的认证中心可能没有足够的能力来为众多的用户提供证书服务。用户数目太大将对认证中心公开密钥的安全传送和保存造成很大的威胁。因此在大规模的网络应用环境中，通常采用多个认证中心提供证书服务。多个认证中心通常采用层次化的结构，实行交叉认证，使不同认证中心认证的用户能够进行安全的通信。

（三）证书的撤销

X. 509 的每个证书都包含一个有效期。用户应该在旧证书即将过期之前申请颁发一个新的证书。此外，还存在一些需要在证书过期之前申请将其作废的情况，如用户密钥被泄露、认证中心的密钥被泄露或者用户不再使用某一个认证中心颁发的证书等。

为了保证安全性和完整性，每一个认证中心需要保存一个证书撤销表（CRL），用来保存所有已经撤销但没有过期的证书。证书撤销表也需要被发布到目录中，供其他认证中心查询。每一个证书撤销表（CRL）需要由其发布者进行签名，CRL 包含发布者名字、更新日期等。每一个被撤销的证书在 CRL 中都对应一个表项入口，记录该证书的序列号和撤销的日期。由于序列号在一个认证中心内是唯一的，因此使用序列号可以唯一地标识一个证书。

当用户收到一个证书时，必须确定该证书是否已被撤销。被撤销的证书是无效的，不能使用。用户可以通过访问目录来检查 CRL 以确定证书是否有效，也可以建立一个缓存来保存正在使用的证书和撤销的证书，以减少访问目录带来的开销。

四、PKI 的安全性能及互操作信任模型

（一）PKI 的安全性能

归纳起来，PKI 应该为应用提供如下安全支持。

（1）证书与认证中心。PKI 应实现认证中心以及证书库、CRL 等基本的证书管理功能。

（2）密钥备份及恢复。进行密钥的备份，以便今后能够进行密钥的恢复工作。

（3）证书、密钥对的自动更换。证书、密钥都有一定的生命期限。当用户的私钥泄露时，必须更换密钥对。另外，随着计算机速度日益提高，密钥长度也必须相应地增长。因此，PKI 应该提供完全自动（无需用户干预）的密钥更换以及新证书的分发工作。

（4）交叉认证。每个认证中心只可能覆盖一定的作用范围，即认证中心的域。例如，不同的企业往往有各自的认证中心，它们颁发的证书都只在企业范围内有效。当隶属于不同认证中心的用户需要交换信息时，就需要引入交叉证书和交叉验证，这也是 PKI 必须完成的工作。

（5）加密密钥和签名密钥的分隔。如前所述，加密和签名密钥的密钥管理需求是相互抵触的，因此，PKI 应该支持加密和签名密钥的分隔使用。

（6）支持对数字签名的不可抵赖。任何类型的电子商务都离不开数字签名，因此，PKI 必须支持数字签名的不可抵赖性，而数字签名的不可抵赖性依赖于签名私钥的唯一性和机密性，为确保这一点，PKI 必须保证签名密钥与加密密钥的分隔使用。

（7）密钥历史的管理。每次更新加密密钥后，相应的解密密钥都应该存档，以便将来恢复用旧密钥加密的数据。每次更新签名密钥后，旧的签名私钥应该妥善销毁，防止破坏其唯一性；相应的旧验证公钥应该进行存档，以便将来用于验证旧的签名。这些工作都应该是 PKI 自动完成的。

（二）互操作信任模型

为了实现域间交叉证书的验证功能，需要建立 PKI 的互操作信任模型。从互操作的角度看，一个信任模型代表了一个独立的信任域，建立域间操作就是将这些独立的域连接起来，在不同的域之间建立信任关系，从而形成了更大的 PKI 框架。互操作模型实际上是扩展信任模型。在互操作模型中，需要解决用户信任的起点不变和信任的传递两个问题。保持信任起点不变和信任传递路径的简洁是建立互操作的基本原则。

1. 域间交叉认证

认证中心 A 为认证中心 B 颁发交叉证书的目的有：一是对 B 进行授权，二是承认 B 的存在。交叉认证又分为域间交叉认证和域内交叉认证。域间交叉认证的最大好处是各 PKI 域仍然保持自治，外部的信任关系不影响到内部的信任关系，依托方对信任起点的信任保持不变。直接在各 PKI 域之间建立域间交叉认证一般适用于 PKI 域数量不多的情况。这是因为当所需要连接的 PKI 域增加时，交叉认证的数量级是 PKI 域的平方，而且建立交叉认证本身也是个复杂的过程，认证路径的建立和验证都很困难。

2. 桥 CA 体系

桥 CA 是为克服直接交叉认证中的复杂性而设计的。为减少交叉认证的数量，一个特殊的桥 CA 被专门用来与各 PKI 域中的第一级认证中心建立交叉认证。通过桥 CA，各 PKI 域只需将本域内的第一级认证中心与桥 CA 进行交叉认证，便与其他 PKI 域建立了信任关系。桥 CA 在整个信任关系中只起到一个连接桥梁的作用，并不对最终用户颁发证书。但桥 CA 的引入也带来管理桥 CA 的新问题。在实际操作中，桥 CA 可由共同信任的第三方（如政府或行业联盟）来运营管理。

3. 可信第三方认可模型

除了通过交叉认证建立 PKI 互操作方式之外，也可以由可信第三方认可模型实现 PKI 互操作。所谓可信第三方认可模型，是指通过可信任权威机构对认证中心进行检验评估，对于通过检验的予以认可，颁发认可证书。依托方通过检验认证中心是否具有认可证书来决定是否信任该认证中心。澳大利亚政府的 Gatekeeper 计划和亚太经济合作 APEC 电信工作组所提出的"交叉承认"，均属于可信第三方认可模型。在可信第三方认可模型中，依托方除了要处理正常的证书（如 X.509）信息外，还要处理认可信息（如认可证书）。在实际运作中，可以选择政府作为可信任的第三方。但是，这样就限定了互操作的范围只能是本国范围内的 CA，对于如何在国际间实现 PKI 互操作仍需探索。

五、Windows 中的 PKI 技术

PKI 与 Windows 进行了紧密集成，PKI 作为操作系统的一项基本服务而存在，避免了购买第三方 PKI 所带来的额外开销。Windows PKI 基本组件包括如下几种。

1. Windows PKI 的基本组件

（1）证书服务（Certificate Services）。证书服务作为一项核心的操作系统级服务，允许组织和企业建立自己的认证中心系统，并发布和管理数字证书。

（2）活动目录服务。活动目录服务作为一项核心的操作系统级服务，提供了查找网络资源的唯一位置，在 PKI 中为证书和 CRL 等信息提供发布服务。

（3）基于 PKI 的应用。Windows 本身提供了许多基于 PKI 的应用，如 Internet Explorer、

Microsoft Money、Internet Information Server、Outlook 和 Outlook Express 等。另外，一些其他第三方 PKI 应用也同样可以建立在 Windows PKI 基础之上。

（4）密钥管理服务（Exchange Key Management Service，KMS）。它作为 Windows 操作系统的一部分来提供企业级的 KMS 服务。

Windows PKI 体系结构如图 6-14 所示。加密 API（CryntoAPI）支持可安装的加密服务提供程序 CSP，CSP 支持各种加密算法的密钥生成和管理，如基于硬件的 CSP 可支持智能卡。

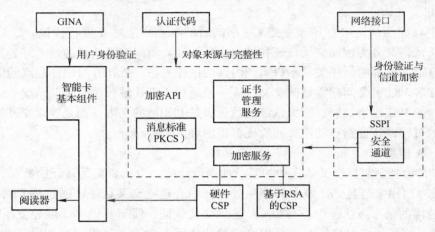

图 6-14　Windows PKI 的体系结构

在加密 API 加密服务的上层是一组证书管理服务，提供管理和存储 X. 509 V3 数字证书的功能。最上层是用于处理标准的工业消息格式的服务。这些服务主要用来支持 PKCS 标准以及 IETF 的 PKIX 草案标准。另外还有一些处理有关标准的服务，主要用来支持 PKCS 标准。

安全信道使用工业标准 TLS 和 SSL 协议，进行网络身份验证和加密，可通过 Winlnet 接口与 HTTP 协议一起使用访问这些服务，也可通过 SSPI 接口与其他协议配合使用这些服务。

PKI 支持智能卡服务，通过安装 CSP 为加密功能提供标准的接口，即智能卡接口。这些特点已用于将加密智能卡以一种与应用程序无关的方式进行集成，这是集成在 Windows 2000 中的智能卡登录支持的基础。

证书服务是 Windows PKI 的组成中最重要的部分。通过它可以部署一个或多个企业的认证中心。这些认证中心支持证书的颁发和撤销，它们与活动目录（ActiveDirectory）集成在一起，提供认证中心位置信息和认证中心策略，公布有关认证发布和撤销信息。PKI 并没有取代原有的基于域控制器（DC）和密钥分配中心（Key Distribution Center，KDC）的域信任和身份验证机制，而是与这些服务配合使用，使应用服务更能满足广域网和互联网的实际需求。进一步地，PKI 可以满足诸如伸缩性、分布式鉴定和认证完整性和机密性的要求。

Windows 的认证中心模型具有可扩展性，易于管理，还具有与不断增加的商业和第三方认证中心产品数目的一致性。

2. Windows 7 中 PKI 技术的改进

新近发布的 Windows 7 提供了部署和操作 PKI 的增强功能。Windows 7 和 Windows Server 2008 R 2 的改进，集中围绕在以下四个核心区域。

（1）服务器合并。这样，企业可以减少所需满足其业务目标的 CA 总数。

（2）方案的改进。首先是对证书模板的更改，而且提供更完整的 SCEP（简单证书注册协议）支持，SCEP 组件将支持设备更新请求和密码重用。

（3）软件和服务结合。PKI 新技术满足了一些企业用户希望能提供作为商业伙伴的不同企业之间的跨边界证书功能，并实现新的业务模型托管的 PKI 解决方案这两个方面的需求。新的 HTTP 注册模型替代了传统的基于 RPC／DCOM 协议中的自动注册。HTTP 注册使用灵活的身份验证选项的证书，最终实体可能来自不同信任关系目录树中的计算机。

（4）强身份验证。它着重于对智能卡体验，引入支持生物特征设备的模块 Windows Biological Framework（WBF）新功能。统一的驱动程序模型提供用户账户控制（UAC）和自治设备类型的发现，支持 Windows 用户本地和跨域登录一致性体验。企业还可以选择允许生物特征识别技术为应用程序，而不是域登录。

此外，在 Windows 7 中，智能卡被视为即插即用设备，那些需要使用智能卡登录的用户能够在不需检测的情况下登录。Windows 7 添加了对用于登录的 ECC 证书注册和 ECC 智能卡证书使用的支持等。

六、移动 PKI 技术

在各种移动 PKI 技术方案中，最受瞩目的就是由 WAP 论坛组织提出的 WAP PKI 标准。它吸收了固网 PKI 技术的精髓，结合移动通信环境的特点，引入多种适应无线网络特点的新技术，其中最重要的就是短期证书技术。

这里仅就短期证书技术在 WPKI 中的应用作简要介绍，感兴趣的读者请参看参考文献［29］。

1. 概述

由于设备性能、带宽等方面的差异，使得无线通信网络中的服务器认证同固网中的对应操作有很大不同。在无线应用环境中用户如果想要查询某一个证书的状态，使用传统的方法，如下载 CRL 是不可行的，而 OCSP（Online Certificate Status Protocol，在线证书状态协议）则需要多次交互，还需要增加额外的确认步骤和信任锚，这对于无线用户终端设备来说负担太重，以至于无法真正实现。为解决以上问题，WAP 协议推荐使用一种新的证书管理方案——短期 WTLS（Wireless Transport Layer Security）服务器证书，该方案不需要单独的证书撤销系统支持。

WTLS 服务器部署短期证书模块，作为传统证书撤销服务的替代品。使用这种技术，一个服务器或一个网关必须首先为自己的公钥申请一个有效使用期，通常为一年。然而，在该有效期内 CA 每隔一段时间为该服务器发放一个短期证书，直到有效期结束，以此来代替一次性的长期证书。这些短期证书的典型发放周期为 48 小时或 24 小时。服务器或 WAP 网关使用最新的短期证书向用户证明自己的服务器或 WAP 网关定时地接收短期证书，以及向用户证明自己的身份。如果认证中心想要撤销服务器或 WAP 网关的证书，它只需要停止向该服务器或 WAP 网关发放短期证书即可。在这种情况下，服务器或 WAP 网关将不能再向用户提供最新的短期证书，因此，用户就可以判定该服务器或 WAP 网关不可信。

2. 短期证书方案中的主要实体

短期证书中的三个基本实体是：认证中心、WTLS 服务器和用户（见图 6-15）。

（1）认证中心。认证中心的主要工作包括：签发证书、生成认证中心的公开参数、定期生成短期证书。

1）签发证书。按照 WAP2.0 中相关标准的规定，现行版本 WPKI 采用的一般模型如下。

① 客户端设备中装载的 WTLS 服务器证书和根 CA 证书是［WAPWTLS］中定义的 WTLS 格式证书。

② 服务器中装载的用户证书和根证书格式依照［RFC2459］中定义的 X.509格式。

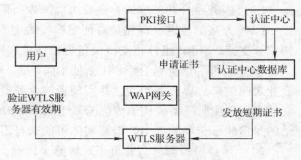

图 6-15　WTLS Class3 体系结构

③ 存储在 WAP 用户设备中以及需要在无线通信网络中传送的用户证书格式是［CERT PROF］中定义的 X.509 格式。

④ 如果需要在无线网络中传输 X.509 格式证书，推荐在用户端设备中存储证书的 URL，而不是用户的完整证书。

⑤ 除非在用户端设备中有类似子 WIM 的部件，预先安装了 X.509 格式证书，否则不推荐在用户端设备中存储 X.509 格式证书。

证书内容至少应该包括用户名、用户公钥、发证时间（T_1），证书过期时间（T_2）和其他必要的附加信息。简单表示如下：

$$Cert = <Usersname, UsersP\ K, T_1, T_2, UsersInfo>$$

认证中心把生成的证书连同签名一起发送给 WTLS 服务器，格式如下：

$$<CSN, Cert, Q\ ID>$$

其中，$CSN = H_0(Cert)$，$Q_{ID} = s\ CSN$，前者可作为证书编号，后者作为 CA 的签名。

2）生成认证中心公开参数。认证中心公开参数的定义如 T-IBE 中定义：

$$params = <q, G_1, G_2, e, n, P_{pub}, H_0, H_1, H_2, H_3, H_4>$$

3）生成短期证书。认证中心在 WTLS 服务器公钥的有效期内必须定期为 WTLS 服务器生成短期证书，为此认证中心必须定期更新一个与自身系统时钟同步的时间变量 T_{Cyc}，用以生成短期证书，具体的短期证书生成过程如下。

① 首先定义变量 T_{Cyc}，格式为 $<t_y, t_M, t_D, t_H, t_{MI}, t_S>$，改变量与系统时钟同步。

② 用 T_{Cyc} 和 CSN 计算 $Q_{ID-T} = H_1(CSN, T_{Cyc}) \in G_1^*$。

③ 使用认证中心主密钥 s 以及 Q_{ID-T} 签发短期证书 $d_{ID-T} = sQ_{ID-T}$，并且将短期证书发送给 WTLS 服务器。

（2）WTLS 服务器。WTLS 服务器为用户提供各种 WAP 增值应用服务，它必须使用由认证中心签发的短期证书向用户证明自己的可信性。所以，WTLS 服务器必须能够向认证中心申请证书，定期接收来自认证中心的短期证书，并且使用短期证书向用户证明自己的可信性。

1）申请证书。用户用自己的公钥 PK 和必要的用户信息（UsersInfo）向认证中心申请证书，这一过程可以是在线的，也可以是离线的。WAP PKI 协议中对这一过程有相应的论述。

2）接受并保存短期证书。WTLS 服务器定时接收来自认证中心或 PKI 接口的短期证书。

短期证书实际上是一个由认证中心签发的、能证明 WTLS 服务器有效的标识，一个 IBE 算法的解密密钥。

3）WTLS 服务器可信性证明。该过程将在证书撤销和证书状态查询中作具体介绍。

（3）用户。用户是 WAP 终端设备的使用者，向 WTLS 服务器中申请特定的 WAP 增值服务，同时为维护自己的正当权益，用户需要事先验证该服务器的安全性和可信性，即通过适用 WPKI 的证书管理功能查询服务器证书的有效性。

3. 证书撤销和证书状态查询

证书撤销操作非常简单，正像 WAP PKI 协议中描述的，认证中心只要停止为服务器发放短期证书即可完成证书撤销。下面介绍用户验证 WTLS 服务器有效性的具体过程。

设用户 Alice 和 WTLS 服务器 Bob。Alice 使用 Bob 的证书编号 CSN 对 Bob 的有效性向 Bob 进行查询，具体过程如下。

（1）Alice 使用自己的用户端系统时间 T_{Alice} 和 CSN_{Bob} 加密一个随机选择的查询信息 $m \in M = \{0,1\}^n$。在加密过程中 Alice 根据 Bob 短期证书的发布周期，对自己的系统时间进行截取，选择适当的时间精度。例如，Bob 的短期证书发布周期为 24 小时，那么 Alice 就选择时间精确到日，即 $T_{Alice} = <T_Y, T_M, T_D>$。之后 Alice 将对 m 加密所得的密文 c 以及时间精度信息 $T\text{-}Info$ 发送给 Bob。

（2）Bob 收到来自 Alice 的查询信息 $<c, T\text{-}Info>$，然后使用自己保存的短期证书 d_{ID-T} 对 c 解密，得解密结果 m'，将其发送给 Alice 作为回复信息。

（3）Alice 比较 m' 和 m，如果 $m' = m$，则 $Cert_{Bob}$ 有效，如果 $m' \neq m$，则说明 $Cert_{Bob}$ 已被撤销。

注意：如果 Bob 是可信的则他所保存的短期证书 d_{ID-T} 是有效的，可正确解密 c。如果 Bob 不可信，则 d_{ID-T} 无法正确解密 c，$m' \neq m$。

4. 安全性和有效性

该方案的安全性基于 IBE 加密方案的安全性。换句话说，IBE 加密方案的安全性保证了由短期证书生成的状态查询回复信息的不可伪造性。

与其他现有证书撤销系统相比，短期证书既不需要在网络中传输 CRL，节省了无线网络有限的带宽资源，又不需要 OCSP 中用户端设备同认证中心间烦琐的交互过程。在方案中，只要服务器证书被撤销，那么该服务器就无法获得新的短期证书，证书状态查询信息 c 就一定无法被正确解密。如果证书有效，而目录服务器与用户终端时间不同步，系统也能根据用户对时间精度的不同要求，以不同的概率提供正确的回应信息。

对于网络时延问题，这里的协议也具备一定的自适应能力。在 IBE 加密算法中，时间信息被直接用于加密过程，所以查询信息 c 中隐含有它生成时的时间信息。假设用户 Alice 选择的时间精度为小时，即 T_{Alice} 精确到小时，那么 c 被正确解密的可能性就很小了。

第六节　时戳业务与不可否认业务

一、时戳业务

在许多情况下，人们需要证明某个文件创建的日期。例如，在版权或专利纠纷中，谁能提供有争议的著作的最早复制件，谁赢得这场官司的可能性就越大。在有纸办公环境下，公证人可以签署这些文件，律师也可以保护这些复制件。当纠纷发生时，公证人和律师可以提供证词，以证明该文件是何时创建的。在信息时代，数字技术使得要改变存储于文件上的日期标记变得轻而易举，如何对文件加盖不可篡改的数字时戳是一项重要的安全技术。

数字时戳应当保证：① 数据文件加盖的时间戳与存储数据的物理媒体无关。② 对已加盖时间戳的文件不可能作丝毫改动（即使仅1bit）。③ 要想对某个文件加盖与当前日期和时间不同的时间戳是不可能的。

（一）仲裁方案

这里以 Alice 作为需要对数据文件进行签名以备日后仲裁的提交者，Trent 为第三方（公证方），利用单向散列函数和数字签名协议实现过程如下。

① Alice 产生文件的单向散列函数值。

② Alice 将散列函数值传送给 Trent。

③ Trent 在收到的散列函数值的后面附加上日期和时间，并对它进行数字签名。

④ Trent 将签名的散列函数值和时间戳一起送还给 Alice。

Alice 不用担心其文件内容会泄露出去，因为散列函数是单向函数，而且具有足够的安全性。此外，Trent 也不用存储文件的复制件（甚至散列函数值），无需大容量存储器。Alice 可以马上检查在第④步中接收到的时间戳是否正确，及时发现传送过程中所造成的误码。这里存在的一个问题是 Alice 和 Trent 仍然可以合谋生成任何想要的时间戳。

（二）链接协议

解决这个问题的一种方法是将 Alice 的时间戳同 Trent 以前生成的时间戳链接起来。这些时间戳很可能是为 Alice 之外的人生成的。由于 Trent 接收到各个时间戳请求的顺序不能确定，Alice 的时间戳很可能产生在前一个时间戳之后。由于后来的请求与 Alice 的时间戳链接在一起，她的时间戳一定在前面产生过。

如果 A 表示 Alice 的身份，Alice 想要对散列函数值 H_n 加盖时间戳，并且前一个时间戳为 T_{n-1}，那么协议如下。

（1）Alice 将 H_n 和 A 发送给 Trent。

（2）Trent 将如下信息送给 Alice：

$$T_n = S_K(n, A, H_n, T_n, I_{n-1}, H_{n-1}, T_{n-1}, L_n)$$

其中，L_n 包含以下散列链接信息：$L_n = H(I_{n-1}, H_{n-1}, T_{n-1}, L_{n-1})$

S_K 表示采用 Trent 的公钥对消息签名。Alice 的身份表明她是请求的发起人。参数 n 表示请求的序列号，它代表这是 Trent 颁发的第 n 个时间戳。参数 T_n 代表时间。其他信息分别为身份、前一个散列值、前一个时间和对前一个文件的散列时戳。

（3）在 Trent 对下一个文件加盖时间戳后，他将此文件创建者的身份 I_{n+1} 发送给 Alice。

如果有人对 Alice 的时间戳提出疑问，她只需同她的前后文件的创建者 I_{n-1} 和 I_{n+1} 接触就可以得到证实。如果对她前后文件也有疑问，则可以同 I_{n-2} 和 I_{n+2} 接触，如此类推。每个人都能够表明他们的文件是在前个文件之后、在后来的文件之前加盖时间戳的。

这个协议使 Alice 和 Trent 很难合谋去产生一个与实际不符的时间戳。

（三）分布式协议

时间戳会丢失，使 Alice 有可能得不到时间戳 I_{n-1} 的拷贝。这个问题可能通过下述方法得到缓解：把前面 10 个人的时间戳嵌入 Alice 的时间戳中，并且将后面 10 个人的身份都发送给 Alice。这样，Alice 就会有更多的机会找到那些仍持有时间戳的人。

二、不可否认业务

在数字环境下，不可否认性可看做是通信中的一种属性，用来防止通信参与者对已进行的业务的否认。它的相对意义是此消息的法律上的实际效果。

（一）概述

由人参与的电子商务经常会碰到否认之事，若不能有效地对付否认，就不可能有真正的安全电子商务。不可否认性是信息时代转账中最重要的法律概念，已载入 1988 年 ISO 关于开放系统交互连通安全性结构标准以及其他国际标准中。

在数字环境下，要求各种协议、业务（认证、签字、完整性等）和机构对消息或参与者提供不同程度的非否认性。没有认证性和数据完整性就不可能实现不可否认性，但不可否认性还要保证事后能向第三方出示原来的某实体参与了该通信活动或某消息确定已递送给某实体的证明。例如，单钥密码体制的 MAC 可以提供消息认证和数据完整性检验，但无力提供不可否认性，因为两个实体共用同一密钥，都掌握同样的原始消息。下面列举一些实例。

（1）经过邮递的传统手签文件由于有手书签字和邮戳而支持身份认证和一定程度的不可否认性。

（2）未加密数字信息附上符号签字（人的名字、手书签字的数字图像），这种方式可能不提供数据完整性，但可以提供一定的认证性和不可否认性。

（3）数字签名消息可以提供很强的认证性、数据完整性和不可否认性。利用协议、时间戳和认可收据等技术可以加强不可否认性。

任何通信都不可能防止对方拒绝，即使是最强的不可否认性也不能防止一方参与者抵赖传送或否认曾收到消息。但只要其他参与者和第三方能提供不可辩驳的证据，可以迅速分清是非，使抵赖者不能得逞。利用不可否认性可有效地解决纠纷，减少此类事件发生。

（二）不可否认性类型

通信中涉及两类基本成员，即发信人和接收人，相应地引出两个不可否认性的基本类型，即源的不可否认性和递送的不可否认性。还有另一种为提交或传递的不可否认性。

1. 源的不可否认性

它用于防止或解决出现有关是否一个特定实体发了一个特定的数据源、递送在某个特定时刻出现或两者都有的分歧。为了解释方便，可认为发信人就是发送了一个消息。源的不可否认性是为保护收信人，提供证据解决下述可能的纠纷：① 接收人宣称曾收到一个消息，但是被认定的发信人声称未发过任何消息。② 接收人宣称所收到的消息不同于发信人所说的曾发送的消息。③ 接收人宣称在特定日期和特定时间接收到某个特定发信人所送的消息，但被认定的发信人宣称在那个特定日期和时间未曾发送过该特定消息。

上述各种情况实际是由以下原因造成的：发信人抵赖；收信人抵赖；计算机或通信过程中出错；外部入侵者欺骗了参与者。

2. 递送的不可否认性

它用于防止或解决出现是否一个特定实体收到了一个特定的数据项、递送在特定时刻出现或两者皆有的分歧。它是为了保护发信人，可提供足够的证据解决下述纠纷：① 发信人宣称曾发送了一个消息，但被认定的收信人宣称未曾收到过该消息。② 发信人宣称曾发送了一个消息，但和收信人宣称所收到的消息不一样。③ 发信人宣称在某特定日期和特定时间曾发过一个特定消息，但被认定的收信人宣称在该特定日期和特定时间未曾收到过该特定消息。

上述情况的出现同样可能是由于某一方抵赖、计算机或通信过程出错或有外部入侵者捣乱。

3. 提交的不可否认性

它用于防止或解决出现有关是否一个特定参与者传送或提交了一个特定数据项、提交出现的时刻或两种情况的分歧。提交的不可否认性用于保护发信人，提供足够的证据解决下述可能的纠纷：① 发信人宣称曾发过一个消息，但被认定的收信人宣称不仅未曾收到该消息，而且发信人就不曾发过该消息。② 发信人宣称在特定日期和时刻曾发过一个特定消息，但被认定的收信人宣称在该日和该时刻发信人未曾送过该消息。

以上情况，若发信人和收信人所说都是实话，则可能是攻击者行骗成功或系统出错。当发送重要消息时，这类非否认性就特别有用，它类似于递送的不可否认性，但可以提供更为有力的证据用于解决纠纷。可将其看做是递送不可否认性的一个变形。

（三）实现不可否认性的证据机制

如何实现不可否认性，从机制上看应当依次完成下述业务活动。

（1）业务需求。业务通信过程中的不同参与者在不同阶段对于不可否认业务起着不同的作用。参与者事先要对实现不可否认性取得一致意见，对各有关方提出明确要求，产生必要的证据来提供不可否认性。有时第三方也参与事先对用于通信的不可否认性提出明确要求。

（2）证据生成。在通信参与者中潜在的可以扮演否认业务者应当生成证据文件，它可以是通信中传送的一个组成部分，也可以是基本通信之外的部分；它可以自动生成，也可有第三方参与生成。为了实现源的不可否认性，发方（或第三方）应充当证据生成者，为了实现递送的不可否认性，收方（或第三方）应充当证据生成者。

（3）证据递送。证据生成后就递送给需要证据的人。有时可由第三方出面接收这类证据。

（4）证据证实。不可否认业务需求者收到证据后就验证该证据是否能提供对不可否认性的支持，如验证其签名是否成立。在安全电子商务中，这类验证应是系统通信中的常规事件。

（5）证据保存。经验证合格的证必须保存好，以备将来检索，解决可能出现的纠纷。有些支持更强的不可否认性业务系统可能由第三方将证据存档。

（四）源的不可否认性机制

实现源的不可否认业务有下述几种方法。

（1）发信人的数字签名。名字本身提供一种不可否认的证据，接收人证实后可存档，若以后发信人要否认，则接收人可以出示其签名的消息来证明。可信赖第三方也可以参与，通过对证实后的结果签名可强化不可否认性。

（2）可信赖第三方的数字签名。发信人产生的消息请可信赖第三方签名后，将消息和此签名传给收信人。收信人证实后存档备用。可信赖第三方在签名前要对源和所送的消息进行认证。此方法优点是收信人证实时较为简单，不要太多的证书和存储数据；容易由可信赖第三方加上时间戳。可以进一步改进为发信人在将消息送给第三方之前对其进行签名，再让可信赖方签名，起到证书作用。

（3）可信赖第三方对消息的散列值进行签名。这是可信赖第三方的数字签名的一种变形，其可信赖第三方对消息的散列值、发信人身份、时间戳等进行签名后作为不可否认证据送还给发信人。此方法优点是第三方既看不到原数据，又节省了通信资源，但第三方需要相信发信人要求签名的目的无害于他。

（4）可信赖第三方的持证。发信人将消息送给第三方，第三方认证后为此消息生成一个持证发送给发信人，并将数据和持证存档。发信人将数据和持证传给收方。收方将持证转给第三方，第三方证实此持证后将结果告诉收方，收信人将持证及第三方的验证结果存档。此方案可用 MAC 和单钥密码体制实现。

（5）线内可信赖第三方。第三方进入发信人和收信人的通信线路中，有两种可能的方式：① 第三方截收发信人传送给收信人的数据，并同时由数据产生一个证据，将数据与证据存档，以备发生纠纷时出示此证据，支持源的不可否认业务。其中包括数据散列值、发信人的身份、收信人、时间戳等。第三方必须对源和收信人进行认证并验证消息的完整性。② 第三方对截收的数据进行数字签名，而后发给接收信人，收信人则对其进行验证后存档。

（6）组合。为了强化这类不可否认性，实用中可以对上述方法进行适当组合，如采用多方源签名加上多个可信赖第三方的签名。

（五）实现递送的不可否认性的机制

下述一些方式可实现递送的不可否认性。

（1）收信人签名认可。收信人接收到消息后，由他（或其代理）向发方提供一个签名的收据，其中包括收到消息的散列值、收信时戳和身份等信息。可以由可信赖第三方提供一个证书来强化此类不可否认性。

（2）收信人利用持证认可。它类似于源的不可否认业务实现方案中的（4）。

（3）可信赖递送代理。可信赖第三方充当递送代理，发信人将消息交给递送代理，递送代理每收到一个消息就转送给收信人。收信人签一个收据给递送代理，递送代理再签一个认可收据给发信人。

（4）逐级递送报告。在现实的网络通信环境中，发信人给收信人的消息要经过多次传递才能送给收信人。为了实现不可否认性，需要逐级建立不可否认业务。

（六）解决纠纷

可信赖第三方在实现不可否认业务中起重要作用，其公正性、独立性、可靠性和为所有成员所接受是实现安全电子商务的保证。下面介绍有关的几个问题。

（1）发放公钥证书。可信赖第三方可以证实由特定实体所持的一个特定的公钥与一个特定私钥的对应关系，以及此密钥在特定时刻是合法的。

（2）消息源的身份证实。一般通过源对消息的签名实现。

（3）时间戳。可信赖第三方用它对消息加可信赖的时间戳，可以证实消息、签名、证书等在特定日期和时刻的合法性，作为支持不可否认业务的证据。

（4）证据保存。第三方的正确和可靠保存证据至关重要，需要精心设计和管理。

（5）中介递送。可信赖第三方作为递送消息的中介或代理，提供对不可否认业务的支持。

（6）解决纠纷。可信赖第三方可作为中介人来解决纠纷。

（7）仲裁。仲裁可作为可信赖第三方的扩充业务。仲裁过程自动化将会有效地加强数字转账和记录的可靠性。立法和修订法律将使这类技术推广应用，有人称这种新型仲裁为信息仲裁。

习　题

1. 目前计算机网络不安全的原因是什么？
2. 简述密码体制的分类及其特点。
3. 简述密钥管理的内容及目的。
4. 说明报文鉴别系统中常用的几种鉴别函数。
5. 简述数字签名的实现。
6. 简述公钥基础设施（PKI）的构成、功能。
7. 数字时戳必需满足什么条件？
8. 简述不可否认业务的主要类型。

阅读材料　生物特征认证

所有的生物特征系统都是针对用户的某一特征，如指纹、声音、眼睛的角膜，甚至可以是身体的气味。在认证系统中，必须先创建生物特征模板。进行身份认证时，人们会被要求出示个人身份特征，然后系统把新采集到的身份特征数据与数据库中的相应数据（如指纹）对比，如果匹配，则用户得到授权。下面简要介绍这个过程的部分细节。

1. 生物特征数据

生物特征数据是以"足够有效"匹配的思想为基础的。用户每次使用他们的身份特征时，系统接收到的数据都会存在着一些小的差异。以指纹为例，其读取一般有两种方式，一种是读取设备拍下指纹的图像并对该图形作一些处理产生生物特征数据；另一种是通过传感器检测由指纹的凹凸呈现出来的电信号的微小差异来获取数据，接着进行处理以创建生物特征数据。

每次用户把指纹放到读取设备上时，产生的生物特征数据是不同的。这主要有几个原因，例如，用户不可能每次把手指都放在同一个位置上，也有手指比较脏、手指破了、手指沾了墨水等情况，而有时读取设备也会出现问题等。所以，用户每次出示生物特征时，系统采集到的数据都有所区别。另外，系统并没有生物特征的完整记录。还是以指纹为例，认证系统并没有指纹的完整图像记录，存储的仅是指纹的一些特征点及其位置。使用指纹认证时，系统定位一些特征点，如指纹的纹路始末端或者出现弯曲的地方，一个指纹模板还不到500字节。

2. 注册

在所有的生物特征认证系统中，用户必须先注册他们的生物特征用于产生主模板。在某种意义上，可以把某一次的生物特征数据和下一次的差异归结为噪声。噪声的一个有趣性质在于它具有随机性，而信号则相对稳定。这意味着如果采集多次的生物特征数据，然后进行均匀化处理，噪声就可能被抵消，而信号将得到加强。

通常，人们都希望产生最佳的生物特征模板。正因为如此，系统一般会要求用户在注册过程中多次出示他们的生物特征，然后系统对收集到的信息加工处理生成主模板。注册过程是生物特征认证中最重要的一个阶段。从安全和生物特征匹配观点看，应该收集尽可能多的特征数据以产生一个有效的特征模板。然而用户却希望注册过程越简单越好。

3. FAR/FRR

密码系统进行的匹配是精确匹配，而生物特征则使用近似匹配。在一个生物特征系统中，匹配软件把新收集到的生物特征数据与存储在数据库中的模板进行匹配，看结果是否在有效范围内。决定有效性的办法因系统的不同而不同，取决于生物特征的类型和系统使用的匹配算法。算法中需要的参数一般包括错误接收比率（False Accept Ratio，FAR）和错误拒绝比率（False Reject Ratio，FRR）。FAR 和 FRR 互相制约。如果要减少系统拒绝合法用户的可能性，那么非法用户得到授权的概率就大大增加；如果使用更加严格的策略使非法用户进入系统的可能减少，那么合法用户被拒之门外的概率也将随之上升。

系统的生产厂家必须在易用性、安全性、FAR、FRR、价格和性能之间进行协调。

4. 生物特征认证系统设计

生产厂商主要围绕易用性来进行设计，有的厂商则更侧重于对认证和安全特点的考虑。

（1）易用的生物特征解决方案。使用生物特征认证来启动 PDA、手机和笔记本电脑就是该方案的一个代表性的例子。对于这些系统，生产厂家通过用生物特征认证代替口令认证来使它们的产品达到更易用的目的。IBM 公司已经在笔记本电脑中加入指纹识别器，这样，用户就可通过指纹认证启动系统。易用性解决方案存在的问题是如何保存模板以及如何保护模板。如果系统启动仅仅需要出示指纹，那么笔记本电脑中的 BIOS 软件就必须访问模板的明文版本（没有加密）来进行匹配。

（2）基于安全的生物特征解决方案。将生物特征与现有的认证方式（如 PIN、口令或者智能卡）相结合构成双因素认证：你是什么，加上你有什么或者你知道什么。在大多数安全的生物特征解决方案中，模板存储于第三方中，通常是一个后台认证服务器。用户在客户端（通常是 PC）出示他们的生物特征后，新采集的特征数据通过加密会话（如服务器端 SSL）传到后台服务器，后台服务器查找数据库中的用户模板进行比较，如果匹配有效，客户端将收到认证成功的消息。出于对安全的考虑，存储生物特征模板的数据库必须加密存储，而且其加密密钥将用智能卡或者其他令牌保存。对数据库的保护可以根据实际需要采用不同的方案。

161

第七章
电子商务安全技术应用

电子商务作为一种新兴的商业模式能否顺利实施，其核心是是否能成功解决电子商务系统运行中的安全问题。为了安全地进行电子商务活动，人们采用了与各种应用相关的种类繁多的安全技术。本章在第六章"电子商务安全技术基础"的基础上，主要阐述与电子商务有关的网络安全技术（包括防火墙技术、网络入侵检测技术），IPSec 和 VPN（虚拟专用网络）技术，安全电子邮件协议，移动商务安全技术以及物联网安全等内容。

第一节　Web 安全与安全机制

Web 的安全性是一种基于应用层技术的安全性。由于应用层是直接面对最终用户的，因此，应用层所面临的安全性问题与其他网络分层有着明显的不同。这种不同首先体现在网络应用和服务种类非常多，实现方式差异巨大。应用的安全性是实现最终网络安全服务的最重要因素之一。

一、Web 面临的安全威胁

由于 Web 浏览器通常都具有良好的图形用户界面，并且集成了对多种应用的支持（如FTP、电子邮件等）；Java、ASP、CGI 等技术的引入使得 Web 具有了更强的交互性来支持各种网络应用，因此，目前绝大部分网络服务都倾向于采用 Web 的方式来向用户提供服务。如电子商务和电子政务等，也都是基于 Web 来与用户进行交互的。

HTTP 协议最初的设计目标是使用户能够访问静态的超文本文档。因此，HTTP 协议的安全性是非常脆弱的。没有安全措施的 Web 服务器很容易遭受来自网络的攻击而失效；而使用 HTTP 协议的用户也容易受到网络攻击者的欺骗、窃听，导致重要数据的泄露和破坏。这些破坏都将直接威胁整个应用系统的可用性。

从服务的用户角度来看，Web 最终用户常常不知道使用中可能存在的安全风险，也没有工具或知识采取有效的对策。因此，系统需要依赖自身的安全策略（而不是依赖用户）来保证自身服务的安全性。

根据威胁的位置，Web 安全威胁可以分为对 Web 服务器的攻击、对 Web 浏览器的攻击以及对浏览器与服务器间通信流量的攻击。服务器和浏览器的安全需要通过计算机系统的安全性来保障；通信流量的安全性属于网络安全的范畴，需要通过网络安全协议来保障。

二、Web 安全机制

保证 Web 应用安全，首先需要保证服务器系统和客户工作站计算机的系统安全。因为系统安全是整个应用安全性保障的基础。在此基础上，Web 应用的安全实现主要依赖于应用协议的安全性和网络通信的安全性。前者在协议的设计和实现中体现，后者需要依靠一些安全通信协议和机制来保护网络中的通信流量。安全通信协议是附加在 TCP/IP 协议栈中的一系列安全机制。安全机制附加在协议栈中的不同位置，其功能、效果和应用范围也是不同的，具有各自的优缺点。图 7-1 给出了在 TCP/IP 协议栈中三种不同安全机制的实现方法。

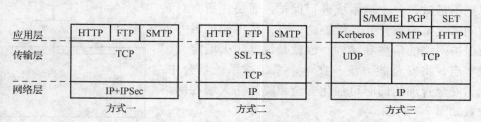

图 7-1　TCP/IP 协议栈中的安全机制

从功能和目的上来看，这三种方式大体是相似的；但从安全机制在协议栈中的相对位置和各自的应用范围来看，三种机制又有较大的差别。

方式一提供了一种网络层的安全性（IPSec）。使用 IPSec 的优点在于对最终用户和应用程序来说，这层安全机制是透明的，而且能够提供一种通用的解决方法，它不影响应用的具体实现和修改。IPSec 可以保证通过 IP 层的数据的安全性，同时还具有过滤功能，只有符合条件的信息流才能通过。

方式二在传输层（即 TCP/UDP）中解决安全性的问题。在传输层上，可以采用安全套接层（Security Socket Layer，SSL）或互联网的传输层安全（Transport Layer Security，TLS）标准。在这个层次上安全性的实现可以采用两种方式：一种是将 SSL/TLS 看做是基本协议栈中的组成部分，向应用提供透明的安全传输服务；另一种是直接将 SSL 嵌入到应用软件中使用，例如，在 Netscape 和微软的浏览器中都采用了这种嵌入的实现方式。

方式三把安全服务直接嵌入到特定的应用程序中。这种方式支持为特定的应用程序专门定制特定的安全服务。一个典型例子是安全电子交易（SET）。

在网络攻击成倍增长的今天，人们认识到采用安全技术来防止对网络数据的破坏已成为当务之急。在以下几节中，将简要介绍目前广泛应用的几种主要的网络安全技术：防火墙技术、漏洞扫描技术、入侵检测技术和虚拟专用网技术。

第二节　防火墙技术

一、防火墙概述

在建筑上，防火墙用于防止火势从建筑物的一部分蔓延到另一部分，而网络防火墙的功能与此类似，用于防止外部网络的损坏波及内部网络，在不安全的网际环境中构造一个相对安全的子网环境。现在有些置于个人主机系统中的增强端系统数据安全的应用程序也叫做"个人防火墙"或"病毒防火墙"，实际上是借用概念，其含义与本节中的网络防火墙不同。本节中的网络防火墙简称为防火墙。

防火墙技术源于单个主机系统的安全防范模式，即采用访问控制的方法，限制使用者访问系统或网络资源的权限，以达到规范网络行为的目的。由于防火墙技术的针对性很强，目前已成为网络安全技术中应用最为广泛的技术之一。据统计，全球接入互联网的计算机中有1/3以上处在防火墙的保护之下。

防火墙有助于提高网络系统的总体安全性。防火墙的基本思想不是对每台主机系统进行保护，而是让所有对系统的访问通过某一点，并且保护这一点，尽可能地对外界屏蔽被保护网络的信息和结构。也就是说，防火墙定义了单个阻塞点，将安全能力统一在单个系统或系统集合中，在简化了安全管理的同时可强化安全策略。防火墙在网络中的位置如图7-2所示。

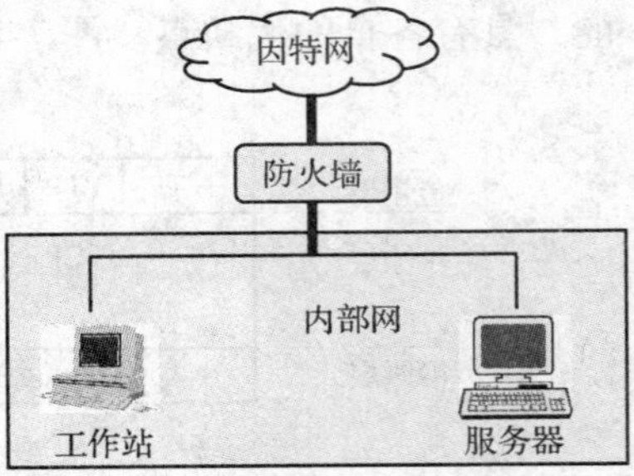

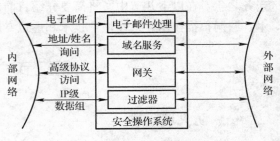

图 7-2　防火墙在网络中的位置

我国公共安全行业标准中对防火墙的定义为："设置在两个或多个网络之间的安全阻隔，用于保证本地网络资源的安全，通常是包含软件部分和硬件部分的一个系统或多个系统的组合"。其基本工作原理是在可信任网络的边界（即常说的在内部网络和外部网络之间，通常认为内部网络是可信任的，而外部网络是不可信的）建立起网络控制系统，隔离内部和外部网络，执行访问控制策略，防止外部的未授权节点访问内部网络和非法向外传递内部信息，同时也防止非法和恶意的网络行为导致内部网络的运行被破坏。

从逻辑上讲，防火墙是分离器、限制器和分析器；从物理角度看，各个防火墙的物理实现方式多种多样，通常是一组硬件设备（如路由器、主机等）和软件的多种组合。

通常，安全性能和处理速度是防火墙设计的重点，也是最难处理的一对矛盾。因此，目前防火墙研制的两个侧重点：一是将防火墙建立在通用的安全操作系统和通用的计算机硬件平台上，利用已有平台提供的丰富功能，使防火墙具备尽可能多的安全服务；二是以高速度为设计实现目标，利用快速处理器、ASIC和实时高效的操作系统实现防火墙，根据有关的测速报告，这类防火墙的实际吞吐率可以接近线速。

二、防火墙的结构及功能

防火墙的结构主要包括安全操作系统、过滤器、网关、域名服务和电子邮件处理五个部分，如图7-3所示。

其中过滤器执行防火墙管理机构制定的一组策略规则，根据策略规则检验各个数据组，决定是否放行。这些规则按照IP地址、端口号以及各类应用等参数来确定。防火墙本身必须建立在安全操作系统所提供的安全环境中，

图 7-3　防火墙结构示意图

安全操作系统可以保护防火墙的代码和文件免遭入侵者攻击。这些防火墙的代码只允许在给定主机系统上运行，这种限制可以减少非法穿越防火墙的可能性。具有防火墙的主机在因特网界面上被称为堡垒主机。

1. 防火墙的功能

对防火墙系统有两个基本要求：保证内部网的安全性；保证内部网同外部网间的连通性。两者缺一不可。针对这两个基本需求，一个良好的防火墙系统应具有如下功能。

（1）实施网间访问控制，强化安全策略。能够按照一定的安全策略，对两个或多个网络之间的数据包和链接方式进行检查，并按照策略规则决定对网络之间的通信采取何种动作，如通过、丢弃、转发等。

（2）有效地记录因特网上的活动。因为所有进出内部网络的信息都必须通过防火墙，所以防火墙非常适合收集各种网络信息。这样一方面提供了监视与安全有关的事件场所，如可以在防火墙上实现审计和报警等功能；另外还可以很方便地实现一些与安全无关的网络管理功能，如记录因特网使用日志和流量管理等。

（3）隔离网段，限制安全问题扩散。防火墙能够隔开网络中的某个网段，这样既可以防止外部网络的一些不良行为影响内部网络的正常工作，又可以阻止内部网络的安全灾难蔓延到外部网络中。

（4）防火墙本身应不受攻击的影响，也就是说，防火墙自身有一定的抗攻击能力。因为防火墙是实施安全策略的检查站，一旦防火墙失效，则内外网间依靠防火墙提供的安全性和连通性就会受到影响。

（5）综合运用各种安全措施，使用先进健壮的信息安全技术。如采用现代密码技术、一次性口令系统、反欺骗技术等，一方面可增强防火墙系统自身的抗攻击能力，另一方面还提高了防火墙系统实施安全策略的检查能力。

（6）人机界面良好，用户配置方便，易管理。

2. 防火墙的局限性

防火墙只是网络安全政策和策略中的一个组成部分，它也有自己的局限性。

（1）它能保护网络系统的可用性和系统安全，但由于无法理解数据内容，不能提供数据安全。

（2）对用户不透明，可能带来传输延迟、瓶颈和单点失效等问题。由于防火墙要执行安全检查，必然导致传输延迟、对用户不透明等问题。

（3）不能防范不经过它的连接。防火墙能够有效地防范通过它的信息传输，但对不通过它的信息传输无能为力。

（4）当使用端到端加密时，其作用会受到很大限制。这时防火墙系统只能检查数据包的包头，不能检查已被加密的数据包中的数据，其安全监控能力就会大打折扣。

（5）过于依赖拓扑结构。防火墙系统必须设置在网络间的唯一通道处，当网络的拓扑结构发生变化时，防火墙的配置也必须发生改变。

（6）防火墙不能防范病毒。即使防火墙具有先进的能够检查数据包中数据信息的过滤系统，由于客户端系统支持的操作系统和应用程序的不同，加上病毒的多样性和隐蔽性，采用防火墙扫描所有的数据包来查找病毒是不现实的。

（7）防火墙是一种静态防御技术。它对网络已知威胁、已知恶意攻击者的防护作用比较突出，但是难以适应日益多变的因特网安全环境。

三、防火墙的基本类型

（一）按网络体系结构分类

按照 OSI 参考模型，防火墙可以工作在 OSI 七层中的五层，如图 7-4 所示。

根据其在 OSI 参考模型中位置的不同，网络防火墙具有不同的类别，其中最常见的是工作在网络层的路由器级防火墙和工作在应用层的网关级防火墙。网络层的路由器级防火墙一般采用过滤技术完成访问控制，也称包过滤防火墙或 IP 防火墙；应用层的网关级防火墙一般采用代理技术完成访问控制，也称应用代理防火墙。

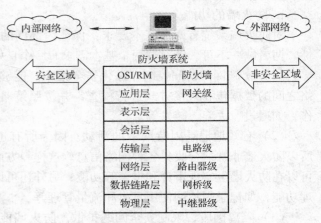

图 7-4　网络防火墙位置模型

（二）按应用技术分类

按照访问控制所使用的技术，防火墙可以分为三大类：包过滤防火墙、代理服务器防火墙和电路级网关防火墙。技术不同，防火墙的工作层次也不同。

1. 包过滤防火墙

包过滤防火墙一般工作在网络层，根据一组过滤规则集合，逐个检查 IP 数据包，确定是否允许通过，其工作原理如图 7-5 所示。

包过滤防火墙的规则基于 IP 和传输层头部中的字段，其内容通常包括：源/目标地址、源/目标端口号、协议类型、协议标志、服务类型和动作等。通常防火墙的规则动作有以下几种。① 通过（Accept）：允许数据包通过防火墙传输。② 放弃（Deny）：不允

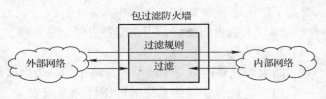

图 7-5　包过滤防火墙的工作原理

许数据包通过防火墙传输，但只是丢弃，不发任何响应数据包。③ 拒绝（Reject）：不允许数据包通过防火墙传输，并向数据包的源端发送目的主机不可达的 ICMP 数据包。④ 返回（Return）：没有发现匹配的规则，执行默认动作。默认动作有两种：一为默认拒绝，即只允许指定允许的数据包，其他一切皆禁止；二为默认许可，即只禁止指定禁止的数据包，其他一切皆允许。显然默认拒绝提供的安全性要比默认许可提供的安全性高。在默认拒绝状态下，初始时每个数据包都是被阻塞的，必须一个个地添加规则，增加允许的服务。

包过滤防火墙工作好坏的关键在于过滤规则的设计，有以下两类设置规则的方法。

（1）按地址过滤设置规则。它通常用于拒绝伪造的数据包。例如，想要阻止伪造源地址的数据包进入内部网络，可按表 7-1 制定规则。

表 7-1　按地址过滤的规则

规　则　号	方　　向	源　地　址	目　的　地　址	动　作
n	入	内部	任意	拒绝

（2）按服务器类型过滤设置规则，即按 IP 数据包的端口号来过滤。下面以允许 Telnet 的出站服务为例说明如何设置规则（见表 7-2）。

表 7-2　包过滤规则的例子

规　则　号	方　　向	源　地　址	目　的　地　址	协　　议	源　端　口	目　的　端　口	ACK 设置	动　　作
1	出	内部	任意	TCP	>1023	23	任意	通过
2	入	任意	内部	TCP	23	>1023	是	通过
3	双向	任意	任意	任意	任意	任意	任意	拒绝

表 7-2 中第 1 条规则表示允许从内部网络出去的 Telnet 服务（端口 23 是 Telnet 服务的周知端口）；第 2 条规则表示允许源端口为 23 且 TCP 数据包中的 ACK 标记被置位的数据包进入内部网络，这些数据包实际上是对第 1 条规则允许的数据包的响应；第 3 条规则表示拒绝所有的其他进入和离开内部网络的数据包，这实际上相当于一条默认拒绝的动作规则。

包过滤防火墙通常可以是商用路由器（也称为屏蔽路由器），也可以是基于 PC 的网关。它同路由器的工作流程类似，都需要转发数据包，只是在这之前还要根据规则执行安全检查。

包过滤防火墙的优点在于实现方式简单、灵活，具有很好的传输性能，易扩展，对内部网络用户和应用程序完全透明。但由于工作信息不完全，无法有效地区分同一 IP 地址上的不同用户，不理解通信的内容，因此安全性相对较低。它对欺骗性攻击的防御力较弱，一旦被攻破，无法查找攻击来源。当采用严格过滤标准时，既开销太大，又会降低网络传输性能。

2. 代理服务器防火墙

所谓代理服务器就是一个提供替代连接并且充当服务的网关，通常在应用层提供访问控制，故也称为应用代理防火墙。当远程用户连接到运行代理服务的网络，或者内部用户要通过代理服务连接到外部网络时，代理服务器会自动接管连接。代理既是客户端（Client），也是服务器端（Server），在用户提供了合法的用户 ID 和合法鉴别信息后，它根据客户端要求的目的 IP、服务类型及安全规则，自行建立另一个连接，再将真正客户端和真正服务器端互相传输的资料转发给对方。这样，内外网络之间不存在直接连接，IP 数据包不再直接进出网络内部，而是经代理转发。代理服务器起到隔离内外通信，使内部网络对外部网络不可见，因此安全性比包过滤防火墙高，其工作原理如图 7-6 所示。

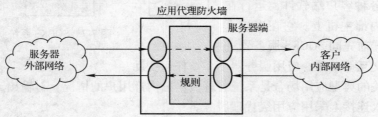

图 7-6　代理服务器的工作原理

代理服务限制了内部主机和外部主机之间的直接通信，但代理服务对用户是透明的，代理服务器给用户以直接使用真正的服务器的假象。而对服务器来说，它并不知道用户的存在，它认为它是在和代理服务器对话。

代理服务器工作于应用层，比起包过滤技术，它对应用层数据有更多的了解，可以对每个特定的网络应用服务使用特定的数据安全策略，可以记录和控制所有的进出流量，可以实施用户认证、详细日志和审计跟踪功能，以及对具体协议的内容过滤，执行更详细的检查动作，实现更细粒度的访问控制，从而提供了更高水平的安全性。在整个服务过程中，应用代理程序一直监控着用户的操作，一旦发现用户非法操作，就可以进行干涉。

代理服务器的主要缺点是带来了额外的处理开销，导致牺牲一些系统性能。从效果上看，最终用户之间存在两个串接的连接，代理服务器处于串接点上，必须在两个方向上检查和转发所有的通信量，这必然导致处理速度变慢，带来较大的延迟（同包过滤防火墙相比），同时对代理服务器的处理资源（处理器、内存等）要求较高。

代理服务器通常不需要任何特殊的硬件支持，但需要特殊的软件。

3. 电路级网关防火墙

电路级网关通常工作在传输层，它不允许端到端的 TCP 连接。从这个意义上讲，电路级网关也属于代理技术。它在两个主机首次建立 TCP 连接时创立一个电子屏障，建立两个 TCP 连接，一个是在网关本身和内部主机的 TCP 用户之间，另一个是在网关和外部主机上的 TCP 用户之间。它从接收到的数据包中提取与安全策略相关的状态信息，将这些信息保存在一个动态状态表中，其目的是为了验证后续的连接请求是否合法。一旦两个连接建立起来，网关从一个连接向另一个连接转发数据包，而不检查内容。其安全功能体现在决定哪些连接是允许的。

电路级网关实现的典型例子是 SOCKS 软件包，是由 David Koblas 在 1990 年开发的，此后就一直作为因特网 RFC 中的开放标准，目前发展到 SOCKS V5 版，其定义在［RFC1928］中。这个协议描述了用来为 TCP 和 UDP 范围的客户/服务器应用提供一个方便和安全使用网络防火墙服务的框架，在概念上是位于应用层和传输层之间，因此不提供网络层的网关服务。此外，与 Winsock 不同，SOCKS 不要求应用程序遵循特定的操作系统平台标准。

SOCKS 系统由三个部分组成，包括 SOCKS 客户端、SOCKS 服务器、应用服务器（见图 7-7）。SOCKS 服务器监听由客户发送来的 SOCKS 协议请求，实施认证和代理功能。其中 SOCKS 库支持 SOCKS 协议的各种客户端软件，运行在防火墙保护的内部主机上。它在连接真正的应用服务器前先同 SOCKS 服务器进行认证和协议交互等动作，应用服务器不需作任何变动。

图 7-7　SOCKS 系统

电路级网关的典型应用场合是系统管理员信任内部用户的情况，对输出连接只作简单的检查，而在进入连接上采用应用级代理服务。

表 7-3 列出了前面三种技术的防火墙在安全方面的功能比较，分别从是否检查信息流中的源地址、目的地址、用户身份及数据内容四个方面进行比较，其中 Y 表示进行检查并按

安全规则处理，N 表示不作检查，P 表示对部分内容进行检查处理。由此可见，理论上电路级网关的安全性介于包过滤防火墙和应用代理防火墙之间。

表7-3 三种防火墙技术安全功能比较

防火墙应用技术	源 地 址	目 的 地 址	用 户 身 份	数 据 内 容
包过滤	Y	Y	N	N
应用代理	Y	Y	Y	P
电路级网关	Y	Y	Y	N

（三）按拓扑结构分类

1. 双宿主主机结构

双宿主主机结构防火墙如图 7-8 所示，它使用一个双宿主主机完成防火墙功能。该主机至少有两个网络接口，一个是内部网络接口，一个是因特网接口，故称为双宿主主机。

双宿主主机结构防火墙不允许两网之间的数据直接传送，内网用户与外网用户通信时，必须把数据发往双宿主主机，由双宿主主机转发。即是说，网络之间的 IP 通信被完全阻止，双宿主主机提供代理服务。此外，双宿主主机还可以让用户直接登录到双宿主主机上来提供内外网间的通信服务，但这时用户账号本身会带来明显的安全问题，如允许某种不安全的服务。

双宿主主机结构防火墙能提供高级别的控制功能，使用简单，对内网用户完全透明。它的缺点是：依赖单一部件来保护系统，毫无深层保护，一旦被入侵者攻破，网络安全即遭破坏。

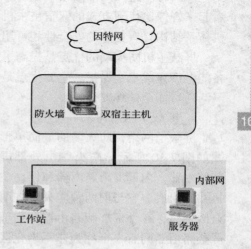

图 7-8 双宿主主机结构防火墙

2. 屏蔽主机结构

屏蔽主机结构防火墙如图 7-9 所示，通过屏蔽路由器和堡垒主机结合的方式来构造防火墙。其中屏蔽路由器采用包过滤方式来实现安全策略，而堡垒主机是因特网中的主机能够访问的唯一的内部网中的主机，内部网中的其他主机对外都是不可见的，故称其为屏蔽主机防火墙。

堡垒主机通常是安全管理员标识的作为网络安全中关键点的系统，这类系统健壮安全，能抗攻击，故称为堡垒主机。在屏蔽主机防火墙中，堡垒主机用于对外提供一定的服务，如 WWW 服务，而且任何外部的主机只有通过连接到这台主机才能

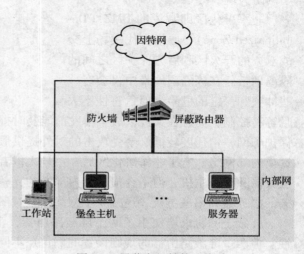

图 7-9 屏蔽主机结构防火墙

得到内部系统的服务（在外部主机看来，没有内部网络，只有堡垒主机）。由于堡垒主机暴露在因特网中，故堡垒主机需保持较高的安全等级，具有一定的抗攻击能力。设计与构筑堡垒主机的基本原则：使堡垒主机尽量简单；随时作好堡垒主机被损害的准备。

屏蔽主机结构防火墙中可以使用多台堡垒主机，主要是根据性能、冗余以及分离数据或服务的需求来决定。例如，通过使用一台堡垒主机向内部网络提供重要服务（如邮件服务），而用另一台主机向因特网提供对外服务（如匿名 FTP 服务），可以使内部主机的性能不受外部用户的活动影响；或通过提供两个性质相同但配置不同的服务器为不同的用户提供不同的数据和性能，以达到分离数据和服务的目的。

屏蔽路由器执行安全策略，以包过滤方式允许某些内部主机访问因特网，或允许某些数据包从因特网进入内部网络（如那些被允许的内部主机访问因特网连接的响应数据包）。这看起来好像比代理方式的双宿主主机防火墙危险，但在多数情况下，屏蔽路由器比双宿主主机体系结构具有更好的安全性和可用性，因为路由器比主机更能抵御攻击，更健壮。

屏蔽主机防火墙的优点是提高了安全性，在其中一个设备被侵入的情况下，还有一个设备能继续完成安全保护。它的优点是具有较大的灵活性，缺点是安全配置复杂化，而且它的灵活性可能会破坏安全性。

3. 屏蔽子网结构

屏蔽子网结构防火墙的最简单形式如图 7-10 所示，防火墙由外部屏蔽路由器、内部屏蔽路由器和堡垒主机共同组成。它与前两种防火墙的明显区别是，在外部屏蔽路由器和内部屏蔽路由器间有一个称为非军事化区的子网，进一步将内部网络同因特网隔离开来，起屏蔽内部网络的作用，提供更进一步的安全性，故称为屏蔽子网防火墙。

非军事化区即常说的 DMZ（Demilitarized Zone），原指古代战场上交战双方的开火区和后方保护区之间的隔离地带。在该隔离地带中，会有一些冲突和一定的危险，但危害性不大

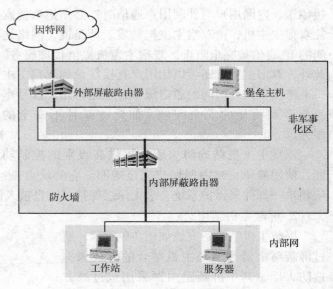

图 7-10 屏蔽子网结构防火墙

且容易控制，而且在大规模战争爆发前能及时报警。此概念用于网络安全中是指额外的安全保护子网，信任度较低、易受攻击的对外提供服务的服务器和堡垒主机都放置在该子网中，远离内部网络。有了非军事化区后，一旦入侵者侵入非军事化区，最坏的情况会损坏其中的服务器和堡垒主机，但不会损伤到内部网的完整性，而且通过在周边网络上隔离对外提供服务的服务器和堡垒主机，还减少了网络安全对堡垒主机的依赖。

屏蔽子网防火墙使用了两个屏蔽路由器，消除了内部网络的单一侵入点，增强了安全性。但两个屏蔽路由器的规则设置的侧重点不同。理论上，外部路由器用于保护非军事化区和内部网，使之免受来自因特网的攻击，但实际上，对由内到外的数据包，考虑到内部路由

器已先进行过滤处理，外部路由器执行很少的包过滤；而对由外到内方向，主要是需要阻止伪造源地址的任何数据包，因为只有外部路由器能清楚地区分那些自称来自内部网络，但实际上是来自因特网的数据包。

堡垒主机主要为各种各样的服务充当代理服务器，或为特殊的协议提供专门的代理服务，以允许内部的客户端间接地访问外部的服务器或对外提供一定的服务。外部路由器一般都允许堡垒主机连接到因特网上的主机，并接受来自因特网上的主机连接，按照安全策略提供一定的服务或转接到内部的匿名服务器。

内部路由器用于保护内部网络，使之免受来自因特网和非军事化区的攻击破坏。内部路由器为防火墙执行大部分的数据包过滤工作。例如，限制堡垒主机和内部网之间所允许的服务实际所需的程度，或仅仅允许与特定的内部主机的通信（如邮件仅与内部的邮件服务器之间），通过限制堡垒主机和内部网之间的服务来减少堡垒主机被侵袭后对内部网络的威胁。内部路由器也可以以包过滤的方式允许内部的客户端直接访问外部的服务器，这取决于内部网络的安全需求和策略。应该合理地设置内部路由器，使所允许的周边网和内部网上的服务不同于因特网与内部网之间的服务。

从上面的分析中可以看出，屏蔽子网防火墙中外部屏蔽路由器和堡垒主机的功能与屏蔽主机防火墙中的功能类似，而内部屏蔽路由器在堡垒主机和内部网之间提供附加保护，是一种增强防御措施，共有三级防御措施来对抗入侵者。因此，屏蔽子网防火墙的安全性在三种拓扑结构的防火墙中是最高的，其应用日益普及。

第三节　网络入侵检测

一、隐患扫描技术

隐患扫描是进行网络安全性风险评估（Vulnerability Assessment）的一项重要技术，也是网络安全防御技术中的一项关键性的技术。其原理是采用模拟黑客攻击的形式对可能存在的已知安全漏洞和弱点进行逐项扫描和检查。其目标可以是工作站、服务器、交换机、数据库应用等各种对象。根据扫描结果向系统管理员提供周密可靠的安全性分析报告，为提高网络安全整体水平产生重要依据。

系统的安全弱点容易被入侵者利用，给网络带来灾难。找到弱点并加以保护是保护网络安全的重要使命之一。现有的网络隐患扫描技术所采用的基本实现方法包括以下内容。

（1）基于单机系统的安全评估系统。这是最早期所采用的一种安全评估软件，使用的是基于单机系统的方法。安全检测人员针对每台机器运行评估软件进行独立的检测。

（2）基于客户机的安全评估系统。基于客户机的方法中，安全检测人员在一台客户机上执行评估软件，网络中的其他机器并不执行此程序。

（3）采用网络探测（Network Probe）方式的安全评估系统。评估软件是在客户端执行的，它通过网络探测网络和设备的安全漏洞。目前国外很多功能较为完善的系统，如 NAI 的 CyberCops Scanner 等均采用了这种方式。

（4）采用管理者/代理（Manager/Agent）方式的安全评估系统。它是为企业级的安全评估提供的一种高效的方法。安全管理员通过一台管理器来控制位于网络中不同地点的多个安全扫描代理（包含安全扫描和探测的代码），以控制和管理大型系统中的安全隐患扫描。这是一种更先进的设计思想。

一个功能完善、可不断扩展的隐患扫描系统应该包括以下主要内容。

（一）安全漏洞数据库

目前在各种操作系统和网络系统中存在的可被他人利用和入侵的安全性漏洞或网络攻击手段可达上千种，并且新的漏洞和攻击手段还在不断增加。因此，需要详细分析和掌握现有的漏洞及攻击手段，研究每一种安全性漏洞或入侵手段的原理、入侵方式以及检测方式等，并对所涉及的各种研究对象按照其内在特征进行分类和系统化，再对每一类漏洞进行深入研究并将研究成果进行归纳总结，形成一个安全漏洞数据库，作为扫描检测的依据。这个数据库应该涵盖所有有关各种安全性漏洞和入侵手段的信息和知识，其中包括：

① 安全性漏洞原理描述、危害程度、所在的系统和环境等信息。

② 采用的入侵方式、入侵的攻击过程、漏洞的检测方式。

③ 发现漏洞后建议采用的防范措施。

数据库在组织逻辑上可划分为一个检测方法库和一个知识库。知识库中详细记录着各种漏洞和入侵手段的相关知识；方法库中记录着各种漏洞的检测方法（漏洞检测代码）。在每个数据库中根据研究对象的分类来组织划分。安全漏洞数据库的设计应该保持良好的可扩展性和独立性，与系统中扫描引擎独立，可实现平滑升级和更新。

（二）安全漏洞扫描引擎

利用漏洞数据库可以实现安全漏洞扫描的扫描器。扫描器的设计遵循的原则是：

① 与安全漏洞数据库相对独立，可对数据库中记录的各种漏洞进行扫描。

② 支持多种 OS，以代理性试运行于系统中不同探测点，受到管理器的控制。

③ 实现多个扫描过程的调度，保证迅速准确地完成扫描检测，减少资源占用。

④ 有准确、清晰的扫描结果输出，便于分析和后续处理。

（三）结果分析和报表生成

扫描工具还应具有结果分析和报告生成的能力。隐患扫描系统通过分析扫描器所得到的结果发现网络或系统中存在的弱点和漏洞，同时分析程序能够根据这些结果得到对目标网络安全性的整体安全性评价和安全问题的解决方案。这些结果和解决方案将通过分析报告的形式提供给系统管理员。报告中包含的内容有：

① 对目标网络中存在的安全性弱点的总结。

② 对目的网络系统的安全性进行详细描述，为用户确保网络安全提供依据。

③ 向用户提供修补这些弱点的建议和可选择的措施。

④ 能对用户系统安全策略的制定提供建议，帮助用户实现信息系统的安全。

报表的生成是通过综合分析扫描结果和相关知识库中的信息进行的。

（四）安全扫描工具管理器

扫描工具管理器提供良好的用户界面，实现扫描管理和配置。如果采用分布式扫描设计扫描器（即扫描引擎）可以作为扫描代理的形式分布于网络中的多个扫描探测点，同时受到管理器的控制和管理。管理员可通过管理器配置特定的安全扫描策略，包括在何时、何地启动哪些类型的扫描等。

在网络安全体系的建设中，网络安全扫描工具的费用低、效果好、见效快，不影响网络的运行，安装运行简单并且相对独立，可以极大地减少安全管理员的手工劳动。同时，作为整个网络安全体系中的一部分，网络安全扫描工具也能够与系统中的其他网络安全工具（如防火墙、入侵检测系统）协同工作，共同保证整个网络的安全和稳定以及安全性策略的统一。

二、入侵检测技术

（一）入侵检测概述

入侵检测（Intrusion Detection），顾名思义，是对入侵行为的发觉。现在对入侵的定义已大大扩展，不仅包括发起攻击的人（如恶意的黑客）取得超出合法范围的系统控制权，也包括收集漏洞信息，造成拒绝服务（DoS）等对计算机系统造成危害的行为。入侵检测技术是通过从计算机网络和系统的若干关键点收集信息并对其进行分析，从中发现网络或系统中是否有违反安全策略的行为或遭到入侵的迹象，并依据既定的策略采取一定措施的技术。也就是说，入侵检测技术包括三部分内容：信息收集、信息分析和响应。

1987 年 Dorothy E. Denning 提出入侵检测系统的通用抽象模型，首次将入侵检测的概念作为一种计算机系统安全防御问题的措施提出，与传统加密和访问控制的常用方法相比，入侵检测系统（Intrusion Detection System，IDS）是全新的计算机安全措施。

近年来，入侵检测技术成为安全研究领域的热点，其主要原因是：防火墙和操作系统加固技术等传统安全技术都是静态安全防御技术，不能提供足够的安全性。入侵检测是防火墙的合理补充。入侵检测能够收集有关入侵技术的信息，这些信息可以用来加强防御措施。

入侵检测是系统动态安全的核心技术之一。鉴于静态安全防御不能提供足够的安全，系统必须根据发现的情况实时调整，在动态中保持安全状态，这就是常说的系统动态安全，其模型如图 7-11 所示。其中检测是静态防护转化为动态的关键，是动态响应的依据，是落实或强制执行安全策略的有力工具，因此，入侵检测是系统动态安全的核心技术之一。

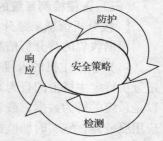

图 7-11　系统动态安全模型

（二）入侵检测模型

Dennying 于 1987 年提出的入侵检测模型如图 7-12 所示。该模型由以下六个主要部分构成。

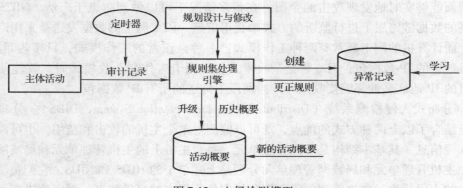

图 7-12　入侵检测模型

（1）主体（Subjects）。它是指启动在目标系统上活动的实体，如用户。

（2）对象（Objects）。它是指系统资源，如文件、设备、命令等。

（3）审计记录（Audit Records）。它是由主体（Subject）、活动（Action）、对象（Object）、异常条件（Exception-Condition）、资源使用状况（Resource-Usage）、时间戳（Time-Stamp）构成的6元组，活动是主体对目标的操作，对操作系统而言，这些操作包括读、写、登录、退出等。异常条件是指系统对主体的活动的异常报告，如违反系统读写权限。资源使用状况是指系统的资源消耗情况，如CPU、记忆使用率等。时间戳是指活动发生的时间。

（4）活动概要（Activity Profile）。它是指用以保存主体正常活动的有关信息，具体实现依赖于检测方法，在统计方法中可以从事件数量、频度、资源消耗等方面度量，通过使用方差、马尔可夫模型等方法实现。

（5）异常记录（Anomaly Record）。它是由事件、时间戳、概要组成的，用以表示异常事件的发生情况。

（6）规则集处理引擎。它主要检查入侵是否发生，并结合活动概要，用专家系统或统计方法等分析接收到的审计记录，调整内部规则或统计信息，在判断有入侵发生时采取相应的措施。

该模型侧重于分析检测特定主机上的活动，后来开发的许多入侵检测系统都基于或参照这个模型。该模型的缺点是没有包含已知系统漏洞或攻击方法的知识，而这些知识在许多情况下是非常有用的信息。

（三）入侵检测系统的分类

1. 按分析信息来源分类

根据收集的待分析信息的来源，入侵检测系统（IDS）可分为以下三类。

（1）基于主机的入侵检测系统（Host-based Intrusion Detection System，HIDS）。HIDS通过分析特定主机上的行为来检测入侵，其数据来源通常是系统和应用程序的审计日志，也可以是系统的行为数据，或者是受保护系统的文件系统等。该入侵检测技术一般用于保护关键应用服务器，它实时地监视和检查可疑连接、非法访问和系统日志等，并可提供对主机上的应用系统（如Web、电子邮件服务等）进行监视。

（2）基于网络的入侵检测系统（Network-based Intrusion Detection System，NIDS）。NIDS的信息来源是网络系统中的信息流，主要是分析网络行为和过程，通过行为特征或异常来发现攻击事件，从而检测被保护网络上发生的入侵事件。此类系统侧重于对网络活动的监视和检测，因而能够实时地发现攻击的企图，在很多情况下可以做到防患于未然。NIDS一般通过在网络的数据链路层上进行监听的方式来获得信息。以太网上的数据发送是采用广播方式进行的，而计算机的网卡通常有两种工作模式：一种是正常的工作模式，只接收目的IP地址为本机地址的IP数据包；另一种是杂收模式，当网卡工作在杂收模式时，就能使一台主机不管目的IP地址是谁都能接收同一广播网段上传送的所有IP数据包。

（3）分布式入侵检测系统（Distributed Intrusion Detection System，DIDS）。分布式入侵检测系统结合了以上两种方式的优点，既可以监测对单个主机的攻击和滥用，也可以收集网络上的入侵信息。其基本结构是中央管理单元、每台主机上的主机管理单元和局域网管理单元。其中主机管理单元和局域网管理单元分别是上述单个的HIDS和NIDS，它们负责监测各自范围内的入侵行为。中央管理单元负责分析它们所提交的事件信息，对事件进行相关性分析，并对各个管理单元作出相应的配置和调整。

2. 按分析技术分类

收集到信息后，需要采用一定的技术手段进行分析，作出判断。若按照分析检测所采用的技术手段来划分，入侵检测技术可以分为基于异常（Anormaly-based）的入侵检测和基于误用（Misuse-based）的入侵检测两大类。

（1）基于异常的入侵检测技术。首先假设所有的入侵行为都偏离正常行为。其工作原理如下：首先建立正常行为轮廓模型，包括操作系统轮廓、应用程序轮廓、用户行为轮廓等（一个轮廓模型包含了从系统运作时得到的各个度量值），然后维护一个当前系统的活动轮廓。系统工作时实时计算各度量值及轮廓模型，并同正常行为轮廓模型进行比较，当两个轮廓在统计上相差很大时，可以认为发生了攻击或入侵尝试。

常用的基于异常的入侵检测技术包括统计分析技术、预测模式生成技术、基于神经网络的异常检测技术等。基于异常的入侵检测技术能够检测一些未知的攻击方式，但存在一定的漏报和误报问题。

（2）基于误用的入侵检测技术。这类技术是建立在任何已知攻击的模式或特征都能用某种精确的方法来描述的假设上。依靠管理员通过使用配置文件定义被认为是误用的行为，然后将配置文件中的信息和系统发生的行为进行比较，如果两者匹配，则认定为误用。误用检测的主要问题是：用于检测的攻击特征模式是否能够覆盖攻击的所有要素及检测时如何快速地对入侵活动的特征进行匹配和搜索。从理论上说，一个能够正确检测所有攻击活动的误用检测系统必须保证能够用数学语言正确地描述所有攻击活动，但这是十分困难的。

在实际中，基于误用的入侵检测技术只能用于检测已知的攻击方式。常用的基于误用的入侵检测方法包括状态转移分析、模式匹配分析等。

（四）常用入侵检测技术简介

（1）统计分析技术。统计分析技术是一种基于异常的检测方式。该方法首先试图建立一个对应"正常活动"的特征原型。在检测过程中，与已建立的特征原型中差别较大的行为都标志为异常。显而易见，定义的入侵集合与实际的异常活动集合并不能完全相等，因此必然会存在漏报（False Negative）和误报（False Positive）问题。为了使漏报和误报的概率较为符合实际需要，需要选择一个区分异常事件的阈值。在实际情况下，试图用逻辑方法明确划分"正常行为"与"异常行为"两个集合非常困难，调整和更新某些系统特征度量值的方法非常复杂，开销巨大。统计手段的优势在于能够自适应学习用户的行为，具有发现未知攻击的能力。但也可能被入侵者逐渐训练，导致其最终将入侵事件误认为正常。阈值设置也比较困难，设置不当会导致大比例的误报与漏报。此外，由于统计量度对事件顺序并不敏感，入侵事件之间的关系会被忽略。

（2）预测模式生成技术。预测模式生成技术从分析事件的先后关系入手，假设事件序列不是随机的而是遵循可辨别的模式。系统利用动态的规则集来检测入侵。归纳引擎根据已发生事件的情况来预测将来发生的事件的概率，根据此概率动态产生规则，归纳引擎为每一种事件设置可能发生的概率。其归纳出来的规则一般可写成如下形式：

$$E_1, E_2 \cdots, E_K, (E_{K+1}, P(E_{K+1})), \cdots, (E_n, P(E_n))$$

其含义为：如果在输入事件流中包含事件序列 $E_1, E_2, \cdots, E_K$，则事件 $E_{K+1}, \cdots, E_n$ 会出现在将要到来的事件流的概率分别为 $P(E_{K+1}), \cdots, P(E_n)$。按照这种检测方法，当规则的左边匹配，但右边的概率值与预测值相差较大时，该事件便被标识为异常行为。

此种方法能够检测出传统方法难以检测的异常活动；所建立起来的系统具有很强的适应变化的能力；可以很容易检测到企图在学习阶段训练系统的入侵者。但这种检测方法会使得不出现在规则库中的入侵被漏判。一种解决方法是：将所有未知事件作为入侵事件，这样将增加伪肯定；将所有未知事件作为非入侵事件，这样将增加伪否定。

（3）基于神经网络的检测技术。神经网络模型的基本模式都是由大量简单的计算单元（又称为节点或神经元）相互连接而构成的一种并行分布处理网络。节点之间以一定的权值进行连接，每个节点对 N 个加权的输入求和。当求和值超过某个阈值时，节点成"兴奋"状态，有信号输出。节点的特征由其阈值和非线性函数的类型所决定，而整个神经网络则由网络拓扑、节点特征以及对其进行训练所使用的规则所决定。

神经网络有多种模型，在入侵检测系统中，一般采用前向神经网络，并采用逆向传播法（Back Propagation，BP）对检测模型进行训练。它遵循分布式保护、多样性、适应性、记忆性和可扩充性等原则。

基于神经网络的检测技术是一种预测技术。首先用给定的若干个动作行为去训练神经网络预测用户的下一个操作和行为。经过一定的训练周期后，神经网络就可以使用已出现在网络中的用户特征去预测和匹配用户的实际行为或操作。统计差异较大的事件将被系统标记为非法。神经网络技术的优点在于它能够很好地处理包含大量噪声的数据，这是因为其数据来源仅仅与用户行为相关，而不依赖于任何底层数据特性的统计。但是，该技术在训练周期中也存在被入侵者利用的风险。

（4）状态转移分析技术。状态转移分析是一种基于误用的入侵检测方法，其理论基础是：网络或系统在正常情况下和在受攻击情况下，其系统、网络及链路等的状态是不同的，其状态的变化规律也是不同的。因此，状态转移分析技术通过实时跟踪和分析当前系统状态、网络状态、链路状态的变化情况，就可以区分出系统和网络中的入侵行为。

通常，一个攻击总是可以分成若干阶段，并由一系列特征动作组成。因此，攻击过程可以用状态转移图进行描述。如图7-13描述的攻击过程中，状态 1 为安全状态（初始状态），状态 2 为中间状态，

图 7-13　状态转移检测的原理

状态 3 为最终状态（攻击状态：对攻击的检测已完成）。在具体实现中，一般根据入侵行为的状态转移模式建立有限自动状态机，在网络特征动作的驱动下进行状态转移。当系统转移到某个预定义的报警状态时，就认为网络受到了攻击，发出报警。网络特征事件是从网络数据流中提取的。

利用这种方法，可以精确地检测一些其他检测方法难以检测到的入侵行为，如某些分布式的 DoS 攻击。状态转换分析方法的优点是其实现与攻击的过程无关，而只与系统状态的变化相关，对于某些分布式攻击的检测是十分有效的。

（5）模式匹配技术。模式匹配技术是入侵检测技术中最常用、最有效的方法之一。该技术将各种已知入侵行为的特征编码，形成一些同审计数据相匹配的模式。在进行入侵检测时，将外来事件与代表入侵行为特征的模式进行匹配和搜索，用以发现攻击行为。模式匹配技术中的关键问题是必须对攻击模式本身进行描述，只能检测已知模式的攻击手段。提取攻

击手段的特征及将其转化成检测模型所使用的模式也是一件比较困难的工作。所有基于误用的入侵检测方法都试图在网络（或主机）数据流中发现已知攻击的模式（Pattern）。其优点是直接识别，准确性高；缺点是只能检测已知攻击，对新攻击方法无能为力，甚至不能有效检测某些已知攻击的变种。因此，攻击特征模式库（Pattern Database）必须及时更新，以适应不断变化的网络环境。

（6）数据挖掘技术的应用。数据挖掘（Data Mining）即数据库中的知识发现，是指从大型数据库或数据仓库中提取隐含、未知、异常及有潜在应用价值的信息或模式。它融合了数据库、人工智能、机器学习、统计学等多领域的理论和技术，是一个具有很大应用价值的研究领域。

在应用入侵检测技术时，一般首先需要将大量的审计数据精确地标识为"正常"或"入侵"（异常）。使用一定的数据挖掘算法进行挖掘，推导出系统的正常行为模式和入侵行为模式。人工标识大量数据并不利于技术的实现，为此，需要提出一种真正自适应的、无需预标识的数据挖掘方式。

（7）针对分布式入侵的检测技术。分布式攻击是指多个攻击者互相协作，或者是单个攻击者利用分布计算技术逐步控制网络上的多个计算机，同时从网络的不同地点对目标网站或整个目标网络发起的攻击行为。当前，分布式攻击的事例不断增多，对分布式攻击的检测也成了网络安全系统必须具备的一种能力。分布式入侵检测有两方面的含义，一是针对分布式攻击的入侵检测技术；二是入侵检测系统采用分布式计算技术，即信息收集和分析处理分布在网络中的不同机器中。

分布式入侵检测的主要难点是各部件间的协作和安全攻击的相关性分析。安全事件的相关性分析需要采用高效的算法，其中常常采用人工智能、神经网络、数据挖掘等技术。安全事件的相关性分析也是当前技术研究的难点和热点，目前尚未见到实用的成熟理论或产品。

（8）基于生物免疫的入侵检测。这是一种混合检测方法。生物免疫系统由多种免疫细胞组成，它通过区分"自我"和"非自我"来实现机体的防卫功能。免疫细胞能对"非自我"成分产生应答，以消除它们对机体的危害；但对"自我"成分则不产生应答，以保持机体内环境动态稳定，维持机体健康。免疫系统的功能由这些免疫细胞的交互作用来实现。

基于生物免疫学的入侵检测模型的主要思想是区分"自我"和"非自我"。"自我"是指正常的行为，而"非自我"是指异常的行为。基于生物免疫的入侵检测系统遵循分布式保护、多样性、适应性、记忆性和可扩充性等原则。

（五）入侵检测技术的发展方向

在入侵检测技术发展的同时，入侵技术也在更新，一些黑客组织已经将如何绕过入侵检测系统或攻击入侵检测系统作为研究重点。交换技术的发展和借助加密信道的数据通信使得通过共享网段进行侦听的网络数据采集方法显得十分不足，而大通信量对数据分析也提出了新的要求。

1. 分布式入侵检测与通用入侵检测架构

传统的入侵检测系统局限于单一的主机或网络架构，对异构系统及大规模的网络检测明显不足，不同的入侵检测系统之间不能协同工作。为了解决这一问题，需要发展分布式入侵检测与通用入侵检测架构。如果每台主机上的入侵检测系统能通过网络相互配合，那么就能够获得更加有效的防卫效果。

2. 协作式入侵检测

协作式入侵检测包括把基于主机的入侵检测系统与基于网络的入侵检测系统相互协调，相互补充和配合。协作式入侵检测包括不同入侵检测产品之间的协作，如与防病毒软件和防火墙之间的协作。协作式入侵检测可以是不同供应商的入侵检测产品之间的共同协作，也包括不同组织机构之间的入侵检测方面的协作。这些协作有利于构成系统间相互联动的组合入侵防御系统。

3. 应用层入侵检测

许多入侵的语义只有在应用层才能理解，而目前的入侵检测系统仅能检测如 Web 之类的通用协议，而不能处理如 Lotus Notes、数据库系统等其他的应用系统。

目前的入侵检测系统要求网络上所传输的数据是明文数据，对加密的数据分组则无能为力。入侵检测系统和防火墙可以提高网络的安全性，但并不意味着安全问题的解决，而是引起了入侵与反入侵的新一轮攻防竞赛。入侵者在不断地推出躲避或者越过防火墙和入侵检测系统的新技术，也迫使防火墙和入侵检测系统的开发人员不断地在自己的产品中加入对这些基础系统的检测，防御入侵的手段必须不断发展和变化。

第四节　IPSec 与 VPN 技术

IP 安全协议——IPSec 是一组协议套件，可以"无缝"地引入安全特征，并为数据源提供身份验证、数据完整性检查和保密机制。VPN（虚拟专用网）则是利用不可靠的公用互联网络作为信息传输媒介，通过附加的安全隧道、用户认证和访问控制等技术，实现与专用网络类似的安全性能，从而实现对重要信息的安全传输的一种手段。IPSec 可以视为 VPN 的一个组成部分，或者说 IPSec 协议是实现 VPN 的基础。本节将讨论 IPSec 的体系结构、具体协议内容及实施，以及 VPN 的结构、实施方案等。

一、IPSec 协议

目前因特网采用的最基本的协议是 IP 协议，即"网际协议（Internet Protocol）"。它向其他运行在网络层或网络层之上的协议提供数据传送服务。任何类型的数据都能通过这个基本而有效的传送机制得到传输服务，但是 IP 不能保证安全，在路由过程中，IP 数据包可以被伪造、篡改或窥视。

现在在互联网应用领域已有许多与特定应用相关的安全服务，如与安全电子邮件（包括 PGP、S/MIME）、网络中的认证（包括 Kerberos、X. 509）等有关的安全策略的实施都需要在 IP 层上进行。通过在 IP 层采取安全机制，能加强网络基础设施的安全性，不仅可以为已经具有安全机制的应用提供安全服务，而且可以为那些没有考虑安全性的应用提供安全服务，此外，其可扩展性好，开销小（如要保护非 IP 协议，数据包必须由 IP 封装）。

（一）IPSec 体系结构

1. IPSec 的相关标准文档

IP 层上的安全应该并且能够包含三个方面的安全服务：鉴别、保密性和密钥管理。鉴别可保证收到的数据包的确是由数据包头所标识的数据源发来的，且可保证数据包在传输过程中未被篡改；保密性可保证数据在传输期间不被未授权的第三方窥视；而密钥管理则解决密钥的安全交换。

　　鉴于对 IP 层上的安全性需求，1995 年，因特网工程任务组（IETF）IPSec 工作组发表了五个与安全有关的推荐标准文件（Request for Comment）［RFCl825-1929］。1998 年又陆续发布了一批 RFC 文档，完成了一组协议套件制定，套件内的各种协议通常被统称为"IP-Sec"，如鉴别首部（Authentication Header，AH）、封装安全载荷（Encapsulating Security Payload，ESP）及因特网密钥交换（Internet key exchange，IKE）。

　　IPSec 文档可分为八类，其相互关系如图 7-14 所示。

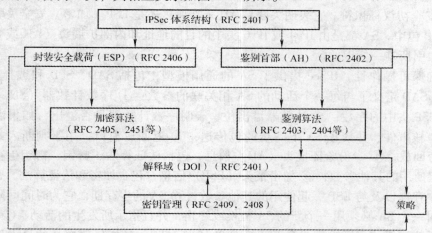

图 7-14　IPSec 文档关系图

　　① IPSec 体系结构：定义了 IPSec 协议的语义、一般性概念、应该提供的各种能力，以及 IPSec 协议同 TCP/IP 协议套件的剩余部分如何进行沟通、正常工作的问题。

　　② 封装安全载荷：定义了如何使用 ESP 进行数据包加密的处理规则、ESP 首部的格式以及它们提供的服务。

　　③ 鉴别首部：定义了如何使用鉴别首部进行数据包鉴别的处理规则、鉴别首部的格式以及它们提供的服务。

　　④ 加密算法：描述如何将不同的加密算法用于 ESP 中，包括算法、密钥大小、程序以及定义算法专用的任何信息。其中算法的专用信息是指一些初值的产生方式等算法的必要信息，这些信息必须定义以确保其唯一性，否则不同的实施方案将不能相互操作。

　　⑤ 鉴别算法：描述如何将不同的鉴别算法用于 AH 和 ESP 可选的鉴别选项中，主要内容同加密算法的文档相似，包括算法、密钥大小（以及它们如何演变）、程序以及定义算法专用的任何信息。

　　⑥ 密钥管理：描述密钥管理机制的文档，包括如何协商密钥、如何分发密钥等。

　　⑦ 解释域（DOI）：包含了其他文档需要的参数（如算法参数）及为彼此相互联系的一些值的定义。如要增加新的算法，首先需要扩展 DOI，增加对相应算法参数的定义。

　　⑧ 策略：决定两个实体之间能否通信以及如何进行通信，策略的核心由安全关联（Security Association，SA）、安全关联库（Security Association Database，SAD）、安全策略库（Security Policy Database，SPD）三部分组成。

179

2. SA

一个 SA 就是通信发送者和接收者之间的一个单向关系。如果需要对等关系，即双向安全交换则需要两个 SA。SA 用一个三元组（安全索引参数、目的 IP 地址、安全协议标识符）来唯一标识。

（1）安全参数索引（SPI）。SPI 是分配给该 SA 的一个位串，并且只有在本地有效，SPI 出现在 AH 和 ESP 报头中，使得接收系统在处理一个收到的数据包时选择 SA。

（2）目的 IP 地址。它可以是一个最终用户系统或一个网络系统，如防火墙或路由器。目前的 SA 管理机制只支持单播地址的 SA，即点到点的通信。

（3）安全协议标识符。它表明关联是 AH（鉴别）还是 ESP（加密）安全关联。

任何 IP 包中，SA 都是由 IPv4 或 IPv6 头中的目的地址和内部扩展头（AH 或 ESP）中的安全参数索引所唯一标识的。

为了确保可操作性，IPSec 提供了 SA 的通用模型，包括 SAD、SPD 和选择符（Selector）。其中 SAD 定义了与每一个活动的 SA 相关联的参数：① 序数计数器（SNC），用于生成 AH 或 ESP 头中的序数；② 计数器溢出位，表明序数计数器是否溢出，如果溢出，将生成一个可审核事件，并禁止 SA 下一步的包传送；③ 返回放窗口，用于判断入站的 AH 或 ESP 包是否回放；④ 身份验证报头（AH）信息，包括认证算法、密钥、密钥生存期，以及与 AH 一起使用的其他参数；⑤ 加密报头（ESP）信息，包含加密和认证算法、密钥、初始值、密钥生存期以及与 ESP 一起使用的其他参数；⑥ SA 的生存期，它为时间间隔或字节计数，到期时一个 SA 必须用一个新的 SA 替换或终止，并且指示所发生的活动；⑦ IPSec 协议模式，包括隧道模式、运输模式和通配符；⑧ 通路 MTU，是指任何遵从的最大传送单位和老化变量。

SPD 对如何处理 IP 数据报进行明确的规定——丢弃、应用以及绕过 IPSec。SPD 定义了 IP 数据报和数据报所需的 SA。每一个 SPD 都由一组 IP 和上层协议字段值定义，称为选择符。这些选择符用来过滤外出的数据报，以便将它映射为特定的 SA。它包括：① 目的 IP 地址，该地址可能是单一 IP 地址，或者是一个地址范围（用于多个目的系统共享一个 SA，如网关内的主机）；② 源 IP 地址，它与目的 IP 地址相似；③ 操作系统中的用户标识 User ID；④ 数据敏感级别（DSL），它用于向系统提供数据报的安全性；⑤ 传输层协议（TLP），它从 IPv4 头的协议字段或 IPv6 的下一个头字段中获得；⑥ 源/目的端口，它可以是单独的 TCP 或 UDP 端口值或一个通配符端口。

通信双方如果要用 IPSec 建立一条安全的传输通路，那么需要事先协商好将要采用的安全策略，包括使用的加密算法、密钥、密钥的生存期等。在协商好安全策略之后，双方就建立了一个 SA。

SA 可以进行传输模式和隧道模式的组合。传输模式的 SA 用于两台主机间。在 IPv4 中，传输模式的安全协议头插入到 IP 包头之后、高层传输协议之前。在 IPv6 中，该模式的安全协议头出现在 IP 头及 IP 扩展头之后、高层协议头之前。目的地址选项可以放在安全协议头之前或之后。

隧道模式的 SA 主要针对关联双方中至少有一方是安全网关的情况。通过安全网关时，IPSec 报文要进行分段和重组操作，并且可能要经过多个安全网关才能到达安全网关后面的目的主机。在这种情况下最好使用隧道模式，"外部" IP 头指明进行 IPSec 处理的目的地址；

"内部" IP 头指明最终的目的地址。安全协议头出现在外部 IP 头和内部 IP 头之间。ESP 和 AH 都支持这两种模式，有关的细节将在以下内容中进行介绍。

（二）IPSec 的工作模式

在 IPSec 协议中有两种工作模式：传输模式和隧道模式。AH 和 ESP 都支持这两种工作模式，其格式在两种模式之间不会发生变化。协议和工作模式结合起来有四种可能的组合：传输模式下的 AH、隧道模式下的 AH、传输模式下的 ESP、隧道模式下的 ESP。

1. 传输模式

传输模式的保护对象是 IP 载荷，即对运行于 IP 之上的协议进行保护，如 TCP、UDP 或 ICMP（Internet Control Message Protocol）等。在 IPv4 中，载荷是指位于 IP 头之后的数据。对于 IPv6，载荷是指 IP 头和任何存在的 IPv6 扩展头（目的地址选项除外）之后的数据，而目的地址选项是可以和载荷数据一起受到保护的（见图 7-15 和图 7-16）。

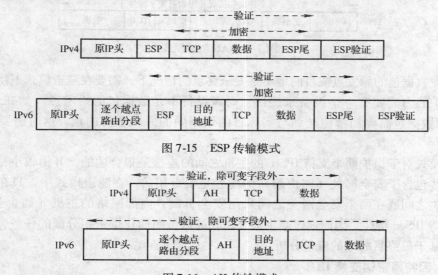

图 7-15　ESP 传输模式

图 7-16　AH 传输模式

只有在要求两个主机的端到端的安全保障时，才使用传输模式。其原因是网络中的路由器主要通过检查 IP 头来作出路由决定，改变不了 IP 头之外的数据内容，因此，无法在路由的同时提供安全性。

以传输模式工作的 ESP 协议可对 IP 载荷进行加密并可选地进行鉴别，提供保密性和完整性服务。而以传输模式工作的 AH 协议可对 IP 载荷和 IP 头的一部分选项进行鉴别，从而可提供数据完整性和一部分信息源鉴别服务。

2. 隧道模式

隧道模式的保护对象是整个 IP 数据包。为了实现这一点，它将一个数据包用一个新的数据包封装，即在 AH 或 ESP 字段加入到 IP 分组后，还要加上新的头，原数据包加上安全字段成为新数据包的载荷，因此得到了完全的安全性保护。不过新的 IP 头仍未加保护。

通常将原数据包的包头叫内部包头，将新增加的包头叫外部包头（见图 7-17 和图 7-18）。内部包头和外部包头的 IP 地址可以不一样，内部包头由源主机创建，而外部包头是由提供安全服务的那个设备添加的。提供安全服务的设备可以是源主机（提供端到端的安全服务），也可以是网络中的路由器或网关设备。

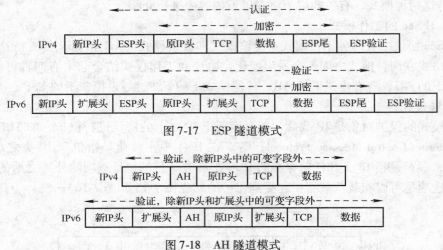

图 7-17　ESP 隧道模式

图 7-18　AH 隧道模式

通常在数据包的始发点或目的地不是安全终点的情况下，需要在隧道模式下使用 IPSec。如安全保护能力需要有一个设备来提供，而该设备不是数据包的始发点（如在 VPN 情况下）；或者数据包需要加密传送到与实际目的地不同的另一个目的地，这时需要采用隧道模式。

传输模式对于保护两个支持 IPSec 的主机之间的连接是很合适的，开销较小；而隧道模式对于那些包含了安全网关（路由器）的配置是很有用的。在隧道模式中，只在外部主机和安全网关之间或在两个安全网关之间采用安全机制，内部网络的主机（如企业服务器）不需要支持 IPSec 特性，因而通过减少需要密钥的数量而简化了密钥分配的任务，另一方面也阻碍了基于最终目的地的流量分析。

（三）因特网密钥交换 IKE

IPSec 体系结构支持两种类型的密钥管理：① 人工密钥管理，即系统管理员使用每个系统本身的密钥以及其他通信系统的密钥来人工配置系统，这对于小型的相对静态的环境来说是非常实用的；② 自动密钥管理，即系统能够根据需要自动地为 SA 创建密钥。

IPSec 的默认自动密钥管理协议是 IKE 协议，当应用环境规模较大、参与通信的节点位置不固定时，IKE 可以自动地为参与通信的实体协商 SA，并对 SAD 进行维护，以保障通信的安全。IKE 协议主要提供三方面的功能：对通信双方使用的协议、加密算法和密钥进行协商；密钥交换机制；跟踪对以上这些约定的实施。

IKE 属于一种混合型协议，由因特网安全关联和密钥管理协议 ISAKMP（Internet Security Association and Key Management Protocol）以及 Oakley 密钥确定协议（Oakley Key Determination Protocol）组成。

ISAKMP 为因特网密钥管理提供了用于身份认证和密钥交换的框架，还提供了具体的协议支持，包括用于安全属性的协商格式。此外，ISAKMP 定义了两个阶段：① 协商创建一个通信信道 IKE SA，并对该信道进行验证，为双方进一步的 IKE 通信提供机密性、消息完整性以及消息源验证服务；② 使用已建立的 IKE SA 建立 IPSecSA。

Oakley 密钥确定协议是基于 Diffle-Hellman 算法的密钥交换协议，并提供附加的安全性。Oakley 定义了用户通信时使用的交换模式。

1. 交换模式

IKE 分别在 ISAKMP 的两个阶段定义了不同的交换模式。第一阶段有对身份进行保护的"主模式"交换，以及根据基本 ISAKMP 文档制定的"野蛮模式"交换。第二阶段使用"快速模式"交换。

主模式交换提供了身份保护机制，它经过策略协商交换、Diffie-Helhnan 共享值和 nonce 交换以及身份验证交换这三个步骤共交换六条消息。在消息的第一次交换过程中，通信双方需要协商好 IKESA 的各项参数，并对交换的其余部分拟定规范。发起者在第一条消息中选择安全参数的提议值，将其放在 ISAKMP 头的部分；而响应者在第二条消息中选定可接受的安全参数值，将其放在 ISAKMP 头的部分。在消息的第二次交换中，通信双方会交换 Dilfie-Hellman 共享值以及伪随机 nonce。此时，通信双方可完成他们的 Diffie-Hellman 交换，并生成 SKEY-ID 状态。在最后一次消息交换过程中，通信双方各自拟定自己的身份，并相互交换验证散列摘要。交换的最后两条消息需要采用 SKEYID 制定密钥进行加密。主模式交换使用的是预共享密钥方式解决密钥交换问题。

野蛮模式交换也分为三个步骤，但只交换三条消息：第一条消息用来协商策略，交换 Diffle-Helhnan 公开值必需的辅助数据以及身份信息；第二条消息用来认证响应方；第三条消息用来认证发起方，并为发起方提供在场的证据。与主模式交换相同，野蛮模式交换也是为了建立一个 IKE SA 和密钥，然后用 IKE 为其他安全协议建立安全关联，但是野蛮模式只需要用到主模式一半的消息。由于对消息的数量进行了限制，所以野蛮模式也限制了它的协商能力，并且不能提供身份保护。在野蛮模式交换过程中，发起者会提供一个保护套件列表、Diffle-Hellman 共享值、nonce 以及身份资料。所有这些信息都是随着第一条消息传送的。作为响应者，则需要回应一个选定的保护套件、Diffie-Hellman 共享值、nonce、身份资料以及一个验证载荷。发起者将它的验证载荷作为最后一条消息来传送。

当需要进行远程访问时，由于响应者不可能提前知道发起者的地址，并且通信双方都打算使用预共享密钥验证方法，那么要想建立 IKE SA，野蛮模式的交换便是唯一可行的交换方法。另外，如果发起者已经知道响应者的策略或者对响应者的策略有着非常全面的理解，那么利用野蛮模式进行交换就能更快地创建 IKE SA，没有必要利用 IKE 协商的全部功能。

在 ISAKMP 的第一阶段，无论通过主模式交换还是通过野蛮模式交换，在建立好 IKE SA 之后，在第二阶段可用快速模式为其他安全协议（如 IPSec）生成相应的 SA。对一次快速模式交换来说，它是在以前建立好的 IKE SA 的保护下完成的。通过一次主模式或野蛮模式交换，许多快速模式交换都可以完成。快速模式交换通过三条消息建立 IPSec；前两条消息用于协商 IPSec SA 的各项参数值，并生成 IPSec 使用的密钥；第二条消息还为响应方提供在场的证据；第三条消息为发起方提供在场的证据。在一次快速模式交换中，通信双方需要协商拟定 IPSec 安全关联的各项特征，并为 IPSec 安全关联生成密钥。IKE SA 保护快速模式交换的方法是：对其进行加密，并对消息进行验证。消息的验证算法通常是协商好的散列函数，密钥由 IKE SA 的 SKEYID 的值制定。这种验证除了能提供数据完整性保护之外，还能对数据源的身份进行验证。通过加密可以保障交换的机密性。

通信双方可通过新组模式交换协商新的 Diffie-Hellman 组。新组模式交换属于一种请求/

响应交换。发送方发送提议的组的标识符及其特征,如果响应方能够接收提议,就用完全一样的消息来应答。

对于 ISAKMP 信息交换,参与 IKE 通信的双方均能向对方发送错误及状态提示消息。这实际上并非真正意义上的交换,而只是发送单独一条消息,不需要确认。

2. IKE 安全机制

(1)机密性保护。IKE 使用 Diffie-Hellman 组中的加密算法。IKE 共定义了五个 Diffie-Heliman 组。其中三个组使用乘幂算法(模数位数分别是 768、1024、1680 位),另两个组使用椭圆曲线算法(字段长度分别是 155 位、185 位)。由此可知,IKE 的加密算法强度高,密钥长度大。

(2)完整性保护及身份验证。在 ISAKMP 两个阶段的交换中,IKE 通过交换验证载荷(包括散列值或数字签名)保护交换消息的完整性,并提供对数据源的身份验证。IKE 使用预共享密钥、数字签名、公钥加密和改进的公钥加密四种验证方法。

(3)抵抗拒绝服务攻击。对任何交换来说,第一步都是 cookie 交换。每个通信实体都生成自己的 cookie,cookie 提供了一定程度的抵抗拒绝服务攻击的能力。如果再进行一次密钥交换,直到完成 cookie 交换,才进行诸如 Diffie-Hellman 交换所需的乘幂运算,这样,便可以有效地抵抗某些拒绝服务攻击(如简单使用伪造 IP 源地址进行的溢出攻击)。

(4)防止中间人攻击。中间人攻击包括窃听、插入、删除、修改消息、将消息送回发送者、重放旧消息以及重定向消息。ISAKMP 的特征能阻止这些攻击。

(5)完美向前保密。它的意思是即使攻击者破解了一个密钥,也只能还原这个密钥加密的数据,而不能还原其他的加密数据。要达到理想的完美向前保密,一个密钥只能用于一种用途,生成一个密钥的素材也不能用来生成其他的密钥。人们把采用短暂的一次性密钥的系统称为完美向前保密。如果要求对身份的保护也是完美向前保密,则一个 IKE SA 只能创建一个 IPSecSA。

3. IKE 的实现

IKE 是一个用户级的进程,它启动后作为后台守护进程运行。在需要使用 IKE 服务前,它一直处于不活跃状态,可以通过两种方式请求 IKE 服务:当内核的安全策略模块要求建立 SA 时,内核触发 IKE;当远程 IKE 实体需要协商 SA 时,可触发 IKE。内核为了进行安全通信,需要通过 IKE 建立或更新 SA。IKE 同内核间的接口有:

(1)第一种请求方式与 SPD 通信的双向接口。当 IKE 得到 SPD 的策略信息后,把它提交给远程 IKE 对等实体;当 IKE 受到远程 IKE 对等实体的提议后,为了进行本地策略校验,必须把它交给 SPD。

(2)第二种请求方式与 SAD 通信的双向接口。IKE 负责动态填充 SAD,向 SAD 发送消息(SPI 请求和 SA 实例),也要接收从 SAD 返回的消息(即 SPI 应答)。

IKE 为请求创建 SA 的远程 IKE 对等实体提供了一个接口。当节点需要安全通信时,IKE 与另一个对等实体通信,协商建立 IPSec SA。如果已经创建了 IKE SA,就可以直接通过第二阶段交换创建新的 IPSec SA;如果还没有创建 IKE SA,就要通过两个阶段的交换创建新的 IKE SA 及 IPSec SA。

(四)IPSec 服务与应用

在实际应用中,传输模式的安全关联应用在两台主机之间;而隧道模式的安全关联则应用在通信双方至少有一方是安全网关或防火墙的情况下。在 IPSec 套件中，AH 协议和 ESP 协议能提供的安全服务见表 7-4。单独的安全关联不能同时支持 AH 和 ESP 服务，必须采用安全关联的组合方式才能同时支持 AH 和 ESP 服务。另外，需要同时利用安全网关和端系统的 IPSec 服务时，也必须采用 SA 组合方式。

表 7-4　IPSec 提供的安全服务

协议 安全服务	AH	ESP（只加密）	ESP（加密并鉴别）
访问控制服务	Y	Y	Y
无连接完整性	Y	–	Y
数据源鉴别	Y	–	Y
拒绝重放的分组	Y	Y	Y
保密性	–	Y	Y
流量保密性	–	Y	Y

注："Y"表示可以提供，"–"表示不能提供。

通常把提供一系列 IPSec 服务所应用的安全关联组合形象地称为"安全关联束"。安全关联组合成的"束"有两种方式：传输邻接方式和循环嵌套方式。传输邻接方式不需要调用隧道技术来实现多个协议，而循环嵌套方式则需要利用隧道技术实现多层协议，并允许多层嵌套。这两种方式也可以联合起来工作。

同时支持 ESP 和 AH 关联的方式有：

① 对需要保密保护的数据进行 ESP 处理，然后再加上 AH 认证字段。

② 采用传输邻接方式，内部是 ESP SA，外部是 AH SA。在这种方式下，ESP 不带有认证选项，内部 SA 在传输模式下生成带有 IP 头或 IP 扩展头的加密报文，然后，用 AH 认证包括 ESP 以及初始 IP 头或 IP 扩展头的不可变字段。

③ 采用传输—隧道束方式，内部的 SA 应用传输模式的 AH，外部的 SA 应用隧道模式的 ESP。在这种方式下，AH 认证包括 IP 负载和 IP 头（或 IP 扩展头）的不可变字段；ESP 加密包括整个被认证的内部报文。加密后，多出了一个新的外部 IP 头（或 IP 扩展头）。

同时利用安全网关和端系统的 IPSec 安全关联的方式有四种。

方式一包括四种情况：传输模式下的 AH、传输模式下的 ESP、传输模式下的外部 ESP SA 和内部 AH SA 以及外部隧道模式下的 AH 或 ESP。

方式二只在安全网关之间提供安全保护，主机不应用 IPSec 机制。在此种方式下，只需要网关之间一个单一 SA 隧道，该隧道支持 AH、ESP 以及带有认证头的 ESP。此方式无需嵌套机制，因为 IPSec 服务应用在整个内部报文上。

方式三在方式二的基础上加上端到端的安全性。

方式四支持远程终端通过因特网接入到防火墙后面的服务器或工作站上，这种方式只能采用隧道模式。

（五）IPSec 的实施

IPSec 可在源端主机、网关或路由器中单独或同时实施和配置，具体情况取决于用户的实际安全需求。

（1）在源端主机中实施。源端主机是数据包的始发设备，在源端主机实施 IPSec 有以下好处：可以保障端到端的安全性；能够实现所有的 IPSec 安全模式；能够针对单个数据流提供安全保障；在建立 IPSec 的过程中能够记录用户身份验证的相关数据和情况。

源端主机的实施方案可分为两类：

1）与主机中的操作系统集成，作为网络层的一部分来实现。

2）作为一个单独的部分在协议堆栈的网络层和数据链路层之间实施。这种方案可以提供高级完整的安全功能，但缺点是有网络层的功能重复。

（2）在路由器中实施。可在一部分网络中对传输的数据包进行安全保护。

在路由器中实施有以下优点：能对两个子网（私有网络）间通过公共网络（如因特网）传输的数据提供安全保护；能通过身份验证控制授权用户从外部进入私有网络，而将非授权用户挡在私有网络的外面。

同样，路由器中的实施方案也可分为两类：

1）IPSec 功能集成在路由器软件中。

2）IPSec 功能在直接物理接入路由器的设备中实现。该设备一般不运行任何路由算法，只用来提供安全功能。其优点是原有的路由器软件无需改动，缺点是资源浪费，因为路由器有多少个接口，就需要配备多少个这种功能相同的设备。这个方案通常作为临时方案使用。

综上所述，IPSec 具有如下特点：① 如果在路由器或防火墙上执行 IPSec，就为周边的通信提供了强有力的安全保障。一个企业或工作组内部的通信将不增加与安全相关的费用。② IPSec 在传输层之下，对于应用程序来说是透明的。当在路由器或防火墙上实现 IPSec 时，无需更改用户或服务器系统中的软件设置。即使在终端系统中执行 IPSec，应用程序一类的上层软件也不会受影响。③ IPSec 对终端用户来说是透明的，因此不必对用户进行安全机制的培训。④ IPSec 可以为个体用户提供安全保障，这样做就可以保护企业内部的敏感信息。

IPSec 的最大优点在于可以对所有 IP 级的通信进行加密和认证，正是这一点使得 IPSec 可以确保包括远程登录、客户/服务器、电子邮件、文件传输及 Web 访问等在内的多种应用程序的安全，从而成为目前最易于扩展、最完整的一种网络安全方案。

二、虚拟专用网

（一）概述

随着企业网应用的不断扩大，企业网的范围也从一个本地网络扩大到一个跨地区、跨城市甚至是跨国家的网络。但采用传统的广域网方式建立企业专网，往往需要租用昂贵的跨地区数字专线。如果利用公共网络传输企业的信息，在安全性上又会存在着很多问题。虚拟专用网（Virtual Private Network，VPN）技术可以解决这一问题，在不安全的公共网络上建立一个安全的专用通信网络。

一般说来，VPN 是指利用公共网络，如公共分组交换网、帧中继网、ISDN 或因特网等的一部分来发送专用信息，形成逻辑上的专用网络。目前，因特网已成为全球最大的网络基础设施，几乎延伸到世界的各个角落，于是基于因特网的 VPN 技术越来越受到关注。

VPN 实际上是一种服务，其基本概念如下所述。

① 采用加密和认证技术，利用公共通信网络设施的一部分来发送专用信息，为相互通信的节点建立起一个相对封闭的、逻辑的专用网络。

② 通常用于大型组织跨地域的各个机构之间的联网信息交换，或是流动工作人员与总部之间的通信。

③ 只允许特定利益集团内建立对等连接，保证在网络中传输数据的保密性和安全性。

其中虚拟（Virtual）的概念是相对传统专用网络的构建方式而言的。传统的广域网组网方式是通过远程拨号和专线连接来实现的，而 VPN 是利用服务提供商（ISP 或 NSP）所提供的公共网络来实现远程的广域连接，即网络不是物理上独立存在的网络，而是利用共享的通信基础设施，仿真专用网络的设备。任意两个节点之间的连接并不是传统专网中的端到端的物理链路，而是利用某种公众网的资源动态组成的。用户不再需要拥有实际的长途数据线路，而是使用互联网公众数据网络的长途数据线路。

专用（Private）的含义是用户可以为自己制定一个最符合自己需求的网络，使网内业务独立于网外的业务流，且具有独立的寻址空间和路由空间，使得用户获得等同于专用网络的通信体验。

（二）VPN 的工作流程

VPN 需要在跨越公用网络的两个网络之间建立虚拟的专用隧道。在隧道被初始化后，传送过程中 VPN 数据的保密性和完整性通过加密技术加以保护。一般的工作流程如图 7-19 所示。

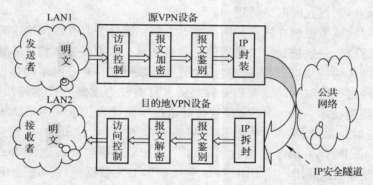

图 7-19　基于 IP 的 VPN 网络的工作流程

① 内部网 LANl 的发送者发送明文信息到连接公共网络的 VPN 设备。

② VPN 设备根据网络管理员设置的规则进行访问控制，确定是否需要对数据进行加密或让数据直接通过或拒绝通过。

③ 对需要加密的数据，VPN 设备在网络 IP 层对整个 IP 数据包进行加密，附上数字签名，以提供数据包鉴别。

④ VPN 设备依据所使用的隧道协议，重新封装加密后的数据（加上新的数据报头，包括新的目的地址：目的地 VPN 设备、IP 地址及所需的安全信息和一些初始化参数等），通过隧道协议可建立起虚拟隧道，然后将数据通过该隧道在公众网络上传输。

⑤ 当数据包到达目的 VPN 设备时，首先根据隧道协议将数据包解除封装，数字签名核对无误后，数据包被解密还原成原明文。

⑥ 目的地 VPN 设备根据明文中的目的地址对内部网 LAN2 中的主机进行访问控制，在核对无误后将明文传送给 LAN2 中的接收者。

（三）隧道技术

1. 实现 VPN 的关键技术

实现虚拟专用网络主要有下列三种关键技术。

（1）安全隧道技术（Secure Tunneling Technology）。该技术将待传输的原始信息经过加密和协议封装处理后，再嵌套装入另一种协议的数据包送入网络中，像普通数据包一样进行传输。经过这样的处理，只有源端和目的端的用户对隧道中的嵌套信息能够进行解释和处理，而这些信息对于其他用户而言无意义。

（2）用户认证技术（User Authentication Technology）。在正式的隧道连接开始之前，需要确认用户的身份，以便系统进一步实施资源访问控制或用户授权。

（3）访问控制技术（Access Control Technology）。它由 VPN 服务的提供者与最终网络信息资源的提供者共同协商，确定特定用户对特定资源的访问权限，以此来实现基于用户的访问控制，从而提供对信息资源的最大限度的保护。

在 VPN 的关键技术中，最重要的是安全隧道技术。隧道技术是一种通过使用公共互联网络基础设施在网络之间传递数据的方式。隧道技术包括数据封装、传输和解包在内的全过程。使用隧道传递的数据（或负载）可以是不同协议的数据帧或数据包，隧道协议将这些各种类型的数据帧或数据包重新封装在新的包头中发送。新的包头提供了路由信息，从而使封装的负载数据能够通过互联网络传送。

被封装的数据帧或数据包在隧道的两个端点之间，通过公共互联网络进行路由，所经过的逻辑路径称为隧道。一旦被封装的数据到达网络终点，数据将被解包，并转发到最终目的地。隧道所使用的传输网络可以是任何类型的公共互联网络，企业网络同样可以创建隧道。

隧道技术在经过一段时间的发展和完善之后，目前较为成熟的技术包括：① IP 网络上的系统网络结构隧道技术，其中 IPSec 是这类隧道技术的代表。系统网络结构的数据流通过企业 IP 网络传送时，系统网络结构数据帧将被封装在 UDP 和 IP 协议包头中进行传送。② IP 网络上的 NovellNetWareIPX 隧道技术。当一个 IPX 数据包被发送到 NetWare 服务器或 IPX 路由器时，服务器或路由器用 UDP 和 IP 包头封装 IPX 数据包后，通过 IP 网络发送。另一端的 IP – TO – IPX 路由器在去除 UDP 和 IP 包头之后，把数据包转发到 IPX 目的地。

近年来，不断出现了一些新的隧道技术，包括：① 点对点隧道协议（PPTP）。PPTP 协议允许对 IP、IPX 或 NetBEUI 数据流进行加密，然后将加密后的数据封装在 IP 包头中，通过企业 IP 网络或公共互联网络发送。② 第 2 层隧道协议（L2TP）。L2TP 协议允许对 IP、IPX 或 NetBEUI 数据流进行加密，然后通过支持点对点数据包传递的任意网络发送，如 IP、X.25、帧中继或 ATM 等。

2. 隧道类型

隧道分为自愿隧道和强制隧道两种类型。

（1）自愿隧道。当一台工作站或路由器使用隧道客户软件创建到目标隧道服务器的虚拟连接时，建立自愿隧道。为实现这一目的，客户端计算机必须安装适当的隧道协议。自愿隧道需要有一条 IP 连接（通过局域网或拨号线路）。因特网拨号用户必须在创建因特网隧道之前，拨通本地 ISP 取得与因特网的连接。对于企业内部网络，客户机已经具有同企业网络的连接，由企业网络为封装负载数据提供到目标隧道服务器的路由。

（2）强制隧道。由于客户只能使用由前端处理器创建的隧道，所以将这种隧道称为强制隧道。一些商家提供能够代替拨号客户创建隧道的拨号接入服务器。客户机可以向位于本地 ISP 的能够提供隧道技术的网络接入服务器发出拨号呼叫。企业可以与某个 ISP 签订协议，由 ISP 为企业在全国范围内设置一套前端处理器。这些前端处理器可以通过因特网创建一条到隧道服务器的隧道，隧道服务器与企业的专用网络相连。这样，就可以将位于不同地方的前端处理器合并成企业网络端的一条单一的因特网连接。

使用强制隧道，可以将前端处理器配置为所有的拨号客户创建到指定隧道服务器的隧道，也可以将其配置为基于不同的用户名或目的地而创建的不同隧道。

自愿隧道技术为每个客户创建独立的隧道。在强制隧道技术中，一条隧道中可能会传递多个客户的数据信息，只有在最后一个隧道用户断开连接之后才终止整条隧道。

3. 隧道协议

为了创建隧道，隧道的客户机和服务器双方必须使用相同的隧道协议。按照 OSI 模型，隧道技术可以分别以第 2 层或第 3 层隧道协议为基础。第 2 层隧道协议对应 OSI 模型中的数据链路层，使用数据帧作为数据交换单位。PPTP、L2TP 和 L2F（第 2 层转发）都属于第 2 层隧道协议，它们都是将数据封装在点对点协议 PPP 帧中，通过互联网络发送。第 3 层隧道协议对应 OSI 模型中的网络层，使用数据包作为数据交换单位。IP over IP 和 IPSec 隧道模式都属于第 3 层隧道协议，都是将 IP 包封装在附加的 IP 包头中，通过 IP 网络发送。

对于像 PPTP 和 L2TP 这样的第 2 层隧道协议，创建隧道的过程类似于在双方之间建立会话；隧道的两个端点必须同意创建隧道，并协商隧道各种配置变量，如地址分配、加密或压缩等参数。在绝大多数情况下，通过隧道传输的数据都是利用基于数据包的协议发送。

隧道一旦建立，数据就可以通过隧道进行发送。隧道客户端和服务器使用隧道数据传输协议准备传输数据。例如，当隧道客户端/服务器端发送数据时，客户端首先给负载数据加上一个隧道数据传送协议包头，然后把封装的数据通过互联网络发送，并由互联网络将数据路由到隧道的服务器端。隧道服务器端收到数据包之后去除隧道数据传输协议包头，然后将负载数据转发到目标网络。

4. 隧道的功能

隧道的创建需要具有如下的功能。

（1）用户验证。第 2 层隧道协议继承了 PPP 协议的用户验证方式。许多第 2 层隧道技术都假定在创建隧道之前，隧道的两个端点相互之间已经了解或已经经过验证。一个例外情况是，IPSec 协议的 ISAKMP 协商提供了隧道端点之间进行的相互验证。

（2）令牌卡（Tokeneard）支持。通过使用扩展验证协议（EAP），第 2 层隧道协议能够支持多种验证方法，包括一次性口令、加密计算器和智能卡等。第 3 层隧道协议也支持使用类似的验证方法，例如，IPSec 协议通过 ISAKMP/Oakley 协商，确定公共密钥证书验证。

（3）动态地址分配。第 2 层隧道协议支持在网络控制协议协商机制的基础：动态分配客户地址。第 3 层隧道协议通常假定隧道建立之前就已经进行了地址分配。

（4）数据压缩。第 2 层隧道协议支持基于 PPP 的数据压缩方式，例如，微软公司的 PPTP 和 L2TP 方案使用微软公司的点到点加密协议（MPPE）。

（5）数据加密。第 2 层隧道协议支持基于 PPP 的数据加密机制，例如，微软公司的 PPTP 和 L2TP 方案，支持在 RSA/RC4 算法的基础上选择使用 MPPE。第 3 层隧道协议可以使用类似的加密方法，例如，IPSec 通过 ISAKMP/Oakley 协商，确定几种可选的数据加密方法，保障隧道客户端和服务器之间数据的安全。

（6）密钥管理。作为第 2 层协议的 MPPE，依靠验证用户时所生成的密钥定期对其更新。IPSec 在 ISAKMP 交换过程中公开协商公用密钥，同时对其进行定期更新。

（7）多协议支持。第 2 层隧道协议支持多种负载数据协议，从而使隧道客户能够访问使用 IP、IPX 或 NetBEUI 等多种协议企业网络。相反，第 3 层隧道协议，如 IPSec 隧道模式，只能支持使用 IP 协议的目标网络。

（四）VPN 的应用

对于企业来说，VPN 提供了安全、可靠的因特网访问通道，为企业进一步发展提供了可靠的技术保障，而且 VPN 能提供专用线路类型服务，是方便快捷的企业私有网络。企业甚至可以不必建立自己的广域网维护系统，而将这一繁重的任务交由专业的 ISP 或 NSP 来完成。

由于 VPN 的出现，企业可以从以下几方面获益。

（1）实现网络安全。高度的安全性对于现存的网络是极其重要的。新的服务如在线银行、在线交易都需要高度的安全，而 VPN 以多种方式增强了网络的智能性和安全性。首先，它在隧道的起点，在现有的企业鉴别服务器上，提供对分布用户的鉴别、权限设置等；其次在传输中采用加密技术；另外，VPN 支持安全和加密协议，如 IPSec 协议和微软公司的点对点加密（MPPE）协议。在可靠性方面，当公共网络的一部分出现故障时，数据可重新选择路由组成新的逻辑网络，不会受到影响，而传统的专线一旦出现故障，则会导致相应的网络瘫痪。

（2）简化网络设计和管理。网络管理者可以使用 VPN 替代租用线路来实现分支机构的连接。这样就可以将对远程链路进行安装、配置和管理的任务减少到最小，仅此一点就可以极大地简化企业广域网的设计。另外，VPN 通过使用 ISP 或 NSP 提供的服务，减少了调制解调器，简化了所需的接口，同时简化了与远程用户认证、授权和记账相关的设备和处理。

（3）降低成本。当企业使用因特网时，实际上只需付短途电话费，却收到了长途通信的效果。因此，借助 ISP 或 NSP 来建立 VPN，就可以节省大量的通信费用，局域网互联费用可降低 20%～40%，而远程接入费用更可减少 60%～80%。VPN 还使企业不必投入大量的人力和物力去安装和维护 WAN 设备和远程访问设备。

（4）容易扩展、适应性强。如果企业想扩大 VPN 的容量和覆盖范围、希望需要做的事情很少，而且能及时实现，企业只需与新的 IPS 签约，建立账户，或者与原有的 ISP 重签合约，扩大服务范围。在远程办公室增加 VPN 能力也很简单，几条命令就可以使 Extranet 路由器拥有 VPN 能力，路由器还能对工作站自动进行配置。

（5）可随意与合作伙伴联网。在过去，企业如果想与合作伙伴联网，双方的信息技术部门就必须协商如何在双方之间建立租用线路或帧中继线路。有了 VPN 之后，这种协商毫无必要，真正达到了要连就连，要断就断。

（6）完全控制主动权。借助 VPN，企业可以利用 ISP 的设施和服务，同时又完全掌握着自己网络的控制权。例如，企业可以把拨号访问交给 ISP 去做，由自己负责用户的查验、访问权、网络地址、安全性和网络变化管理等重要工作。

（7）支持新兴应用。许多专用网对许多新兴应用准备不足，例如，那些要求高带宽的多媒体和协作交互式应用。VPN 则可以支持各种高级的应用，如 IP 语音、IP 传真，还有各种协议，如 IPv6、RMPLS、SNMPV3 等。

由此可见，VPN 是企业内部网络设计、信息管理、流通的必然趋势。在满足基本应用要求后，有以下三类用户比较适合采用 VPN：① 位置众多，特别是单个用户和远程办公室站点多，例如，企业用户、远程教育用户；② 用户或站点分布范围广，彼此之间的距离远，遍布全球各地，需通过长途，甚至是国际长途手段联系的用户；③ 带宽和时延要求相对适中，对线路保密性和可用性有一定要求的用户。

以下四种情况可能并不适合采用 VPN：① 非常重视传输数据的安全性；② 不管价格多少，性能都放在第一位；③ 采用不常见的协议，不能在 IP 隧道中传送应用；④ 大多数通信是实时通信的应用，如语音和视频，但这种情况可以使用公共交换电话网（PSTN）解决方案与 VPN 配合使用。

第五节　Web 安全协议

一、SSL 协议及其分析

Netscape 公司在推出 Web 浏览器第一版的同时，提出了安全通信协议 SSL。SSL 采用公用密钥技术，其目标是在服务器和客户机两端同时实现支持，保证两个应用之间通信的保密性和可靠性。SSL 在因特网上已被广泛地用于处理金融敏感的信息。

SSL 协议是在因特网基础上提供的一种保证机密性的安全协议，它能使客户机与服务器应用之间的通信不被攻击者窃听，并且始终对服务器进行认证，还可以选择对客户机进行认证。SSL 协议要求建立在诸如 TCP 这样的可靠的传输层协议之上。现行的 Web 浏览器普遍将 HTTP 和 SSL 相结合，从而实现安全通信，如图 7-20 所示。

SSL握手协议	SSL更改密码规格协议	SSL警报协议	HTTP
SSL记录协议			
TCP			
IP			

图 7-20　SSL 协议栈

SSL 协议的优势是它独立于应用层协议，高层的应用层协议（如 HTTP、FTP、Telnet）能透明地建立于 SSL 协议之上。SSL 协议在应用层协议通信之前就已经完成加密算法、通信密钥的协商以及服务器认证工作，在此之后，应用层协议所传送的数据都会被加密，从而保证通信的私密性。

（一）SSL 记录层协议

SSL 记录层协议提供通信和认证功能，并且在一个面向连接的可靠传输协议（如 TCP）之上提供保护。在 SSL 中，所有数据被封装在记录中，一个记录由记录头和非零长度的数据两部分组成，记录头可以是 2 字节或 3 字节（当有填充数据时使用），该头主要用于指示记录长度，2 字节的最大记录长度是 32 767 字节，3 字节的最大记录长度是 16 383 字节。SSL 握手层协议的报文要求必须放在一个 SSL 记录层的记录里，但应用层协议的报文允许占用多个 SSL 记录来传送。

记录的数据由一个消息认证码 MAC、实际数据和填充数据这三部分组成。如果使用"块加密"方式，加密数长度不是块长度的整数倍，就需要填充数据，记录的数据部分是完全加密的，记录层结构如图 7-21 所示。

MAC 数据用于数据完整性检查。计算 MAC 所用的散列（Hash）函数由握手协议中的

CIPHERCHOICE 消息确定。若使用 MD2 和 MD5 算法，则 MAC 数据长度为 16 个字节。

图 7-21　SSL 记录层结构

（二）SSL 更改密码规格协议

SSL 更改密码规格协议是 SSL 的三个特定协议之中最简单的一个。它由单个消息组成，该消息只包含一个值为 1 的单个字节，作用是使未决状态复制为当前状态，更新用于当前连接的密码组。

（三）SSL 警报协议

警报协议用来为对等实体传送 SSL 的相关警报消息。当其他应用程序使用 SSL 时，根据当前状态确定警报消息，同时警报消息被压缩和加密。警报协议的每条消息包含两个字节：第 1 个字节表示消息的严重性，它有两个值，取 1 时表示警报级，取 2 时为错误级；第 2 个字节包含了指示特定警报的代码。SSL 规范定义的错误警报有：接收到不适当的消息、接收到错误的 MAC、解压缩函数的输入不合适、发送方不能产生可接受的安全参数组、握手消息的某个字段超过值域或与其他字段不相符，等等。

（四）SSL 握手层协议

握手过程包括两个阶段：第一个阶段，选择一个主密钥、加密算法、认证服务器，用于建立机密性通信信道；第二阶段，如果需要，进行客户认证，完成握手协议。

握手层的报文由一个字节的报文类型代码和数据两部分组成，报文类型不同，则数据的结构也不同。所有握手层的报文以及以后的数据报文，都是通过记录层传输的。

下面以一个典型的握手过程来介绍握手层协议的报文流程，如表 7-5 所示。

表 7-5　无会话标识和无客户认证的握手过程

报　文　类　型	方　　　向	传输的数据
Client-hello	客户机→服务器	Challenge-data，cipher-specs
Server-hello	客户机←服务器	Connection-id，server-certificate，cipher-specs
Client-master-key	客户机→服务器	Cipher-kind，clear-master-key，[secret-master-key] server-public-key
Client-finish	客户机→服务器	[connection-id] client-write-key
Server-verify	客户机←服务器	[challenge-data] server-write-key
Server-finish	客户机←服务器	[session-id] server-write-key

（1）Client-hello 报文。它向服务器发送测试数据和客户所能支持的多个加密算法列表。

（2）Server-hello 报文。它返回一个连接标识、一个服务器证明、一个修改后的客户和服务器都能支持的加密算法列表。

（3）Client-master-key 报文。它以明文返回选定的加密算法和主密钥，主密钥前 40 位不加密，其余位加密（该规定是因为美国对加密软件的出口限制）。实际的密钥并不是 Master-key，而是由 Master-key 生成的两个密钥 Client-write-key 和 Client-read-key。从这时起，客户用 Client-write-key 加密发送报文，服务器利用 Server-read-key 解密。同样，服务器用 Server-write-key 加密发送报文，客户机利用 Client-read-key 解密。

（4）Client-finish 报文。它是 Client-write-key 加密发送之前服务器送来的 Connection-id（会话标识号）。

（5）Server-verify 报文。它是 Server-write-key 加密发送之前客户机发送来的测试数据，使客户验证服务器。

（6）Server-finish 报文。它包含一个用 Server-write-key 加密的"会话标识号"，以后当同一个客户机和服务器再次握手时，可不必再协商加密算法和主密钥。

SSL 协议使用 X.509 来认证，RSA 作为公钥算法，可选用 RC4-128、RC-128、DES、三重 DES 作为数据加密算法。SSL 协议每层使用下层服务，并为上层提供服务。目前，SSL 协议已经成为因特网上保密通信的工业标准。

二、PGP 协议

电子邮件是最常用的一项基于网络的应用，它可以跨越所有体系结构和供应商平台。随着人们对电子邮件的依赖性日益增长，对身份验证和机密性的需求也随之增长，其中 PGP（Pretty Good Private）和 S/MIME（Secure/Multipurpose Internet Mail Extension）协议的应用最为广泛。

PGP 协议对电子邮件进行保密，以防止未授权者阅读；还能对电子邮件加上数字签名，从而使收信人可以确认电子邮件的发送者，并能确信电子邮件没有被篡改。PGP 协议提供了一种安全的通信方式，而事先并不需要用任何保密的渠道来传递密钥。PGP 在全世界都可以免费使用，并且适用范围非常广泛，从需要选择标准化方案来加密文档和消息的公司到想要通过因特网或其他网络与他人安全通信的个人都适用。

（一）PGP 协议提供的服务

（1）身份验证。身份验证过程如图 7-22 所示。

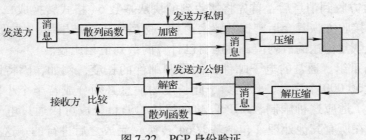

图 7-22 PGP 身份验证

SHA—1 和 RSA 的组合提供了一种有效的数字签名方案。发送方首先创建消息，用 SHA—1 算法生成消息的 160 位散列值，然后用发送方私钥的 RSA 加密该散列值，并将结果附在消息上；接收方收到消息后，用公钥的 RSA 来解密消息，恢复散列值，并且再生成消息的新散列值，与接收到的解密后的散列值相比较，如果两个值相符合，则说明消息是真实的。一般情况下，签名是附在签名的消息或文件上的，但有时允许分离签名，它可以独立于所签名的消息而存储和传送。

（2）保密性。PGP 的保密功能可以使用常规加密算法如 CAST—128 等，将传送的消息或者存储在本地的文件加密。在 PGP 中，每个常规密钥都只使用一次。也就是说，每个消息都会产生随机的 128 位新密钥。这样，由于密钥只使用一次，可以把会话密钥绑定到消息上与消息一起传送。为了保护密钥，需要用接收方的公钥进行加密。其步骤如图 7-23 所示。

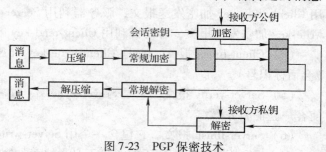

图 7-23　PGP 保密技术

发送方首先生成一个消息和只适于此消息的随机 128 位数字作为会话密钥，用具有会话密钥的 CAST—128 或者 IDEA、TDEA 算法加密消息，然后用接收方公钥的 RSA 加密会话密钥，并附在消息上；接收方使用具有私钥的 RSA 解密消息，恢复会话密钥，最后用会话密钥来解密消息。

PGP 允许将保密性和身份验证两种服务用在同一消息上。首先，生成明文消息的签名，并附在消息上，然后使用 CAST—128 或者 IDEA、TDEA 算法加密明文消息和签名，用 RSA 算法加密会话密钥。这一步骤反过来更合适：加密消息，然后生成加密消息的签名，这样更有利于存储消息明文的签名。

（3）压缩。在默认情况下，PGP 协议在签名之后、加密之前进行消息压缩，这样有利于减少在电子邮件传送和文件存储时的磁盘空间。另一方面，由于压缩消息比原始明文的长度小，所以使得加密分析更加困难，因此，在压缩后使用消息加密，可以增强密码技术的安全性。

（4）电子邮件兼容性。在使用 PGP 时，许多电子邮件消息只允许使用由 ASCII 文本构成的块。为了适应这种限制，PGP 提供了把未处理的 8 位二进制串转换成可打印的 ASCII 字符串服务，这种服务使用的方案是基数 64 转换。在传送时，如果需要，可以使用压缩明文的散列值来生成签名，然后再压缩明文和签名。如果要求机密性服务，则加密压缩明文或压缩签名和明文，并将常规加密密钥的加密公钥附在上面；最后，整个消息块被转换成基数 64 的格式。接收方收到消息后，首先将接收到的块从基数 64 格式转换成二进制形式；如果消息是加密的，接收方恢复会话密钥并解密消息，然后解压缩结果块；如果消息是经过签名的，接收方可以恢复传送的散列值，并与自己计算的散列值相比较。

（5）分段与重组。通常的电子邮件机制限制邮件的长度，例如，因特网上有些设施的最大长度设定为 50 000 个字节，任何大于此长度的消息必须分成若干个小段，每个小段都要单独邮寄。为了适应这种限制，PGP 自动将超长的消息分成可以通过电子邮件发送的小段，分段工作是在所有其他处理（包括基数 64 转换）完成之后进行的。这样，会话密钥组件和签名组件只在第一段的开始出现一次。在接收端，PGP 必须打开所有的电子邮件报头。

（二）PGP 协议会话密钥

PGP 协议使用了一次性会话常规密钥、公钥、私钥和逐段常规密钥。对于每一个密钥，都需要有生成不可测会话密钥的方法，并且能够允许用户拥有多个公钥/私钥对，对于每个 PGP 实体，都必须维护自己的公钥/私钥对文件和通信双方的公钥文件。

（1）会话密钥的生成。每个会话密钥都与单个消息相关，只在加密和解密消息时使用。以 CAST—128 算法为例，会话密钥生成过程是：首先生成两个 64 位的加密文本块，然后链接成 128 位的会话密钥。随机数字生成器的明文输入也是由两个 64 位块构成的，它是从 128 位的随机数字流中得到的。这些数字以用户击键输入为基础，根据击键计时和实际键入的字符生成随机流。这样，如果用户按照正常的频率随机击键，就会生成正常的随机输入，这种随机输入与 CAST—128 算法生成的会话密钥的输出结合起来，形成生成器的输入码。对于给定的 CAST—128 算法的密钥矩阵来讲，结果是一系列不可预测的会话密钥。

（2）密钥标识符。会话密钥附在加密消息上。会话密钥用接收方的公钥加密，只有接收方才能够恢复会话密钥，从而恢复消息。当每个用户有多个公钥/私钥对时，可以利用用户 ID 和密钥 ID 的组合来唯一识别一个密钥，并且只需传送较短的密钥 ID 即可。但是，这种方法必须分配和存储密钥 ID，才能使得发送方和接收方将密钥 ID 和公钥对应起来。PGP 协议的解决方法是，对于那些在用户 ID 里很可能是唯一的公钥都分配密钥 ID。与公钥相关的密钥 ID 至少由 64 位数构成，也就是说，公钥的密钥 ID 等于 mod 2^{64}。

PGP 协议的数字签名也需要密钥 ID，这是因为发送方可能使用某个私钥来加密消息摘要，所以接收方必须知道应该使用哪个公钥。相应地，消息的数字签名组件中，包括了所需公钥的 64 位密钥 ID，接收消息时，接收方可以验证发送方公钥的密钥 ID，然后再验证签名。所传送的消息由消息体、签名（可选）和会话密钥（可选）构成，如图 7-24 所示。

接收方公钥的密钥ID	会话密钥	时间戳	发送方公钥的密钥ID	消息摘要的两个引导位组	消息摘要	文件名	时间戳	数据

图 7-24　PGP 消息的常用格式

（3）密钥环。任意一个 PGP 消息中都包括两个提供机密性和身份验证的密钥 ID，这些密钥需要存储，并用对称方式进行组织，以便所有实体能够被高效使用。PGP 提供一种称为私钥环的数据结构，用来存储此节点的公钥/私钥对，并提供另一种称为公钥环的数据结构，用来存储此节点已知的其他用户的公钥。图 7-25 给出了私钥环的通用结构，可以把它看成是一张表，表中每一行代表该用户所拥有的一个公钥/私钥对。私钥环利用用户 ID 和密钥 ID 进行索引。

时间戳	密钥ID	公钥	加密的私钥	用户ID
…	…	…	…	…

图 7-25　私钥环的通用结构

因为私钥环只能存储在创建并拥有该密钥对的用户机器上，而且只能由此用户访问，这使得私钥的安全性达到最高。私钥自身并不直接存储在密钥环中，该密钥利用 CAST—128 或者 IDEA、TDEA 算法进行加密。经过加密的私钥被存储在私钥环中。

图 7-26 给出了公钥环的通用结构。这种数据结构用来存储用户已知的其他用户的公钥。

时间戳	密钥ID	公钥	拥有者信任	用户ID	密钥合理性	签名	签名信任
…	…	…	…	…	…	…	…

图 7-26　公钥环的通用结构

下面介绍在消息传送和接收过程中如何使用密钥环。假定消息已经经过了签名和加密。PGP 发送实体执行如下操作：

① 签名消息：PGP 用发送方的用户 ID 作为索引，从私钥环中检索出发送方的私钥；接着 PGP 提示用户输入口令来恢复未加密的私钥；最后构造消息的签名部分。

② 加密消息：PGP 生成会话密钥并加密消息；然后使用接收方的用户 ID 作为索引，从公钥环中得到接收方的公钥；最后构造消息的会话密钥部分。

接收操作的步骤为：

① 解密消息：PGP 使用消息的会话密钥部分中的密钥 ID 作为索引，从私钥环中检索得到接收方的私钥；然后提示用户输入口令来恢复未加密的私钥；最后 PGP 恢复会话密钥并解密消息。

② 身份验证消息：PGP 使用消息的密钥部分中的密钥 ID 作为索引，从公钥环中检索得到发送方的公钥；然后 PGP 恢复传送来的消息摘要；最后 PGP 计算出接收消息的消息摘要，并与传送来的消息摘要相比较进行身份验证。

三、安全多用邮件扩展协议 S/MIME

MIME 是一种因特网电子邮件扩充标准格式，但它未提供任何安全服务功能。S/MIME 在 MIME 基础上增加了数字签名和加密技术协议，主要用于电子邮件或相关的业务，也可用于 Web 业务。一些著名软件公司如微软、Novell、Lotus 等都支持该协议。

（一）MIME

MIME（多用邮件扩展协议）规范定义了五个新的消息报头字段，这些字段提供了与消息正文相关的消息，同时还定义了一些内容格式，从而支持多媒体电子邮件的标准化表示方法以及编码转换。它能够将任何内容格式转换成可以防止邮件系统改动的形式。

消息报头字段包含：① 版本，它指出消息符合［RFC2045］和［RFC2046］，必须有参数值 1.0；② 内容类型，它详细描述正文中的数据；③ 内容转换编码，字段的取值如表 7-6 所示；④ 内容 ID，它用于多个环境中唯一表示 MIME 实体；⑤ 内容描述，即对正文对象的文本描述。

表 7-6　MIME 的传输编码

7 位	数据由 ASCII 字符的短行表示
8 位	数据由非 ASCII 字符的短行表示
二进制位	数据可表示为非 ASCII 字符，行不必是短的
可打印	如果编码的数据多数为 ASCII 文本，则数据的编码格式保留为可读的
基数 64	可打印的 ASCII 字符
X 标记	命名的非标准编码

MIME 规范的重点是对多种内容类型的定义以及对消息正文传输编码的定义，其目的是在大范围内提供可靠的传送。

（二）**S/MIME**

S/MIME（安全多用邮件扩展协议）提供了以下功能：

（1）数据封装。对于一个或多个接收方，它的构成是任何类型的加密内容和加密内容的加密密钥。

（2）数据签名。对需要签名内容的消息摘要采用签名者的私钥进行加密，然后将内容和签名用基数 64 转换进行编码，签名的数据消息只能由具有 S/MIME 功能的接收方查看。

（3）数据明文签名。与签名的数据一样对内容进行数字签名，但只有签名用基数 64 转换进行编码，这样，不具有 S/MIME 功能的接收方虽然不能够验证签名，但能够查看内容。

（4）数据签名和封装。只进行签名和只进行封装的实体可以相互嵌套，也就是说，加密的数据可以被签名，签名的数据或明文签名的数据也可以加密。

S/MIME 合并了三种公钥算法。数字签名首选 DSS，加密会话密钥首选 Diffie-Hellman 算法，RSA 算法是用于签名和会话密钥加密的首选算法。S/MIME 规范推荐使用 160 位的 SHA-1 算法，但需要支持 128 位 MD5 算法。S/MIME 规范讨论了选择何种加密算法的步骤。

S/MIME 使用签名、加密或者两者兼有的方式来确保 MIME 实体的安全。MIME 实体可以是完整的消息；在 MIME 的内容类型非单一时，MIME 是提示消息的一个或多个部分。发送的消息都要转换成规范形式，在实际应用中，对给定的类型和子类型，要针对消息内容选择适当的规范形式。S/MIME 使用的 MIME 内容类型如表 7-7 所示。

表 7-7 S/MIME 的内容类型

类 型	子 类 型	S/MIME 参数	说 明
multipart（一种满足多方安全的类型）	Signed		由明文签名的消息，包括消息和签名两个部分
application/moss-signature	pkcs7-mine	签名的数据	由 S/MIME 实体签名
	pkcs7-mine	封装的数据	由 S/MIME 实体加密
	pkcs7-mine	弱签名的数据	仅包括 S/MIME 实体的公钥证书
	pkcs7-signature		multipart/signed 消息类型的签名子类型
	pkcs10-mine		用于请求注册证书的消息

在多数情况下，应用安全算法会使得部分或全部消息成为由任意二进制数据表示的对象。然后，可以利用基数 64 转换编码将此对象装入 MIME 外部消息中。

（三）**准备 S/MIME 消息的步骤**

（1）准备封装的数据 MIME 实体的步骤。首先，为特定的对称加密算法生成伪随机会话密钥；然后对于每个接收方用接收方的公共 RSA 密钥加密会话密钥，并为每个接收方准备一个 RecipientInfo 块，包括发送方的公钥证书、用来加密会话密钥的算法标识符以及加密的会话密钥；接下来利用会话密钥加密消息的内容。封装的数据由经过加密的内容和 RecipientInfo 块构成，然后，将此消息利用基数 64 转换进行编码。接收方在接收到消息时，为了恢复加密的消息，首先去掉基数 64 编码；然后利用接收方的私钥来恢复会话密钥；最后接收方利用会话密钥来解密消息内容。

（2）准备签名的数据 MIME 实体的步骤。首先，选择生成消息摘要算法（SHA-1 或 MD5），并计算需要签名内容的消息摘要或者散列值；然后，用签名者的私钥加密消息摘要，同时准备 SingerInfo 块，包括签名者的公钥证书、消息摘要算法的标识符、用来加密消息摘要的算法标识符以及加密的消息摘要；最后，将消息利用基数 64 转换编码。当接收方收到消息时，首先去掉基数 64 编码，然后利用签名者的公钥来解密消息摘要。接收方独立计算出消息摘要，并与解密的消息摘要相比较来验证签名。

第六节　移动商务安全技术

一、移动通信与无线网络安全概述

现行的通信机制按照传输媒介的有无，可分为有线通信系统和无线通信系统两种。有线通信是指利用金属线、同轴电缆及光纤等有线连接方式（如电话、计算机网络等）进行通信；无线通信则是利用无线电波、光波等非实体连接方式（如移动电话、无线网络）进行通信。信息在这些媒介中传送很容易遭到攻击，为防止通信设备中有价值的数据被窃取，采取相关的安全防护措施，确保合法通信网路的畅通及通信内容不被泄露或遭到攻击是必要的。

美国于 20 世纪 80 年代推出第一代移动通信系统 AMPS（Advanced Mobile Phone System）时，通信安全的概念尚未普及，其通信标准规范尚未考虑到相关的安全机制，用户识别码（Mobile Identification Number，MIN）及手机识别码（Electronic Serial Number，ESN）均以明文的方式传送，因此当时的通信内容很容易被监听，手机号码被盗用的事件也时有发生。

20 世纪 90 年代推出的第二代移动 GSM 系统，加强了身份验证及密码机制，大大提高了移动通信的安全防护。但 GSM 系统仅能传输语音信号，不能传输数据及多媒体，这限制了手机作为网页浏览器的功能。为了适应因特网与移动通信系统日渐融合的趋势，各国积极建立第三代（3G）移动通信系统，其安全机制的规则也将更加完备。

有线通信的相关安全措施已在前面章节作过介绍，本节着重介绍几种比较具有代表性的无线通信系统及其相关的安全机制，包括 GSM 系统、3G 系统、无线局域网络 IEEE 802.11、短距离无线通信的蓝牙技术（Bluetooth），并介绍这些标准所使用的安全机制。

二、GSM 移动通信系统及其安全机制

（一）GSM 移动通信系统的系统架构

GSM 系统的基本结构如图 7-27 所示，分为以下三大部分：移动站（Mobile Station，MS）、基站子系统（Base Station Subsystem，BSS）及网络与交换子系统（Network and Switching Subsystem，NSS）。

（1）移动站（MS）。MS 为客户端的移动通信设备，由 ME 和 SIM 卡组成。ME（Mobile Equipment）为客户端的移动设备，如常见的 PDA 或手机等。用户识别模块（Subscriber Identity Module）简称 SIM 卡，是一种含有用户相关数据的 IC 卡。原则上，ME 需配合 SIM 卡才能使用，但紧急使用时可以不需要 SIM 卡。

（2）基站子系统（BSS）。BSS 内含基地传输站和基站控制器。基地传输站（Base

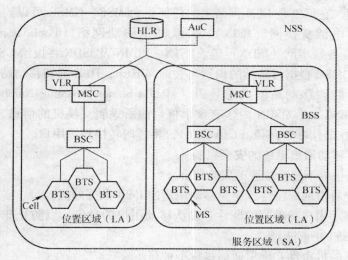

图 7-27　GSM 系统架构

Transceiver Station，BTS）即基站，含有传送器、接收器以及和 MS 通信的音频接口。它的功能是提供所服务区域内移动通信用户所需的通信接口。每个基站所服务的区域称为细胞（Cell）。基站控制器（Base Station Controller，BSC）主要起到 BSS 的交换机功能，如频道的占用及释放。BSC 可以通过 ISDN 连接多个 BTS，并负责所辖区域内 BTS 的资源管理。

（3）网络与交换子系统（NSS）。NSS 含有移动交换中心（Mobile Switching Center，MSC）、本地位置记录器（Home Location Register，HLR）、访客位置记录器（Visited Location Register，VLR）及认证中心（Authentication Center，AuC）四个主要设备。MSC 是 GSM 系统的中枢，负责线路交换；HLR 是指手机用户原先申请注册的所在地；VLR 主要功能是记录所有漫游到此区域（LA）的用户数据，并且存储由 AuC 产生执行安全机制所需的参数；AuC 记录了所有用户的国际移动用户码（International Mobile Subscriber Identity，IMSI），该码记录了该手机原先的申请注册地点及该手机的唯一识别码，并会产生相关的参数提供给 VLR 执行相关的安全机制。

（二）**GSM 移动通信系统的通信过程**

GSM 移动通信系统的通信过程可以分为注册阶段和呼叫传送阶段，下面分别介绍。

（1）注册阶段。GSM 系统用户注册的目的是告诉 HLR 目前用户所在位置及相关数据的更新，因此，当用户将移动设备从一个 LA 移动到另一个新的 LA 时，就必须执行注册的动作。限于篇幅，注册阶段的流程及移动用户注册操作此处从略。值得注意的是，移动用户与 VLR 间的通信是通过无线传输的，因此传输数据容易被截取，所以 MS 与 VLR 间的身份验证数据尽量采用 TMSI，以避免泄露用户真实的身份验证数据 IMSI，实现用户身份的保密性。

（2）呼叫传送阶段。呼叫传送移动电话的过程如图 7-28 所示，具体步骤如下：

由 GSM 用户呼叫其他电话或数据系统的用户时，或者由其他电话或数据系统呼叫 GSM 用户时，都是通过网关 MSC（Gateway MSC，GM-

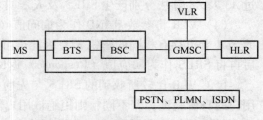

图 7-28　GSM 系统的呼叫传送过程

SC）来负责处理，它可以是 GSM 网络上的任何一台 MSC。GMSC 可以连接到其他电话或数据系统，如公用电话交换网（PSIN）、公众陆地移动网络（Public Land Mobile Network，PLMN）及综合业务数字网（ISDN）等。PSTN、PLMN 及 ISDN 将拨给 GSM 用户的呼叫交由GMSC 来处理，GMSC 根据移动站的识别码去询问 HLR，HLR 通知移动站目前漫游所在地的VLR，以获取目前该移动站的漫游号码（Mobile Station Roaming Number，MSRN），再将MSRN 返回给 GMSC。此 MSRN 内含有该手机目前所隶属交换机的信息。利用 MSRN 信息，GMSC 就可以建立最佳呼叫路径（Call Path），将呼叫转接到该用户。

（三）GSM 移动通信系统的安全机制

GSM 系统提供以下三个主要的安全服务。

① 移动用户身份的保密性：避免移动用户的 IMSI 数据外泄。

② 系统对移动用户身份的验证性：确认移动用户的身份，以防止非法用户冒充他人的身份使用通信系统的所有服务。

③ 传输数据的机密性：确保通话过程不被窃听。

GSM 系统中与这些安全服务相关的算法为 $A3$、$A5$ 及 $A8$，其功能如图 7-29 所示。

其中，$A3$ 主要用来产生验证参数 SRES（Signal Result）；$A5$ 为加解密算法；$A8$ 则用来产生加解密时所需的秘密会话密钥 K_c。每一家移动公司可以自己选择决定要使用哪一种 $A3$ 算法，但所有使用 GSM 系统的通信商家及手机，其 $A5$ 及 $A8$ 算法均相同。除此之外，用户的 SIM 卡里及 AuC 的数据库中会共同存储一把秘密密钥 K_i。

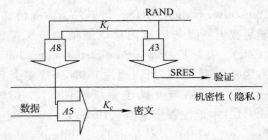

图 7-29　GSM 系统中所使用的 $A3$、$A5$ 及 $A8$ 算法

为确保移动用户身份的保密性，当移动用户从旧的 LA 移动到新的 LA 时，新 LA 所管辖的 VLR 会产生一个新的随机数作为此用户的 TMSI，而不是传送用户的 IMSI，这样可以降低IMSI 被窃取的风险。GSM 系统的移动用户身份验证机制的过程如下。

（1）当移动用户（MS）进入一个新的 VLR 所管辖的区域时，向此新 VLR 提出身份确认请求。新的 VLR 利用 MS 的 TMSI 来识别用户的身份，再以挑战（Challenge）及响应（Response）的询问方式来识别使用者身份。

（2）VLR 依据用户所传来的 TMSI，向其之前的旧 VLR 查询此 MS 真正的 IMSI。此 IMSI上记录了发行此 IMSI 的 HLR 身份。因此，VLR 向此 MS 的 HLR 请求确认此 MS 是否为其用户。

（3）HLR 向隶属的 AuC 查询此用户的密钥 K_i，并产生一个随机号码 RAND，然后再经过 $A3$ 及 $A8$ 算法分别产生 $SRES_1$ 及 K_c，并将此 RAND、$SRES_1$ 及 K_c 返回给 VLR。

（4）VLR 将参数 RAND 作为询问值（Challenge）传送给移动用户，而移动用户手机中的 SIM 卡也存有相同的密钥 K_i，因此也可以利用 $A3$ 及 $A8$ 算法来算出参数 $SRES_2$ 及 K_c，最后再将 $SRES_2$ 作为回应值（Response）返回给 VLR。

（5）VLR 比较所收到的 $SRES_2$ 与先前所存储的 $SRES_1$ 是否相同。若相同，则通过该移动用户的身份验证；若不同，则拒绝该用户使用通信服务。

（6）通过身份验证后，移动用户便可以开始进行通信，也可进入通信数据加解密的阶段。

GSM 系统中通信数据的加解密机制主要是利用 A5 算法来完成，A5 加密算法所使用的秘密密钥 K_c，即之前移动用户依据 K_i 及 RAND 使用 A8 算法所产生的秘密密钥。

三、第三代移动通信系统（3G）及其安全机制

发展 3G 通信网络的目的主要是整合移动通信与因特网的相关服务，使得移动通信网络也能提供因特网的数据服务功能，其中著名的系统有 WCDMA 及 TD-SCDMA 等。

（一）3G 的基本架构

3G 的架构与 GSM 系统架构类似，如图 7-30 所示。下面对其网络与设备进行简要介绍。

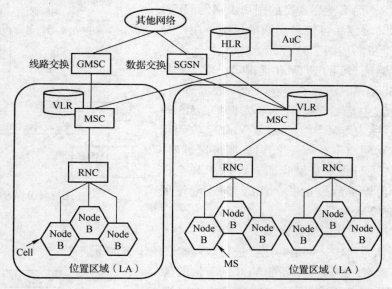

图 7-30　3G 的基本架构

（1）基站系统（Node B）。一个 Node B 可包含一个或多个 BTS，BTS 用来提供位于该服务区域内移动用户所需的无线通信接口。

（2）无线电网络控制台（Radio Network Controller，RNC）。它用于管辖一个或多个 Node B，并负责提供所管辖 Node B 间的交替工作及提供所管辖 BTS 的资源管理。

（3）移动交换中心（MSC/SGSN）。它是 3G 的中枢，可提供线路交换（Circuit-Switching）及数据交换（Packet-Switching）功能，为服务范围内的移动用户执行交换与转接的服务。

（4）访客位置记录器（VLR）。它主要负责存储漫游到此服务区中的移动用户的相关数据。

（5）本地位置记录器（HLR）。它主要负责存储所有移动用户的相关数据，以作为越区辨识及记账的依据。

（6）认证中心（AuC）。它用于存储所有用户的 IMSI 及相对应的认证密钥，供后续执行相关安全机制之用。

（7）移动站（MS）。它由 ME 与类似 SIM 卡的 UICC 卡（UMTS IC Card）组成。UICC

卡内含有用户服务识别模块（User Service Identity Module，USIM），这个模块内存有 $f1$ 至 $f5$ 的密码机制算法，它们是由公开的 MILENAGE 算法推算而来的。而 ME 内则存有 $f8$ 与 $f9$ 的密码算法，它们是由公开的 KASUMI 算法推算而来的。

（二）3G 的安全机制

为了防止合法用户进入非法网络，3G 通信系统增加了用户对网络的验证机制。另外，为确保用户数据在无线电波传输时不被截取或篡改，3G 通信系统也新增了机密性及完整性的保护机制。3G 通信系统的相关安全机制如下。

1. 用户身份的保密性

移动用户利用暂时性的用户识别码 TMSI 向网络证明自己的身份，而不使用真实的用户识别码 IMSI，目的是降低 IMSI 暴露后可能被窃取的风险。用户身份保密性的安全机制如图 7-31 所示。

一旦 VLR 验证 MS 的旧 TMSI 无误后，就会产生一个新的 TMSI 给 MS。为了避免 TMSI 数据外泄，TMSI 在无线电波中传输时将给予加密保护。MS 解出 TMSI 密码后存入 SIM 卡，并回复 VLR 已收到新的 TMSI。当移动用户不在同一个 VLR 服务区域时，MS 与 VLR 会先进行相互身份验证，新的 VLR 会在该用户通过身份验证后发送一个新的 TMSI 给该用户，并删除旧的 TMSI。

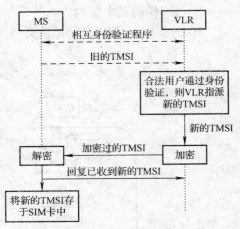

图 7-31　用户身份保密性安全机制

2. 网络与用户的双向验证机制

3G 移动通信系统中，网络与用户进行双向验证的步骤如下。

（1）当移动用户进入一个新的 VLR 所管辖的区域时，会先利用 TMSI 来识别用户的身份，再以挑战及响应的询问方式来识别用户身份。

（2）VLR 依据用户所传来的 TMSI，利用 TMSI 向之前旧的 VLR 查询其所对应的 IMSI，再由 AuC 去查询相对应的秘密密钥 K，并产生随机序号（SQN）、随机数（RAND）及认证管理字段（AMF）三个参数，然后再分别经过 $f1$ 至 $f5$ 这五个算法计算后，产生信息验证码（MAC）、期望响应（Expected Response，XRES）、加解密密钥、验证密钥及匿名密钥五个参数，并将这五个参数传送给新的 VLR 使用。这五个验证参数的产生过程如图 7-32 所示。

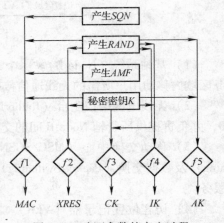

图 7-32　验证参数的产生过程

（3）VLR 再将参数 $RAND$ 作为询问值（Challenge）并传送 $AUTN = (SQN \oplus AK \| AMF \| MAC)$ 给移动用户。由于移动用户手机中的 SIM 卡也存有相同的秘密密钥 K，所以用户手机可以先根据参数 K 及 $RAND$ 通过 $f2$、$f3$、$f4$ 及 $f5$ 这四个算法分别计算出参数 RES、CK、IK 及 AK，再利用 AK 的值算出参数 SQN，然后再利用 SQN、K、$RAND$ 及 AMF 这四个参数通过

$f1$ 算法计算出参数 $XMAC$。客户端产生验证参数的过程如图 7-33 所示。

（4）移动用户判断所计算出的 SQN 是否在范围内，并确认所计算的 $XMAC$ 是否与收到的 MAC 相等，若正确，则用户确信网络端为合法的网络。

（5）完成网络的身份验证之后，便将计算出的参数 RES 作为回应值返回给 VLR。

（6）VLR 比较所收到的 RES 与之前 AuC 所传送来的 $XRES$ 是否相同，若相同，则网络确认该移动用户的身份，若不同则拒绝该用户使用通信服务。

（7）移动用户在通过身份验证之后，便可以开始进行通信，进入数据完整性及加解密的安全机制。

3. 数据完整性机制

验证数据完整性所需的秘密密钥，是之前 AuC 与客户端根据密钥 K 及参数 $RAND$，通过 $f4$ 算法所计算出来的参数 IK。验证传输数据完整性的过程如图 7-34 所示。

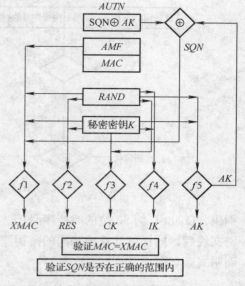

图 7-33 客户端产生验证参数的过程

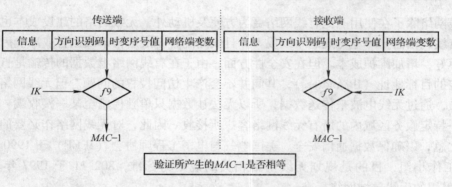

图 7-34 数据完整性的验证机制

传送端将信息及外加的 1 位的方向识别码（Direction）、32 位的时变序号值（Count-1）和 32 位的网络端变数（Fresh）与 IK 一起通过 $f9$ 算法计算后，得到 $MAC\text{-}1$ 验证码，然后再将 $MAC\text{-}1$ 连同要传输的数据一起传送给验证端。接收端只要依据相同的程序以及秘密密钥 K 计算出 $MAC\text{-}1$ 并与所收到的 $MAC\text{-}1$ 对比是否相同，若相同则可确认该传输数据的完整性。用户对网络数据的完整性验证与网络对用户数据的完整性验证都可通过传送 $MAC\text{-}1$ 来完成。

4. 数据加解密机制

针对在无线电波中传送的数据，第三代通信系统也提供相关的加解密机制来保护传送数据的机密性。该加密机制所使用的加解密密钥是由 ß 算法所计算出来的参数 CK。数据加解密的机制如图 7-35 所示。

传送端将参数 Bearer、Direction、Count-C、Length 及 CK 通过 $f8$ 算法计算后产生一个密钥流块（Key Stream Block），然后再将此块与要传送的数据进行 XOR 计算，便可得到密文，再将密文传送到另一端。其中，参数 Bearer 为 5 位的载送识别码，Direction 为 1 位的方向识

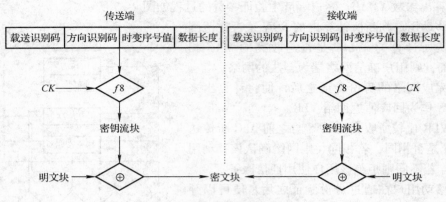

图 7-35 数据的加解密机制

别码，Count-C 为 32 位的时变序号值，Length 为 16 位的输入数据长度指示器。接收端收到密文块后，同样可计算出相同的密钥流块，并将其与所得到的密文进行 XOR 计算，便可得到明文。

四、无线局域网络系统 IEEE 802.11 及其安全机制

无线网络除了在使用上比有线网络更为方便及机动外，无线网络的建设成本也比有线网络低。有线网络需要一笔可观的布线成本，且线路配置完成后常常因虫害或环境因素导致网络质量不好，增加维护成本。但在安全性方面，由于在有线网络上数据的传输是直接传送至一个特定的目标地址（IP Address），其间并不会产生访问授权的问题。但无线网络是以空气作为介质，通过无线电波来传送数据，所以无法让数据只单独传输至某一接收端，数据可能会被某一特定服务区域内的所有无线网络客户所接收。因此，对无线网络作必要的安全管理是当务之急，以确保数据通信安全。美国电气与电子工程师协会（IEEE）于 1990 年成立了 802.11 工作小组，目的是规划无线网络相关的规则与标准，802.11 于 1997 年正式成为 IEEE 所采用的无线局域网络标准。

（一）IEEE 802.11 简介

IEEE 802.11 架构只包含 OSI 模型的物理层（PHY）与数据链路层（DDL）的介质访问控制部分（Media Access Control，MAC）。MAC 的主要功能是让数据能够顺利且正确地经由下一层的物理层来传输。由于无线网络必须提供无线电波有效范围内的用户的上网服务，因此与以太网（IEEE 802.3）在处理封包冲突的策略上不同。在这一层中，IEEE 802.3 是采用 CSMA/CD，而无线局域网络 IEEE 802.11 则采用 CSMA/CA 来解决无线网络中封包冲突不易检测及超出电波有效范围的隐藏点（Hidden Node）问题。有关 CSMA/CD 和 CSMA/CA 的内容请参考其他信息网络的书籍。IEEE 802.11 物理层的工作是负责接收或传送封包，其功能是将 MAC 所交付的数据经调变或编码后再传送出去，或者将接收到的数据调变或编码后再交给 MAC 处理。

IEEE 802.11 的连接模式可分为随意型和固定型两种。

（1）随意型（Ad Hoc）模式。它是一种点对点的无线网络连接方式，是让无线装置通过其自身的无线网卡相互连接，构成一个独立的 Ad Hoc 网络，不需要任何其他的硬件设施。

这种模式适合在一些临时性的区域场合中供多部无线装置联机使用。其缺点是无法连接一般的有线网络，所以这种架构又称为独立的基本服务集合网络（Independent Basic Service Set Network，IBSSN）。这种架构中每一个独立的 Ad Hoc 局域网中都有一个共同且唯一的识别码 SSID（System Set ID）用来区分不同的网络，最多可以有 32 位。因此，要加入此无线局域网的无线装置，除了要进入无线网卡信号所能覆盖的范围内外，还必须要有共同的识别码 SSID。Ad Hoc 模式的连接方式如图 7-36 所示。

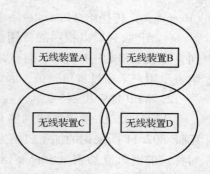

图 7-36　Ad Hoc 无线局域网

（2）固定型（Infrastructure）模式。固定型模式是指每个具有无线网卡的无线装置只通过一个访问点（Access Point，AP）来连接，AP 也可以与一般的有线网络连接。一般机关单位的无线局域网多半是采用这种架构，每个办公室或楼层架设一个 AP，负责提供服务给在其电波有效范围内的移动用户，并可作为无线网络与有线网络间的桥接器（见图 7-37）。

图 7-37　固定型无线局域网

（二）IEEE 802.11 的安全机制

IEEE 802.11 的安全机制包括身份验证机制和 WEP 加密机制。

1. 身份验证机制

身份验证机制是当某无线装置要通过 AP 来访问网络数据时，AP 会先验证用户的身份，再来决定是否让此用户得到服务。IEEE 802.11 包括开放式和分享密钥式两种身份验证服务。

（1）开放式身份验证机制。只要移动装置设定有"开放式验证"均可通过验证，这是一种最简单的验证机制，又称为零验证（Null Authentication）。这种验证机制也可以在 AP 上设定访问清单，也就是说只有在清单上的用户才可以通过认证。

（2）分享密钥式身份验证机制。这种机制要求双方必须持有相同的密钥，以作为身份验证的依据，并以挑战及响应的询问方式来判断双方是否拥有相同的密钥。询问的过程如下。

① 移动用户向 AP 提出身份验证请求。

② AP 传送一段 128 位任意内容的询问文（Challenge Text）给移动用户。

③ 移动用户用其与 AP 协议的密钥对此询问文进行加密，再把加密后的密文作为响应文

（Response）传送给 AP。

④ AP 收到后以相同的密钥解密，若还原后的明文与当初传送给移动用户的询问文相同，则表示移动用户与 AP 拥有共同的密钥，可确认用户的合法身份；若验证的结果不同，则表示用户未通过身份验证，因此不允许其通过此 AP 来访问网络数据。

2. WEP 加密机制

IEEE 802.11 所定义的加密机制主要用于保证移动装置至 AP 间数据传输的保密性，IEEE 802.11 所采用的加密机制为 WEP（Wired Equivalent Privacy）加密算法。WEP 是一种对称式的密码流加密（Stream Cipher）算法，主要以 RC4 作为加密主体。WEP 的做法是：由无线网络的管理者来决定所要使用的加密密钥，密钥长度可为 40 位或 104 位，当一个移动用户要使用某个区域的无线网络时，必须先向管理者取得所设定的密钥才能使用此无线网络。WEP 加密的过程如图 7-38 所示。

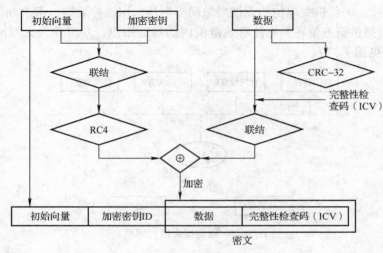

图 7-38　WEP 加密过程

RC4 的初始密钥是由每个 MAC 数据框的初始向量（Initial Vector，IV）与管理者所选定的密钥联结而成的，然后通过 RC4 密钥流产生器产生密钥流，再与数据及完整性检查码（Integrity Check Value，ICV）做 XOR 运算来产生密文。另外，WEP 的完整性算法是采用CRC-32（Cyclic Redundancy Check），由于 RC4 初始密钥会因每个 MAC 数据框的初始向量 IV 不同而有所不同，所以必须将 IV 值以明文的方式随密文一起传送给接收者。

目前 WEP 加密机制存在多个安全漏洞，如无法抵抗字典攻击、已知明文攻击及弱密钥攻击等，因此其安全性被许多安全专家质疑，目前也陆续有许多改善措施被提出。

五、蓝牙无线通信系统安全机制

蓝牙是一种低成本、低功率、短距离的无线传输机制。蓝牙（Bluetooth）名称取自公元940 年统治丹麦与挪威大半个领土的君主 Harald Bluetooth 的名字。目前蓝牙的应用范围已覆盖计算机、家电、通信及 IC 设计等，成为大众接受的小区域无线传输机制。采用蓝牙无线通信的目的是为了取代连接现有电子装置设备的电缆线。

蓝牙是以移动电话为核心工具，广泛地连接控制相关电子产品，在现有的有线网络基础上，形成个人化的无线局域网。蓝牙设备之间的有效传输范围为 10～100m，传送频带为 2.4GHz，单向传输速率最高可达 721Kbit/s，采用跳跃式展频技术（Frequency Hopping Spread Spectrum，FHSS），将频道划分为 75 个以上的小频道，传输信号在这些小频道之间跳跃发送。此技术可以防止其他电磁波干扰以及非法用户窃取电波信号（数据）。

（一）蓝牙简介

蓝牙无线通信系统中装置的连接采用的是主从（Master/Slave）式架构，可分为点对点、微网（Pieonet）和散网（Scatternet）三种架构，如图 7-39 所示。数个蓝牙设备采用点对点或点对多点连接，称为微网（Piconet）。微网发起者称为主设备（Master），其他连接主设备的设备称为从设备（Slave）。单个微网只有一个主设备，最多允许七个主动从设备（Active Slave Device）以及 255 个等待服务从设备（Stand by Slave Device）。数个微网可以连成一个散网。

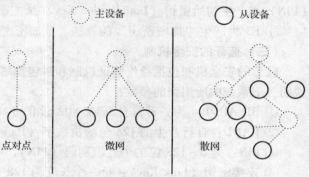

图 7-39　蓝牙的主从式连接网络

蓝牙数据的收发是采用分时多任务（TDM）的方式，因此，蓝牙将传输通道分为多个时间槽，封包的收发则是利用不同的时间槽来通信，以避免冲突发生，例如，主设备只在偶数时槽传送数据，而从设备只在奇数时槽传送数据。

封包的传送又分为同步封包（Synchronous Connection Oriented，SCO）和异步封包（Asynchronous Connectionless，ACL）两类。其中 SCO 是一种主设备与从设备间的点对点联机方式，其封包为单时槽封包，主要用来传送语音信号；而 ACL 是一种单点到多点的联机方式，其封包为多时槽封包，主要用来传送数据。蓝牙封包的格式如图 7-40 所示。

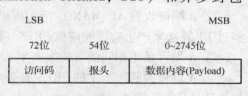

图 7-40　蓝牙封包的格式

各部分的功能如下：

① 访问码（Access Code），72 位：为封包的开头，作用为同步、识别及偏移补偿等。

② 报头（Header），54 位：用于存放一些连接控制信息（Link Control Information），如流量、错误控制等。

③ 数据内容（Payload），0～2745 位：是用来存放主要数据的地方，也是加解密机制主要起作用的地方。

（二）蓝牙安全模式

蓝牙规范一般访问文件（Generic Access Profile）时有下列三种安全模式。

① 无安全模式：此模式下没有任何认证及加解密等安全防护措施，安全等级最低。

② 服务层级安全模式：当逻辑连接控制适应协议（Logical Link Control Adaptation Protocol）建立时，即进行安全防护措施，安全等级为中等。

③ 链路层级安全模式：在连接管理协议（Link Manager Protocol）中接送信息时，便进行安全防护措施，为三种安全模式中等级最高的模式。

在蓝牙核心规范中，其安全部分提供四种认证及产生密钥相关的算法：

① E0 为产生"密码位串流密钥"算法。输入蓝牙设备地址、时脉及加密密钥，便可通过 E0 产生密码位串流密钥。

② E1 为认证算法。

③ E2 为产生认证过程所需密钥的算法。它分成两种模式：第一种模式使用蓝牙地址来产生单元密钥（Unit Key）及结合密钥（Combination Key）；第二种模式使用个人验证码（PIN）来产生初始密钥（Initialization Key）及主密钥（Master Key）。

④ E3 为产生"加密密钥"的算法。该加密密钥提供给 E0 以产生密码位串流密钥。

（三）蓝牙的安全机制

蓝牙的安全机制包括身份验证机制和封包加解密机制。在介绍这两个安全机制之前，先说明一下系统中所用到的参数：

① BD ADDR：为一种符合 IEEE 802 标准的 48 位蓝牙设备地址。

② RAND：自行产生的 128 位随机数字（Random Number）。

③ PIN：为 0 ~ 128 位的个人识别码（PIN），可由用户自行决定其内容与长度。

④ 连接密钥（Link Key）：是一个长度为 128 位的秘密值。

⑤ 加密密钥：是长度为 0 ~ 128 位的加密密钥，其内容与长度由通信双方协议后决定。

1. 身份验证机制

当两个蓝牙装置从未接触过时，两者要互相通信就必须先经过验证。蓝牙系统的验证方式也是采用挑战及响应的询问方式，其验证的过程如图 7-41 所示。

① A 端先产生一个验证随机数 AU_RAND_A，并传送给 B 端。

② B 端接收到 AU_RAND_A 后，再根据 B 的地址 BD_ADDR_B 及 A 与 B 已有的连接密钥，经过 E1 算法来产生验证响应值 SRES（Signal Response），并将此值传送给 A 端。

③ A 端可采用相同的方式来产生 SRES′。

④ A 端可判断所产生的 SRES′ 是否与之前从 B 端所收到的 SRES 相同。若相同，则可通过验证认证。

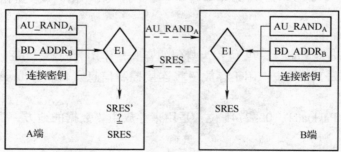

图 7-41　蓝牙系统的身份验证过程

2. 加密机制

蓝牙的加密机制只针对封包上的数据立体部分进行加密，加密机制是采用密码流（Stream Cipher），其加密过程如图 7-42 所示。加密机制可分为以下三个过程。

（1）通过加密密钥 K_c、地址、时间戳（Clock）及随机数这四个参数产生数据内容密钥（Payload Key）。其中，K_c 为通过 E3 算法，由主密钥（Master Key）求出的加密密钥；地址

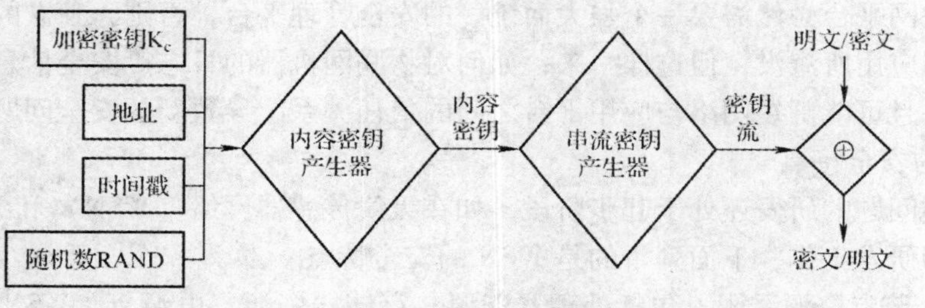

图 7-42 蓝牙系统的加密机制

为 48 位的唯一地址；时间戳为一频率，其值每次均不相同，其目的是确保每一个封包能用不同的密钥来加密；随机数由主设备产生并分送给欲相互通信的从设备。

（2）将数据内容密钥输入到串流密钥产生器（Key Stream Generator）产生密钥流。这里的串流密钥产生器采用 EO 算法，通过线性同馈移位寄存器（Linear Feedback Shift Register，LFSR）运算来产生加密的密钥流。

（3）进行 XOR 加解密。将产生的密钥流与封包上的主体数据进行异或运算，便得到密文。

第七节 物联网安全技术

一、现阶段物联网的安全特点及安全模型

（一）物联网的安全特点

1. 物联网的安全问题

物联网的安全和一般 IT 系统的安全共性主要涉及：读取控制、隐私保护、用户认证、不可抵赖性、数据保密性、通信层安全、数据完整性、随时可用性等方面。前四项主要处在应用层，后四项主要位于传输层和感知层。其中，隐私权、数据完整性和保密性问题在物联网体系中尤其受关注。此外，物联网还存在着以下的特殊安全问题。

（1）物联网机器/感知节点的本地安全。由于物联网的应用可以取代人完成一些复杂、危险和机械的工作，所以，物联网机器/感知节点多数部署在无人监控的场景中。因此，攻击者就可以轻易地接触到这些设备，从而对它们造成破坏，甚至直接操作更换机器的软硬件。

（2）感知网络的传输与信息安全。感知节点通常情况下功能简单（如自动温度计），携带能量少（使用电池），这使得它们无法拥有复杂的安全保护能力，而感知网络多种多样，从温度测量到水文监控，从道路导航到自动控制，它们的数据传输和消息也没有特定的标准，所以，没有办法提供统一的安全保护体系。

（3）核心网络的传输与信息安全。核心网络具有相对完整的安全保护能力，但由于物联网中节点数量庞大且以集群方式存在，因此会导致在数据传播时，由于大量机器的数据发送使网络拥塞，产生拒绝服务攻击。此外，现有通信网络的安全架构都是从人的通信的角度设计的，并不适用于机器的通信。使用现有安全机制会割裂物联网机器间的逻辑关系。

（4）物联网应用的安全。由于物联网设备可能是先部署后连接网络，而节点又无人看守，所以，如何对物联网设备进行远程签约信息和应用信息配置就成了难题。另外，庞大且

多样化的物联网平台必然需要一个强大而统一的安全管理平台，否则，独立的平台会被各式各样的物联网应用所淹没，但这样一来，如何对物联网机器的日志等安全信息进行管理成为新的问题，并且可能割裂网络与应用平台之间的信任关系，导致新的安全问题的产生。

2. WSN 的安全特点

对于上述问题的研发还处于起步阶段，如在无线传感器网络（WSN）和 RFID 领域有了一些针对性的研发工作，下面列举的是 WSN 的安全特点。

（1）单个节点资源受限，包括处理器资源、存储器资源、电源等。WSN 中单个节点的处理器能力较低，无法进行快速的、高复杂度的计算，这对依赖加解密算法的安全架构提出了挑战。存储器资源的缺乏使得节点存储能力较弱，节点的充电也不能保证。

（2）节点无人值守，易失效、易受物理攻击。WSN 中较多的应用部署在一些特殊的环境中，很难甚至无法给予物理接触上的维护，节点可能产生永久性的失效。另外，在这种环境中的节点，特别是军事应用中的节点容易遭受针对性的攻击。

（3）节点可能的移动性。节点移动性产生于受外界环境影响的被动移动、内部驱动的自发移动及固定节点的失效，它导致网络拓扑的频繁变化，造成网络上出现大量的过时路由信息及攻击检测的难度增加。

（4）传输介质的不可靠性和广播性。无线传输介质易受外界环境影响，网络链路产生差错和发生故障的概率增大，节点附近容易产生信道冲突，节点重要信息容易被窃听。

（5）网络无基础架构。WSN 中没有专用的传输设备，它们的功能需由各个节点配合实现，一些有线网中成熟的安全架构无法在 WSN 中有效部署，需要结合 WSN 的特点作改进。

（6）潜在攻击的不对称性。由于单个节点各方面的能力相对较低，攻击者很容易使用常见设备发动点对点的不对称攻击，如处理速度上的不对称、电源能量的不对称等，使得单个节点难以防御而产生较大的失效率。

因此，物联网的安全模型需要侧重于 REID 标签安全及网络设备之间交互的安全。

（二）现阶段物联网的安全模型

现阶段物联网安全侧重于电子标签的安全可靠性、电子标签与 RFID 读写器之间的可靠数据传输，以及包括 RFID 读写器及后台管理程序和它们所处的整个网络的可靠的安全管理。物联网的安全模型如图 7-43 所示。

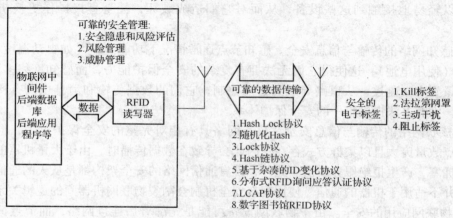

图 7-43　物联网的安全模型

综合起来，物联网安全模型主要考虑如下因素。

第一，电子标签是物体在物联网中的"身份证"，不仅包含了该物体在此网络中的唯一 ID，而且有的电子标签本身包含着一些敏感的隐私内容。攻击者通过对标签的伪造可以获取后端服务器内的相关内容，造成物品持有者的隐私泄露，另外，对电子标签的非法定位也会对标签持有人（物）造成一定的风险。

第二，物联网系统非常庞大，各个层级之间需要进行数据传输。物联网的特殊安全问题很大一部分是由于物联网是在现有移动网络基础上集成了感知网络和应用平台带来的。在现阶段，移动网络中的大部分机制虽然可以适用于物联网并能够提供一定的安全性，如认证机制、加密机制等，但还是需要根据物联网的特征对安全机制进行调整和补充。

（三）物联网中的业务认证机制

在物联网中，大多数情况下机器都拥有专门的用途，其业务应用与网络通信紧紧地绑在一起。当物联网的业务由运营商提供时，就可以充分利用网络层认证的结果而不需要进行业务层的认证；如果物联网的业务由第三方提供，第三方无法从网络运营商处获得密钥等安全参数，它就可以发起独立的业务认证而不用考虑网络层的认证；或者当业务是敏感业务（如金融类业务）时，一般业务提供者会不信任网络层的安全级别，而使用更高级别的安全保护，这时就需要作业务层的认证。

（四）物联网中的加密机制

在物联网中，虽然信息在传输过程中是加密的，但需要不断地在每个经过的节点上解密和加密，即信息在每个节点上都是明文。而传统的业务层加密机制则是端到端的，即信息在传输的过程和转发节点上都是密文。由于物联网中网络连接和业务使用紧密结合，就面临到底使用逐跳加密还是端到端加密的选择。对于逐跳加密来说，可以只对有必要受保护的链接进行加密，从而做到安全机制对业务的透明，这就保证了逐跳加密的低时延、高效率、低成本、可扩展性好的特点。但是，因为逐跳加密需要在各传送节点上对数据进行解密，各节点都有可能解读被加密消息的明文，因而对传输路径中的各传送节点的可信任度要求很高。而对于端到端的加密方式来说，它可以根据业务类型选择不同的安全策略，从而为高安全要求的业务提供高安全等级的保护。但是端到端的加密不能对消息的目的地址进行保护，因为每一个消息所经过的节点都要以此目的地址来确定如何传输消息，这就导致端到端加密方式不能掩盖被传输消息的源点与终点，容易受到恶意攻击。

由以上分析可知，对一些安全要求不是很高的业务，在网络能够提供逐跳加密保护的前提下，业务层端到端的加密需求就显得并不重要。但是，对于高安全需求的业务，端到端的加密仍然是其首选。因而，由于不同物联网业务对安全级别的要求不同，可以将业务层端到端的安全作为可选项。

二、RFID 安全机制

RFID 系统中因读取器与电子标签间的数据传送是通过无线电波来传送的，所传送的识别数据码若没有经过加密，很容易遭到窃取。因此，RFID 也衍生出一套读取器与电子标签间的数据传输加密机制，如图 7-44 所示。其中，读取器内建一个主密钥 K_m，电子标签内则存放代表此电子标签的唯一身份验证码以及一个私钥 K_x。这个私钥是通过将主密钥 K_m 及其身份验证码经特定的算法计算出来的。

当读取器与电子标签间要传送识别数据时，首先，读取器会送出信息 GET_ID 来要求电子标签传送其身份验证码，当读取器收到电子标签所送来的身份验证码后，便可用其主密钥 K_m 及身份验证码推导出此电子标签的私钥 K_x。接着，读取器再送出一个 GET Challenge 信息给电子标签，电子标签收到要求后，便随机产生一随机值 R_{A1} 给读取器。读取器收到后就可以传送信息（$Token1$）给电子标签，$Token1$ 的信息内容为 $E_{k_x}(R_B \parallel R_{A1} \parallel M_1)$，其中 $E_{k_x}()$ 为一以 K_x 为密钥的加密算法，

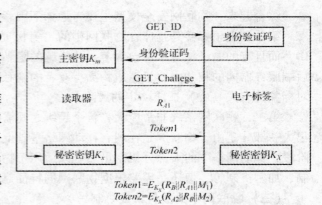

$$Token1 = E_{K_x}(R_B \parallel R_{A1} \parallel M_1)$$
$$Token2 = E_{K_x}(R_{A2} \parallel R_B \parallel M_2)$$

图 7-44　RFID 的数据传输加密机制

为读取器所选择的随机值，M_1 为所传送的信息内容。同样，电子标签也可以利用 $Token2 = E_{k_x}(R_{A2} \parallel R_B \parallel M_2)$ 来传送信息 M_2 给读取器。这里的 R_{A2} 为电子标签另外产生的一个随机值，与之前产生的随机值 R_{A1} 不同。

此外，由于 RFID 系统必须能快速地读取所传送的数据，再交由后端的应用系统处理，因此所采用的加密算法要很有效率。RFID 系统中采用串流（非块式）的加密机制，其做法是利用密钥经由随机数产生器产生一个随机数序列，再将此随机数序列的每个位与传送数据的每个位作 XOR 运算。接收方收到加密数据后，用同样密钥经由随机数产生器也产生一个随机数序列，再将加密数据的每个位与此随机数序列的每个位作 XOR 运算便可解密出明文。此加密机制主要是作位的 XOR 运算，所以其加解密速度非常快。

三、WSN 的安全问题及安全机制

（一）WSN 的安全问题

WSN 的安全攻击主要可分为被动攻击与主动攻击两大类。主动式的 WSN 攻击方式也可细分为针对网络联机方式的弱点进行攻击和通过资源消耗的方式进行攻击两类。

1. 在网络联机上的攻击方式

在网络联机上的攻击方式（见图 7-45）有以下几种。

（1）重放攻击。在通信过程中，某两个或两个以上通信节点的沟通信息被攻击者拦截，并被伪造成另外的假信息传送给对方，而收发方均不知道有此攻击发生。

（2）冒充攻击。某个恶意节点可能伪造或冒充一个或多个以上的假节点及识别码与网络上的节点进行沟通。

（3）路由回路攻击。攻击者故意造成数据封包在特定的一些节点间无限制地传送下去，而不会送达目的地。例如，图 7-45a 中节点 B、C、D、E 及 F 形成一回路，封包就在这个回路中无止境地传送下去。

（4）黑洞攻击。攻击者刻意误导某些节点的最短路径，让这些节点的封包传送至一个根本不存在的节点，或是一个被攻击者所控制的节点，然后再将此封包丢弃。例如，图 7-45b 中节点 F 要传送封包到节点 D，原本的最短路径为 F-E-D，但其最短路径被攻击者误导后，使得节点 F 的封包经由节点 G 再传送给节点 B，但由于节点 B 被攻击者所控制，并不会继续

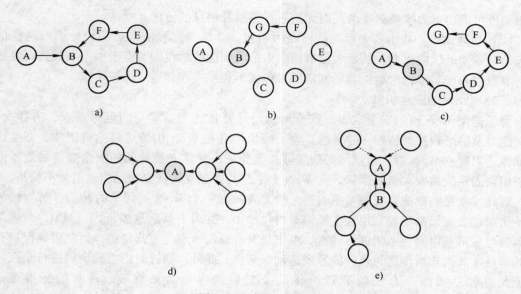

图 7-45　攻击方式示意

a）路由回路攻击　b）黑洞攻击　c）绕远路攻击　d）分割攻击　e）虫洞攻击

213

传送封包到下一节点。所有封包只要经过节点 B 就被丢弃，节点 B 称为黑洞。

（5）灰洞攻击。这种攻击与黑洞攻击的模式类似，封包会被传送至攻击者所控制的节点，但攻击者并不是将封包全部丢弃，而是选择性地让某些封包通过。

（6）绕远路攻击。攻击者控制一个节点并让封包通过非最优化的路径传送。例如，图 7-45c 节点 A 要通过节点 B 传送一封包到节点 G，本来最优化的路径是节点 B 直接转送给节点 G 即可。但若节点 B 遭到攻击者控制，使得封包的传送不走最优化的路径，反而绕远路改走 B-C-D-E-F-G 路径。

（7）分割攻击。当一个节点刚好是连接两个 WSN 的唯一节点时，若攻击者控制这一关键节点（如图 7-45d 中的节点 A），并阻断所有通过此节点所进行的联机，就会使网络分割成两个无法连通的单独网络（A 点左右两边的节点将无法连通）。

（8）虫洞攻击（Wormhole Attack）。攻击者先控制两个或两个以上的恶意节点，再联合起来伪造一个有效且较佳的绕送路径，使得原先网络所规划的绕送路径被取代。例如，图 7-45e 中若 A 与 B 节点被攻击者控制，那么所有送到节点 A 的封包只会传送给节点 B，所有送到节点 B 的封包都只会传送给节点 A，攻击者便可利用这条陷阱路径进行重放攻击或阻断等攻击。

（9）黑函攻击。在有些 WSN 中，路由协议采用黑名单的方式（记录"恶意"的节点），攻击者便利用这一弱点，以散发"黑函"的方式来诬告某些合法节点为恶意节点，使得这些节点被记录在黑名单内，排除在通信的群组之外。

2. 在资源消耗上的攻击方式

在资源消耗上的攻击方式有以下两种。

（1）拒绝服务攻击。攻击者故意地送出大量且无用的封包，以消耗频宽和感测装置上有限的电力、内存及运算能力，使得某些重要的封包因网络负荷过重而无法有效地被传送，感测器也可能因电力或资源被消耗而无法进行感测及信息的传送。

（2）急速攻击。攻击者大量地伪造路由封包，并将某些合法节点的地址填入这些伪造封包的来源地址字段里面，然后大量散播出去。收到这些封包的节点会因不堪其扰而将被陷害的节点列入黑名单，之后由其所发出的封包就不再被接收，造成服务中断。

（二）WSN 的安全机制

为了避免 WSN 遭到安全攻击，安全机制设计要将感测器本身的电源需求、内存大小、计算能力及网络频宽等特性一并考虑。为了确保信息在 WSN 中传送时的机密性、完整性及验证性，当建立 WSN 时，节点间必须能够相互验证，并建立彼此间的安全通信通道。但由于公钥密码系统需要大量的运算，在 WSN 上采用其来建立传送安全通信通道并不恰当。

因此，常见的做法是在散布感测器之前，先植入一个 WSN 所共享的私钥。每当感测器要传送封包之前，都要先利用这个私钥对封包加密，并附上其信息验证码（MAC）。感测器收到封包后可利用同一密钥进行解密，由于只有合法的节点才有此密钥，因此可确保只有合法的节点才能得知所传送封包的内容，达到保密性。此外，通过对信息验证码进行验证，可验证此封包是否由一合法的节点所传送及封包内容是否被篡改。现有的标准 ZigBee（802.15.4）和美国加州大学柏克莱分校所开发的安全套件 TinySec 采用的都是类似这样的做法。

此外，对于网络联机及资源消耗上的攻击，虽然很难提出一个具体的方法来完全防止这些攻击，但仍可以通过一些措施来降低这些攻击所造成的伤害，例如以限制路由长度的方式来避免攻击者进入路由回路，或是通过其他相邻节点观测封包丢弃的情况，来避免黑洞或灰洞情况的发生。

四、M2M 的安全机制

M2M 安全问题主要反映在 M2M 设备远程初始化、配置签约信息与 M2M 应用时的下列安全需求。

（一）对签约信息及 M2M 设备的保护

这主要包括五个方面的内容：① 防篡改环境。M2M 设备应能为 MCIM 或 UICC 提供一个安全执行、安全存储、防篡改并能阻止一些物理攻击的可信环境。M2M 设备应提供一种机制来检测并记录 MCIM 的信息以确定其是否被篡改。② 安全应用与普通应用分离。M2M 设备只提供必要的安全接口，不给攻击者提供任何可利用的渠道。③ 安全存储和管理密钥。用户的认证密钥是接入网络的关键信息，无论是 M2M 设备还是运营商，都应确保认证密钥的安全。M2M 设备中应有相应的安全功能防止密钥被人为或通过物理方式向未授权的第三方泄露，从而防止非授权的用户接入网络，造成 M2M 用户和运营商的经济损失。④ MCIM 生命周期状态的设定。随着技术的发展及使用环境的改变，MCIM 应用不可能一成不变。因此，MCIM 应有一个合理的生命周期，其生命周期中的每个生命状态应有合理的时间安排和触发机制。MCIM 的生命周期应考虑安装、未激活、激活、挂起、过期、卸载等生命状态，并保证在状态切换时的安全性。⑤ M2M 设备的物理保护。M2M 设备在设计和安装时应考虑其应用的物理环境，并能根据特殊的用途和应用环境进行特殊的物理保护。

（二）对通信信息的保护

对通信信息的保护主要包括三个方面的内容：① 信息的完整性保护。M2M 设备应提供安全机制，保护数据传输的完整性和可靠性，防止信息被窃听或更改。② 远程更新升级的安全保护。M2M 设备中软硬件和 MCIM 应用的升级需要由 M2M 网络来完成，这就需要 M2M 的空中接口或网络接口有安全升级 M2M 设备软硬件和 MCIM 应用的功能，还要确保更新的信息是合法、可用的。③ 对病毒和恶意软件的防范。M2M 设备需要对下载软件的完整性与合法性进行检查，并确保下载的软件不会造成 MCIM 应用执行错误或不可用。

（三）M2M 用户更换运营商时的安全威胁防护

M2M 设备应能确保签约信息的修改必须通过授权，且能防止运营商通过所获取的部分信息控制另一运营商的用户或利用已知密钥信息窃听 M2M 用户的交易。同时，政府的政策法规和用户与运营商间的签约合同也应对运营商的行为有所限制，避免非法行为的发生。

（四）政策法规影响

新的安全技术应用应满足政策法规的相关规定，M2M 用户在考虑更换运营商或采用新的技术来加强 M2M 应用及相关安全时，还应考虑政府的政策法规及计费等安全需要。

M2M 技术有着前所未有的前景，但如不解决规模化、标准化及安全性等关键性问题，就无法实现终端成本降低，无法大规模开展业务，无法实现运营级的 M2M 运营管理，也就无法在整个社会正常有序地推行 M2M 业务。

五、云计算中的安全问题及安全策略

当物联网将越来越多的社会资源通过网络和云计算整合到一起的时候，安全问题也随之而来。在云的网络中，数据是否安全、经济数据能否审计、大规模分布系统的错误和障碍对社会行为、经济结构和经济活动的破坏作用如何评估和预防等问题成为急需研究的课题。

（一）云计算中存在的安全问题

云计算中存在的安全问题，可大致分为云端本身的问题和提供服务时的安全隐患两类，具体包括以下几个方面。

（1）非法用户。数据中心提供的服务面向所有公众，允许各类用户进行操作。若因为某些漏洞致使非法用户得到数据，将会使其他用户的个人隐私、商业机密等敏感数据的安全性受到致命威胁，并可能导致数据泄露。

（2）非法操作数据。某些未经阻止的非法操作将导致数据被删除、被修改等无法恢复的灾难性损失。

（3）数据存储的透明度。覆盖全球的互联网令数据中心可能存在于地球上的任意角落，不确定的数据位置很容易造成法律纠纷。

（4）数据加密。由于数据中心面向所有公众，其中不乏涉密信息，如果数据得不到严格加密，一旦丢失，将会造成更严重的损失。

（5）数据的高可靠性。数据中心一定要确保安全稳定运行，必须确保良好的容错、容灾及备份能力，还要具有快速恢复的能力。

（6）操作记录。要有详细的操作记录备查。

（7）行政干预。供应商在面对行政调查时，可能不会通知被调查用户，但一定要确保这些数据不会被损坏或者滥用。

（8）持久的服务。应解决供应商出现倒闭等无法继续提供服务时该如何应对的问题。

215

（二）云计算安全策略

为解决上述安全问题，降低数据风险，充分发挥云计算功能，应建立完整合理的安全策略，主要包括以下几个方面。

（1）数据内容。数据中心主要方便用户对数据的分享，在数据存入前，要对其重要性进行审查，特别敏感或重要数据应该劝阻客户选择数据中心存放。

（2）身份认证。要对用户身份进行严格审查，然后赋予其合理的权限，这将保证数据安全；数据一定要进行高强加密，以防泄露；对数据操作前，一定要对操作者身份进行严格核查。

（3）使用过滤器。某些公司可以提供一种系统，用于监视哪些数据离开了用户的网络，从而自动阻止敏感数据。

（4）数据中心的管理。数据中心要保证用户随时存取所需，要保留操作记录，一旦出现问题，要有据可查，并保证尽早恢复。

（5）云计算供应商的服务。供应商应全力保护数据安全，使用户确实感受到服务可靠良好；政策制定者也要从法律上全力保证用户数据、隐私不受侵犯。

习　题

1. 简述防火墙系统的基本功能，比较包过滤、应用代理与电路级网关的区别及其优缺点。

2. 现有的网络隐患扫描技术所采用的基本实现方法是怎样的？

3. 常用的入侵检测技术有哪些？

4. 简述 IPSec 的工作模式。

5. 简述 VPN 的工作流程，并说明隧道技术对于 VPN 的意义。

6. 安全套接层协议 SSL 的基本概念和用途是什么？

7. PGP 协议提供了哪几种服务？S/MIME 协议提供了哪些功能？

8. 描述 GSM 移动通信系统的系统通信过程，叙述 GSM 系统所提供的安全服务是什么。

9. 描述 3G 系统是如何确保用户身份的隐秘性和传送数据的完整性的。

10. 描述 IEEE 802.11 的随意型及固定型连接模式。

11. 描述蓝牙无线通信系统的身份验证机制及加解密机制。

12. 什么是 WSN？针对 WSN 面临的各种安全攻击提供可能的解决方法。

13. 为了充分发挥云计算功能，应建立哪些完整合理的安全策略？

第八章
电子商务支付技术

网上支付技术主要是为了解决电子商务中"资金流"的问题，如果资金不能在网上安全快速地流动，在线交易就有名无实，电子商务的高效率就难以体现。因此，支付技术是电子商务能否顺利发展的基础条件。本章主要阐述网上支付概念及分类、在线交易的主要模式、电子现金、支付卡支付技术、电子支票、移动支付及微支付等电子商务支付技术，此外，还介绍了国际上通行的安全电子交易协议（SET），以及网络银行系统。

第一节　网上支付基础

网上支付以因特网为通信手段，利用安全和密码技术实现方便、快速、安全的资金转账。与传统的支付方式比较，网上支付具有以下特征。

（1）网上支付采用先进的技术通过数字流转来完成信息传输，其各种支付方式都是采用数字化的方式进行款项支付；而传统的支付方式则是通过现金的流转、票据的转让及银行的汇兑等物理实体的流转来完成款项支付。

（2）网上支付的工作环境是基于一个开放的系统平台（即因特网）之中；而传统支付则是在较为封闭的系统中运作。

（3）网上支付使用的是最先进的通信手段，如 Internet、Extranet，一般要求有联网的微机、相关的软件及其他一些配套设施；而传统支付使用的则是传统的通信媒介。

（4）网上支付具有方便、快捷、高效、经济的优势。用户只要拥有一台上网的 PC，便可足不出户，在很短的时间内完成整个支付过程。支付费用仅相当于传统支付的几十分之一，甚至几百分之一。

就目前而言，网上支付仍然存在一些缺陷，安全问题一直是困扰网上支付发展的关键性问题。大规模推广网上支付必须解决防止黑客入侵、防止内部作案、防止密码泄露等涉及资金安全的问题。还有一个支付的条件问题，即消费者所选用的网上支付工具必须满足多个条件，要有消费者账户所在的银行发行，有相应的支付系统和商户所在银行的支持，以及被商户所认可等。如果消费者的支付工具得不到商户的认可，或者说缺乏相应的系统支持，网上支付也还是难以实现。

一、网上支付分类

网上支付的方式越来越多，主要分为三大类：一类是电子货币类，如电子现金、电子钱包等；另一类是电子信用卡类，包括借记卡、智能卡等；还有一类是电子支票类，如电子支票、电子汇款（EFT）、电子划款等。

（一）电子现金

电子现金也叫数字现金，是一种以数据形式流通的货币，具有现金的属性。它把现金数值转换成为一系列的加密序列数，通过这些序列数来表示现实中各种金额的币值。它采用电子技术，通过因特网实现传统现金的支付功能。传统现金具有可接受性、保证支付、无交易费、匿名性等众多优点，所以现金才具有如此大的吸引力。电子现金把计算机化的方便性和比纸基现金增强的安全性及私密性结合在了一起。电子现金的多功能性开创了大量的新型市场和应用。

任何电子现金系统必须包含一些共同的特征，即必须具有货币价值、互操作性、可恢复性以及安全性等特点。目前，比较有影响的电子现金系统有 E-Cash、NetCash、CyberCoin、Mondex 等。

（二）电子信用卡类

电子信用卡的支付方式是通过连接到 PC 上的读卡机读取用户信用卡号和密码，加密发送到银行的 Web 网站上，从银行的用户账号上下载现金进行支付。使用信用卡进行在线支付，支付过程中要进行用户、商家及付款要求的合法性验证。目前我国已有一些银行开展了基于信用卡的在线支付。

信用卡（Credit Card）于 1915 年起源于美国，至今已有 80 多年的历史，目前在发达国家及地区如美国、日本、英国、法国等地，已成为一种普遍使用的支付工具和信贷工具。它使人们的结算方式、消费模式和消费观念发生了根本性的改变。信用卡是市场经济与计算机通信技术相结合的产物，是一种特殊的金融商品和金融工具，它最大的特点是同时具备信贷与支付两种功能。

（三）电子支票

电子支票是一种借鉴纸基支票转移支付的优点，利用数字传递将钱款从一个账户转移到另一个账户的电子付款形式。比起前几种电子支付工具，电子支票的出现和开发较晚。电子支票使得买方不必使用写在纸上的支票，而是用写在屏幕上的支票进行支付活动。电子支票几乎和纸基支票有着同样的功能。一个账户的开户人可以在网络上生成一个电子支票，其中包含支付人姓名、支付人金融机构名称、支付人账户名、被支付人姓名、支票金额。最后，像纸基支票一样，电子支票需要经过数字签名，被支付人数字签名背书，使用数字凭证确认支付者/被支付者身份、支付银行以及账户，金融机构就可以使用签过名和认证过的电子支票进行账户存储了。

二、在线交易的主要支付模式

从实现技术方面来讲，在线交易最关键的问题是如何完全地实现在线支付功能，并保证交易各方的安全保密。最初的电子商务不包括在线支付功能，在线部分只包括商品浏览和下订单，付款则通过其他途径解决，如电话、传真、传统支付网络等。时至今日，在线交易的支付模式有以下几种。

（一）支付系统无安全措施的模式

（1）流程。用户从商家订货，信用卡信息通过电话、传真等非网上传送手段进行传输；也可在网上传送信用卡信息，但无安全措施。商家与银行之间使用各自现有授权来检查网络。

（2）特点。风险由商家承担；信用卡信息可以在线传送，但无安全措施。

（二）第三方支付平台模式

用户在第三方付费系统服务器上开一个账号，用户使用账号付费，交易成本很低，对小额交易很适用。

（1）流程。用户在第三方（网上经纪人）处开账号，第三方持有用户账号和信用卡号，用户用账号从商家订货，商家将用户账号提供给第三方，第三方验证商家身份，给用户发送消息，要求用户确认购买和支付后，将信用卡信息传给银行，完成支付过程。

（2）特点。用户账号的开设不通过网络；信用卡信息不在开放的网络上传送；有确认用户身份的措施，防止伪造；商家自由度大，无风险；支付是通过双方都信任的第三方完成的。

在电子商务的支付系统中，提供支付服务的第三方支付平台对安全支付所起的作用越来越大。目前，我国银行间结算网络由于政策及体制上的限制，尚未形成商业化的运营，仅在行业内部实现业务协作。银行与银行之间，以及银行内部跨地域的壁垒存在使得银行和商家作支付网关的成本大大提高。而第三方支付平台和银行商谈，可以拿下更低的扣率，增加了商家的利润空间；同时，节省了银行网站的网关开发成本，形成消费者、商家、银行、第三方支付平台"四赢"的局面。这是第三方支付平台作为独立支付机构的优势。

我国已相继成立了数十家乃至上百家网上支付服务商。目前国内主要的第三方支付服务商有："北京首信、上海环讯、6688、北京和讯、润讯、21CN 等。2005 年 6 月 3 日，国内首家基于 E-mail 和手机号码的网上收付费平台——快钱，宣布开通 Visa 和 MasterCard 等国际卡网上交易。随着这一举措的实施，快钱用户足不出户将可尽收全球 13 亿张 Visa 卡和 7 亿张 MasterCard。加上目前已经开通的 7 亿张银联卡，快钱平台目前覆盖的国内和国际银行卡数目已高达 27 亿张之多。

（三）电子现金支付模式

用户用现金服务器账号中预先存入的现金来购买电子货币证书，这些电子货币就有了价值，可以在商业领域中进行流通。电子货币的主要优点是匿名性，缺点是需要大型数据库存储用户完成的交易和电子现金序列号以防止重复消费。这种模式适用于小额交易。

（1）流程。用户在电子现金发布银行开电子现金账号，购买电子现金，然后使用 PC 电子现金终端软件从电子现金银行取出一定数量的电子现金存在硬盘上。用户从同意接收电子现金的商家订货，使用电子现金支付所购商品的费用。接收电子现金的商家与电子现金发放银行之间进行清算，电子现金银行将用户购买商品的钱支付给商家。

（2）特点。银行和商家之间应有协议和授权关系；用户、商家和电子现金银行都需使用电子现金软件；适用于小的交易量（Mini Payment）；身份验证是由电子现金本身完成的——电子现金银行在发放电子现金时使用了数字签名，商家在每次交易中，将电子现金传送给电子现金银行，由电子现金银行验证用户支持的电子现金是否有效（伪造或使用过等）；电子现金银行负责用户和商家之间资金的转移；有现金特点，可以存、取、转让。

（3）使用情况。Digicash 公司提供了一种电子现金模式的系统。目前使用该系统发布电子现金的银行有十多家，包括数家世界著名银行。IBM 的 Mini-pay 系统提供了另一种电子现金模式。该产品使用 RSA 公共密钥数字签名，交易各方的身份认证是通过证书来完成的，电子货币的证书当天有效。该产品主要用于网上的小额交易。

（四）支付系统使用简单加密的模式

使用这种模式付费时，用户信用卡号码被加密。采用的加密技术有 SHTTP（安全 HTTP 协议）、SSL（安全套接层协议）等。这种加密的信息只有业务提供商或第三方付费处理系统能够识别。由于用户进行在线购物时只需一个信用卡号，所以这种付费方式给用户带来了方便。这种方式需要一系列的加密、授权、认证及相关信息传送，交易成本较高，所以对小额交易而言是不适用的。

（1）特点。这种模式的特点为部分或全部信息加密；使用对称和非对称加密技术；可能使用身份验证证书；采用防伪造的数字签名。

（2）流程。以 Cyber Cash 安全因特网信用卡支付系统为例：Cyber Cash 用户从 Cyber Cash 商家订货后，通过电子钱包将信用卡信息加密后传给 Cyber Cash 商家服务器；商家服务器验证接收到的信息的有效性和完整性后，将用户加密的信用卡信息传给 Cyber Cash 服务器，商家服务器看不到用户的信用卡信息；Cyber Cash 服务器验证商家身份后，将用户加密的信用卡信息转移到非因特网的安全地方解密，然后将用户信用卡信息通过安全专网传送到商家银行；商家银行通过与一般银行之间的电子通道从用户信用卡发行银行得到证实后，将结果传送给 Cyber Cash 服务器，Cyber Cash 服务器通知商家服务器交易完成或拒绝，商家通知用户。整个过程大约历时 15～20s。

交易过程每进行一步，交易各方都以数字签名来确认身份，用户和商家都须使用 Cyber Cash 软件。签名是用户、商家在注册系统时产生的，而且本身不能修改。用户信用卡加密后存在微机上。加密技术使用工业标准，使用 56 位 DES 和 768～1024 位 RSA 来产生数字签名。

（3）使用情况。Cyber Cash 支持多种信用卡，如 Visa Card、Master Card、American Express Card、Diners 和 Carte Blanche 等。目前授权处理 Cyber Cash 的系统有 Globe Payment System、Global Payment System、First Data Corporation 和 Visa Net 等；IBM 等公司也提供这种简单加密模式的支付系统，使用 IBM 电子商务系统的有：Charles Schwab 股票公司、L. L. Beans、日本航空公司订票系统、瑞士铁路售票系统等以及中国商品交流中心的电子商务系统。

（五）SET 模式

SET（Security Electronic Transaction）是安全电子交易的简称，它是一个在开放网（因特网）上实现安全电子交易的协议标准。SET 最初由 Visa 和 MasterCard 合作开发完成，其他合作开发伙伴还包括 GTE、IBM、微软公司、Netscape、SAIC、Terisa 和 VeriSign 等。

（1）使用技术。SET 协议主要使用的技术包括：对称密钥加密、公共密钥加密、散列算法、数字签名技术以及公共密钥授权机制等。交易各方之间的信息传送都使用 SET 协议以保证其安全性。

（2）使用情况。IBM 公司宣布其电子商务产品 Net. Commerce 支持 SET。IBM 建立了世界第一个在因特网环境下的 SET 付款系统——丹麦 SET 付款系统，新加坡花旗银行付款系统也采用了 IBM 的 SET 付款系统。此外，微软公司、Cyber Cash 公司和 Oracle 公司也宣布其电子商务产品将支持 SET。

比较以上几种模式不难看出，在线商务走过了一个从简单到复杂并逐步完善的过程。

三、网上支付系统的构成及其功能

货币的不同形式导致了不同的支付方式。一个安全、有效的支付系统是实现电子商务的重要前提。

（一）网上支付系统的构成

网上支付系统是电子商务系统的重要组成部分，它是指消费者、商家和金融机构之间使用安全电子手段交换商品或服务，即把包括数字现金、借记卡、智能卡等支付信息通过网络安全传送到银行或相应的处理机构，以实现电子支付；是融购物流程、支付工具、安全技术、认证体系、信用体系以及现在的金融体系为一体的综合大系统（见图 8-1）。

客户用自己拥有的支付工具（如信用卡、电子钱包等）来发起支付，是支付体系运作的原因和起点。商家则是拥有债权

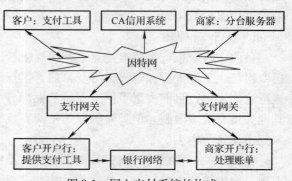

图 8-1　网上支付系统的构成

的商品交易的另一方，他可以根据客户发起的支付指令向金融体系请求获取货币给付。商家一般准备了优良的服务器来处理这一过程，包括认证以及不同支付工具的处理。客户的开户行是指客户在其中拥有账户的银行，客户所拥有的支付工具就是由开户行提供的，客户开户行在提供支付工具的时候也同时提供了一种银行信用，即保证支付工具的兑付。在卡基支付体系中，客户开户行又称为发卡行。商家开户行是商家在其中开设账户的银行，其账户是整个支付过程中资金流向的地方，商家将客户的支付指令提交给其开户行后，就由开户行进行支付授权的请求以及行与行之间的清算等工作。商家的开户行是依据商家提供的合法账单（客户的支付指令）来工作的，因此又称为收单行。

金融专用网则是银行内部及银行间进行通信的网络，具有较高的安全性，包括中国国家现代化支付系统、人民银行电子联行系统、工商银行电子汇兑系统、银行卡授权系统等。我国银行的金融专用网发展得很迅速，为逐步开展电子商务提供了必要的条件。认证机构则负责为参与商务活动的各方（包括客户、商家与支付网关）发放数字证书，以确认各方的身份，保证电子商务支付的安全性。认证机构必须确认参与者的资信状况（如在银行的账户状况，与银行交往的信用历史记录等），因此认证过程也离不开银行的参与。

商户端主要完成商品信息发布、目录管理、连接客户端、对客户进行认证、客户管理、订单管理及货物管理等。CA 认证中心一般由独立的第三方来担任，它具有一定的权威性，保证自己发出的 CA 证书是可信任的，在网络交易时保证信息的安全性以及交易双方的可信赖性和不可抵赖性。支付网关是银行的代理机构，完成在公网上传输的信息和银行专网上传

输的信息的翻译工作以及加密、解密工作。一个支付网关能够代理多家银行。

除以上参与各方外，电子商务支付系统的构成还包括支付中使用的支付工具以及遵循的支付协议。

（二）支付网关

支付网关是公用网和金融专用网之间的接口，支付信息必须通过支付网关才能进入银行支付系统，进而完成支付的授权和获取。支付网关的建设关系着支付结算的安全以及银行自身的安全，关系着电子商务支付结算的安排以及金融系统的风险，必须十分谨慎。电子商务交易中同时传输了两种信息：交易信息与支付信息，因此必须保证这两种信息在传输过程中不能被无关的第三方阅读，包括商家不能看到其中的支付信息（如信息卡号、授权密码等），银行不能看到其中的交易信息（如商品种类、商品总价等）。这就要求支付网关一方面必须由商家以外的银行或其委托的卡组织来建设；另一方面不能分析交易信息，只对支付信息进行保护与传输。

1. 银行支付网关

目前，各家银行都相继建立了全国性或者地方性的支付网关，但直接跟商户签约的只有招商银行、工商银行和建设银行。目前，银行网关是网上支付的主要渠道，招商银行和工商银行这两家银行目前占据了网上支付的大部分份额。其他银行由于受到数据大集中的限制，其网关具有地域限制。但随着数据集中的完成，这些银行将会逐步完善自己的网上支付，加入到市场竞争中去。

银行网关一般是与网络银行相结合的，需要用户到柜台主动申请。这种机制比较适合网上银行内容丰富的银行，只有这样才有助于吸引客户（招商银行一网通无需申请，只需在大众版进行转换，其采用的是虚拟卡号的技术），但抑制了那些只想进行网上支付而无需使用网络银行的客户的需求。

2. 银联支付网关

在中国银联股份有限公司（以下简称中国银联）成立之前，一些业务发展比较好的地区建立了支付网关。在中国银联成立之后，这些网关成为中国银联所有，所以统称银联支付网关。目前市场份额较大的主要是广州银联、ChinaPay 和厦门银联。

银联的支付方式基本上都比较简单，用户直接输入卡号和密码就可以进行付款，消费者比较容易接受。而且对于大部分银行卡来说，是无需申请的（具体政策由银行控制），其方便性远远超过银行网关。目前，银联的各个网关均具有地域性，除少数开通的小银行以外，其余均只能覆盖本地区。这是银联网关并存这么多年，相互之间竞争不强的原因。

3. 商业支付网关

商业支付网关主要是指非银联和银行的网关。目前我国主要商业网关有：北京首信、上海环讯、6688、北京和讯、润讯、21CN 等，其中市场最大的是北京首信和上海环讯，它们与部分银行直接连接，同时租用银联的网关。

4. 各种支付网关的优缺点

招商银行和工商银行的网上支付占据了主要市场，其次才是银联和第三方网关。各种网关的比较见表 8-1。

表 8-1　各种网关的比较分析表

比 较 内 容	银行型（以招商银行为例）	商业网关（以北京首信为例）	银联型（ChinaPay）
受理卡种	1 种	基本包括所有银行（支持外卡）	基本包括所有银行（不支持外卡）
消费者手续	柜台或者网上完成	直接开通，部分银行柜台	直接开通，部分银行柜台
清算银行	自己	二级清算	无限制
接口协议	SSL	SSL（有人工干预）	SSL
一次性接入费用	3 000	2 000	4 000
服务年费	无	3 000	部分
保证金	需要一定资金沉淀	30 000	无
扣率	0.50	2.00	1.80
到账日期	第二天	两周	2 天之内
用户界面	统一	不统一	统一

（三）网上支付系统的功能

网上支付系统应有以下功能：实现对各方的认证；使用加密算法对业务进行加密；使用消息摘要算法以保证业务的完整性；在业务出现异议时，保证对业务的不可否认性；处理多方贸易的多支付协议。

（1）认证。为了实现协议的安全性，必须对参与贸易的各方身份的有效性进行认证。例如，客户必须向商家和银行证明自己的身份，商家必须向客户及银行证明自己的身份。认证机构 CA 的功能是向各方发放 X. 509 证书。某些接收行也可能有自己的注册机构，由注册机构向商家发放证书，商家可向客户出示这个证书，以向客户说明商家是合法的。认证机构和注册机构的工作应是协调的。

（2）保密和数据的完整性。为实现保密，系统应支持某些加密方案。在使用 Web 浏览器和服务器的同时，系统可利用 SSL 和 S-HTTP 协议。根据需要，加密算法可使用对称的或非对称的，通过利用加密和消息摘要算法，获得数据的加密和完整性。

（3）业务的不可否认性。业务的不可否认性是通过使用公钥体制和 X. 509 证书体制来实现的。业务的一方发出其 X. 509 证书，接收方可从中获得发方的公钥。此外，每个消息可使用 MD5 单向散列算法加以保护。发方可使用其加密密钥加密消息的摘要，并把加密结果一同发送给收方。收方用发方的公钥证实发方的确已发出了一个特定的消息，然后发方可计算一新的密钥用于下次加密消息摘要。

（4）多支付协议。多支付协议应满足以下两个要求，以加强传统支付方案（如信用卡支付）的安全性。① 商家只能读取订单信息，如货物的类型和销售价。当接收行对支付认证后，商家就不必读取客户信用卡的信息了。② 接收行只需知道支付信息，无需知道客户所购何物，在客户购买大额物品（如汽车、房子等）时可能例外。

第二节　电子现金支付技术

一、电子现金概述

电子现金是能被客户和商家接受的、通过互联网购买商品或服务时使用的一种交易媒介。商务中的各方从不同角度，对电子现金系统有不同的要求。客户要求电子现金方便灵活，但同时又要求具有匿名性；商家则要求电子现金具有高度的可靠性，所接收的电子货币必须能兑换成真实的货币（钞票）；金融机构则要求电子现金只能使用一次，电子介质不能被非法使用，不能被伪造。所以，电子现金应该具有如下一些性质。

① 独立性：电子现金不依赖于所用的计算机系统。

② 不可重复使用：电子现金一次花完后，就不能用第二次。

③ 匿名性：电子现金不能提供用于跟踪持有者的信息。

④ 可传递性：电子现金可容易地从一个人传给另一个人，并且不能提供跟踪这种传递的信息。

⑤ 可分性：电子现金可使用若干种货币单位，并且可像普通的现金一样，把大钱分为小钱。

⑥ 安全存储：电子现金能够安全地存储在客户的计算机或智能卡中，而且客户以这种方式存的电子现金可方便地在网上传递。

电子现金有如下一些优点。

（1）欺诈发生的可能性小。银行在收到电子现金并验证其顺序号后，删除这一顺序号，使之不再出现在流通中。这样，用户就不能将这一顺序号复制，以后再次使用。

（2）电子现金系统备受商家的青睐，因为它能防止客户拒绝支付和透支，而在信用卡系统和支票系统中，客户能够拒绝支付或中止支付。

（3）商家虽然能保证收到支付，但却不能得到与用户身份有关的信息，即电子现金系统能够保护用户的匿名性。然而，在互联网上，商家可能需要知道客户的姓名及地址，以便发货。

二、电子现金系统

电子现金系统中有一电子现金的发行银行，记为 E-Mint，它根据客户所存款额向客户兑换等值的电子现金，所兑换的电子现金须经它数字签名。客户可用 E-Mint 发行的电子现金在网上购物。系统中的各方及其关系的描述如图 8-2 所示，共分为七个步骤。

① 客户为了获得电子现金，要求它的开户行把其存款转到 E-Mint。

② 客户的开户行从客户的账目向 E-Mint 转账。

③ E-Mint 给客户发送电子现金，客户将电子现金存入其计算机中的电子钱包或智能卡。

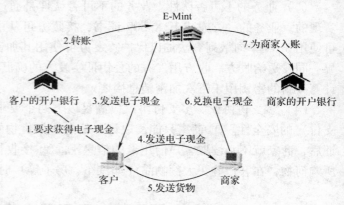

图 8-2　电子现金系统

④ 客户挑选货物并且把电子现金发送给商家。

⑤ 商家向客户提供货物。

⑥ 商家将电子现金发送给 E-Mint。或者，商家把电子现金发送给其开户银行，由其开

户银行负责在 E-Mint 兑换。

⑦ E-Mint 把钱发送给商家的开户银行，商家的开户银行为商家入账。

以上七步可归纳为三个阶段。第①步到第③步为第一阶段（获得电子现金，简称提款）；客户得到电子现金后，无论何时都可用之购物，而且只要其电子现金未花完，就可多次购物。第④步和第⑤步为第二阶段，用电子现金购物，简称支付；第三阶段，商家兑换电子现金，简称存款，如图 8-2 中第⑥步和第⑦步所示。

以上过程是在客户和商家之间进行的，类似地可用于在两个客户或两个机构（如银行、学校、企业）之间进行。

三、电子现金中的安全方案

电子现金在以下几个方面需要考虑其安全方案。

1. 电子现金的产生

为了确保使用电子货币进行交易的安全性，E-Mint 在它所发行的电子现金上需做一戳记。与钞票上的号码一样，电子现金在产生时，也应产生一个唯一的识别数。客户购买电子现金时，通过其计算机产生一个或多个 64bit（或更长）的随机二进制数。银行打开客户加密的信封，检查并记录这些数，并对这些数数字化签名后再发送给客户，经过签名的每个二进制数表示某一款额的电子现金。客户可用这一电子现金向任一商家购物。商家把电子现金发送给银行，银行核对其顺序号，如果顺序号正确，商家则得到款项。

2. 认证

电子现金是由 E-Mint 的私钥数字化签名的。接收者使用 E-Mint 的公钥来解密电子现金。通过这种方式，可向接收者保证电子现金是由私钥的拥有者即经授权的 E-Mint 签署的。为了使接收者获得 E-Mint 的公钥，E-Mint 的 X.509 证书应附加在电子现金中，或者公布 E-Mint 的公钥，以防任何形式的欺诈。

3. 电子现金的传送

电子现金的传送必须是安全的、可靠的。其安全性可通过加密来实现，其完整性可通过计算并嵌入一个加密的消息摘要来加以保护。通过这种方式能够保证电子现金在传送期间不被篡改。为了可靠地传送数据，端到端协议应允许对丢失的数据包进行恢复。例如，在互联网上，由于节点的故障而丢失的电子现金的恢复。恢复以后，终端节点应该能够重新传送数据包，并且应该避免接收者收到两次。TCP/IP 协议中已有一些可靠性方面的考虑。

4. 电子现金的存储

在电子支票系统中，如果电子支票丢失或被盗，客户可要求停止支付。但电子现金文件丢失或被盗，意味着客户的钱确实丢了。所以，用户和银行必须有一个安全的方法来存储电子现金。如果所有的业务都是在线进行的，则当被盗的现金在使用时，可进行跟踪并拒绝支付。解决这一问题的另一方法是客户持有存有电子现金的智能卡。防窜扰卡也能为持卡者提供个人安全和保密，不法分子难于读取和修改存在防窜扰卡中的信息（如私钥、算法或记录）。

5. 不可重复使用

电子现金要解决的另一问题是如何保证电子现金只使用一次。不法分子可能会想方设法复制或多次使用电子现金。在交易时，用户的身份识别与银行授权同时在联机系统中出现，

225

这样可以防范对电子现金的复制或非法多次使用。在联机的清算系统中，用于支付的电子现金会被马上传送到发行电子现金的 E-Mint，然后对照记录在案的已使用过的电子现金，确定这些现金是否有效。但这样一个系统就等同于一个信用卡处理系统，从隐私权及客户的角度来看，这样的系统是不理想的。而且，从数据库技术的角度来看，存储使用过的电子现金的信息并迅速进行查阅验证，需要很高性能的联机验证处理能力。

在脱机的支付系统中，重复花费的检查是在客户支付以后、商家在银行存款时进行的。这种事后检查在大部分情况下可阻止重复花费，但在某些情况下则无效，例如，某人以假身份获得一账号，或者某人在重复花费某一大宗款项后藏匿起来。所以，在脱机系统中仅依靠事后检查是不够的，还需要依靠物理上的安全设备，如防窜扰卡等。

防窜扰卡可通过去掉已花费的电子现金或通过使已花费过的电子现金变得无效来防止重复花费。然而，并不存在绝对防窜扰的卡，这里所说的防窜扰卡是指其在物理构造上使得修改其内容是困难的，如智能卡、PC 卡或任何含有防窜扰计算机芯片的存储设备。所以，即使使用防窜扰卡仍然有必要提供密码保护，以防止钱的伪造以及检查和识别重复花费。

但是仅使用防窜扰卡来防止重复花费还有一个缺陷，即客户必须对其完全信任。因为客户自己没有控制进出卡的信息的能力，因此，防窜扰卡可在客户不知道的情况下泄露用户的保密信息。由 Chaum 和 PederSen 提出的电子钱包是将防窜扰设备嵌入由客户控制的一个外部组件中，外部组件可以是手持计算机或 PC。不能被客户读取或修改的内部组件（即防窜扰设备）称为观察者，进出观察者的所有信息必须通过外部组件，并可由客户控制其进出，以防观察者将客户的保密信息泄露出去。而且外部组件的工作必须在结合观察者后才能进行，以防客户进行未经许可的活动，如重复花费等。

电子现金系统还有一些问题需要加以考虑，如谁有权发行电子现金、每个银行是否都能发行自己的电子现金，如果可以，那么客户如何防止欺诈，诸如代价券之类的业务如何处理，谁来管理银行的业务以保护客户的利益。以上一些问题涉及法律和银行管理等问题，可参考相关书籍。

四、几种电子现金系统

（一）DigiCash

DigiCash 是目前网上很受欢迎、技术很完善的数字现金系统，是目前很少的几个基于代币系统中的一个。DigiCash 系统的结构中有两类现金，一类是按账目发行的，另一类是代币券。每一客户在具有 DigiCash 系统的中心银行建立一账户，并得到一个 DigiCash 钱包，钱包中填有从其账户中扣除的代币的数字现金，这种数字现金是由基本的数字现金算法产生的并经过盲签名的比特串。

电子现金的基本模式是客户首先把标准的货币（如钞票）交给 E-Mint，兑换成等值的电子现金。这些电子现金是以二进制文件的方式返回给客户的，其内容代表了货币的数量，可以认为这些文件就是"钞票"。客户在向商家付款时，把相应数量的这些"钞票"传递给商家。商家则把这些"钞票"传递给 E-Mint，兑换成真正的货币。

DigiCash 系统不是由 E-Mint 发行电子现金，而是客户拥有一个软件来创建电子现金。每个电子现金有一个顺序号，在使用前必须传送到 E-Mint，以获得授权。在提交给 E-Mint 前，客户的软件把顺序号隐藏起来，它把顺序号乘以一个随机数。因此，E-Mint 可以为电子现金进行授权，加上银行的数字签名，但却不知道提交电子现金者是谁。在客户使用这个电子现金前，这个软件再删除用于隐藏顺序号的随机数。这样，商家及其银行可以看到原来的顺序号。当这样一个电子现金用于支付时，商家及其银行可以验证现金上的数字签名是否确实是由一家有权的 E-Mint 发出的。

该系统仅为买方提供匿名性，却没有为卖方提供匿名性，因为商家收到数字现金后，必须立即向银行返回收据，以使银行为其入账。

DigiCash 的业务是在商家的计算机和客户的计算机上运行的 DigiCash 钱包之间进行的，商家的计算机和客户的计算机都必须能够上网访问并需要有完全的 IP 地址。业务的进行是以客户的 NetScape 浏览器向商家的服务器发出一个 HTTP 要求开始的，根据这个要求，一个管理业务的程序开始运行，这个程序拨通在客户的 TCP/IP 服务器上运行的电子钱包并要求客户开始支付。如果与钱包的连接成功，钱包则要求客户确定是否支付。

该系统的清算是脱机进行的，其技术基础是如何对客户的身份识别信息进行编码。如果这个现金只使用一次，这些信息仍然是加密了的。如果有人要第二次或多次使用电子现金，则电子现金中加密了的原所有者的身份标识信息会被解密，即使电子现金用于不同的交易中也一样能被识别。

（二）CAFE

CAFE 是计划用于整个欧洲的电子现金系统。CAFE 可通过智能卡和电子钱包来支付。智能卡的支付是通过插入商家的 ATM 机或支付设备来进行的，而电子钱包的支付是通过红外辐射设备与商家的支付设备进行通信来实现的。

该系统在尽可能多的方面模拟现实中的现金系统。电子现金直接存在卡中或电子钱包中。客户可以在卡和电子钱包之间传递电子现金。同时，电子现金还具有匿名性，以保护客户的隐私。该系统还为用户提供了跟踪业务，以检查错误的方法。

CAFE 的安全性依靠公钥加密，这在很多方面都非常有意义，因为欧洲很多类似的智能卡系统都是依靠私钥加密的。然而私钥很容易通过窃听和反向操作而泄露。公钥加密系统则要安全得多，因为只有公钥向外界公布，私钥部分则被安全保存。如果有人得到一个智能卡并设法取出存储器中的内容，这个人却得不到像中心机构那样的加密能力，他仅能找出中心机构的公钥，而公钥在欺诈中是无用的。

（三）NetCash

NetCash 是一种可记录的匿名电子现金系统，该系统是可靠的、具有匿名性和可标度的，并能安全地防止伪造。但当受款者不在线时，该系统则不安全。系统中的电子现金是经过银行签名的具有顺序号的比特串。系统提供的匿名性有不同的等级，它可允许某些银行跟踪客户的支付，也可禁止某些银行的跟踪。

NetCash 系统运作的中心是一个货币服务器。货币服务器是一个经政府许可的发行电子现金的机构，该机构存有政府的资金以保证支付，并且在许多方面和银行的作用相同。政府机构还需建立一个中心认证机构，用于向货币服务器发放公钥并用政府的数字签名密封。

该系统产生的电子现金有如下字段。

① 货币服务器名称：负责产生这个现金的银行名称及 IP 地址。

② 截止日期：电子现金停止使用的日期。这一日期以后，银行将使其顺序号不再流通，同时银行还将减小记录未兑现账单数据库的大小。

③ 顺序号：银行需记录尚未兑现的有效账单的顺序号。

④ 币值：这个电子现金的钱数及货币类型。

以上数据打包在一起并经货币服务器或银行数字签名，银行可在电子现金上嵌入一个备份的公钥证书或仅嵌入公钥证书的 ID 号码。

另外值得一提的电子现金系统是在欧洲被广泛的使用的 Mondex（www. mondex. com），它以智能卡为电子钱包，可用于多种用途，具有信息存储、电子钱包、安全密码锁等功能，可保证安全可靠。

第三节　支付卡支付技术

早期的银行卡也被称作"塑料货币"，塑料卡片上蒙一条磁带，记录着发卡行、金额、账号等信息。较早的银行卡包括信用卡、支票卡、自动出纳机卡、记账卡和储值卡等多种。

一、信用卡概述

SET 协议主要用于信用卡的网上电子支付。信用卡有广义和狭义之分。从广义上讲，凡是能够为持卡者提供信用证明、持卡者可凭卡购物或享受特殊服务的，均可称为信用卡。广义的信用卡包括赊销卡、借记卡、贷记卡、ATM（自动取款机）卡、支票卡等。从狭义上讲，信用卡应是商业银行发行的贷记卡，即不需要先存款，可以先行透支消费的支付卡。SET 1.0 协议是针对狭义的贷记卡进行处理的，这主要是因为在美国贷记卡的使用非常普及。但是在其他国家（如我国），借记卡的发行量要比贷记卡大的多。

我国银行卡大体分三类：① 贷记卡：即信用卡，有小额信贷功能，它要求持卡人有较高的信誉度。② 借记卡：需要建立持卡人档案，不需要担保，但不可以透支。③ 储值卡：不需要建档案，不需要担保，不可以透支，一般用于小额消费。目前，各商业银行发行的借记卡和储值卡渐渐合二为一。

根据支付卡的载体材料不同，主要分为以下两类。

（1）磁卡。磁卡诞生于 1970 年，在塑料卡上粘贴磁条，磁卡可以直接插入终端机进行处理。目前，磁卡仍然是使用最广泛的信用卡。

（2）IC 卡（Intergrated Circuits Card，智能卡）。根据嵌入卡片集成电路功能的不同，IC 卡分为存储器卡、带逻辑加密的存储器卡和带有微处理器的智能卡（又称 CPU 卡）。根据卡片与外界使用方式的不同，卡片又分为接触型卡和无接触型卡（又称射频卡）。

无论什么类型的 IC 卡，都是利用芯片内的 EEPROM（或叫 E^2PROM）存储用户信息的。EEPROM 的特点是卡片断电后，存储在其中的信息不会丢失。

IC 卡是支付卡的发展趋势。

从功能上看，IC 卡可以分成两类，一类是 IC 智能卡，其主要组成部分有：处理器、存储器、输入输出端口；另一类 IC 超级智能卡，除了一般智能卡功能外，还配有键盘、液晶显示器和电源，似一台微型卡片式计算机。一般所说的 IC 卡是指 IC 智能卡（Smart Card）。

IC 卡与磁卡相比，具有存储信息容量大、安全性能高、使用快捷方便等优点。如果用磁卡作为储值卡，则用卡消费必须访问银行主机账户，因此，消费只能在联机处理时间内进行，其速度的快慢和稳定取决于通信线路的质量，在网络不能到达的场所还无法使用。另外，磁卡上信息很容易被复制，增加了发行储蓄卡的风险。如果用 IC 卡作为储蓄卡，由于 IC 卡的高安全性和可脱机操作，则完全克服了上述不足。

二、电子信用卡系统

电子信用卡系统如图 8-3 所示，有以下四方的参与者：① 具有 Web 浏览器的客户；② 处理信用卡业务并提供主页的商家；③ 为商家处理信用卡业务的商家的开户银行；④ 发卡机构。

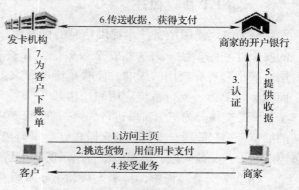

图 8-3　电子信用卡系统示意图

使用信用卡的业务过程有三个阶段。

第一阶段（完成客户的购物）：

① 客户访问商家的主页，得到商家货物明细单。

② 客户挑选所需的货物，并用信用卡向商家支付。

③ 商家服务器访问其银行，以对客户的信用卡号码及所购货物的数量进行认证。银行完成认证后，通知商家购物过程是否继续进行。

④ 商家通知客户业务是否已经完成。

第二阶段（从客户账目向商家账目转账）：

⑤ 商家服务器访问商家的开户行，并向银行提供购物的收据。

⑥ 商家银行访问发卡机构，以取得商家售物所得到的钱。

第三阶段（通知客户应支付的款额，并为客户结账）：

⑦ 发卡机构根据一段时间内（如一个月）客户购物时应向各商家支付的款额，为客户结账，并通知客户。

该系统的安全性要求如下。

① 它必须提供一个对客户、商家、商家的开户行这三方的身份进行有效认证的机制。在发送每个消息时，同时发送一个 X. 509 证书，用于对发送者认证并提供发送者的公钥。

② 它必须能够保护认证机构 CA 的私钥。

③ 信用卡号码、截止日期、购货数量以及其他敏感信息在网上传输时，必须得到保护。

④ 必须建立一个处理过程，以解决客户、商家和银行三方在电子信用卡支付过程中的争端。

与传统的信用卡系统相比，电子信用卡有以下优点：信用卡号码和截止日期不用呈现给商家，因此，电子信用卡具有更高的安全性；商家可获得几乎即时的支付。

第四节　安全电子交易——SET 协议

SET 协议是由 Visa 和 MasterCard 组织倡导，在互联网上进行在线交易时保证支付安全而设立的一个开放的规范。由于得到了 IBM、HP、微软公司、Netscape、VeriFone、GTE、VeriSign 等很多大公司的支持，它已形成了事实上的工业标准，目前它已获得国际标准化组织 IETF 的认可。

目前，SET 协议由 SETCo 负责推广、发展和认证。SETCo 是由 Visa 和 MasterCard 两联盟为首组成的 SET 厂商集团，其目的是实施安全电子交易 SET 规范，SETCo 把 SET 标识授予通过 SET 1.0 兼容性试验的软件厂商。

一、SET 协议概述

SET 协议使用加密技术提供信息的机密性，验证持卡者、商家和收单行，保护支付数据的安全性和完整性，为这些安全服务定义算法和协议。SET 为商家和持卡者提供方便的应用，减小对现有应用的影响，使收单行、商家、持卡者之间的关系基本不变，充分利用现有商家、收单行、支付系统应用和结构。

SET 交易分为三个阶段进行，第一阶段：购买请求阶段，持卡人与商家确定所用支付方式的细节。第二阶段：支付的认定阶段，商家与银行核实，随着交易的进行，他们将得到付款。第三阶段：受款阶段，商家向银行出示所有交易的细节，然后银行以适当方式转移货款。

在整个交易过程中，持卡人只和第一阶段有关，银行与第二、三阶段有关，而商家与三个阶段都要发生联系。每个阶段都要使用不同的加密方法对数据加密，并进行数字签名。使用 SET 协议，在一次交易中要完成多次加密与解密操作，故要求商家的服务器要有很高的处理能力。

在 SET 交易中，电子处理开始于持卡者。下面讲述 SET 支付系统参与者和他们的相互作用：

（1）持卡者。在电子商务环境中，消费者和团体购买者通过计算机与商家进行交互，持卡者使用一个发卡行发行的支付卡。

（2）商家。商家提供商品和服务，在 SET 中，商家与持卡者可以进行安全电子交互，一个商家必须与相关的收单行达成协议，保证可以接收支付卡付款。

（3）支付网关。支付网关连接收单行，收单行通过银行网络连接发卡行。收单行为商家建立一个账户并处理支付卡授权和支付。发卡行为持卡者建立一个账户并发行支付卡，保证对经过授权的交易进行付款。

（4）认证中心。认证中心负责为持卡者、商家、支付网关等发布证书和管理证书。图 8-4 是 SET 支付系统的网络示意图，SET 系统的网络分为两部分，一是位于因特网，包括 SET 持卡者系统、商家系统、各级认证中心系统；二是银行内部网络，包括持卡者的发卡银行、商家的收单行。两个网络通过支付网关连接。

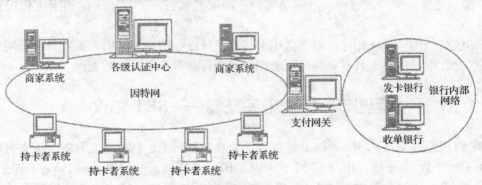

图 8-4　SET 系统网络示意图

二、SET 的安全技术

SET 要实现的主要目标是：

（1）保障付款安全。确保付款资料的隐秘性及完整性，提供持卡人、特约商店、收单银行的认证，并定义安全服务所需的算法及相关协定。

（2）确保应用的互通性。提供一个开放式的标准，明确定义细节，以确保不同厂商开发的应用程序可共同运作，促成软件互通；并在现存各种标准下构建该协定，允许在任何软硬件平台上执行，使标准达到相容性和接受性的目标。

（3）达到全球市场的接受性。在对特约商店、持卡人影响最小及容易使用的前提下，达到全球普遍性。允许在目前使用者的应用软件上，嵌入付款协定的执行，对收单银行与特约商店、持卡人与发卡银行间的关系以及信用卡组织的基础构架改变最少。

SET 中的核心技术主要有：① 采用公开密钥密码算法、数字信封来保证传输信息的机密性；② 推出双重签名的办法，将信用卡信息直接从持卡人通过商家发送到商家的开户行，而不容许商家访问持卡人的账号信息，这样持卡人在消费时可以确信其信用卡号没有在传输过程中被窥探，而接收 SET 交易的商家因为没有访问信用卡信息，故免去了在其数据库中保存信用卡号的责任；③ 采用第三方认证来确保参与交易各方的身份的可靠性。

从算法的角度，SET 中任意两方通信时使用的方法与 PGP 类似。SET 中使用的是 DES 和 RSA 混合的加密方法。加密和解密过程如下。

① A 先用 SHA-1 算法产生一个消息摘要。

② A 然后用 RSA 算法对其加密，生成数字签名。

③ 随机生成一个密钥，对消息、数字签名和 A 自己的证书用 DES 算法加密，得到加密后的消息。

④ 用 B 的公开密钥对随机生成的密钥加密，这个结果称为数字信封。

⑤ 传送加密后的消息和数字信封给 B。

⑥ B 收到后，先用自己的秘密密钥解开数字信封，得到解密消息用的密钥。

⑦ 用得到的密钥解开消息，这其中有 A 的公开密钥、数字签名和原文。

⑧ 用 A 的公开密钥解开数字签名，得到消息的摘要。

⑨ 用在步⑦中得到的原文，通过 SHA-1 算法生成消息的摘要。

⑩ 比较步⑧和⑨得到的摘要，如果两者不同，则证明消息在传送过程中被篡改。

双重签名的生成原理如图 8-5 所示。采用双重签名的主要目的在于让相关方只知道和自己相关的消息，而不能知道另外的消息。例如，张某要买李某的一处房产，张某发送给李某一个购买报价单和他对银行的授权书的消息，如果李某同意按此价格出卖，则要求银行将钱

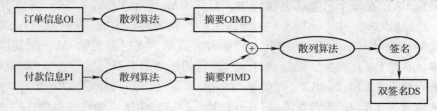

图 8-5　双重数字签名生成

划到李某的账上。但是，张某不想让银行看到报价，同时不希望李某看到自己的账号信息；此外，报价和付款是相连、不可分割的，仅当李某同意自己的报价时，钱才被转移。

双重签名的实现，首先生成两条消息的摘要，将两个摘要连接起来，生成一个新的摘要（称为双重签名），然后用发送者的秘密密钥加密，为了让接收者验证双重签名，还必须将另外一条消息的摘要一起传过去。这样，任何一个消息的接收者都可以通过以下方法验证消息的真实性：生成消息摘要，将它和另外一个消息摘要连接起来，生成新的摘要，如果它与解密后的双重签名相等，就可以确定消息是真实的。

通过 SET 协议发送的信息经过加密后，将为之产生一个唯一的报文（消息）摘要值（Message Digest），一旦有人企图篡改报文中包含的数据，接收方重新计算出的摘要值就会改变，从而被检测到，这就保证了信息的完整性。

三、SET 证书管理结构

SET 协议可使用数字证书来确认交易涉及的各方的身份。数字证书的发布过程包含了商家和持卡人在交易中的信息。因此，如果持卡人用 SET 发出一个商品的订单，在收到货物后他（她）不能否认发出过这个订单。同样，商家也不能否认收到过这个订单，这就实现了交易的不可否认性。

SET 协议的认证主要是通过 SET CA 和 SET 证书来完成的，SET 证书管理结构包括九个部分，该结构是根据进行 CA 验证和 SET 证书管理的需要来定义的层次结构，如图 8-6 所示。

（1）根 CA。根 CA（Root CA，RCA）采用非常严格的物理方式来控制，保持其非在线状态。RCA 极少接受访问来发行新的品牌 CA 证书（Brand CA Certificates）和一个新的根证书（Root Certificate）。如果一个品牌 CA 的私用密钥有可能泄密，根 CA 产生并分发一个证书撤销列表（Certificate Revocation List，CRL）来指出该品牌 CA 证书。

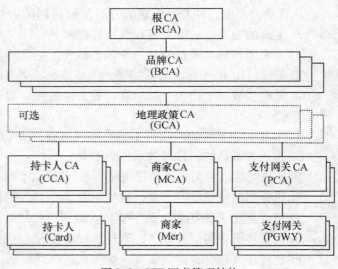

图 8-6　SET 证书管理结构

（2）品牌 CA。在每个品牌证书管理中，品牌 CA（Brand CA，BCA）可以允许一定程度的自治，就像根 CA 一样。品牌 CA 的操作采用严格的物理方式进行控制。品牌 CA 用于控制地理政策（Geopolitical）和（或者）持卡者、商家、支付网关的 CA，向其层次下的实体发行证书。品牌 CA 将产生、维持和分发其发行的证书的 CRL，并产生、维持和分发包含在品牌层次下的所有 CRL 的 BCI（品牌证书标识）。

（3）地理政策 CA。地理政策 CA（Geo-Political CA，GCA）允许该品牌在一个地理区域或一个政策范围内执行证书管理的职责。地理政策 CA 负责为可能泄密的证书产生、保持、分发 CRL。

（4）持卡者 CA。持卡者 CA（Cardholder CA，CCA）用于为持卡者产生和分发持卡者证书。可以通过 Web 或 E-mail 方式接受证书请求。持卡者 CA 与发卡行保持联系，以便验证持卡者账户。当持卡者 CA 不能产生和保持 CRL 时，将负责分发根 CA、品牌 CA、地理政策 CA、支付网关 CA 的 CRL。持卡者 CA 由一个支付品牌、发卡行或第三方团体（由支付品牌政策决定）来操作。

（5）商家 CA。商家 CA（Merchant CA，MCA）负责给商家分发证书。在商家 CA 发行证书之前，收单行验证和批准其特约商家的证书请求。该 CA 是由一个支付卡品牌、收单行或另一个团体（由支付品牌政策决定）来操作。当商家 CA 不能产生和保持 CRL 时，将负责分发根 CA、品牌 CA、地理政策 CA、支付网关 CA 的 CRL。

（6）支付网关 CA。支付网关 CA（Payment Gateway CA，PCA）负责为支付网关管理证书发行，支付网关 CA 是由一个支付卡品牌、收单行或另一个团体（由支付品牌政策决定）来操作。支付网关 CA 为可能泄密的支付网关证书产生、保持、分发 CRL。

（7）持卡者。持卡者从持卡者 CA 申请和接收证书。

（8）商家。商家从商家 CA 申请和接收证书。

（9）支付网关。支付网关从支付网关 CA 申请和接收证书。

四、SET 支付流程

使用 PC 的持卡者，一般通过访问 Web 网站来购物。当持卡者决定购买和付款时，进入 SET 协议处理。SET 协议的支付过程如图 8-7 所示。

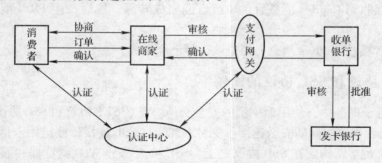

图 8-7　SET 协议支付过程

图 8-8 显示一个典型的基本购买（Purchase）协议处理流程，商家请求授权，购买确认后进行转账，初始化消息完成所有的初始设定。

（1）持卡者向商家发出购买初始化请求 PinitReq，该消息中包含持卡者的信息和证书。

（2）商家接收到 PinitReq 后验证持卡者的身份，将商家和支付网关的有关信息和证书生成 PinitRes 消息，发给持卡者。

（3）持卡者接收到 PinitRes 消息后，验证商家和支付网关的身份。然后，持卡者利用自己的支付信息（包括账户信息）生成购买请求消息 PReq，并发送给商家。

（4）商家接收到 PReq 后，连同自己的信息，生成授权请求消息 AuthReq，发给支付网关，请求支付网关授权该交易。

（5）支付网关接收到 AuthReq 后，取出支付信息，通过银行内部网络连接收单行和发

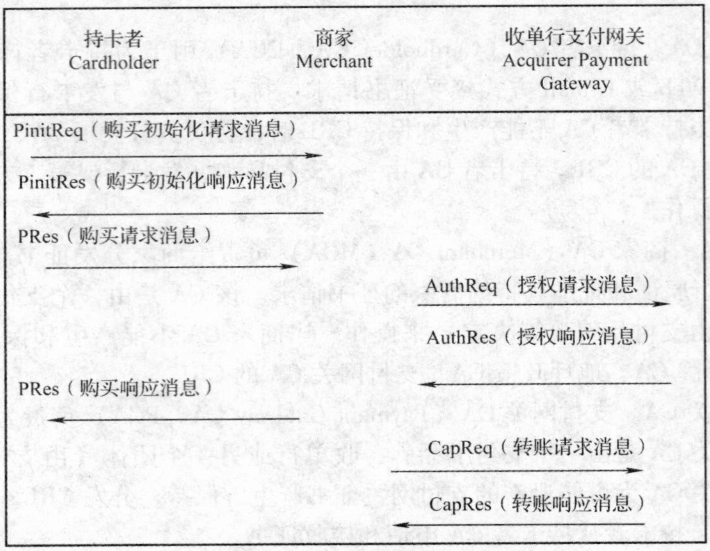

图 8-8　SET 基本购买协议处理流程

卡行，对该交易进行授权。授权完成后，支付网关产生授权响应消息 AuthRes，发给商家。

（6）商家接收到 AuthRes，定期向支付网关发出转账请求消息 CapReq，请求进行转账。

（7）支付网关接收到 CapReq 后，通过银行内部网络连接收单行和发卡行，将资金从持卡者账户转到商家账户中，然后向商家发出 CapRes 消息。

（8）商家接收到 CapRes 消息后，知道已经完成转账，然后产生 PRes 消息，发送给持卡者。

（9）持卡者接收到 PRes 消息，知道该交易已经完成。

五、SET 协议和 SSL 协议的比较

在当今的电子商务中，使用最广泛的安全交易协议是 SET 协议和 SSL 协议。

SSL 提供两台机器之间的安全连接。支付系统通过 SSL 连接传输信用卡信息，在线银行和其他金融系统也常常构建在 SSL 协议之上。SSL 被大部分 Web 浏览器和服务器所内置和支持，比较容易被应用。基于 SSL 协议的信用卡支付方式曾促进了电子商务的发展。

SET 是基于消息流的协议，用于保证在公共网络上进行银行卡支付交易的安全性。SET 远远不止是一个技术方面的协议，它还说明了每一方所持有的数字证书的合法含义，希望得到数字证书，响应信息的各方应有的动作，以及与一笔交易紧密相关的责任分担等。

事实上，SET 和 SSL 除了都采用 RSA 公开密钥密码算法外，在其他技术方面没有任何相似之处，而 RSA 算法也被二者用来实现不同的目标。SET 定义了银行、商家、持卡人之间必需的报文规范；而 SSL 只是简单地在通信双方之间建立了一条安全连接。SSL 是面向连接的；而 SET 允许各方之间的报文交换不是实时的。SET 报文能够在银行内部网络或者其他网络上传输；而基于 SSL 协议之上的支付卡系统只能与 Web 浏览器捆绑在一起。

同 SSL 协议相比较，SET 主要有以下优点。

（1）SET 为商家提供保护手段，使得商家免受欺诈的困扰，从而降低商家使用电子商

务的成本。

（2）对消费者而言，SET 保证了商家的合法性，并且客户的信用卡号不会被窃取，SET 为客户保守了更多的秘密，从而使客户在在线购物时更加轻松。

（3）SET 帮助银行、发卡机构以及各种信用卡组织将业务扩展到互联网这个广阔的空间，从而减少信用卡网上支付的欺骗概率，这使得它比其他的支付方式具有更大的竞争优势。

（4）SET 为参与交易的各方定义了互操作的接口，使一个系统可以由不同厂商的产品构筑，从而使 SET 得到更加广泛的应用。

（5）SET 可以用在系统的部分或者全部。例如，一些商家考虑与银行的连接中使用 SET，而与客户连接时仍然用 SSL。这种方案既回避了在客户机器上安装电子钱包软件，同时又获得了 SET 提供的很多优点。

（6）SET 提供不可否认性，SET 协议的交易凭证中有客户的数字签名，因而银行就拥有客户曾经购物的证据。

（7）SET 提供了完善的用于电子商务的支付系统，定义了各方的互操作接口，降低了金融风险。

六、SET 存在的问题及性能的改进

1. SET 存在的问题

SET 10 协议自从 1997 年正式推出以来，在实际应用中也存在一些问题。这些问题主要表现在：

（1）SET 的前提。SET 要求在银行网络、商家服务器、客户的 PC 上安装相应的软件，这些成了 SET 被广泛接受的障碍；SET 要求必须向各方发放证书，这也是大面积推广使用 SET 的障碍之一。因此，应用 SET 要比 SSL 昂贵得多，且协议过于复杂，开发和使用都比较麻烦，造成运行速度较慢。

（2）信任的建立存在困难。SET 协议的安全性是建立在严格的 CA 认证基础上的，该认证体系具有严格的层次结构和关系，必须由一个非常权威的机构才能实行。但是实际情况是各家都在建设自己的认证体系，各个认证体系之间的互相认证比较困难。

（3）SET 协议主要针对美国等发达国家的支付情况。SET 协议来源于美国公司，在美国信用卡消费非常普及，因此，SET 协议主要针对信用卡支付，并且在协议中详细定义了美国的支付方式（如分期付款、汽车租赁、宾馆消费等）。而对于其他国家（如我国），大量使用的是借记卡消费，而且支付方式与美国的支付方式有巨大的区别。

（4）对 IC 卡等新的技术手段支持不足。原来的 SET 协议没有提出对 IC 卡的支持，后来提出了一个 IC 卡扩展规范，但是该扩展规范是基于 1996 年 EMV 的 IC 卡标准制定的。另外，目前新的联网方式（如无线网络）和联网设备（信息家电、WAP 手机等）层出不穷，对 SET 协议也提出了新的要求。

2. 提高 SET 性能的技术

可以提高 SET 性能的技术包括：

（1）对称多处理技术（SMP）。操作系统将应用分配给多个处理机进行处理，随着更多处理机的使用，用于密码处理的能力将大大提高。

（2）集群计算技术（Cluster Computing）。对于一些大型的应用系统，由多个计算机系统组成集群计算系统，系统中多台计算机分担计算处理任务，从而可以大大加快问题的求解。

（3）密码加速硬件。密码加速硬件是特定用途的硬性单元，可以离线进行密码处理。现在使用普通的 32 位 CPU 无法有效处理 1024 位密钥的计算，而密码加速硬件中的 CPU 可以进行长字节的计算。

（4）椭圆曲线密码技术。SET 2.0 已决定采用 ECC 来取代 RSA，这样可以大大加快密码操作的处理。

在未来的一段时间内，可能会出现商家需要支持 SET 和 SSL 两种支付方式的局面。由于 SET 交易的低风险性以及各信用卡组织的支持，SET 将在基于因特网的支付交易中占据主导地位。但另一方面，由于 SET 实现起来非常复杂，商家和银行都需要改造原有系统以实现互操作，同时智能卡的推广需要增加费用添置额外的设备，一些厂商已在致力于发展别的协议，以支持 SET 和 SSL 所不能支持的支付方式，如微支付（Micropayment）、对等支付（Peer to Peer Payment）方式等。

第五节　电子支票支付技术

电子支票网络支付是一种典型的 B2B 型网络支付方式。它是借鉴了纸张支票转移支付的优点，利用数字传递将钱款从一个账户转移到另一个账户的电子付款形式。这种电子支票的支付是在与商户及银行相连的网络上以密码方式传递的，多数使用公用关键字加密签名或个人身份证号码（PIN）代替手写签名。用电子支票支付事务处理费用较低，而且银行也能为参与电子商务的商户提供标准化的资金信息，是一种有效率的支付手段。

一、电子支票概述

所谓电子支票，英文一般描述为 E-Check，也称数字支票，是将传统支票的全部内容电子化和数字化，形成标准格式的电子版，借助计算机网络（因特网与金融专网）完成其在客户之间、银行与客户之间以及银行与银行之间的传递与处理，从而实现银行客户间的资金支付结算。电子支票包含与纸支票一样的信息，如支票号、收款人姓名、签发人账号、支票金额、签发日期、开户银行名称等。电子支票系统借助银行的金融专用网可以进行跨省市的电子汇兑和清算，实行全国范围的中大额资金传输，甚至在世界银行之间的资金传输。

电子支票的出现实际上是支票的概念发生了彻底的变革，完全脱离了纸质文件媒介，真正实现了资金转移的无纸化和电子化。中国招商银行企业网络银行服务中，企业之间资金网络转账就已经采用了类似电子支票的支付方式。

电子支票从产生到投入应用，一般具备下列属性：① 货币价值；② 价值可控性（用户可以灵活填写支票代表的资金数额）；③ 可交换性；④ 不可重复性；⑤ 可存储性；⑥ 应用安全与方便。

与传统的纸支票和其他形式的支付相比，电子支票有以下优点。

（1）节省时间。电子支票的发行不需要填写、邮寄或发送，而且电子支票的处理也很省时。在用纸支票时，商家必须收集所有的支票并存入其开户行。用电子支票，商家可即时发送给银行，由银行为其入账。所以，使用电子支票可节省从客户写支票到为商家入账这一段时间。

（2）减少了处理纸支票时的费用。使用电子支票可免除诸如每月第一天在银行的排长队，可免除新学期大学生缴学费时的排长队。相应地，减少了银行职员在收支票、处理支票以及向客户邮寄注销了的支票的工作。

（3）减少了支票被退回情况的发生。电子支票的设计方式使得商家在接收前，先得到客户开户行的认证，类似于银行本票。

（4）电子支票在用于支付时，不必担心丢失或被盗。如果被盗，接收者可要求支付者停止支付。

（5）电子支票不需要安全的存储，只需对客户的私钥进行安全存储。

电子支票也有某些保密性方面的考虑。电子支票必须经过银行系统，银行系统对经手的每宗业务必须用文件证明其细目。同时必须为被支付者保密，不可泄露业务的细节。

二、电子支票系统

电子支票系统中主要的各方有客户、商家、客户的开户行、商家的开户行、票据交易所。票据交易所可由一独立的机构或现有的一个银行系统承担，其功能是在不同的银行之间处理票据。支付的过程依赖第三方或经纪人，他们证实客户拥有买货的款额；也可以证实在客户付款前，商家已交货。由于这个过程高度自动化，即使是交易额很小，这种方式也很经济划算，适用于信用卡无法处理的小额支付。

（一）电子支票的网络支付模式

目前，电子支票系统主要通过专用金融网络、设备、软件及一套完整的用户识别、标准报文数据验证等规范化协议完成数据传输，从而控制安全性。这种方式类似金融 EDI 模式。成本更低、跨区域、应用更为简单的、基于因特网平台的电子支票系统正在快速发展中，因为这种形式更适合目前网络经济社会里电子商务的发展需要。特别是用来处理 B2B 电子商务中的网络支付功能。当然，基于专用金融网络平台的类似金融 EDI 的电子支票系统也可离线解决企业间电子商务的支付结算，只不过把电子商务交易环节与支付环节分离处理而已。二者应用原理上差不多，只是网络平台不同。而基于因特网平台的电子支票系统更能与整个电子商务业务过程集成在一起处理。

（二）电子支票的一般运作过程

电子支票的一般运作过程如图 8-9 所示。

（1）购买电子支票。买方首先必须在提供电子支票服务的银行注册，开具电子支票。注册时需要输入信用卡或银行账号信息以支持开设支票。电子支票应具有银行的数字签名。

（2）电子支票付款。买方用自己的私钥在电子支票上进行数字签名，用卖方的公钥加密电子支票，使用 E-mail 或其他传递手段向卖方进行支付；只有卖方可以收到用卖方公钥加密的电子支票，用买方的公钥确认买方的数字签名后，可以向银行进一步认证电子

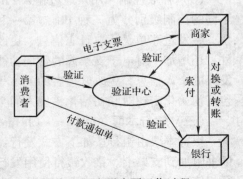

图 8-9 电子支票运作过程

支票，之后即可以发货给买方。

（3）清算。卖方定期将电子支票存到银行，支票允许转账。

三、电子支票中的安全方案

（一）电子支票的安全性要求

电子支票中的安全性要求有对电子支票的认证、向接收者提供发送者的公钥、安全存储发送者的私钥。

（1）电子支票的认证。电子支票是客户用其私钥所签署的一个文件。接收者（商家或商家的开户行）使用支付者的公钥来解密客户的签名。这样将使得接收者相信发送者的确签署过这一支票。同时，客户的签名也提供了不可否认性，因为支票是由支付者的私钥签署的，支付者对发出的支票不能否认。

此外，电子支票还可能要求经发送者的开户行数字签名。这样将使得接收者相信他所接收到的支票是根据发送者在银行的有效账目填写的。接收者使用发送者开户行的公钥对发送者开户行的签名加以验证。

（2）公钥的发送与私钥的存储。发送者及其开户行必须向接收者提供自己的公钥。提供方法是将他们的 X. 509 证书附加在电子支票上。为了防止欺诈，客户的私钥需要被安全存储并能被客户方便使用。可向客户提供一个智能卡，以实现对私钥的安全存储。

（二）电子支票簿

传统支票系统中相关的企业财务印章与财务经理私有印章平时是放在保险柜中的，与之类似，目前电子支票中签名私钥的保护是通过电子支票簿（Checkbook）技术实现的。

电子支票簿其实是一种可以实现电子支票的签名、背书等基本功能的硬件和软件装置，是保护电子支票中签名私钥的安全系统。它具有防窜扰的特点，并且不容易遭到来自网络的攻击。常见的电子支票簿有智能卡、PC 卡、PDA 卡等。

电子支票簿主要有以下三类功能。

（1）密钥生成。系统执行标准的加密算法，在智能卡内生成所需的密钥对。其中公钥可以对外发放，私钥只保管在卡内。除非密钥恢复时能得到私钥的备份，否则，其他任何地方都无法获得私钥。

（2）签名和背书。用户通过执行智能卡内的 ROM 芯片中的加密程序与私钥实现对电子支票信息加密和签名。

（3）存取控制。用户通过输入 PIN，激活电子支票簿，确保私钥的授权使用。系统根据不同的控制级别分为三种 PIN。第一种 PIN 可以实现填写电子支票、对支票签名、背书支票、签发进账单、读取日志信息、更改该级别的 PIN 等功能；第二种 PIN 除执行第一种功能外，还增加了对电子支票簿的管理功能，如增加、删除证书和公钥，读取签发人的公钥和签发人的个人信息，更改管理者的 PIN 等；第三种 PIN 用作银行相关电子支票系统的初始化，包括初始化密钥对和初始化签发人的个人数据等。

（三）银行本票（Cashier's Cheque）

银行本票由银行按如下方式发行：发行银行首先产生支票，用其私钥对其签名，并将其证书附加到支票上。接收银行使用发行银行的公钥来解密数字签名。通过这种方式使接收银行相信，它所接收到的支票的确是由支票上所描述的银行发出的。而且通过这种方式也提供了不可否认性，因为银行本票是由发行银行用其私钥签署的，发行银行对其发出的银行本票不能否认。

四、电子支票的应用

早在 1990 年代初，电子支票就在专用网上进行了试验，目前国外主要是在金融专用网络上应用。基于因特网平台的电子支票系统正处在试验与发展阶段。目前，只有美国银行支持的支票才能在因特网上被接受，因为在线检验依赖美国的支票兑现基础设施。较为成熟的电子支票是国际金融服务技术联盟（Financial Services Technology Consortium）提出的基于 BIP（Bank Internet Payment）标准（草案）的 FSTC。此外，典型的电子支票系统还有 Net-Bill 以及 NetCheque 系统等。下面简要介绍如下。

（一）FSTC 电子支票

FSTC 成立于 1993 年，共有 60 多个成员，包括美洲银行、化学银行和花旗银行等。1995 年 9 月，FSTC 给出了一个示范性的电子支票概念。和纸质支票一样，电子支票包含给付款人银行的支付指令，用来向被确认的收款人支付一笔指定数额的款项。由于这种支票是电子形式的，并且通过计算机网络来传送，这给支票处理带来很大的灵活性，同时也提供了一些新的服务，如可以立即验证资金的可用性。数字签名的确认增强了安全性，使电子支票支付能够很容易地与电子订单和票据处理一体化。

付款人在签发支票时，需要提供的信息与使用纸质支票时所提供的信息一样多。所有能够签发电子支票的个人都拥有基于某种安全硬件的电子支票簿设备。在 FSTC 系统中，支票簿是电信设备公司生产的称作"智能辅币机"的安全硬件设备。该设备的功能就是安全地存储密码和证书信息，保持最近签发或背书过的支票的记录。支票在某种安全信封中被传送给收款人，这种信封将以安全电子邮件方式或双方之间已加密过的交互对话方式进行传送。

收款人收到支票后，也将使用某种安全硬件设备对支票进行背书，把支票发送收款人银行。收款人银行收到支票后，将利用自动清算所来清分支票。相应地，资金从付款人银行账户转账到收款人银行账户。

（二）NetBill

NetBill 是由美国匹兹堡的 Canlegie Mellon 大学开发的一种电子支票网络支付系统。该系统参与者包括客户、商家以及为他们保存账户的 NetBill 服务器。这些账户可与金融机构中的传统账户相连。客户的 NetBill 账户可以从其银行转账注入资金，而商家的 NetBill 账户中的资金可以存入其银行账户。NetBill 通过与客户服务器协作，利用各种文库来提供对交易的支持。客户文库称作"支票簿"，而服务器文库称作"收款机"。支票簿和收款机分别依次地与客户应用和商家应用进行通信。两者之间所有的网络通信均经过加密，以防止入侵者的进入。

NetBill 目前也仅是一个研究计划，其具体应用还有待时日。

（三）NetCheque

NetCheque 系统是由南加里福尼亚大学的信息科学研究所 ISI（Information Sciences Institute）开发的，用于模拟支票交易银行感兴趣的读者可登录 http：//www. netcheque. org。系统中使用 Kerberos 实现认证，并且中心服务器在认为有必要时，可对所有主要的业务进行跟踪。

支票是通过将有关金额、货币类型、接收者姓名、银行名称、账号、支票号及其他细目

239

的标准信息打包在一起而产生的。记以上打包结果为 C。

客户 U 要想签一张支票，必须向 Kerberos 服务器申请一张票据，票据中包含一私钥 $K_{u,bank}$。银行得到支票后，知道支票一定是 U 签的，这是因为只有三方能从票据中取出 $K_{u,bank}$，这三方是产生票据的 Kerberos 服务器（假定是可信赖的）、U 和银行。

NetCheque 系统也允许其他人用相同的签名方案签署支票。如果客户 V 从 U 处收到一支票，V 可以用 U 签署支票的方式通过产生 Kerberos 签名而签署支票，然后把支票发送给银行存储。

V 存储支票的银行和 U 提取支票的银行可以不同。这时，V 的银行把支票发送给 U 的银行，通过一中介银行交易系统，现金被返回到 V 的银行并被存储。

NetCheque 系统在很多方面是模仿普通的支票交易系统的。Kerberos 系统的主要优点是使用私钥加密，而私钥加密一般都未申请专利，因此不必担心侵犯了专利权。

使用 Kerberos 时要求每个客户产生一个用于签署支票的票据，而票据常常会出现过期的问题，因此要求有一个更好的在线环境。另一主要问题是 Kerberos 环境仅在两方之间建立安全联系，因此无法使得某人签署的支票可由任何其他人验证。V 不能验证 U 对支票的签名，因为票据仅在 U 和银行之间建立安全联系。这一问题的解决方法是要求支票的产生者对银行和接收者分别建立两个不同的签名字段。

第六节 移动支付与微支付

目前我国手机用户突破 8 亿，居世界之首。作为移动互联网和 3G 增值业务的焦点，从 2009 年开始，我国三大运营商加快推进移动支付业务试点工作。随着 3G 的成熟渗透、智能终端和移动互联网的普及、电信运营商的大力推广和电子商务的爆发增长，手机支付市场发展潜力巨大，据预测，2013 年全球移动支付额将达 6 000 亿美元。

一、移动支付的概念及用途

移动支付与移动商务一样，都是近年来因无线互联与信息技术的发展而出现的新的商务形式，目前国际上还没有移动支付的标准定义，这里给出一个定义供参考。

移动支付是在商务处理流程中，基于移动网络平台特别是日益广泛的互联网，随时随地地利用现代的移动智能设备如手机、PDA、笔记本电脑等工具，为服务于商务交易而进行的有目的的资金流流动。移动支付是移动金融服务的一种，必须安全可靠。移动支付属于电子支付与网络支付的更新的一种方式，主要支持移动商务的开展，具有明显的无线网络计算应用的特点。

移动商务的主要优点之一就是要实现随时随地的商务处理，体现出方便、快捷的特点，这就要求支持移动商务开展的支付也应该是可以随时随地处理的，也同样体现出方便、快捷的特点。客户在任何时候、任何地方、使用任何可用的方式都可得到任何想要的金融服务的强烈需求，可以通过金融业与移动 IT 的结合而实现，即形成一种新的趋势，发展包括移动支付在内的移动金融服务。

现实生活中，移动商务与移动支付的应用已经有很多。拿手机短消息服务来说，其实质就是移动商务，如今的人们可以在任何地方、任何时间利用手机发送与接收短消息，成为一种消费时尚，深受普通百姓的欢迎，如在 2003 年中秋节一天内，全国就发送了 1 亿多条短信，此举也成为中国移动、中国联通的主要盈利点之一。特别需要指出的是，依靠移动支付的方式是手机短消息服务取得如此成功的主要原因之一，如"神州行"手机卡每发送一条短消息的费用可以直接在用户预付资金账号（以手机号为账号）中扣除，非常方便快捷。

其他像手机银行与掌上银行业务在世界各国均已经开展起来。例如，中国招商银行的手机银行服务（Mobile Banking Service）就包括移动支付的业务，可查询和缴纳手机话费，水、电、煤气等各类日常费用，也可直接用手机完成商户消费的支付结算，是当今继信用卡之后最新的支付手段之一。

如此庞大的移动增值业务吸引了众多国内外企业的关注。我国最全面的虚拟支付服务提供商——北京掌上通网络技术有限公司与世界虚拟支付的领导者——美国 Vesta 公司，于2005 年 3 月 18 日正式宣布，双方结为紧密的战略合作伙伴，Vesta 注资掌上通 2 000 万美元，共同致力于发展和完善我国部分地区的虚拟支付服务体系。这是迄今为止国内移动增值服务提供商在虚拟支付领域获得的最大一笔融资。有观察家表示，这种优势互补、"强强联手"的合作，将进一步改变我国虚拟支付的格局。

二、移动支付的应用模式

移动支付根据使用的移动商务工具不同、应用的网络技术不同，在细节与业务流程处理上存在很大差别。同样是手机的移动支付，由于支持运营商、银行的不同也有所不同。因此，作为新兴的支付方式，移动支付的体系标准还没有建立起来，仍在探索发展中，因而它在社会商务相关支付的比率也很小，存在的也主要是一些微额或小额的商务支付。这里简单介绍移动支付的一般应用模式框架。

移动支付的一般应用模式框架如图 8-10所示。中间的通信塔不仅仅是 WWAN 服务中的通信设备，它也包括 WLAN 的无线接入点等。

支付的参与方一般涉及移动用户、网上商家、无线通信服务提供商、公共 WAN平台（如因特网）、移动支付受理银行等，在相关的支付信息传递过程中还涉及多方

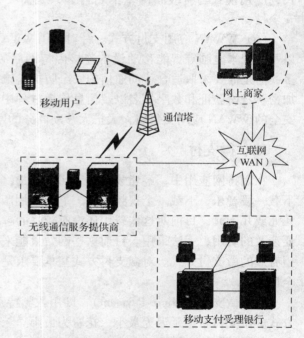

图 8-10　移动支付的一般应用模式框架图

的安全控制体系以及相应的加解密操作，实现在移动支付流程中对移动终端的信息加密、身份验证和数字签名等功能。

三、移动支付的应用类别

目前在我国出现的一些移动支付应用方式主要有如下六种。

（1）普通手机号作为资金账号的支付方式。它类似于 IC 卡的支付，如短消息的实时

支付。

（2）USSD 支付方式。USSD（Unstructured Supplementary Service Data）即非结构化补充数据业务，是一种基于 GSM 网络的新型交互式数据业务。它是在 GSM 的短消息系统技术基础上推出的新业务，当然也可用于支付业务的处理。

（3）STK 支付方式。STK（SIM Tool Kit）即用户识别应用开发工具。其应用原理是在移动通信提供的手机 SIM 卡中，注入银行提供的功能服务菜单、银行的密钥，即成为提供银行服务的专用卡 STK 卡；利用 STK 卡提供的智能菜单进行操作，将手机银行服务的信息通过移动通信网的短消息系统送到银行，银行接到信息，对信息进行处理后，将其结果返送手机，完成手机支付服务。目前中国工商银行、中国招商银行的手机银行业务采用的就是这种 STK 方式。借助这种方式，手机可以把移动通信、信用卡、IC 卡等功能融合在一起，成为生活中一个多功能工具。手机正在成为信用卡。

（4）WAP 应用支付方式。借助 WAP 应用，实现基于 WAP 服务的手机在线支付。

（5）WLAN 应用支付方式。这主要针对移动笔记本电脑的应用而言，由于借助 WLAN 应用可使客户实现无线联网功能，可以支持信用卡、电子现金、网络银行等网络支付方式，应用模式与有线联网基本一样，只是需要在无线接入阶段采取措施加强信息传递的安全性。

（6）WWAN 应用支付方式。针对利用 WWAN 技术特别是 2.5G 与 3G 技术的手机、PDA以及笔记本电脑等智能移动设备连接因特网后的在线支付，流程上与有线网络的应用差不多，但是需要采取适合移动通信的安全防护措施，实现在移动支付流程中对移动终端的信息加密、身份验证和数字签名以及信息传递过程中的安全。这也是目前研究的热点问题之一。安全的 WWAN 应用支付将大大扩大移动商务的发展规模。

四、微支付

在因特网应用中，经常发生一些小额的资金支付，如 Web 网站为用户提供搜索服务、下载一段音乐、下载一个视频片断、下载试用版软件等，所涉及的支付费用很小，如几分、几元或几十元，目前对这些费用还没有较好的解决办法，传统的支付方式因为本身支付过程要涉及的费用，无法采用。目前这些网站只能采用广告、订阅等方式来维持其生存，迫切希望有效的微支付方式。对微支付方式基本要求是极低的运行费用、快捷方便、能够接受的安全性。

所谓微支付（Micro Payment），即用款额特别小的电子商务交易，类似零钱的网络支付方式。微支付希望延迟为最小，花费为最小。

（一）微支付类型

微支付的参与实体有购买者（Buyer）、销售者（Seller）、记账系统（Billing Systems），一个典型的购买者记账系统是因特网访问提供者（Internet Access Provider，IAP），销售者的记账系统是一个银行或因特网服务提供者（Internet Service Provider，ISP），当然购买者和销售者也可以使用同一个记账系统。另外，微支付也允许在购买者和销售者之间通过一个附加的记账服务器网关来连接，销售者是内容提供者，微支付也允许一个商场经营者为内容提供者提供现金注册功能。

目前有许多关于微支付的研究，主要有以下几种类型。

1. 完全信任记账服务器机制

完全信任记账服务器类型（如 ClickShare、CyberCent、CyBank）其优点是设置服务简单，能够避免对新客户软件的要求，缺点是对服务器要求太多的信任，是一种集中式、普遍式信任的实体。如果许多公司都建立这样的系统，其结果是无法进行交互操作，造成市场的破碎。

2. 避免使用公开密码的机制

这些系统试图避免计算量较大的公钥操作来提高效率，但是会造成额外的通信费用和数据库搜索，要求通信建立从购买者到商家的信任链，而公钥签名允许在非在线情况下建立信任。其另一个缺点是共享密钥信任产生更多的困难，降低了效率。

采用该机制的系统的一个典型例子是 Millicent 系统，它通过购买商店临时凭证（储值货币），实现在同一个商店的重复购物，从而节省了通信负担，但是同时造成购买者的额外复杂性和不方便性，购买者需要管理所有商店的临时凭证（储值货币）。

3. 采用公钥签名允许离线（或半离线）支付

IBM 的 MiniPay 系统属于该机制，其他两个重要系统是 CyberCoin 和 Digicash。

CyberCoin 由 CyberCash Inc. 公司开发，为商家和购买者提供的一个集中服务器，目前有三个 CyberCoin 服务器，分别安装在美国、日本和英国。每个服务器使用本地货币，在服务器之间不提供交互操作。CyberCash 系统也用于较高金额（超过 25 美分）的交易。

DigiCash 系统比其他系统更复杂，它提供匿名支付（Anonymous Payments），匿名的特性从记账系统和商家处隐藏购买者的标识，要完成这些要求需要特殊的加密，这导致高费用和复杂性。另外，因为销售者无法识别购买者身份，在线确认变成必需的，甚至当向同一个销售者重复购买也必须每次进行在线确认，导致每个交易都有延迟。另外，MiniPay 实现了每笔支付连接与 Web 浏览器的集成，而其他系统需要弹出一个窗口，在弹出窗口进行购买确认。

（二）微支付系统及应用模式

IBM 是电子商务的倡导者，也是包含网络支付在内的全球电子商务解决方案的领先供应商。其中，IBM 的微支付系统解决方案已在全球许多电子商务企业中应用，因此在整个技术体系上比较成熟。

下面以 IBM 微支付系统为例，介绍基于因特网平台的微支付应用模式。

1. IBM 微支付系统的应用框架

IBM 微支付系统一般由 4～6 个参与实体组成。图 8-11 所示为较为常用的五个实体的 IBM 微支付系统应用框架。

① 购买者：在其计算机上运行微支付客户端软件作为微支付钱包（类似电子钱包）。

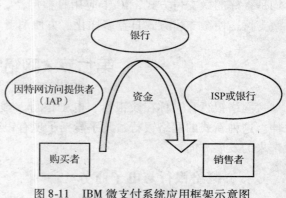

图 8-11　IBM 微支付系统应用框架示意图

② 销售者：网上产品或服务提供商。

③ 因特网访问提供者：IAP 作为购买者的记账系统。

④ ISP 或银行：ISP 作为销售者的记账系统，不过也可能是个银行或作为一个 IAP。

⑤ 银行：连接购买者的记账系统与销售者的记账系统的中间交换者，典型的是一个银行或其他金融机构。微支付也支持图 8-11 中 IAP 与 ISP 间的直接连接，或多个中间交换者。

如图 8-12 所示，微支付建立了在 IAP 与购买者之间的现有账户和记账关系，以及销售者和 ISP 的关系上的支付方式，同时也扩展了这些关系。作为交换者的银行可使用现有关系和 IAP 与 ISP 的关系，提供资金转账服务。

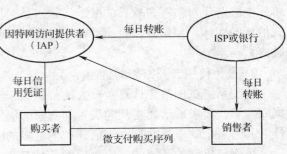

图 8-12 微支付的一般业务处理流程示意图

2. 微支付的一般应用模式

为了简化，这里只考虑四个参与实体（没有资金转换者）来描述最重要的微支付业务处理流程，即微支付的一般应用模式。微支付的一般业务处理流程如图 8-12 所示。

在此微支付业务处理流程中，可以优化整合最频繁的购买，把微支付信息附在因特网购买序列中以减少额外通信，并在保证一定安全的前提下最小化密码处理，以提高支付效率。通常，微支付购买不涉及任何额外信息。

购买者应用微支付系统时，将向销售者发出一个带有数字签名的微支付购买序列，并附加在一般的 GetURL 消息中。支付序列（Paymem Order）也包括一个每日证书（Daily Certificate），每天由 IAP 提供。销售者可以验证这个证书中 IAP 的数字签名，从而确认购买者是有效的，并取得购买者的公钥，以加密关键的交互信息。

在一个不太长的周期内，销售者集中所有购买者的所有支付序列，形成单个的带有销售者数字签名的转账消息（Deposit Message），发送至 ISP，这是清算处理的开始。ISP 定期收集其负责的所有销售者的支付，将这些支付转到相应的 IAP，借助批量的处理方式，可以降低处理的费用，类似支票的使用。

总之，在因特网今后的发展中，随着网络产品与服务的大大丰富，专门针对网上微额支付结算的微支付方式的发展与应用前景极为广阔。移动通信技术的进步促进了移动商务的发展，使移动支付方式也迅速发展。很多的移动支付方式，如手机的短消息支付与 STK 支付均是很好的微支付方式，IC 卡应用日益广泛，也可作为电子零钱的存储与应用媒介而用于微支付，使微支付方式日益多样化，方便消费者的使用。

第七节 网络银行及其支付

网络银行，又称在线银行、电子银行、虚拟银行，它实际上是银行业务在网络上的延伸。这种新式的网络银行，几乎囊括了现有银行金融业的全部业务，代表了整个银行金融业未来的发展方向。

一、网络银行与电子商务

网络银行是电子商务的核心商务活动，电子商务是网络银行发展的商业基础。在电子商务中，银行作为连接生产企业、商业企业和消费者的纽带，起到至关重要的作用，银行是否能够有效地实现电子支付已成为电子商务成败的关键。支付结算环节是由支付网关、收单行、发卡行以及金融专用网络完成的，离开了银行，便无法完成网上支付，也就谈不上真正的电子商务。

（一）网络银行是电子商务发展的要求

商业银行是电子商务活动中的参与者，它与买卖双方一样通过电子技术手段被连接在相应的电子网络之中。商业银行是买卖双方完成商务活动的服务机构，它对于电子商务活动的参与主要体现在货币资金支付与清算两大功能上。具体而言，未来电子商务对商业银行的影响和要求主要体现在以下几个方面。

（1）电子商务要求商业银行能提供便捷迅速的支付服务。电子商务要求商业银行能建立完善的全日服务，防止在商业银行休息时间内电子商务活动受资金支付影响现象的出现。同时，电子商务本身是对时间的节省，因此，它特别要求参与电子商务的贸易伙伴也要相应提高信息处理的速度。而资金的传递更是重中之重，作为资金支付代理人的商业银行要加快资金支付，减少资金在途时间，提高时间价值。

（2）电子商务要求商业银行能提供安全可靠的支付服务。由于电子商务是通过各种外部网络而发生的，买卖双方处于一种虚拟空间之中，他们分别位于网络的两个节点之上。尽管各种软硬件措施能在一定程度上防止无关组织进入电子商务之中，但是虚拟空间看不见、摸不着的特性，和传统意义商业往来中的"信赖"关系的消失，使得巨额财富转瞬即逝的潜在危机客观存在着。因此要求作为商业组织支付代理的商业银行提供近乎绝对的安全性支付服务，避免财产流失。

（3）电子商务要求商业银行能提供符合要求的格式化信息。由于电子商务的传递必须以特定格式进行传输交流，各种电子商务标准的产生标志着信息格式化传递的发展趋势。这种特点要求商业银行在为商业组织提供信息服务时，要逐步采取国际通用的电子商务标准，减少信息不规范可能产生的混乱与错误。

网络银行所提供的电子支付服务是电子商务中的最关键要素和最高层次，直接关系到电子商务的发展前景。从这个意义上讲，随着电子商务的发展，网络银行的发展亦是必然趋势。

（二）网络银行是银行自身发展的要求

目前，传统的银行业务面临许多压力，银行业之间的竞争在不断加剧，造成银行收益相对减少。面对严峻的现实，银行只有扩大服务范围，提高服务质量，才能在激烈的竞争中立于不败之地。目前如雨后春笋般崛起的电子商务给银行业带来了机遇。从银行业自身的生存和发展来说，也需要尽可能快地拓展网络银行服务。谁抢占了先机，谁就能赢得主动，也就能赢得客户和利润。先进的计算机和通信技术，再加上商业电子化所能带来的诱人的利润，这些都为银行业开展网上服务提供了便利的条件和前进的动力。

网络银行更具吸引力的是它能够提高现有客户的素质，网络银行的使用者 60% 集中在 25~45 岁，是高收入、高学历的群体，他们的客户忠诚度亦高于一般客户。这对于金融行业来说将产生巨大的吸引力。目前，几乎所有稍具规模的银行，均开始着手进行网络银行的计划。在我国，金融体制改革将使各家银行面临空前的激烈竞争，而电子商务的兴起同时也为银行提供了前所未有的发展空间，网络银行也许是银行业的"未来之路"。

（三）网络银行的特点

（1）以已有的业务处理系统为基础。"网络银行服务"系统本身不能独立地处理某项银行业务，所有的业务处理最终都是要由现有的业务处理系统来实现。

（2）采用 Internet/Intranet 技术。Internet/Intranet 技术具有网络分布计算和与系统平台无关的特点，特别适合解决银行业务系统分散和系统平台种类多的问题。值得强调的是，网络银行不仅要考虑利用 Internet 向外部客户延伸，还要对内部 Intranet 的建设高度重视，包括网络基础设施建设、业务系统的联网程度、全行业务的统一规范性等。

（3）将现有的业务系统有机地联系起来。我国银行现有的业务系统总的来说都是分散形式的，通过建立"网络银行服务"系统与传统业务处理系统之间的接口，使分散的不同的业务系统通过"网络银行服务"系统这个桥梁有机地联系起来。

（4）提供综合服务。由于网络银行能够把现有的分散的业务系统有机地联系起来，打破了地区的限制，也就能够从更大的范围为客户提供综合的服务。系统能够包容国内银行所有的面向外部客户的业务品种，涉及银行所有的业务系统，并利用现有的业务品种，结合新的技术手段发展出新的服务项目。

二、网络银行的业务模式

网络银行的业务存在两种模式：一种是完全依赖于互联网发展起来的全新电子银行，这类银行几乎所有的业务交易都依靠互联网进行，典型的例子是 1996 年美国三家银行联合在互联网上成立的 SFNB（Security First Network Bank）；另一种发展模式是目前的传统银行运用因特网服务，开展传统银行业务交易处理服务，通过因特网发展家庭银行、企业银行等业务。网络银行的目的简单说是 5W，也就是实现为任何人、随时、随地、与任何账户、用任何方式的安全支付和结算。

可以采用以下三种不同的方法登录网络银行服务。

（1）因特网。使用标准网络浏览器（如 NetscapeNavigator 和 InternetExplorer），通过银行在因特网上的网址进入账户。

（2）个人理财软件。这些软件能够使客户跟踪和管理个人金融信息，还能够与客户使用的网络银行交流信息，如果该银行支持这样的连接的话。

（3）银行提供的软件。这些软件由银行提供，在客户的计算机上运行。这些带有各银行特点的专有软件能够让客户与银行连接（通常是通过私人数据网络而不是通过因特网），进行网络银行操作。它们各自的特点可能不同，提供从简单的操作如查询账户信息，到更复杂的任务如跟踪投资记录。

三、网络银行系统解决方案

网络银行系统解决方案有很多，前面提到的 SFNB 和中国银行都采用了美国惠普公司（HP）的 VirtualVault 交易服务器系统。

（一）网络银行的功能

网络银行系统主要有以下几个方面的服务。

（1）申请类服务。它包括存款开户、空白支票申领、国际收支申报、信用卡开户、信用证开证申请等。这类服务的特点是客户通过互联网直接获得各种银行的表格，或者直接在网上填写后提交，或者在自己的打印机上打印出来后填写，再通过其他途径递交给银行。提供这类服务的目的就是为客户提供方便，简化手续。

（2）信息服务类。它包括储蓄业务品种介绍、业务办理办法和须知、储蓄网点、ATM网点、信用卡特约商户名单、个人理财建议和企业贷款申请。

（3）查询服务类。它包括个人综合账户余额查询、个人综合账户交易历史查询、个人挂失、企业综合账户余额查询、企业综合账户交易历史查询、支票情况查询和汇兑状态查询。

（4）交易服务类。它包括转账（同一客户不同账号间转账，包括活期转定期、活期转信用卡、信用卡转定期）、代付费（指定收款人，从活期账户或信用卡账户扣除）、个人小额抵押贷款、个人外汇买卖、托收（公用事业付费）和企业间转账（信誉等级高的企业客户）。代付费是真正实现了不同客户之间的资金收付。如果能够做到这一点，就意味着能够真正实现"网络银行"，提供全部的银行业务。托收即预约服务，国外的"网络银行"系统称为 User Profile，就是让客户自己直接操作，设置自己的交易要求，对自己的账户的管理在一定程度上能够自动化。我国的代发工资实际上就属于这一类服务。

（5）网上购物。这类服务是要和商家合作完成的。它使银行成为客户与商家之间的信用中介和支付中介。目前国际上实现的网上购物主要都是以信用卡、电子支票作为支付手段。

除了以上传统网点业务之外，还可以通过网络银行这种新型渠道提供新的服务，如为集团或国内大企业客户提供集中理财查询服务。假定有一个大企业总部在北京，它在全国各地都有分支机构，并且在全国各地中国工商银行开有账户。以往该企业只能通过分支机构财务了解它们的银行账户变动情况，既不及时又不准确，有时下属机构还会为了自己的利益虚报账目。有了网络银行，该企业在总部即可通过互联网查询到各地分支机构的账目。

（二）网络银行系统的组成

以 HP 系统为例，网络银行系统的组成包括：Web 信息服务器、过滤路由器、VirtualVault 交易服务器、数据库服务器、操作服务器、客户服务代表工作站、内部管理和维护工作站，如图 8-13 所示。

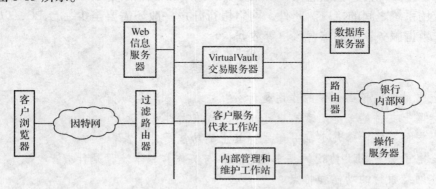

图 8-13　HP 系统主要组成部分

（1）Web 信息服务器。负责提供银行的主页服务，供客户了解各种公共信息。例如，个人理财建议；网络银行开户方法、网络银行演示、网络银行热点安全问题解答和网络银行服务申请方法。由于该系统上仅存放非机密性、非交易性或即使被窃取也不会带来太大损失的信息，所以，对安全的要求并不是太高。因此，建议采用一般商用系统，如 HPDomain 业务服务器。

（2）过滤路由器。推荐采用具备路由过滤功能的路由器。数据流分为两大类：将送 VirtualVault 交易服务器处理的对安全要求特别高的交易数据流，如 http 数据流；对安全要求不是特别高的非交易数据流，如访问 Web 信息服务器和 E-mail。除此之外，所有的数据都将由过滤路由器挡回去。这有两方面的好处：一是降低交易服务器的处理负荷，提高其性能；二是尽量减少网络黑客尝试攻击本系统的机会，增强安全性。

（3）VirtualVault 交易服务器。这是一个建立在 HP VirtualVault 环境之上的安全的交易服务器。中国银行也采用了 HP VirtualVault。它包括了一个符合美国国防部 B1 级安全标准的可信操作系统（VirtualVault OS，VVOS）以及两份支持 SSL 3.0 版 Web 服务器软件。HP VirtualVault 交易服务器直接面向互联网客户，前面无需再设防火墙。

与银行的互联网客户打交道的 Web 服务器就是 VirtualVault。接收到用户请求后，VirtualVault 会进行一系列安全检查。只有在完全确认一切正常后，才会将用户的交易请求通过特定的 CGI 代理程序送交内部数据库/通信网关服务器进行后续处理。

（4）数据库服务器。这是一个通常的 HP-UX 服务器，其上运行 Oracle、Informix 或 Sybase 数据库服务器软件。该数据库上存放的数据包括网络银行客户开户信息（如个人综合账户所辖具体账户）、系统参数以及与客户定制服务相关的信息。

（5）操作服务器。操作服务器即现有的应用服务器，如 IBM 大型主机或 Unix 小型机。交易服务器收到客户的请求后，会及时查询、更新应用服务器上的数据库。交易服务器通过银行内部网络与这些主机相连，它们可在同一个局域网，也可在不同的城市。

（6）客户服务代表工作站。这是一台供银行客户服务代表使用的 PC，客户服务代表负责接受、解答网络银行客户通过互联网传送过来的反馈意见、咨询和投诉等。

（7）内部管理和维护工作站。这是一台供银行内部系统管理员使用的 PC，系统管理员负责对网络银行系统进行管理和维护。

还有一个重要部件，就是连接交易服务器和应用服务器的网关，主要实现不同通信协议的转换和应用系统之间的接口。此外，网络银行开户一般还需要至少一台 PC，以近程或远程方式操作数据服务器中的综合账户等数据。

习　题

1. 网上支付在电子商务中的作用是什么？
2. 简述网上支付的分类。现有电子支付方式有哪些？
3. 网上支付系统由哪几个部分组成？其主要功能是什么？
4. 安全电子交易 SET 协议的基本概念、参与实体、基本流程是什么？
5. 简述网络银行的功能和特点。
6. 简述移动支付的应用方式及其应用环境。

案例　中国银行网络银行

中国第一家上网银行是中国银行，于 1999 年 6 月推出。目前提供的网络银行服务主要包括：网上银行、电话银行、手机银行和家居银行（见图 8-14），使客户能够随时随地安全便捷地管理存款账户、掌握资金动态、灵活调拨资金，随时支付转账。

图 8-14 中国银行电子银行网页

为了保障用户的资金和信息安全，中国银行建立了自己的 CA 认证中心，对于网上转账，其支付指令除通过浏览器以 SSL 或采用电子邮件方式加密传输外，还使用了变码印鉴等保密措施。通过对公司的操作员实行级别权限划分、身份认证、传输信息加密等一系列的措施，能够充分保障客户的信息完整、资金安全。

（一）企业网上银行

中国银行对公网上银行定位于企业财务管理平台的技术开发和流程设计。企业网上银行建立了两大服务渠道——Web 浏览器和银企对接。

Web 浏览器：企业通过 Web 浏览器访问中国银行网站（www. boc. cn），登录网上银行，即可享受中国银行网上银行提供的各项企业金融服务。

银企对接：企业将 ERP 或财务系统与中国银行网上银行系统无缝对接后，企业财务人员通过操作自身 ERP 或内部财务系统，即可享受中国银行网上银行各项企业金融服务。

具体模块简介如下：

（1）"汇划即时通"。为客户提供安全、方便、快捷的资金汇划、支付结算和财务管理服务。企业财务中心通过全程跟踪自动转账交易状态，实时查询款项到账信息，实时获取电子邮件到账通知，可以实现内部资金的集中调度、监控和高效运营。

（2）"对公账户查询"。企业客户可通过该产品实时查询在中国银行国内任何分支机构本、外币账户的实时余额、当日交易以及前三个月内的历史余额和历史交易信息，便于企业实时掌握企业财务和资金流动状态，为企业财务集中管理和资金调度提供可靠的决策依据。

（3）"报关即时通"。通过实现海关业务系统与银行业务系统的自动连接，改变了传统的通关税费支付方式，为客户提供准确、方便、快捷的网上缴纳通关税费服务。客户通过中国电子口岸查询到税费通知后，只需单击鼠标，即可通过"报关即时通"缴纳通关税费，实现异地报关。

（4）"BOC 网银系统—SAP 财务系统"。该产品通过中国银行对公网上银行 3.0 系统和企业 SAP 财务系统的自动对接，使公司客户无需登录中国银行网上银行，即可实现企业资金的自动汇划和对外支付。

（5）"境外账户管理"。跨国公司、集团企业可通过该产品实时查询下属关联公司开立在中国银行境外分支机构账户的余额、交易信息和资金流向，并同时可以对境外账户的资金划拨进行实时控制和管理。

（二）手机银行

无论何时何地，客户只需使用手机，依照屏幕提示信息，即可享受中国银行手机银行服务提供的个人理财服务，实现账户信息查询、存款账户间转账、银证转账、证券买卖、个人实盘外汇买卖、代缴费、金融信息查询等功能。

手机银行的服务内容包括：① 理财服务：各类账户余额查询、各类账户历史交易查询、各类存款账户之间的转账、存款账户和证券保证金账户之间的转账。② 证券买卖：证券买入和卖出委托。③ 个人实盘外汇买卖：多种外币之间的买卖。④ 代缴费：代收手机话费等。⑤ 金融信息：多种货币外汇牌价的查询、各类存款品种、期限、利率的查询。⑥ 系统服务：修改交易密码、存款账户的临时挂失。⑦ 客户设置：代缴费种类的设置、客户号码的设置。

（三）家居银行

"家居银行服务"实现的载体是中国银行长城电子借记卡，家居银行的客户号同电子借记卡卡号。长城电子借记卡具有存款、取款、消费、转账功能，并可作为网上的支付手段，实现网上缴费、购物和转账。中国银行还将陆续在电子借记卡上开通其他业务功能，使长城电子借记卡真正实现"一卡多能"。

中国银行的个人消费者可以利用长城电子借记卡和免费提供的中银电子钱包（软件），轻易实现网上购物支付。中银电子钱包是一个基于 SET 标准的可以由持卡人用来进行安全电子交易和存储交易记录的软件。持卡人在进行符合 SET 标准的网上电子交易时，需要使用中国银行 CA 认证中心颁发的电子安全证书，以确保网上电子交易的持卡人身份及交易的安全性和不可否认性。持卡人必须了解有关安全电子交易和中国银行安全认证的有关介绍以及证书使用的有关协议、规定，明确自己的权益与法律责任。由于申请到的电子安全证书要保存在该 PC 上，所以持卡人要特别注意在自己经常使用的、方便的 PC 上进行安装。

目前中国银行湖南省分行、广东省分行分别在长沙、广州两地率先推出了中国银行"家居银行服务"。其中湖南省分行家居银行服务项目如下：

（1）金融信息查询。客户可通过计算机或电视上网进入中国银行家居银行服务主页，查询中国银行湖南省分行提供的人民币汇率、人民币存贷款利率等金融信息。

（2）银证转账业务。中国银行湖南省分行与多家证券公司签订了银证转账协议，只要客户拥有电子借记卡和在证券公司开有资金账户，即可通过申请指定这两个账户资金可以随意调拨，解脱客户奔波于银行和券商之苦。

（3）话费自缴。客户可以随时查询上月应缴的电话费，并发指令用借记卡支付。客户最多可以指定十个电话号码由其借记卡缴费，在半年内到中国银行任一网点打印发票。

（4）账户管理。电子借记卡可以与客户在中国银行开立的不同的个人账户之间建立联系，如定期一本通账户、活期一本通账户、个人支票账户和信用卡等，这样客户就可以完成借记卡和这些账户之间的转账，查询所有卡和账户的余额和交易情况。

（四）电话银行

中国银行电话银行服务是一种与电话网络联网并通过中国银行电话银行服务系统实现金融信息查询和有关金融交易的服务。客户（个人）可以在中国银行规定的服务时间内，按照《中国银行电话银行服务客户操作指南》，使用音频电话对系统提供的各种服务进行选择。

中国银行电话银行服务功能包括：各类账户之间的转账、银券服务、代收代付、金融信息查询、各类个人账户资料的查询、个人支票兑付、存折临时挂失、密码修改、个人实盘外汇买卖，今后将陆续推出定期存款小额质押贷款、提醒服务等银行服务。

在电子商务中，作为支付中介的银行扮演着举足轻重的角色。电子商务强调支付过程和支付手段的电子化，随着电子商务的发展，网络银行的发展亦是必然趋势。

资料来源：http：//yhcs.bank.cnfol.com/051009/138，1400，1475284，00.shtml。

讨论题：

1. 中国银行网络银行提供了哪几类网上银行服务？它的对公网上银行的特点是什么？

2. 中国银行网络银行是如何对待安全问题的？中银电子钱包是一个基于什么标准的软件？

第九章
XML 技术

本书第五章介绍了在 B2B 电子商务中广泛使用的技术——EDI 技术。本章介绍的 XML 技术，近年来在电子商务的应用中发展迅速，并被认为与 EDI 具有同等功效而成为中小型企业使自己跟大型企业站在同一起跑线上进行竞争的不二选择。

本章在简要介绍 XML 的基本概念基础上，着重介绍在电子商务应用系统中常用的 XML 基本语法、Namespace、DTD、XML Schema 和 XSLT。

第一节　XML 概论和基本语法

一、XML 概论

（一）什么是 XML

XML（eXtensible Markup Language），即可扩展标记语言，由 W3C 在 1998 年签发，是一种可以定义自己的标签的元标记语言，也就是说它没有一套固定的标签和元素，所以可以用来定义其他的标记规范。XML 非常灵活，可用在各种网站、EDI、矢量图、语音邮件、远程程序调用甚至程序配置文件和操作系统中等。个人或组织可以协商达成如何定义一些特定的标签集，这些标签集叫做 XML 的应用（Applications），如 XHTML、WML、CML 都是 XML 的不同应用，同时，这些标签集可用来构成语义网络的基础。

值得注意的是，就目前的技术而言，XML 不能代替 HTML。简单地说，其原因是因为 XML 是特别针对文档的内容，而 HTML 是针对文档在浏览器上的显示，二者的比较如表 9-1 所示。

表 9-1　HTML 和 XML 的比较

比 较 内 容	HTML	XML
针对性	网络文档的显示	文档的内容
可扩展性	不具备可扩展性	元标记语言，可扩展性强
可读性	不易于人的阅读	易于人的阅读
浏览器支持性	成熟	不够成熟
内容和显示关系	描述文档的物理结构，内容和显示混合	描述文档的逻辑结构，内容和显示分离

XML 一方面很灵活，允许用户自行定义标签和元素，另一方面又很严格。XML 提供了一套语法来规范标签的构成和放置以及什么是合法的元素、如何为元素设置属性等。符合这种语法的 XML 文档称为"结构良好的"（Well-formed），能被 XML 解析器（Parser）阅读和处理，而非结构良好的 XML 文档将被解析器拒绝。

可以通过"纲要"（Schema）来规定什么样的标签和元素能够用在特定的 XML 文档中。符合这个纲要的文档称为"有效的"（Valid），反之称为"无效的"（Invalid）。并不是所有的 XML 文档都需要通过有效性验证，但所有的 XML 文档都必须是"结构良好的"。实际上，有很多种不同的纲要语言。其中得到最广泛支持的是"文档类型定义（DTD）"和"XML Schema"。DTD 包含在 XML 1.0 规范中，XML Schema 没有包含在 XML 1.0 规范中，它是 W3C 单列的技术规范。DTD 对于叙述性（Narrative-centric）的文档是足够的，但对于以数据为中心（Data-centric）的文档显得力不从心，因为 DTD 没有提供足够的数据类型定义。XML Schema 弥补了 DTD 的不足，提供了有力的数据类型定义，包括用户自定义数据类型。

（二）XML 不是编程语言

XML 不是编程语言，即它不能被编译成可执行代码，但却可以用来代替传统的程序配置文件。同时，和 HTML 一样，XML 也不是网络传输协议（如 HTTP、FTP、NFS），它本身并不传送数据。再者，XML 可以被作为 VARCHAR、BLOB 或其他数据类型保存在关系数据库中，但 XML 本身不是数据库。XML 在数据库中的保存和提取需要相关应用软件和网络协议的参与，有的商业数据库如 Oracle、MS SQL 已经整合了这类软件。总之，XML 本身只能用来描述文档的内容和结构。

对初学者来说，有一点值得注意：不要试图用浏览器去显示自己编写的没有相应 XSLT 文档的 XML 文档，因为这样没有实际意义，XML 文档根本不描述显示信息。Microsoft IE 通过内建的 XSLT 显示 XML 文档本身，Netscape Navigator 通过内建的 XSLT 显示 XML 元素的内容，两者显示结果有天壤之别。

（三）XML 数据格式特点

XML 具有自 ASCII 文本文件以来最灵活、最便携的文档格式，它提供了跨平台的数据格式，而且这种数据格式非常简单、直观和结构良好。XML 不是为某种特殊的平台而设计的，如 Microsoft Word 文件不能够直接在 DOS 下阅读，甚至有的程序的老版本和新版本不能在同一平台运行，而 XML 的数据和标签都是简单的文本（Text），因而可以被任何可以阅读文本文件的工具阅读和处理。有的软件商出于对知识产权的考虑，只提供难于阅读和理解的二进制代码，但从长远考虑，人们总是希望数据能够在不同系统间自由传送而且容易被不同系统理解和处理。

（四）XML 如何工作

可以用通用文本编辑器如 Emacs、Microsoft Notepad、jEdit 来书写 XML 文档，也可以用专用的编辑器如 XMLSPY、Polo。对 XML 的程序处理基于 XML 解析器。解析器负责将 XML 文档分解成个体的元素、属性等片段供上层程序处理。解析器可分为有效性验证解析器和非有效性验证解析器，其中有效性验证解析器可根据 XML 计划判定 XML 文档是否符合计划规定（目前的 Microsoft IE 内置的是非有效性验证解析器）。几乎所有应用都可以接受解析器的输出，如网络浏览器、数据库、文字处理器、绘图程序、电子表单、用户自编程序（见图 9-1）。至于如何处理解析器输出的数据，由应用程序自行决定。

图 9-1　Altova XMLSPY 的视图窗口

（五）XML 技术内容

目前 XML 技术内容主要涉及以下几个方面。

（1）XML 1.0。XML 的核心内容是对 XML 基本语法进行了定义，说明了什么是结构良好的 XML 文档，并定义了 DTD。

（2）DTD、XML Schema、DSD。DTD（Document Type Definition）即"文档类型定义"，它对 XML 文档结构进行了简单规范（包括其中的元素、元素的属性）。DTD 简单灵活，但本身不用 XML 语法，对数据类型没有精确规范。XML Schema 提供了对数据类型进行严格定义的机制，而且使用 XML 语法，但相对于 DTD 显得较为复杂。DSD 是下一代 Schema 语言，它解决了 XML Schema 的一些难题并移除了许多非关键特征，其设计初衷就是精简、实用、易于理解（包括对非 XML 专业人员）。目前 DSD 2.0 已经出台。

（3）Namespaces。Namespaces 即名字空间，是为了区分具有相同名称却有不同意思或属于不同 XML 应用的元素和属性。

（4）XLink、XPointer、XPath。XLink 使用 XML 语法，提供 XML 到其他 XML 文档或非 XML 文档的连接。这种连接可以是单向的、双向的或多向的，这比 HTML 的锚（Anchor）强大。XPointer 不使用 XML 语法（其语法建立在 XPath 语法基础上），它提供了指向 XML 文档内某一个位置或多个位置的指针。它可以和 XLink 一起使用来指向其他 XML 文档的某些位置。XPath 不使用 XML 语法，它负责确定 XML 文档内用户要求的特殊部分。XPath 是 XML 技术的重要组成部分，被用于 XPointer、XML Schema、XSLT、XQuery 和 XForm 中。

（5）XSL（XSL-FO、XSLT）。XSL（eXtensible Stylesheet Language）即可扩展式样单语言，分为两部分：XSL Tansformations（XSLT）和 XSL Formatting Objects（XSL-FO）。XSLT 是一种 XML 应用，它提供将一种 XML 文档转换成另一种 XML 文档的机制。XSL-FO 是另一种 XML 应用，它精确地描述页面的布局，简单地说，即如何按 XSL-FO 的约定在页面上显示 XML 文档。由于目前主要的浏览器不支持直接显示 XSL-FO 文档，所以需要事先将 XSL-FO 转换成其他格式，如 PDF。

（6）XInclude。为了支持模块化和重用，XInclude 方便了在 XML 文档中包含别的 XML

文档。目前很多 XInclude 处理器支持整篇文档的包含，但不支持基于 XPointer 的包含。

（7）XQuery。XQuery 提供了查询 XML 文档的机制。就像使用 SQL 查询关系数据库一样，目前主要的 XQuery 引擎使用 FLOWER（For-Let-Where-Order-Return，类似于 SQL 的 Select-From-Having-Where）表达式来实现查询。XQuery 依赖于 XPath 2.0 和 XML Schema 的数据类型。XQuery 不使用 XML 语法，XQuery 的 XML 版本叫做 XQueryX。

（8）SAX、DOM、JDOM。尽管 XSLT、XPath、XQuery 提供了处理 XML 的工具，但这些工具具有局限性，不满足通用领域和特殊领域的要求。为此，需要对 XML 文档作程序处理。SAX、DOM、JDOM 提供了处理 XML 的应用编程接口（APIs）。通过这些接口可以取得需要的 XML 片段，构成新的 XML 以及对原 XML 进行转换等。其中 SAX（非 W3C 规范）视 XML 为一系列事件（Events），DOM（W3C 规范）视 XML 为树形模型（Tree Models），JDOM（非 W3C 规范）也视 XML 为树形模型，但它是专门为 Java 设计的。

鉴于篇幅限制，本书主要介绍 XML 技术中最基本的内容，包括 XML 的基本语法、Namespace、DTD 和 XML Schema。

二、XML 基本语法

例 9-1　一个简单的 XML 例子：

```
< address >
    < name >
        < first-name > Bill </first-name >
        < last-name > Davenport </last-name >
    </name >
    < street > 108 Street </street >
    < city > Chengdu </city >
    < province location = "southwest" > Sichuan </province >
</address >
```

例 9-1 中的标签都被赋予了实际的意思，显然这样便于人和机器的理解。这段 XML 具有树形结构（见图 9-2），图 9-2 中每个分支叫一个"节点（Node）"。

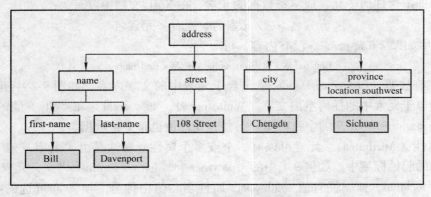

图 9-2　例 9-1 的树形结构

XML 文档的基本内容主要包括元素、标签、字符数据、属性、XML 声明、处理指令、注释、实体引用、CDATA 部分，下面将一一介绍。

（一）元素、标签、字符数据和属性

（1）标签（Tags）是尖括弧" < "和" > "之间的文字。这类似于 HTML 中的标签，不过在 XML 中，用户可以按需要定义自己的标签，而且标签在 XML 中成对出现，分为起始标签和结束标签，即出现一个起始标签，则必须有一个结束标签与它对应。如例 9-1 中的 < name > 和 </name > 。在 XML 中，标签是分大小写的，这与 HTML 不同，如 < name > 和 < Name > 在 XML 中视为不同标签。

（2）元素（Elements）是由起始标签、结束标签和任何位于起始标签和结束标签之间的内容构成的，按其结构位置分为根元素、父（Parents）元素、子（Children）元素、兄弟（Siblings）元素。如在上述例子中的 < name > 元素，它包含了两个子元素 < first-name > 和 < last-name > ，而 < first-name > 和 < last-name > 是兄弟元素，同时 < name > 、 < street > 、 < city > 、 < province > 也是兄弟元素。 < name > 元素的父元素是 < address > 。

W3C 规定，一个父元素可以有多个子元素，但一个子元素只可以有一个父元素，即子元素的开始和结束标签都必须包含在父元素的开始和结束标签之内，重叠标签（Overlapping tags）在 XML 中是禁止的，如下例是非法的：

< street > < city > </street > </city >

混合内容（Mixed Content）是允许的。

例 9-2

< name >

    < first-name > Bill </first-name > First name is the given name.

    < last-name > Davenport </last-name > Last name is the family name.

</name >

这里元素 < name > 不仅有两个子元素 < first-name > 和 < last-name > ，而且包含了字符数据 "First name is the given name. " 和 "Last name is the family name. "。

值得注意的是，任何 XML 文档只能有一个根元素，如例 9-2 中的 < address > ，人们常称根元素为"文档元素（Document Element）"。根元素没有父元素。

空元素即不含任何子元素或字符数据的元素，在 XML 文档中可写为：

<元素名 > </元素名 >或者 <元素名/ >

例 9-2 中如果 < first-name > 没有内容，可写为：

< first-name > </first-name >或者 < first-name/ >

（3）字符数据（Character Data）是包含于元素中的文字内容，如图 9-2 中五个深色部分；同时，位于元素中的任何空白文字（Whitespace），如 < street > 和 < city > 间的换行和缩进空白也是 < address > 元素的字符数据。另外，属性值也是字符数据。

（4）属性（Attributes）。元素可以有一个或多个属性。属性是由"名字 = 值"组成的，包含在元素的起始标签中。如例 9-1 中的 < province location = " southwest" > ，元素 < province > 含有属性 location，该属性有值 southwest，属性名和值由等号" = "和可选的空白相连。属性值必须包含在双引号或单引号中，如 < province location = " southwest" > 和 < province location = ' southwest' >是等价的。单引号常用在属性值本身含有双引号的情况，如 < province location = ' southwest，即"西南"' >。另外，多个属性间没有顺序之分。

（二）XML 名字

XML 名字（XML Name）主要用来规范 XML 元素名和属性名的命名。

XML 名字可以包含 26 个大写和小写英文字母，0 ~ 9 十个数字，也可包含非英文字母如 ë、Đ、ç、数字以及汉字，同时还可包含三种英文符号："-"、"_ "和"."。

其他符号如 """、"'"、" $ "、" < "、"%"、"," 等不能使用。冒号 ":" 可以使用，但被保留作为名字空间（见本章第二节）专用。同时任何以 XML（包括任何大小写组合）开头的 XML 名字被保留作为 W3C 专用。严格意义上，XML 名字也不能包括任何空白字符，如空格、空行等。

XML 名字只能以字母、字符和英文下划线（Underscore）"_ "开头，但长度不限。

下面是合法的 XML 名字：

> < last-name > Davenport </last-name >
>
> < Street_Number > 105 River Road </ Street_Number >
>
> < m-d-y > 9/8/2004 </m-d-y >
>
> < _6Report > report6001 </_6-Report >
>
> < téléphone > 0086 28 87748559 </téléphone >
>
> < 书名 > 电子商务技术 </书名 >

下面是非法的 XML 名字：

> < last name > Davenport </last name >
>
> < last-name > Davenport < /last-name >
>
> < Street'Number > 105 River Road </ Street'Number >
>
> < m/d/y > 7/23/2001 </m/d/y >
>
> < 6Report > report6001 </6-Report >

（三）XML 声明

XML 文档应该（但不是必须）以声明开始。XML 声明（Declaration）包括 version、standalone 和 encoding 三个属性，其中 version 是必需的，standalone 和 encoding 是可选的，如下面例子：

> < ? xml version = "1. 0" encoding = "UTF-8" standalone = "yes"? >
>
> < book >
>
> 　E-Commerce Technology
>
> </book >

这里必须指出，XML 文档不是必须包含声明，但如果包含声明，则该声明必须在文档的开始，它前面不能有任何注释、空白字符、处理指令等。

（1）encoding。encoding 属性指明了 XML 文档编码标准。encoding 是可选的属性，XML 文档的默认编码标准是 UTF-8，即如果没有明确指定该属性，XML 文档被默认为以 UTF-8 编码。但 XML 文档支持多种编码标准，如 ASCII、ISO 8859-1、Unicode、GB2312 等，所以，用户特别是非英文用户可以按照实际的要求指定相应的编码标准。如中文用户可以指定 GB2312 编码标准，如下面的例子：

> < ? xml version = "1. 0" encoding = "GB2312"? >
>
> < 书目 >
>
> 电子商务技术
>
> </书目 >

（2）standalone。standalone 是一个可选的属性，它的默认值是"no"。standalone 属性指明了 XML 文档是否和一个独立的 DTD 文件配套处理。也就是说，当该属性为"no"时，则可能有一个配套的、外部的（即非本 XML 文档内的）DTD 文件（但也可能没有）。很多 XML 文档没有外部 DTD，这时可将 standalone 设为"yes"。同时，即使 XML 文档有外部 DTD，如果认为没有必要使用，也可将 standalone 设为"yes"。但是，如果要使用外部 DTD，就不能将 standalone 设为"yes"。

（四）**XML 处理指令**

处理指令（Processing Instructions）给阅读 XML 文档的应用程序如 XML 解析器（Parsers）提供信息。处理指令由"＜？"开始，由"？＞"结束。紧接"＜？"是 XML 名字，称作"目标（Target）"，它是由人为设定的一个鉴别标识，目的是让应用程序理解或者仅仅是为了标识这个处理指令。处理指令其余的部分提供信息的内容。

处理指令不是元素，它可以出现在 XML 文档的一对标签外的任何位置（但如果有 XML 声明，处理指令不能是文档第一行）。处理指令的信息内容部分无固定格式，按照不同信息内容有不同格式。如：

```
＜？php
        mysql_connect("database. myData. db"，"loginName"，"password")；
？＞
```

处理指令中常见的有 xml-stylesheet 指令，下面的例子告诉 IE5. X 浏览器在显示 XML 文档以前先把 stylesheet 应用在 XML 文档上，如：

```
＜？xml-stylesheet href ="book. xsl"  type ="text/xsl"？＞
＜book＞
    E-Commerce Technology
＜/book＞
```

（五）**XML 注释**

注释（Comments）是文档中作解释的字符数据，它的语法类似于 HTML，以"＜!--"开始，并以"--＞"结束，如：

```
＜!--这是一个例子．--＞
```

注释不是 XML 元素，它们可出现在文档中字符数据的任何位置，也可出现在根元素的前面或后面（但如果有 XML 声明，注释不能是文档第一行）。

一般来说，注释针对人而不针对计算机程序（程序可用"处理指令"传递信息），所以不要编写依赖于注释的计算机程序。

注释的使用很灵活，但必须注意以下几点。

① 注释不能出现在标签之中（只能出现在字符数据的任何位置），以下的例子是非法的：

```
＜last-name  ＜!--这是姓氏 --＞＞Davenport ＜/last-name＞
```

② 在一个注释中，"--"不能出现在除开始和结束符号以外的任何地方，以下的例子是非法的：

```
＜!--这是一个非法的例子，因为注释中除开始和结束符号以外，包含了--符号．--＞
```

③ 注释不能嵌套使用。

（六）XML 文档的其他内容

1. 实体引用

符号"＜"被 XML 解析器理解为标签的开始，当字符数据中包含这类对 XML 解析器有特殊意义符号时，如果不采用适当的方法去规避这些字符，将导致错误，如下例：

```
< topic >
        < heading > Installing Cocoon </heading >
        < content >
                Locate the Cocoon. properties file in the < path-to-Cocoon >/bin directory.
        </ content >
</ topic >
```

解析器解读上面 XML 片段时将报告错误，因为解析器认为 < path-to-Cocoon > 代表开始标签，却找不到结束标签 </path-to-Cocoon >。类似地，下例也会导致错误：

```
< university >
< name > Chengdu University of Science& Technology </name >
</ university >
```

解决这类问题的方法是使用"实体引用（Entity References）"。如用"<"代替"＜"，用">"代替"＞"，用"&"代替"&"。使用实体引用，上面两个例子可分别改为：

```
< topic >
        < heading > Installing Cocoon </heading >
        < content >
                Locate the Cocoon. properties file in the &lt;path-to-Cocoon&gt;/bin directory.
        </ content >
</ topic >
```

以及

```
< university >
        < name > Chengdu University of Science &amp; Technology </name >
</ university >
```

这样，当解析器解读这两个使用实体引用的例子时，会分别用"＜"、"＞"、"&"替换回"<"、">"、"&"而同时又不会造成误解或错误。

XML 事先定义了五个实体，如表 9-2 所示。

表 9-2　XML 事先定义的五个实体

符　号	实　体
＜（小于号）	&lt;
＞（大于号）	&gt;
&（并列号）	&amp;
″（双引号）	&quot;
′（单引号）	&apos;

其中，"<"和"&"是必须使用的，其余三个用来避免可能引起误解的场合。如"< book name = 'XML and JAVA' publisher = 'O' Reilly '/ >"可改为"< book name = 'XML and JAVA' publisher = 'O' Reilly '/ >"。用户也可以在 DTD 中定义其他的实体。

2. CDATA 部分

当 XML 文档中"<"和"&"等特殊字符不是很多时，使用事先定义的五个实体来替换这些特殊字符很方便，但当成段的文档片段包含大量的特殊字符时，这种替换工作是非常大的，如需要在 XML 文档中包含 XML 的示例文档，这时，可用 CDATA 部分。CDATA 部分告诉解析器不把标明的 CDATA 部分作为标记语言片段（Markup）处理，而只是作为纯数据字符（Raw Character Data）来处理。这样，就不需要用"<"、"&"等实体来替换"<"和"&"等特殊字符了。CDATA 部分以"< ! [CDATA ["开始，并以"]]>"结束，如下例：

```
< ? xml version = "1. 0" encoding = "GB2312"? >
< NBonComments >
< NB1 >
    < ! [CDATA[
    ...
    ]] >
```

注意，注释不能出现在标签之中（只能出现在字符数据的任何位置），以下的例子是非法的：

```
< last-name < !--这是姓氏 -- >> Davenport </last-name >
    ]] >
</NB1 >
</NBonComments >
```

上例把一个非法的 XML 注释用法例子包含在了 XML 文档中，解析器不会把 < last-name > 作为 < NB1 > 的子元素理解，而是把整个 CDATA 部分作为纯数据字符处理。类似于 XML 注释，CDATA 部分也是针对人而不是针对计算机程序。

CDATA 部分几乎可以包含任何内容，但不能包含 CDATA 部分，即类似于 XML 注释，CDATA 部分不能嵌套使用。

（七）**XML 结构良好的基本要求**

XML 文档必须是结构良好的，也就是说必须符合如下一系列规则：① 每一个起始标签必须有一个结束标签与之对应。② 元素名和属性名必须符合 XML 名字规则。③ 元素是可以嵌套（Nest），但不能重叠（Overlap）。④ 只有一个根元素。⑤ 属性必须使用单引号或双引号。⑥ 一个元素不能有两个同名的属性。⑦ 注释和处理指令不能出现在标签内。⑧ "<"和"&"不能直接出现在元素或属性的字符数据中。

其中"元素是可以嵌套"不仅可以指一个元素包含别的元素，也可以是一个元素以一定方式包含自己，如：

```
< OMA >
        < OMS > OpenMath Symbol </OMS >
        < OMA >
                < OMS > OpenMath Symbol </OMS >
```

```
        </OMA >
```

```
        </OMA >
```

以上规则包括了 XML 良好结构的基本要求，这也是较容易出错的地方，但并不是所有的要求。全面的要求可另行参考 W3C 的相关技术报告。

检查结构最简单的方法是用网页浏览器，如 IE 或 Mozilla。即用浏览器打开 XML 文档，就可用浏览器内置的 XML 解析器自动作良好结构检查。另外一种方法是用通用的 XML 解析器，如 Altova XMLSPY（www. altova. com/）中，通过按键 F7 就能实现结构检查。

第二节　XML 名字空间

XML 具有很强的扩展性，任何一个 XML 的应用都可以定义自己的标签，但这却带来一些问题。第一，对不同的应用来说，相同的标签名字可能有不同的含义；第二，对计算机程序来说，无法区分元素或属性是否来自同一个或不同的应用。这会造成处理上的混淆和低效率。为了解决这些问题，同时又保持 XML 的扩展性，在 XML 1.0 发布后约一年，W3C 发布了名字空间技术规范。

简单地说，名字空间（Namespaces）是通过在每个元素和属性前加上前缀实现的。每个前缀又与一个通用资源识别符（Universal Resource Identifier，URI）相对应。为了保持与早一年发布的 XML 1.0 的兼容性，名字空间技术规范也允许为元素（但不包括属性）提供默认的 URI。元素或属性若具有相同的 URI，就说这些元素或属性具有相同的名字空间。

在现实应用中，很多的元素的名字空间都被赋予了标准的 URI，这些标准的 URI 不能被随意改变。

一、引入名字空间的原因

XML 的标签可由任何人按自己的要求定义，用来描述自己的数据，这就不可避免地造成同名的元素可能描述不同的数据，可能有不同的结构。当需要处理由这些文档合并来更新文档时，问题就出来了。

例 9-3

文档代码如图 9-3 所示。

　　片段一：　　　　　　　　　　　　　　　　片段二：

```
1  ⊟ <mortgage>                          1  ⊟ <mortgage>
2     <person>                           2     <person>
3        <description>                   3        <description>
4     <title>Mrs. </title>               4     <title>Mrs. </title>
5     <first-name>Mary</first-name>      5     <first-name>Mary</first-name>
6     <last-name>McGoon</last-name>      6     <last-name>McGoon</last-name>
7     </description>                     7     </description>
8     <address>                          8     <address>
9     <street>108 Street</street>        9     <street>108 Street</street>
10    <city>Chengdu</city>               10    <city>Chengdu</city>
11    </address>                         11    </address>
12    </person>                          12    </person>
```

图 9-3　关于标签的一个例子

片段一给出了一个人的简单信息，片段二给出了一种财产（Property）的简单信息。当一个人需要抵押（Mortgage）其财产来贷款时，为了处理方便可将这两个 XML 文档片段合成一个文档。这个文档中有两个 title 元素，一个指人的称号，另一个指财产的类别，它们的语义是不同的；文档中还有两个 description 元素，不仅语义不同，而且结构也不同。人固然可以根据上下文分清楚它们的差别，但计算机程序却不方便。当然，为了帮助程序区分同名而语义不同的元素可以改变标签的名字，也可以设计算法复杂的程序，根据上下文的其他元素来区别它们，但当有大量这类文档要处理时，效率很低而且容易出错。

另外，对计算机程序来说，如果来自不同的 XMI 应用的元素都能以一种简单的方式快速区分，采取与之相对应的计算处理，程序处理将是方便而快速的。

正是基于这两点，W3C 引入了名字空间。

二、名字空间的语法

名字空间提供了一种区分同名不同语义的元素和属性的方法，简单地说，就是赋予元素和属性 URI。使用了名字空间的标签看起来形如：< ps:person >。

其中，ps 叫前缀（Prefix），person 叫本地名（Local name），ps:person 叫限制名（Qualified Name）。前缀和本地名之间用一个 ":" 号连接。限制名是 XML 名字，必须符合 XML 名字的要求，而且，按照名字空间规范，前缀和本地名中不能包含 ":"。也就是说，限制名中只能使用一个 ":"。

名字空间要解决的是赋予元素和属性 URIs，但是直接把 URI 写在本地名前却不可行，因为 URI 常常看起来像 URL，包含了诸如 "/"、"%" 等在 XML 名字中非法的字符，如 "http：//www.w3.org/1999/XSL/Transform"。所以应使用前缀，再把前缀和 URI 进行捆绑。

在实际运用中，用户常赋予来自同一个 XML 应用的所有元素一个 URI，赋予另一个不同应用的所有元素另一个 URI。这样，同名又同 URI 的元素就是相同的元素；反之，不同名或者不同 URI 的元素就是不同的元素。通常，名字空间和 XMI 应用间是一对一的映射关系，但也有少数一个应用和多个名字空间相映射，如 XSL 就对 XSLT 和 XSL-FO 使用了不同的名字空间。

（一）前缀和名字空间 URI 的捆绑

前缀和名字空间 URI 的捆绑是通过在一个元素或这个元素的祖先元素（Ancestors）中附加 xmlns:prefix（用具体的前缀代替 prefix）属性实现的，并把 xmlns:prefix 属性的值设为要捆绑的 URI，如下例（见图 9-4）：

```
1   <ps:person xmlns:ps=" http://www.cdut.edu.cn/e-commerce/textbook-ps" >
2       <ps:description>
3   <ps:title>Mrs.</ps:title>
4   <ps:first-name>Mary</ps:first-name>
5   <ps:last-name>McGoon</ps:last-name>
6   </ps:description>
7   <address>
8       <street>108 Street</street>
9   <city>Chengdu</city>
10  </address>
11  </ps:person>
```

图 9-4　名字空间 URI 捆绑的例子

　　捆绑是有范围的，在一个元素中声名了前缀并捆绑了 URI，则该元素和它的所有具有该前缀的后代元素（Descendants）都属于同一名字空间。在这个例子中，所有具有前缀 ps 的元素（包括 person）就具有了相同的名字空间 URI：

　　http://www. cdut. edu. cn/e-commerce /textbook-ps

　　但 address、street、city 并不是 ps 元素，它们没有被捆绑到任何 URI 上，所以它们不属于任何名字空间。

　　原则上，前缀可以在任何使用该前缀的元素或这个元素的祖先元素上进行 URI 捆绑，该元素可以是根元素或其他元素。也可以在一个元素中对多个捆绑多个前缀进行 URI 捆绑。如：

```
< mortgage xmlns:ps = " http://www. cdut. edu. cn/e-commerce/textbook-person"
           xmlns:pro = " http://www. cdut. edu. cn/e-commerce/textbook-property" >
    < ps:person >
    ……
    </ps:person >
    < pro:property >
    ……
    </ pro:property >
</mortgage >
```

　　注意，限制名中的前缀，必须是进行了 URI 捆绑的，否则，必须马上在该元素中进行 URI 捆绑。如本例中的 ps，它是在 ps:person 的父元素 mortgage 中进行 URI 捆绑的，如果它未在 mortgage 中进行 URI 捆绑，则必须马上在 ps:person 元素中进行 URI 捆绑，而不能在 ps:person 的后代元素如 ps:description 中再进行捆绑。

　　（二）默认的名字空间

　　名字空间规范晚于 XML 1.0 规范发布，为了兼容 XML 1.0，名字空间提供了为元素（但不包括属性）设定默认名字空间的方法：在一个元素中附加 xmlns 属性，并把 xmlns 属性的值设为要捆绑的 URI。当然这种方法也可用来简化书写，如下例（见图 9-5）：

```
1  ⊟ <address  xmlns=" http://www.cdut.edu.cn/e-commerce/textbook-address"
2     xmlns:nm=" http://www.cdut.edu.cn/e-commerce/textbook-name" >
3  ⊕ <nm:name>
4      <first-name>Bill</first-name>
5      <last-name>Davenport</last-name>
6    </nm:name>
7      <street>108 Street</street>
8      <city>Chengdu</city>
9      <province location=" southwest" >Sichuan</province>
10   </address>
```

图 9-5　默认的名字空间

　　为一个元素设定默认名字空间，则该元素所有没有前缀的后代元素都属于该默认名字空间；如果该元素本身没有前缀，则该元素也属于该默认名字空间。另外，有前缀元素的无前缀后代元素也属于该默认名字空间。上例中除了 nm:name 外的所有元素，包括 address、first-name、last-name、street、city、province 都属于默认的名字空间。

　　（三）名字空间 URI

　　名字空间关心的是 URI，而不是前缀。也就是说，不同的前缀只要和同一个 URI 绑定，它们依然属于同一名字空间。但由于名字空间晚于 XML 1.0 发布，XML 1.0 解析器认为前缀不同则属于不同名字空间，而之后的能辨别名字空间的解析器则认为不同的前缀只要和同一个 URI 绑定，它们就属于同一名字空间。

名字空间 URI 虽然看起来像 URL，但它们并不需要指向具体的文档或网页，程序不需要访问 URI 获取具体的信息，它们实际上只是字符串，可以把上例中的 http://www.cdut.edu.cn/e-commerce/textbook-name 改为 Iamhere 或其他字符串。通常把 URIs 写成 URI 的形式是为了更好地确保 URI 的唯一性。但却不能任意更改标准化的 URI，如 xsl 的 URI。正因为 URI 实际上只是字符串，XML 解析器比较名字空间的 URI 时是基于逐字比较的。如果两个 URI 有一个字符不同（XML 是大小写敏感的），则它们是不同的 URI，如 http://www.w3.org/1999/XSL/Transform 与 http://www.w3.org/1999/XSL/transform 或 "http://www.W3.org/1999/XSL/Transform" 就是不同的 URI。

第三节　DTD

在一个 XML 应用中或者说在一个具体的行业内，需要规范文档的结构，达成一种有关文档如何书写的约定，以便于文档的交流。DTD（Document Type Definition）提供了如何规范这种约定的机制。DTD 能够实现 XML 文档格式的统一化，促进行业内或系统内文档格式标准化。当然，并非所有的 XML 文档都需要建立 DTD。

一、有效性验证

DTD 的语法可以准确地规范元素、实体和属性的内容和结构，如一个什么样的元素可以出现在文档的什么位置，它可以有什么样的属性、子元素和内容。例如：

例 9-4

```
<! ELEMENT address （name, street, city）>
<! ELEMENT name （first-name, last-name）>
<! ELEMENT first-name (#PCDATA) >
<! ELEMENT last-name （#PCDATA）>
<! ELEMENT street （#PCDATA）>
<! ELEMENT city （#PCDATA）>
```

以上每一行都声明了一个元素：第一行说明了一个 address 元素，它包含三个子元素 name、street 和 city，并且三个子元素以 name→street→city 的顺序出现；第二行说明了一个 name 元素，它包含两个子元素 first-name 和 last-name，并且两个子元素以 first-name→last-name 的顺序出现；后面四行分别说明了四个元素包含 PCDATA 的数据（后面将具体说明什么是 PCDATA 数据）。

必须指出的是，如果要使用 DTD 进行有效性验证（Validation），就必须对 XML 文档中的所有内容（属性、子元素和内容）进行说明。例 9-4 中去掉任何一行说明，如 <! ELEMENT city (#PCDATA) >，都会导致错误。

根据上面的 DTD 对下例进行有效性验证，发现例 9-5 文档的结构和内容都符合例 9-4 的 DTD，则该文档是有效的。

例 9-5

< address >

　　< name >

　　　　< first-name > Bill </first-name >

　　　　< last-name > Davenport </last-name >

　　</name >

　　< street > 108 Street </street >

　　< city > Chengdu </city >

</address >

相反，例 9-6 存在两处违背例 9-4 DTD 的地方，因此是无效的。

例 9-6

< address >

　　< street > 108 Street </street >

　　< city > Chengdu </city >

　　< name >

　　　　< first-name > Bill </first-name >

　　</name >

</address >

该例 name 元素出现在 city 元素之后，last-name 元素没有出现在 name 元素之中。

DTD 没有严格要求每行声明的顺序，它可以是由上向下（如例 9-4），也可以由下向上（如下例），也可以是其他顺序，以便于阅读理解为前提，但不能重复声明同样的元素。例如：

例 9-7

< ! ELEMENT first-name （#PCDATA）>

< ! ELEMENT last-name　（#PCDATA）>

< ! ELEMENT street　　（#PCDATA）>

< ! ELEMENT city　　（#PCDATA）>

< ! ELEMENT name　（first-name, last-name）>

< ! ELEMENT address　（name, street, city）>

二、DTD 声明

为了把 DTD 和 XML 文档结合起来进行有效性验证，需要在 XML 文档中加入 DTD 声明。目前共有三种 DTD 声明方式：外部 SYSTEM 声明、外部 PUBLIC 声明、内部声明。

（一）外部 SYSTEM 声明

外部声明语法为：< ! DOCTYPE 根元素名 SYSTEM " DTD 的 URI" >

注意"<"与"!"以及"!"与"DOCTYPE"之间都没有空格。

将例 9-7 的 DTD 单独以文件名"address. dtd"存储，在 XML 文档中加入 SYSTEM 声明，例如：

< ? xml version = "1. 0" encoding = "UTF-8" ? >

< ! DOCTYPE address SYSTEM "address. dtd" >

< address >

```
< name >
    < first-name > Bill </first-name >
    < last-name > Davenport </last-name >
</name >
< street > 108 Street </street >
< city > Chengdu </city >
</address >
```

这里，在 XML 声明中，使用的是 standalone 的默认值"no"。由于使用了外部的 DTD，原理上不能将 standalone 设为"yes"，但一些实际的解析器并不关心这个问题。

这个例子中，文件 address. dtd 存储在与本 XML 文档相同的目录里，所以其路径为" address. dtd"。如果 address. dtd 文件存储在与 XML 文档不同的目录里，可用绝对路径或相对路径，规则遵循 UNIX 的路径规则（基于 WINDOWS 系统，也可用 WINDOWS 路径规则）。当然，如果 address. dtd 文件存储在别的 Web 服务器上，可用网络 URL，如" http：//www. cdut. edu. cn/xmltrial/dtd/address. dtd"。

（二）外部 PUBLIC 声明

当一种 DTD 被行业或公众广泛接受时，它可能被存储在多个服务器上，也许可以在有效性验证器（Validator）中内置一个 ID 号代表这个 DTD，再通过本地目录服务器将这个 ID 号转换成合适的 URL 供有效性验证器下载 DTD。同时，也为这个 DTD 提供后备的 URI。具体语法为：

< ! DOCTYPE 根元素名 PUBLIC "DTD 的 ID 号" "后备的 URI" >

例如：

< ! DOCTYPE rss PUBLIC "-//Netscape Communications//DTD RSS 0.91//EN"
                    "http://my. netscape. com/publish/formats/rss-0. 91. dtd" >

其中" -//Netscape Communications//DTD RSS 0.91//EN" 是 DTD 的 ID 号，ID 号是人为设定的，通常约定以"-//" 开头。" http：//my. netscape. com/publish/formats/rss-0. 91. dtd" 是后备的 URI，是该 DTD 实际的存储位置，供不认识这个 ID 号的有效性验证器下载 DTD 并用下载的 DTD 对 XML 文档进行有效性验证。但在实际应用中，大多数有效性验证器依赖于后备的 URI。

（三）内部声明

除了上述两种方式外，DTD 也可以直接放在 XML 文档内使用（见图 9-6）。

```
1     <?xml version="1.0" encoding="UTF-8"?>
2     <!DOCTYPE address [
3     <!ELEMENT address  (name, street, city)>
4     <!ELEMENT name  (first-name, last-name)>
5     <!ELEMENT first-name (#PCDATA)>
6     <!ELEMENT last-name  (#PCDATA)>
7     <!ELEMENT street (#PCDATA)>
8     <!ELEMENT city (#PCDATA)>
9     ]>
10    <address>
11        <name>
12            <first-name>Bill</first-name>
13            <last-name>Davenport</last-name>
14        </name>
15        <street>108 Street</street>
16        <city>Chengdu</city>
17    </address>
```

图 9-6　DTD 直接放在 XML 文档内

其语法为：

<！DOCTYPE 根元素名［……DTD 的规则

　　　　　　……

　　　　　］>

内部 DTD 声明方式能方便调试，但不利于 DTD 重用。

（四）内部 DTD 子集

除了上面的声明方式外，也可以把外部 DTD 和内部 DTD 子集一起使用。下例中，先将如下 DTD 单独存储为 "addressPart. dtd"：

<！ELEMENT address（name，street，city）>

<！ELEMENT street（#PCDATA）>

<！ELEMENT city（#PCDATA）>

然后，编写如图 9-7 的 XML 文档。

注意，内部 DTD 子集声明的元素不能与外部 DTD 声明的元素重复，例如，外部 DTD 声明了 city 元素，内部 DTD 子集就不能再次声明 city 元素。也就是说，内部 DTD 子集只能作为外部 DTD 的补充，但实体的声明（见参数实体）是例外。

```
1  <?xml version="1.0" encoding="UTF-8"?>
2  <!DOCTYPE address SYSTEM "addressPart.dtd" [
3      <!ELEMENT name (first-name, last-name)>
4      <!ELEMENT first-name (#PCDATA)>
5      <!ELEMENT last-name (#PCDATA)>
6  ]>
7  <address>
8      <name>
9          <first-name>Bill</first-name>
10         <last-name>Davenport</last-name>
11     </name>
12     <street>108 Street</street>
13     <city>Chengdu</city>
14 </address>
```

图 9-7　内部 DTD 子集的 XML 文档

三、元素的声明

元素（ELements）声明的基本语法为：

<！ELEMENT 元素名元素内容说明 >

其中，"元素内容说明" 部分很复杂，包括该元素可以/必须包含什么子元素，这些子元素将以什么顺序出现等。下面分别介绍元素声明中重要的概念和方法。

（一）文本元素的声明

文本元素是指只包含文本数据（Parsed Character Data，PCDATA）的元素，该元素不能包含任何形式的子元素，例如：

<！ELEMENT city（#PCDATA）>

这里，PCDATA 是指解析过的字符数据。如果一个元素包含有子元素，则该子元素必须经过解析器解析，否则就不是 "解析过的" 字符数据。

（二）空元素的声明

空元素是不包含任何内容的元素，通过设置预留关键字 "EMPTY" 来实现，例如：

<！ELEMENT city EMPTY >

这时，元素 city 不能包含任何内容（包括空格等），但不是元素 city 不能有它的属性。如下面就是一个含有属性的空元素：

< city location = " southwest" / >

（三）ANY 元素的声明

ANY 元素为不确定元素，它可以包含或不包含任何内容，但如果包含子元素，该子元素必须是在相应 DTD 中声明过的元素。ANY 元素通过设置预留关键字 "ANY" 来实现，如：

<！ELEMENT city ANY >

必须指出的是，在实际运用中，使用 ANY 元素常会带来混乱，所以应尽量避免使用它。

（四）包含子元素的元素声明

元素可以嵌套，即一个元素可以包含子元素，而且这种嵌套可以在 DTD 中规定得很灵活，以适应不同的 XML 文档具体编写，如同一个子元素可以出现的次数、子元素可以出现的顺序等。这些灵活性是通过一系列操作符实现的。

1. 子元素及其出现的顺序

当子元素多于一个时，需要用"，"进行分隔，在"，"左面的元素必须先于右面的元素在 XML 文档中出现，例如：

<！ELEMENT name（first-name，last-name）>

这个元素声明要求一个 name 元素必须包含一个（不能多也不能少）first-name 元素和一个（不能多也不能少）last-name 元素，而且 first-name 元素出现在前，last-name 元素出现在后，而且元素不能包含其他元素。

2. 子元素的个数

子元素可以通过以下三种操作符来说明它们可以出现的次数。

？：零或一次；＊：零或多次；＋：一或多次。例如：

<！ELEMENT name （first-name，middle-name?，last-name?）>

注意这三个操作符与子元素名之间没有空格。

3. 子元素的选择

有时一个元素的子元素可以从两个或多个元素中选择，操作符"｜"提供了"多选一"的机制。这种"多选一"是在多个中选一个，必须而且只能选一个。例如：

<！ELEMENT floor （first ｜ second ｜ third）>

这里，元素 floor 包含一个子元素 first、second 或者 third。

4. "（）"符号的使用

前面介绍的子元素的顺序、个数和选择都是使用在单个元素上的，而在实际应用中，一个元素的子元素可能很复杂，这时可以使用"（）"符号来帮助完成子元素的限定。"（）"符号使包含于其中的元素合并为一个整体，如：

<！ELEMENT name（last_name ｜（first_name，last_name?））>

该例子中限定元素 name 的子元素可以是一个 last_name，或者是一个 first_name 加上最多一个（也可以没有）last_name。

"（）"符号可以嵌套使用构成更为复杂的限定，例如：

<！ELEMENT name（last_name｜（first_name，（（middle_name ＋，last_name）｜（last_name?））））>

另外，由于"（）"符号使包含于其中的元素合并为一个整体，于是可以把前面使用在单个元素上的子元素的顺序、个数和选择等符号同样使用在被"（）"符号合并的一个整体上，例如：

<！ELEMENT address （name，（street，city）＋）>

5. 混合内容

有时，元素的内容很不工整，例如：

<description>The person has a first name <first-name> Mary </first-name> and a last name <last-name> McGoon </last-name> .

</description>

这里，元素 description 同时包含子元素和字符数据，可用如下 DTD 来限定：

<! ELEMENT description　　(#PCDATA|last-name|first-name) ＊ >

或者

<! ELEMENT description　　(#PCDATA|first-name|last-name) ＊ >

以上 DTD 是唯一的方法，注意符号" ＊ "的使用，而且#PCDATA 必须放在第一位。当然，这样一来就无法限定 last-name 和 first-name 出现的顺序和次数。所以在实际应用中，除非必须使用混合内容来提供足够的灵活性，一般应避免使用混合内容。

四、实体的声明

实体（Entities）是一些事先定义好的数据，通过对这些实体的引用（严格地说，对非解析实体如图像和音频等数据，无法使用实体引用，而只能在属性而非元素中引入），可以把这些数据放置于 XML 文档中指定的位置，就像在程序中定义常量一样，这样显然可以方便数据的重用和修改，同时，也可通过实体把图形图像、音频视频等特殊数据引入到 XML 文档中。

实体需要首先在 DTD（内部或外部均可）中声明，然后在 XML 文档中引入。实体有多种分类方式，一般可分为通用实体、外部解析实体、外部非解析实体和参数实体，下面分别介绍。

（一）通用实体

在"XML 的基本语法"中，介绍了五个事先定义好了的实体："&lt;"、"&amp;"、"&gt;"、"&quot;"、"&apos"，除它们以外，可以在 DTD 中定义更多的实体，如图 9-8 所示。

```
1   <?xml version="1.0" encoding="UTF-8"?>
2   <!DOCTYPE address [
3       <!ELEMENT address (name, street,, city)>
4       <!ELEMENT name (first-name, last-name)>
5       <!ELEMENT first-name (#PCDATA)>
6       <!ELEMENT last-name (#PCDATA)>
7       <!ELEMENT street (#PCDATA)>
8       <!ELEMENT city (#PCDATA)>
9       <!ENTITY STREET "108 Street">
10  ]>
11  <address>
12      <name>
13          <first-name>Bill</first-name>
14          <last-name>Davenport</last-name>
15      </name>
16      <street>&STREET;</street>
17      <city>Chengdu</city>
18  </address>
```

图 9-8　在 DTD 中定义更多的实体

通用实体声明的语法为：

<! ENTITY 实体名称 "实体内容" >或<! ENTITY 实体名称'实体内容' >

通用实体引用方法为：

& 实体名称;

其中，实体名称必须是 XML 名字，实体内容可以包含标记，但必须是"一定程度上结构良好的"（必须保证起始标签和结束标签的配对但不一定只有一个根元素）。值得注意的是，不能在元素声明中使用通用实体引用。

（二）外部解析实体

解析实体即是需要通过解析器分析的实体，所以实体内容一般要求是"结构良好的"。外部解析实体声明的语法为：

    <！ENTITY 实体名称 SYSTEM "URI" >或 <！ENTITY 实体名称 SYSTEM 'URI' >

外部解析实体引用方法为：

    & 实体名称；

把上例稍加改变，就得到外部解析实体的例子如下。

把下面内容单独存为 name. xml，方法为：

```
< name >
        < first-name > Bill </first-name >
        < last-name > Davenport </last-name >
</name >
```

在 XML 文档中使用和通用实体一样的引用方法，如图 9-9 所示。

```
1    <?xml version="1.0" encoding="UTF-8"?>
2    <!DOCTYPE address [
3        <!ELEMENT address (name, street, city)>
4        <!ELEMENT name (first-name, last-name)>
5        <!ELEMENT first-name (#PCDATA)>
6        <!ELEMENT last-name (#PCDATA)>
7        <!ELEMENT street (#PCDATA)>
8        <!ELEMENT city (#PCDATA)>
9        <!ENTITY name SYSTEM "name.xml">
10   ]>
11   <address>
12           &name;
13           <street>108 street</street>
14           <city>Chengdu</city>
15   </address>
```

图 9-9　外部解析实体引用方法

（三）外部非解析实体

非解析实体即不需要通过解析器分析的实体，解析器不会对非解析实体进行分析，而只是作为一种数据接受。通过外部非解析实体，可以在 XML 文档中包含非 XML 数据，如非 XML 格式的文本文档、图像等。外部非解析实体声明的语法为：

    <！ENTITY 实体名称 SYSTEM "URI" NDATA 数据类型标识 >

    <！NOTATION 数据类型标识 SYSTEM "数据类型说明" >

外部非解析实体声明示例如图 9-10 所示。

```
1    <?xml version="1.0" encoding="UTF-8"?>
2    <!DOCTYPE map [
3        <!ELEMENT map (name)>
4        <!ELEMENT name (#PCDATA)>
5        <!ATTLIST name resource ENTITY #REQUIRED>
6        <!ENTITY pict SYSTEM "pic.jpg" NDATA jpeg>
7        <!NOTATION jpeg SYSTEM "jpegrun.exe">
8    ]>
9    <map>
10       <name resource="pict">The map of CDUT.</name>
11   </map>
```

图 9-10　外部非解析实体声明

pic. jpg 是存储的一幅图像。这里，使用"NDATA"声明了一个非解析实体，同时声明了该实体为"jpeg"数据类型（jpeg 在这里只是一个标识，所以也可用"abc"等其他标识，这无关紧要），并用 NOTATION 为标识 jpeg 提供说明信息，但是如何处理这些说明信息却依赖于具体的应用（程序）。本例说明了一个可以运行该图像的程序，但这并不等于其他阅读该 XML 文档的程序一定会处理这个说明，如 Microsoft IE5. X 就不提供相应处理。

值得注意的是，外部非解析实体不能通过诸如"&pict;"的实体引用来引入，同时使用 DTD 也无法说明元素的内容为 ENTITY，所以通常只在元素的属性中（而不在元素内容中）引入外部非解析实体，如上面例子，使用 resource ="pict"，而不能用 resource ="&pict;"。这就需要把元素的属性声明为实体类型（见本节"属性的声明"），如上例中的 <! ATTLIST name resource ENTITY #REQUIRED >。

（四）参数实体

前面所讲的三类实体有几个共性：① 可在内部或外部 DTD 中声明；② 在 XML 文档中引用或引入；③ 不能在元素声明中使用（不论内部或外部 DTD）。

这三类实体可以方便 XML 文档的制作，但无法方便 DTD 本身的制作。而参数实体可以方便 DTD 的制作，其基本声明和引用语法类似于通用实体，例如：

<! ENTITY % 实体名称 "实体内容" >

参数实体引用方法为：

% 实体名称;

一个参数实体例子：

<! ENTITY % namechild "first-name, last-name" >
<! ELEMENT address (name, street, city) >
<! ELEMENT name (% namechild;) >

解析器会用参数实体的实体内容代替实体的引用部分。

上例不能在内部 DTD 声明中使用，只能在外部 DTD 中使用。也就是说，当涉及元素声明时，参数实体只能在外部 DTD 中使用。但有以下情况的例外：① 重新声明一个参数实体；② 使用外部参数实体方法对整个声明（如整个元素声明）引入。

显然，外部参数实体的使用可以方便 DTD 的模块化、层次化，提高 DTD 编写效率和重用率，可以方便地使用其他 DTD 来定义自己的 DTD，例如：

myDTD. dtd 可以有如下内容：

<! ENTITY % part1 SYSTEM "dtd1. dtd" >
<! ENTITY % part2 SYSTEM "dtd2. dtd" >
% par1 ;
% part2 ;

总的来说，参数实体有以下特点：

① 通常在外部 DTD 中声明和引用，这时可用在元素的声明中。

② 只能在 DTD 中使用，不能在 XML 文档中引用或引入。

③ 可以在内部 DTD 中声明和引用，但只限于参数实体重新声明或使用外部参数实体方式对整个元素声明进行引入。

五、属性的声明

同元素一样，有效的 XML 文档中所有的属性（Attributes）都需要在 DTD 中声明。声明的语法为：

> <！ATTLIST 元素名属性名属性类型属性默认声明 >

如图 9-11 所示的例子。此例中为元素 province 声明了一个属性 location。

```
1    <?xml version="1.0" encoding="UTF-8"?>
2    <!DOCTYPE address [
3        <!ELEMENT address (name, street, city, province)>
4        <!ELEMENT name (first-name, last-name)>
5        <!ELEMENT first-name (#PCDATA)>
6        <!ELEMENT last-name (#PCDATA)>
7        <!ELEMENT street (#PCDATA)>
8        <!ELEMENT city (#PCDATA)>
9        <!ELEMENT province (#PCDATA)>
10       <!ATTLIST province location CDATA #REQUIRED>
11   ]>
12   <address>
13       <name>
14           <first-name>Bill</first-name>
15           <last-name>Davenport</last-name>
16       </name>
17       <street>108 Street</street>
18       <city>Chengdu</city>
19       <province location="southwest">Sichuan</province>
20   </address>
```

图 9-11　Attributes 的声明

同一元素的多个属性的声明用空白字符分割开，如下例中为元素 city 声明了两个属性 location 和 size：

> <！ATTLIST city location CDATA #REQUIRED size CDATA #REQUIRED >

注意，XML 文档中属性是没有顺序的，所以上例中无论先声明 location 或 size 都一样。

（一）属性的类型

在元素声明中，一个可声明为"EMPTY"、"ANY"、"包含子元素的元素"或者"#PC-DATA"，类似地，一个属性也可以声明为多种类型。属性（值）有以下十种可选类型。

（1）CDATA。CDATA 就是字符数据（Character Data），任何字符都可以，没有进一步的限制，但要注意对"<"、"&"使用实体引用，同时由于 XML 文档中属性值必须使用双或单引号来包括，对能破坏这种结构的字符（即双或单引号中的双或单引号）需要使用实体引用。

（2）NMTOKEN。NMTOKEN 即 Name Token，它非常类似于 XML 名字，可以包含 26 个大写和小写英文字母，0～9 十个数字，也可包含非英文字母如 ë、Đ、ç、数字以及汉字，同时还可包含三种英文符号："-"、"_"和"."，但不能包含空白字符。与 XML 名字不同的是 XML 名字只能以字母、字符和英文下划线"_"开头，而 NMTOKEN 可以用任何上述合法的字符开头。所以，XML 名字一定是 NMTOKEN，但 NMTOKEN 不一定是 XML 名字。

（3）NMTOKENS。属性值也可以为一系列 NMTOKEN，这一系列 NMTOKEN 用空白字符分开。

（4）Emeration。Emeration 即枚举，通过枚举，可以给出属性可以选择的所有属性值。在枚举中，所有可选值必须是 NMTOKEN，并用"|"符号分开；属性值只能在枚举中列出的可选值中任意选一个。

（5）ENTITY。ENTITY 就是实体，通过它把属性声明为实体类属性。实体类属性的属性值是外部非解析实体（前面有详细介绍）。

（6）ENTITIES。ENTITIES 类型属性的值是一系列用空白字符分开的 ENTITY 属性值。

（7）NOTATION。NOTATION 类型属性的属性值为在 DTD 中已经声明过的 NOTATION 的名称，该类型不常用。

（8）ID。ID 即鉴别符（Identifier），ID 属性值具有唯一性。在 XML 文档中，具有 ID 类型的属性的属性值不能相同，也就是说，一篇 XML 文档所有具有 ID 类型属性的属性值必须互不相同（但 ID 属性值可以和非 ID 属性值相同）。值得注意的是，ID 属性值必须是 XML 名字（如"22-11-89"就不是 XML 名字），同时，一个元素最多只能有一个 ID 类型的属性。

（9）IDREF。IDREF 即鉴别符引用（Identifier Reference），该类型属性的属性值引用 XML 文档中某一个元素的 ID 类型属性的属性值。所以，IDREF 类型属性的属性值必须和某一个元素的 ID 类型属性的属性值相同。通过 IDREF 类型属性可以在元素间建立某种联系。

（10）IDREFS。IDREFS 类型属性的属性值是一系列用空白字符分开的 IDREF 属性值。

（二）**属性默认声明**

属性默认声明共有四种可选：#IMPLIED、#REQUIRED、#FIXED 和默认值。

#IMPLIED 表明该属性在 XML 文档中可以出现或不出现，没有默认值，例如：

<! ATTLIST book publishdate NMTOKEN #IMPLIED >

#REQUIRED 表明该属性在 XML 文档中必须出现，没有默认值，例如：

<! ATTLIST book publishdate NMTOKEN #REQUIRED >

#FIXED 表明该属性如果在 XML 文档中出现，则必须为给出的固定值；该属性也可以在 XML 文档中不出现，解析器在解析该 XML 文档时会自动给相应的元素加上该属性并赋予它给定的值，例如：

<! ATTLIST address xmlns CDATA #FIXED " http：//www. cdut. edu. cn" >

有效 XML 文档片段如：

< address xmlns = " http：//www. cdut. edu. cn" >... </address > 或：< address >... </address >

这里，解析器在解析该 XML 文档时会自动给 address 元素加上 xmlns 属性并赋予它给定的值 http：//www. cdut. edu. cn。

默认值表明该属性如果在 XML 文档中出现，则可按照声明的属性类型为它赋值；该属性也可以在 XML 文档中不出现，解析器在解析该 XML 文档时会自动给相应的元素加上该属性并赋予它给定的值，如：

<! ATTLIST address xmlns CDATA "http：//www. cdut. edu. cn" >

有效 XML 文档片段如：

< address xmlns = " cim. cdut. edu. cn" >... </address > 或：< address >... </address >

这里，解析器在解析该 XML 文档时会自动给 address 元素加上 xmlns 属性并赋予它给定的值 http：//www. cdut. edu. cn。默认值与#FIXED 不同的是当在 XML 文档中显式地包括该属性时，属性值可以改变。

六、名字空间和 DTD

名字空间和 DTD 相互独立，在 XML 文档中二者可以同时使用或都不使用，也可以

273

任意使用其中一种。值得注意的是，如果在 DTD 中使用了名字空间前缀来声明元素，就必须在相应 XML 文档中对这些前缀进行 URI 绑定。另外，如果在 DTD 中没有使用名字空间，也可以在相应 XML 文档中进行默认名字空间 URI 绑定，也就是说，没有使用名字空间的 DTD 所声明的元素在 XML 文档中可以属于默认名字空间（不包括属性，属性需要显式指明名字空间，否则不属于任何名字空间）或不属于任何名字空间，如图 9-12 所示。

```
1    <?xml version="1.0" encoding="UTF-8"?>
2    <!DOCTYPE address [
3    <!ELEMENT address (name, nm:street, city, province)>
4    <!ELEMENT name (first-name, last-name)>
5    <!ELEMENT first-name (#PCDATA)>
6    <!ELEMENT last-name (#PCDATA)>
7    <!ELEMENT nm:street (#PCDATA)>
8    <!ELEMENT city (#PCDATA)>
9    <!ELEMENT province (#PCDATA)>
10   <!ATTLIST province location CDATA #REQUIRED>
11   ]>
12   <address
13   xmlns="http://www.cdut.edu.cn/e-commerce/textbook-address"
14   xmlns:nm="http://www.cdut.edu.cn/e-commerce/textbook-street">
15           <name>
16               <first-name>Bill</first-name>
17               <last-name>Davenport</last-name>
18           </name>
19           <nm:street>108 Street</nm:street>
20   <city>Chengdu</city>
21           <province location="southwest">Sichuan</province>
22   </address>
```

图 9-12　名字空间与 DTD 相互独立

这里，nm：street 元素属于名字空间 http：//www.cdut.edu.cn/e-commerce/ textbook-street，其他元素属于名字空间 http：//www.cdut.edu.cn/e-commerce/ textbook-address，属性 location 不属于任何名字空间。

第四节　XML Schema

与 DTD 类似，XML Schema 也是一种有效性验证方式。可以使用分析、编辑和处理 XML 的工具（包括 DOM、SAX 等 APIs）对 XML Schema 进行处理。XML Schema 提供对名字空间很好的支持，可在 XML Schema 直接对名字空间进行 URI 绑定。XML Schema 还提供了诸如 string、int、token、date、byte、language 等内建数据类型以及数据类型的派生（Derivation）、继承和用户自定义数据类型，不仅如此，XML Schema 还可以对可选数据范围很方便地进行限制。同时，XML Schema 可以对文档结构进行比 DTD 精确的定义，如子元素出现的次数。

尽管如此，但在实际应用中，XML Schema 并不能完全代替 DTD。毕竟 DTD 更简单、更灵活，如欧洲的 OpenMath 项目就使用 DTD 来描述它的"内容字典"。XML Schema 也有几种，如 W3C 的 XML Schema 和微软公司的 BizTalk Schema。下面具体介绍得到广泛支持的 W3C XML Schema。

一、XML Schema 的基本结构

（一）基本结构

一个基于 XML Schema 的 XML 文档如图 9-13 所示。

```
1    <?xml version="1.0" encoding="UTF-8"?>
2    <address xmlns:xsi=" http://www.w3.org/2001/XMLSchema-instance"
     xsi:noNamespaceSchemaLocation="address.xsd">
3           <name>
4    <first-name>Bill</first-name>
5           <last-name>Davenport</last-name>
6           </name>
7           <street>108 Street</street>
8    <city>Chengdu</city>
9           <province location="southwest">Sichuan</province>
10   </address>
11   XML Schema:
12   <?xml version="1.0" encoding="UTF-8"?>
13   <xs:schema xmlns:xs=" http://www.w3.org/2001/XMLSchema" >
14       <xs:element name="address">
15         <xs:complexType>
16           <xs:sequence>
17             <xs:element name="name">
18               <xs:complexType>
19                 <xs:sequence>
20                   <xs:element name="first-name" type="xs:string"/>
21                   <xs:element name="last-name" type="xs:string"/>
22                 </xs:sequence>
23               </xs:complexType>
24             </xs:element>
25             <xs:element name="street" type="xs:string"/>
26             <xs:element name="city" type="xs:string"/>
27             <xs:element name="province">
28               <xs:complexType>
29                 <xs:simpleContent>
30                   <xs:extension base="xs:string">
31    <xs:attribute name="location" type="xs:string" use="required"/>
32                   </xs:extension>
33                 </xs:simpleContent>
34               </xs:complexType>
35             </xs:element>
36           </xs:sequence>
37         </xs:complexType>
38       </xs:element>
39   </xs:schema>
```

图 9-13　基于一个 XML Schema 的 XML 文档

Schema 本身是 XML 的一个应用，必须是"结构良好"的，其根元素为 schema，并必须与名字空间 URI "http：//www.w3.org/2001/XMLSchema"绑定，至于前缀本身并不重要，也可以改为 xsd 或其他不会引起异议的 XML 名字。Schema 元素还可以有其他属性，如 targetNamespace，后面再详细介绍。

Schema 在设计思路上与 DTD 不同：DTD 直观而简单地描述 XML 文档，而 Schema 基本思路是从通过描述元素/属性的类型（Type）及该类型中的内容（Content）来"复杂"而准确地描述 XML 文档。

（二）内建数据类型

Schema 内建了丰富的数据类型，被称为"简单类型（SimpleType）"，可以直接在元素和属性中使用它们，如上例中的 xs：string，也可以用它们派生出其他"简单类型"和"复杂类型（ComplexType）"。Schema 内建的简单类型如图 9-14 所示。

值得注意的是，XML Schema 虽然提供内建 ENEITY 数据类型，却没有提供声明 ENTITY 的机制，如果要使用 ENTITY，必须在 DTD 中声明（XML 文档在一定程度上可以同时使用 XML Schema 和 DTD）。

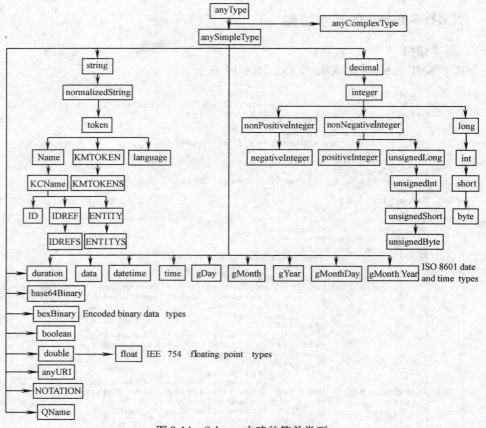

图 9-14　Schema 内建的简单类型

二、元素的声明

元素声明的基本语法为：＜xs：element name ＝" 元素的名字" ＞

xs：element 元素的可选属性有很多，如上面的 name，还有 type、maxOccurs、minOc-curs、default、fixed 等将在后面介绍。

（一）元素的类型

仅仅声明元素的名字是不够的，还必须说明元素的类型（Type）。

（1）直接声明。声明语法为：

＜xs:element name ＝"元素的名字" type ＝"元素的类型"/＞

其中"元素的类型"可以是内建的数据类型（如 xs：string），也可以是自定义的数据类型。图 9-13 中＜xs：element name ＝" street" type ＝" xs：string" ／＞就是一个元素名字和类型的直接声明：声明了一个名字为的 street 元素，它的类型为 xs：string，即它的内容为 Scheam 内建数据类型 String。

（2）元素内声明。声明语法为：

＜xs:element name ＝"元素的名字"＞

　　　＜**xs：complexType** ＞

　　　　　…

```
        </xs:complexType >
</xs:element >
```

其中 xs：complexType 可用来声明子元素或属性，以下进行介绍。

（二）子元素的声明

在 XML Schema 中，一个元素包含了子元素（或属性），则说该元素具有复杂类型（Complex Type）。也就是说，元素和它的子元素（或属性）是通过复杂类型构建的。例如：

```
<xs:element name = "name" >
     <xs:complexType >
           <xs:sequence >
                 <xs:element name = "first-name" type = "xs:string"/ >
                 <xs:element name = "last-name"  type = "xs:string"/ >
           </xs:sequence >
     </xs:complexType >
</xs:element >
```

或

```
<xs:complexType name = "nameContent" >
           <xs:sequence >
                 <xs:element name = "first-name" type = "xs:string"/ >
                 <xs:element name = "last-name"  type = "xs:string"/ >
           </xs:sequence >
</xs:complexType >
<! --这里的 xs:complexType 只能作为 xs:schema 的直接子元素声明 -- >
<xs:element name = "name"  type = "nameContent"/ >
```

其中 xs：sequence 控制子元素在 XML 文档中出现的顺序；xs：sequence 包含的元素必须都出现而且必须按照声明的顺序。相关的顺序控制符还有 xs：choice 和 xs：all。

xs：choice 表示它包含的多个元素中有且只有一个元素出现在相应的 XML 文档中。xs：all 表示它包含的多个元素必须都出现但可以按任何顺序。

（三）混合内容

通过在 xs：complexType 元素中设置 mixed 属性为 true，XML Schema 允许混合内容（Mixed Content）的 XML 实例文档，如图 9-15 所示。

```
1    <?xml version="1.0" encoding="UTF-8"?>
2    <letter xmlns:xsi=" http://www.w3.org/2001/XMLSchema-instance"
     xsi:noNamespaceSchemaLocation="mixed.xsd">
3        Dear Mr. <name>John Smith</name>.
4        Your order <orderid>1032</orderid>
5        will be shipped on <shipdate>2001-07-13</shipdate>.
6    </letter>
7    XML Schema:
8    <?xml version="1.0" encoding="UTF-8"?>
9    <xs:schema xmlns:xs=" http://www.w3.org/2001/XMLSchema" >
10       <xs:element name="letter">
11           <xs:complexType mixed="true">
12               <xs:sequence>
13                   <xs:element name="name" type="xs:string"/>
14                   <xs:element name="orderid" type="xs:positiveInteger"/>
15                   <xs:element name="shipdate" type="xs:date"/>
16               </xs:sequence>
17           </xs:complexType>
18       </xs:element>
19   </xs:schema>
```

图 9-15　混合内容的 XML 实例文档

在混合内容中，依然可以用 xs：sequence、xs：choice 和 xs：all 来控制元素在实例文档中的出现情况。

（四）元素的默认值

元素的默认值可以按照如下方式声明：

< xs：element name = "元素名字" type = "元素类型" default = "默认值"/ >

例如：< xs：element name = "street" type = "xs：string" default = "108 street"/ >

默认值表示该元素值如果在 XML 文档没有出现，则解析器以该默认值代替；如果出现，则按出现的值处理。

（五）元素的固定值

元素的固定值可以按照如下方式声明：

< xs：element name = "元素名字" type = "元素类型" fixed = "固定值"/ >

例如：< xs：element name = "street" type = "xs：string" fixed = "108 street"/ >

固定值表示该元素值如果在 XML 文档没有出现，则解析器以该固定值代替；如果出现，则必须是该固定值。

（六）元素的出现次数

XML Schema 可以控制元素出现的次数，语法为：

< xs：element name = "元素名字" minOccurs = "最少出现的次数" maxOccurs = " 最多出现的次数"/>

例如：< xs：element name = "street" minOccurs = "0" maxOccurs = "3"/ >

minOccurs 和 maxOccurs 的默认值都是"1"，minOccurs 为非负且要求小于或等于 maxOccurs，maxOccurs 的值可为"unbounded"（不限）。

三、属性的声明

在 XML Schema 中，一个元素包含了属性（或子元素），则说该元素具有复杂类型。也就是说，元素和它的属性（或子元素）是通过复杂类型构建的，如图 9-16 所示。

```
1  ⊟ <xs:element name="province">
2         <xs:complexType>
3            <xs:simpleContent>
4               <xs:extension base="xs:string">
5  <xs:attribute name="location" type="xs:string" use=" required" />
6               </xs:extension>
7            </xs:simpleContent>
8         </xs:complexType>
9     </xs:element>
```

图 9-16　属性的声明

实例文档片段：

< province location = "southwest" >Sichuan </province >

这里，首先用 xs：complexType 说明元素 province 是包含属性的复杂类型，然后用 xs：simpleContent 说明该复杂类型只有简单内容（字符数据，如实例文档文档中的 Sichuan），再用 xs：extension 说明该简单内容是从 xs：string 派生来的（后面会介绍"派生"），最后在该派生中声明了一个属性。

声明属性时也必须声明属性的类型，属性本身只能是简单的类型（不能包含属性或元素的类型），如 XML Schema 内建的数据类型，因为属性不能包含属性或子元素。

　　xs：attribute 元素有很多可选属性，如 default、fixed 和 use，其中 default 和 fixed 属性用法和 xs：element 中的 default 和 fixed 属性用法相同；use 属性用来控制属性的使用情况，它的三个可选值为：use = "（**optional**|prohibited|required)"

　　use 的默认值是 optional（选用，即可在实例文档中出现或不出现），其他两个值分别为 prohibited（禁用）和 required（必用）。

　　在 DTD 中可以使用参数实体声明属性以避免重复，类似地，在 Schema 中可使用属性组（Attribute Group），修改图 9-16 中的例子，如图 9-17 所示。

```
1   ☐ <xs:element name="province">
2         <xs:complexType>
3             <xs:simpleContent>
4                 <xs:extension base="xs:string">
5                     <xs:attributeGroup ref="loct"/>
6                 </xs:extension>
7             </xs:simpleContent>
8         </xs:complexType>
9     </xs:element>
10  ☐ <xs:attributeGroup name="loct">
11        <xs:attribute name="location" type="xs:string"/>
12    </xs:attributeGroup>
13    <!-- 这里的xs:complexType只能作为xs:schema的直接子元素声明 -->
```

图 9-17　在 Schema 中使用属性组

四、空元素的声明

　　在图 9-16 的例子中使用了 xs：simpleContent 说明元素 province 的复杂类型有简单内容，所以在实例文档元素 province 的内容可为 Sichuan（也可为空——Empty）。如果需要元素 province 只能为空值，可用如下方式定义该空元素：

　　< xs:element name = "province" >

　　　　　　　　< xs:complexType >

　　　　　　　　　　　　< xs:attribute name = "location" type = "xs:string"/ >

　　　　　　　　</xs:complexType >

　　</xs:element >

　　如果有必要声明没有属性的空元素（通常这没有实际意义），可按如下方式声明：

　　< xs:element name = "province" >

　　　　　　< xs:complexType/ >

　　</xs:element >

　　必须指出，空元素和 nill 元素不同（nill 元素表示元素可以没有值或不知道该值，类似于 SQL 的 null），这里不讨论 nill 元素，读者可参考相关书籍。

五、复杂类型和简单类型

　　在声明元素或属性时必须声明它们的类型。类型分两种：复杂类型（Complex Type）和简单类型（Simple Type）。前者可以包含元素或属性的类型；后者只能是字符内容。只有元素才能包含子元素或属性，所以只有元素才可以是复杂类型（元素也可以是简单类型，如 < xs:element name = "street" **type** = "**xs:string**"/ >），属性只能是简单类型，只能是字符内容。XML Schema 内建的数据类型都是简单类型。

XML Schema 使用 xs：complexType 来声明一个新的复杂类型，该类型能包含子元素或属性或二者都包含，例子请参考前文中元素和属性的声明；XML Schema 使用 xs：simpleType 来为元素或属性声明一个新的简单类型（具体使用方法见后文"类型的派生"）。

XML Schema 中概念上比较容易混淆的是复杂内容和简单内容。直接去探讨复杂内容或简单内容是什么内容（如元素、属性、字符）比较复杂，这与派生的基础类型来源有关，但至少可以确定的是简单内容不能包含子元素。XML Schema 在 xs：complexType 使用 xs：complexContent 来从现有的复杂类型派生出新的复杂类型（详见后文"类型的派生"），而在 xs：complexType 使用 xs：simpleContent 来说明该复杂类型元素的内容为简单类型（属性和字符内容都是简单类型）。xs：simpleContent 通常用来为元素定义属性。

六、类型的派生

类型的派生分为"定义新的简单类型"和"复杂类型的派生"。在定义新的简单类型中本书同时介绍"取值说明"，在复杂类型的派生中介绍两种不同的派生方式：restriction 和 extension。

（一）声明新的简单类型

在图 9-16 给出的例子中，可以为 street 元素定义自己的类型，例如：

实例文档片段：

< xs：element name = " street" type = " streetType"/ >

Schema 片段：

< **xs：simpleType** name = " streetType" >

　　 < **xs：restriction** base = "xs：string"/ >

</xs：simpleType >

使用 xs：simpleType 和 xs：restriction 可以为元素或属性定制新的简单类型，本例中新的类型 streetType 和 Schema 内建 string 类型相映射。这样定义看来多余，但实际上在自定义类型中加上"取值限制"，就非常有用了。

（1）取值说明。取值说明提供了对自定义类型取值的范围、模式等的说明。XML Schema 提供的说明符可以联合使用，如同时使用 length 和 union。取值说明符的功能如表 9-3 所示。

表 9-3　取值说明符

说　明　符	功　　能
length（或者 minLength 和 maxLength）	限定字符数据长度
pattern	取值模式（如：\ d\ d-\ d\ d-\ dd 表示可以取值 92-56-48）
enumeration	枚举
whiteSpace	空白字符的处理
maxInclusive 和 maxExclusive	顺序型（含数值型、日期等）数据 < =
minInclusive 和 minExclusive	顺序型数据 > =　和顺序型数据 >
totalDigits	数值型数据总长度（不含符号和小数点）

（续）

说　明　符	功　　能
fractionDigits	数值型数据小数位长度
list	列举（用空白字符分开的一系列原子类型值）
union	联合（从用空白字符分开的类型中任选一种）

除了 list 和 union，取值说明符的语法为：

```
<xs:simpleType name = "自定义类型名字" >
    <xs:restriction base = "现有的基本简单类型" >
        <xs:length value = "非负数"/>
        <xs:pattern value = "模式表达式"/>
        <xs:enumeration value = "枚举值"/>
        <xs:whiteSpace value = "preserve|replace|collapse"/>
        <xs:maxInclusive value = "数值"/>
        <xs:totalDigits value = "非负数"/>
    </xs:restriction >
</xs:simpleType >
```

例如：

```
<xs:simpleType name = "myString" >
        <xs:restriction base = "xs:string" >
                <xs:pattern value = "[A-Z]{6}"/>
        </xs:restriction >
</xs:simpleType >
```

这里定义了一个简单类型，其内容只能是由大写字母 A～Z 中任六个字母组成的字符串。

实例文档片段： <myElement>HABGYH</myElement>

（2）列举（list）的语法。列举是用空格分开的一系列原子类型值。其语法为：

```
<xs:simpleType name = "自定义类型名字" >
<xs:list itemType = "原子类型:现有的基本类型或在 list 中用 xs:simpleType 定义的类型"/>
</xs:simpleType >
```

例如：

```
<xs:simpleType name = "myStringList" >
        <xs:list itemType = "myString"/>
        <! -- myStringList 是前面自定义的数据类型-- >
</xs:simpleType >
```

或

```
<xs:simpleType name = "myStringList" >
<xs:list >
    <xs:simpleType >
        <xs:restriction base = "xs:string" >
                <xs:pattern value = "[A-Z]{6}"/>
        </xs:restriction >
```

281

```
        </xs:simpleType>
    </xs:list>
        </xs:simpleType>
```

实例文档片段：<myElement>HABGYH ABSDFJ DFGLKJ</myElement>

（3）联合（union）的语法。联合是从列举的类型（用空白字符分开）中任选一种而且只能选一种。其语法为：

```
<xs:simpleType name="自定义类型名字">
    <xs:union  memberTypes="用空格分开的多个现有的基本类型或在 union 中用 xs:simpleType 定义
    的类型"/>
</xs:simpleType>
```

例如：

```
<xs:simpleType name="myUnion">
    <xs:union memberTypes="xs:decimal myStringList"/>
    <!-- myStringList 是前面自定义的数据类型-->
</xs:simpleType>
```

实例文档片段：<myElement>HABGYH ABSDFJ</myElement>

或者<myElement>12456</myElement>

各取值说明符详细的用法可参考相关书籍。

（二）复杂类型的派生

可以通过 xs:extension 和 xs:restriction 元素来从已有的类型派生出新的复杂类型，原理上类似面向对象编程中的继承。这里仅以 restriction 派生为例加以说明。当新派生的类型逻辑上是现有类型的一个子集时，可使用 restriction 派生。例子如下：

派生前的现有类型如图 9-18 所示。

```
1  <xs:complexType name="addressType">
2      <xs:sequence>
3          <xs:element name="street" type="xs:string" maxOccurs="3"/>
4          <xs:element name="city" type="xs:string"/>
5          <xs:element name="province" type="xs:string"/>
6      </xs:sequence>
7  </xs:complexType>
```

图 9-18　restriction 派生前

restriction 派生结果如图 9-19 所示。

```
1  <xs:complexType name="simpleAddressType">
2      <xs:complexContent>
3          <xs:restriction base="addressType">
4          <xs:sequence>
5              <xs:element name="street" type="xs:string"/>
6              <xs:element name="city" type="xs:string"/>
7              <xs:element name="state" type="xs:string"/>
8          </xs:sequence>
9          </xs:restriction>
10     </xs:complexContent>
11 </xs:complexType>
```

图 9-19　restriction 派生结果

这里新派生的类型比原有的类型少了 maxOccurs = "3" 这个限制。

七、全局声明和有名类型声明方式的 Schema

图 9-13 中的 Schema 文档提供了一种比较直观的元素和属性的声明方式，其中只有 ad-dress 元素是 xs：schema 的直接子元素，同时所有复杂类型和简单类型都是匿名的或直接使用了 Schema 的内建简单类型。这不便于名字空间的使用和用户自定义类型的控制。下面分别用全局声明方式和有名类型声明方式来定义相应的 Schema。

（一）全局声明方式的 Schema

把元素或属性作为 xs：schema 的直接子元素声明叫做全局（Global）声明。反之，把元素或属性放在其他元素内声明，叫做局部声明。图 9-13 示例中使用的是局部声明方式。一个全局声明方式的 Schema 文档如图 9-20 所示，它是使用全局声明和对已声明元素或属性的引用（Reference）来实现的。

```
1   <?xml version="1.0" encoding="UTF-8"?>
2   <xs:schema xmlns:xs="http://www.w3.org/2001/XMLSchema">
3       <!-- 声明简单类型元素 -->
4       <xs:element name="orderperson" type="xs:string"/>
5       <xs:element name="name" type="xs:string"/>
6       <xs:element name="address" type="xs:string"/>
7       <xs:element name="city" type="xs:string"/>
8       <xs:element name="country" type="xs:string"/>
9       <xs:element name="title" type="xs:string"/>
10      <xs:element name="note" type="xs:string"/>
11      <xs:element name="quantity" type="xs:positiveInteger"/>
12      <xs:element name="price" type="xs:decimal"/>
13      <!-- 声明简单类型属性 -->
14      <xs:attribute name="orderid" type="xs:string"/>
15      <!-- 声明复杂类型元素 -->
16      <xs:element name="shipto">
17          <xs:complexType>
18              <xs:sequence>
19                  <xs:element ref="name"/>
20                  <xs:element ref="address"/>
21                  <xs:element ref="city"/>
22                  <xs:element ref="country"/>
23              </xs:sequence>
24          </xs:complexType>
25      </xs:element>
26      <xs:element name="item">
27          <xs:complexType>
28              <xs:sequence>
29                  <xs:element ref="title"/>
30                  <xs:element ref="note" minOccurs="0"/>
31                  <xs:element ref="quantity"/>
32                  <xs:element ref="price"/>
33              </xs:sequence>
34          </xs:complexType>
35      </xs:element>
36      <!-- 实例文档的根元素声明 -->
37      <xs:element name="shiporder">
38          <xs:complexType>
39              <xs:sequence>
40                  <xs:element ref="orderperson"/>
41                  <xs:element ref="shipto"/>
42                  <xs:element ref="item" maxOccurs="unbounded"/>
43              </xs:sequence>
44              <xs:attribute ref="orderid" use="required"/>
45          </xs:complexType>
46      </xs:element>
47  </xs:schema>
```

图 9-20　全局声明方式的 Schema

（二）有名类型声明方式的 Schema

在上面的示例中，所有复杂的和简单的类型都是匿名类型或直接使用的内建类型，用户没有给每个类型取名，这不便于类型的控制，下面的 Schema 使用有名类型（Named Type）声明方式来实现，如图 9-21 所示。

```
1   <?xml version="1.0" encoding="UTF-8"?>
2   <xs:schema xmlns:xs="http://www.w3.org/2001/XMLSchema">
3       <!-- 声明有名简单类型 -->
4       <xs:simpleType name="stringtype">
5           <xs:restriction base="xs:string"/>
6       </xs:simpleType>
7       <xs:simpleType name="inttype">
8           <xs:restriction base="xs:positiveInteger"/>
9       </xs:simpleType>
10      <xs:simpleType name="dectype">
11          <xs:restriction base="xs:decimal"/>
12      </xs:simpleType>
13      <xs:simpleType name="orderidtype">
14          <xs:restriction base="xs:string">
15              <xs:pattern value="[0-9]{6}"/>
16          </xs:restriction>
17      </xs:simpleType>
18      <!-- 声明有名复杂类型 -->
19      <xs:complexType name="shiptotype">
20          <xs:sequence>
21              <xs:element name="name" type="stringtype"/>
22              <xs:element name="address" type="stringtype"/>
23              <xs:element name="city" type="stringtype"/>
24              <xs:element name="country" type="stringtype"/>
25          </xs:sequence>
26      </xs:complexType>
27      <xs:complexType name="itemtype">
28          <xs:sequence>
29              <xs:element name="title" type="stringtype"/>
30              <xs:element name="note" type="stringtype" minOccurs="0"/>
31              <xs:element name="quantity" type="inttype"/>
32              <xs:element name="price" type="dectype"/>
33          </xs:sequence>
34      </xs:complexType>
35      <xs:complexType name="shipordertype">
36          <xs:sequence>
37              <xs:element name="orderperson" type="stringtype"/>
38              <xs:element name="shipto" type="shiptotype"/>
39              <xs:element name="item" type="itemtype" maxOccurs="unbounded"/>
40          </xs:sequence>
41          <xs:attribute name="orderid" type="orderidtype" use="required"/>
42          <!-- 该属性可以使用全局声明 -->
43      </xs:complexType>
44      <!-- 实例文档的根元素声明 -->
45      <xs:element name="shiporder" type="shipordertype"/>
46  </xs:schema>
```

图 9-21　有名类型声明方式的 Schema

全局声明和有名类型声明方式可以相结合，实际上本例中的有名类型都使用了全局声明方式，当然也可以把元素 shiporder 的属性 orderid 作为全局声明。

八、名字空间和 XML Schema

使用全局声明的一个好处是把名字空间和全局声明的元素、属性、属性组、类型等相联系。众所周知，XML Schema 对名字空间有很好的支持，把一个 Schema 和一个名字空间联系起来很简单，通过 xs：schema 的 targetNamespace（目标名字空间）属性实现，如图 9-22 所示。

注意，使用 targetNamespace 后，Schema 中所有全局声明就都属于该名字空间。

```
1    <?xml version="1.0" encoding="UTF-8"?>
2    <xs:schema targetNamespace="http://www.cdut.edu.cn/e-commerce" xmlns:xs="
     http://www.w3.org/2001/XMLSchema">
3        <xs:element name="address">
4            <xs:complexType>
5                <xs:simpleContent>
6                    <xs:extension base="xs:string">
7                        <xs:attribute name="personName" type="xs:string"/>
8                    </xs:extension>
9                </xs:simpleContent>
10            </xs:complexType>
11        </xs:element>
12    </xs:schema>
```

图 9-22　Schema 和名字空间的联系示例

如何在实例文档中使用设定了名字空间 Schema 是比较复杂的问题。XML Schema 要求在实例文档根元素中分别使用 xsi：noNamespaceSchemaLocation 或 xsi：schemaLocation 属性来定位处理不使用或使用目标名字空间的 Schema。同时，要求在实例文档中对该目标名字空间进行绑定：可以通过默认名字空间或前缀进行 URI 绑定。例如：

　　<? xml version = "1.0" encoding = "UTF-8"? >

　　< address xmlns：xsi = "http://www.w3.org/2001/XMLSchema-instance"

xsi：schemaLocation = "http://www.cdut.edu.cn/e-commerce simpleAddress.xsd"

　　xmlns = "http://www.cdut.edu.cn/e-commerce"

　　personName = "James Devenport" >108 Street Chengdu Sichuan </address >

由于使用 targetNamespace 后，Schema 中所有全局声明就都属于该名字空间。

xs：schema 还有两个常有属性：elementFormDefault 和 attributeFormDefault，分别用来控制局部声明的元素和属性是否受目标名字空间限制。elementFormDefault 和 attributeFormDefault 的默认值都是" unqualified"，意为不受限制，另一个值是" qualified"，意为受限制。限于篇幅，有关设置此处从略。

九、注释

Schema 是 XML 文档，自然可以用 XML 注释，即用"< ! -- 注释内容 -- >"来进行注释，但解析器不保证这种注释在通过解析后不变，这会导致重要信息的损失——设想当用户用 XML 注释保存版权信息时，用户希望该信息能保持不变甚至可以被像 XML 元素一样处理，这时，可以使用 xs：annotation。

在 xs：annotation 中，可选择使用 xs：documentation 或 xs：appinfo 或二者都用。其中，xs：documentation 是方便人阅读的，xs：appinfo 是方便应用程序处理的。二者的内容都可以是字符内容或者任何"结构良好的"标记内容。

十、使用多个 Schema

DTD 中使用参数实体来使用多个 DTD，XML Schema 也提供相应机制，而且更强大。可以在一个 Schema 中包括（Include）同名字空间的外部声明，重定义（Redefine）同名字空间的外部声明，还可以输入（Import）属于别的名字空间的 Schema。

"包括外部声明"的语法为：

　　< xs:include schemaLocation = "外部 Schema 的 URI" / >

"重定义外部声明"的语法为：

<xs:redefine schemaLocation = "外部 Schema 的 URI" >

<! -- 重定义的内容 -->

</xs:redefine >

"输入属于别的名字空间的 Schema"的语法为：

<xs:import namespace = "外部 Schema 的目标名字空间" schemaLocation = "外部 Schema 的 URI "/>

第五节 XSLT

基于"内容与显示分离"方式创建的 XML 文档时常需要将信息显示出来供人阅读，下面要介绍的 XSLT（XSL Transformation）就是通过将 XML 转换为 XHTML 来显示数据的。XMLT 的基本思路是通过"匹配—模板转换"将一个 XML 文档转换为另一个 XML 文档。所以，XSLT 不仅仅能将 XML 转换为 HTML 供浏览器显示，而且能将一个 XML 文档转换为另一个 XML 文档供其他使用目的。

一、XSL 简介

XSL（eXtensible Stylesheet Language）由两大部分组成：第一部分描述了如何将一个 XML 文档进行转换，转换为可浏览或可输出的格式；第二部分则定义了格式化对象 FO（Formated Object）。在输出时，首先根据 XML 文档构造源树（见图 9-2），然后根据给定的 XSL 将这个源树转换为可以显示的结果树，这个过程称为树转换，最后再按照 FO 解释结果树，产生一个可以在屏幕上、纸上、语音设备或其他媒体中输出的结果，这个过程称为格式化。

到目前为止，W3C 还未能出台一个得到多方认可的 FO，但是描述树转换的这一部分协议却日趋成熟，已从用 XSL 中分离出来，另取名为用 XSLT（XSL Transformation），其正式推荐标准于 1999 年 11 月 16 日问世，现在一般所说的 XSL 大都指的是 XSLT。与 XSLT 一同推出的还有其配套标准 XPath，这个标准用来描述如何识别、选择、匹配 XML 文档中的各个构成元件，包括元素、属性、文字内容等。

二、XSLT 的工作原理

XSLT 主要的功能就是转换，它将一个没有样式单的 XML 内容文档作为一个源树，将其转换为一个有样式信息的结果树。在 XSLT 文档中，定义了与 XML 文档中各个逻辑成分相匹配的模板以及匹配转换方式。值得一提的是，尽管制定 XSLT 规范的初衷只是利用它来进行 XML 文档与可格式化对象之间的转换，但它的巨大潜力却表现在它可以很好地描述 XML 文档向任何一个其他格式的 XML 文档进行转换的方法，例如，转换为另一个逻辑结构的 XML 文档、HTML 文档、VRML 文档、SVG 文档等。至于具体的转换过程，既可以在服务器端进行，也可以在客户端进行。两者分别对应着下面不同的转换模式。

在服务器端转换模式下，XML 文件下载到浏览器前先转换成 HTML，然后再将 HTML 文件送往客户端进行浏览。有两种方式：① 动态方式，当服务器接到转换请求时再进行实时转换，这种方式无疑对服务器要求较高；② 批量方式，事先将 XML 用 XSL 转换成 HTML 文档，接到请求后调用转换好的 HTML 文档即可。

客户端转换模式是将 XML 和 XSL 文档都传送到客户端，由浏览器实时转换。前提是浏览器必须支持 XML 和 XSL。

如果将 XML 文件比作结构化的原料的话，那么 XSL 就好比"筛子"与"模子"，筛子选取自己需要的原料，这些原料再通过模子形成最终的产品——XHTML。

这个模子大致是：先设计好表现的页面，再将其中需要从 XML 中获取数据来填充内容的部分"挖掉"，然后用 XSL 语句从 XML 中筛出相关的数据来填充。一言以蔽之，XSL 实际上就是 HTML 的一个"壳子"，XML 数据利用这个"壳"来生成"可显示"的 HTML。

XSL 的工作过程可以简单描述如下。

XSL 是表达样式单（StyleSheet）的语言，每一个样式单描述了呈现一类 XML 源文档的规则。呈现的过程包括两部分：

第一，由源树建立结果树（Result Tree）。

构造结果树是将模式（Pattern）与模板（Template）相结合实现的。模式与源树中的元素相匹配，模板被实例化产生部分结果树，结果树与源树是分离的，结果树的结构可以和源树截然不同。在结果树的构造中，源树可以被过滤和重新排序，还可以增加任意的结构。

第二，结果树被解释并在显示器、纸张或以语音等媒体形式的格式化输出。

格式化是用该 XSL 文档规定的格式化词表实现结果树的构造。即这个词表是一个 XML 的名字空间（Namespace），词表中的每一种元素类型对应一个格式化对象类，一种格式化对象类表达一种特定的格式化表现方式。例如，块（Block）格式化对象类表示将一段的内容拆成一行一行的，词汇表的每个属性对应一种格式化特性。格式化对象类有一特殊的格式化特性集合，这样能够更好地控制格式化对象类的表现方式。例如，在集合各行之前或之后控制行的缩进、行间距。一个格式化对象能拥有内容，而它的格式化表现应用于其内容。

结果树也可以不使用格式化词库，这样 XSL 能够被作为通用的 XML 传输。例如，XSL 能用于将 XML 转化为 HTML，即为采用 XHTML（这里需要注意的是：XSL 本身是 XML 格式，所以只能用 XHTML 定义，但为了支持目前大多数浏览器，最后的转换结果是 HTML，如将 XHTML 的 < br/ > 换成了 HTML 的 < br >) 定义的元素类型和属性的 XML。当结果树采用了格式化词库时，所遵循的 XSL 实现必须能够根据在该文件中定义的格式化词库的语义解释结果树，它也能将结果树具体化为 XML。

三、XPath 节点匹配路径

XSL 在构造结果树时需要在源树中进行节点查找，这是通过 XPath 来实现的。

为了使用 XPah 表示一个或一组节点，采用路径位置（Location Path）的方式。路径位置的方式就好比一般操作系统下的目录结构一样，用"/"或者"//"依次排列来表示一个目录（这里是节点）的路径位置。如果使用"/"作为一个路径位置的开始符号，就称之为绝对路径位置，也就是节点的起始位置是从根节点开始的。反过来说，若不是以"/"开头的位置，就称之为相对路径位置。相对路径位置代表路径位置是从当前这个节点开始表示起，通常会称当前所在的节点为当前节点（Context Node）。

（一）XPath 数据类型与节点类型

XPath 可分为四种数据类型：

（1）节点集（Node-set）。节点集是通过路径匹配返回的符合条件的一组节点的集合。其他类型的数据不能转换为节点集。

（2）布尔值（Boolean）。它是指由函数或布尔表达式返回的条件匹配值，与一般语言中的布尔值相同，有 True 和 False 两个值。布尔值可以和数值类型、字符串类型相互转换。

（3）字符串（String）。字符串即包含一系列字符的集合，XPah 中提供了一系列的字符串函数。字符串可与数值类型、布尔值类型的数据相互转换。

（4）数值（Number）。在 XPath 中数值为浮点数，可以是双精度 64 位浮点数（更确切地说，XPah 的数字都是使用 64 位 IEEE 754 floating-point double-precision 格式）。另外包括一些数值的特殊描述，如非数值 NaN（Not-a-Number）、正无穷大（infinity）、负无穷大（-infinity）、正负 0 等。数值的整数值可以通过函数取得，另外，数值也可以和布尔类型、字符串类型相互转换。

其中后三种数据类型与其他编程语言中相应的数据类型差不多，只是第一种数据类型是 XML 文档树的特有产物。

由于 XPah 包含的是针对文档结构树的一系列操作，所以需要了解 XPah 节点类型。前文介绍了 XML 文档的结构。一个 XML 文件可以包含元素、CDATA、注释、处理指令等内容，其中元素还可以包含属性，并可以利用属性来定义名字空间。相应地，在 XPath 中，将节点划分为七种节点类型。

（1）根节点（Root Node）。根节点是一棵树的最上层，且是唯一的。在 XSLT 中对树的匹配总是从根节点开始的。

（2）元素节点（Element Nodes）。元素节点对应于文档中的每一个元素，一个元素节点的子节点可以是元素节点、注释节点、处理指令节点和文本节点。它可以为元素节点定义一个唯一的标识 ID。元素节点都可以有限制名，它是由两部分组成的：一部分是名字空间 URI，另一部分是本地的命名。

（3）文本节点（Text Nodes）。文本节点包含了一组字符数据，即 CDATA 中包含的字符。任何一个文本节点都不会有紧邻的兄弟文本节点，而且文本节点没有限制名。

（4）属性节点（Attribute Nodes）。每一个元素节点都有一个相关联的属性节点集合，元素是每个属性节点的父节点，但属性节点却不是其父元素的子节点。这就是说，通过查找元素的子节点可以匹配出元素的属性节点，但反过来却不成立，只是单向的。再有，元素的属性节点没有共享性，也就是说不同的元素节点不共同拥有同一个属性节点。

对缺省属性的处理等同于定义了的属性。如果一个属性是在 DTD 中声明的，但声明为#IMPLIED，而该属性没有在元素中定义，则该元素的属性节点集中不包含该属性。

（5）名字空间节点（Namespace Nodes）。由于与属性相对应的属性节点都没有名字空间的声明。名字空间属性对应着另一种类型的节点。每一个元素节点都有一个相关的名字空间节点集。在 XML 文档中，名字空间是通过保留属性声明的，因此，在 XPah 中，该类节点与属性节点极为相似，它们与父元素之间的关系是单向的，并且不具有共享性。

（6）处理指令节点（Processing Instruction Nodes）。处理指令节点对应于 XML 文档中的每一条处理指令。它也有限制名，限制名的本地命名部分指向处理对象，名字空间部分为空。

（7）注释节点（Comment Nodes）。注释节点对应于文档中的注释。

（二）轴和节点测试

路径位置描述中，一个区域通常包含轴（Axis）、节点测试（Node Test）以及一个或多个预测（Predicate）。例如，以下函数：

child∷name［position（）=2］

这里 child 节点代表轴，"name" 代表节点测试，［position（）=2］表示预测。XPath 通过这三个机制来一步步缩小路径位置匹配的范围。轴的图示如图 9-23 所示。

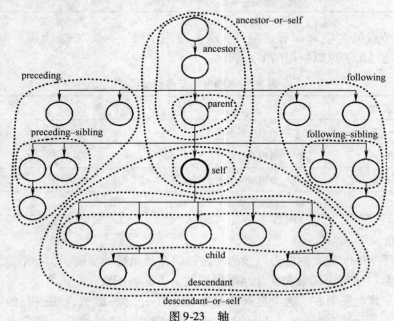

图 9-23 轴

注：属性和名字空间节点没有包含在内。

在路径位置叙述中，"child∷name" 是要表示目前节点的子节点中叫做 "name" 的节点，所以 child 叫做轴，也就是说整个叙述中都是以轴出发来寻找节点。XPath 提供了不少的轴可以使用（见表 9-4）。

表 9-4　XPath 中的轴的列表

轴	说　明
ancestor	前代节点，也就是所有当前节点的前代节点。它包括父节点、父节点的父节点，一直循环下去直到根节点，并包含根节点
ancestor-or-self	与 ancestor 一样，不过也包含当前节点本身
attribute	所有当前节点的属性
child	所有当前节点的子节点
descendant	后代节点，也就是所有当前节点的后代节点。它包括子节点、子节点的子节点，一直循环下去
descendant-or-self	与 descendant 一样，不过也包含当前节点本身
following	同一份文档中按文档顺序出现在当前节点之后的节点
following-sibling	同一层但在当前节点之后的节点。同一层是指具有相同的父节点
namespace	当前节点的名字空间

（续）

轴	说　明
parent	当前节点的父节点
preceding	同一份文档中按文档顺序出现在当前节点之前的节点
preceding-sibling	同一层但在当前节点之前的节点。同一层是指具有相同的父节点
self	当前节点本身

可以使用节点的名字来作节点测试，或者使用字符"＊"来表示某一个范围的节点。此外，表 9-5 还列出了可以使用的节点测试。

表 9-5　XPath 的节点测试函数

节点测试	说　明
comment( )	所有注释节点
node( )	各种类型的节点
processing-instruction( )	处理指令节点
text( )	纯文本节点

（三）预测

预测赋予了 XPath 强大的能力。预测功能提供多种函数的功能，包括节点集函数、布尔函数、运算函数、字符串函数和部分结果树函数。下面将依次介绍。

（1）XPath 节点集函数。这个类别的函数提供了针对一组节点所进行的一些筛选，例如，对于图 9-24 所示的例子，"child∷name"函数返回来的就是一组节点，即有好几个人名。

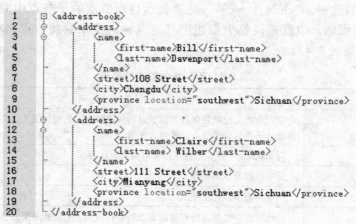

```
 1  <address-book>
 2      <address>
 3          <name>
 4              <first-name>Bill</first-name>
 5              <last-name>Davenport</last-name>
 6          </name>
 7          <street>108 Street</street>
 8          <city>Chengdu</city>
 9          <province location="southwest">Sichuan</province>
10      </address>
11      <address>
12          <name>
13              <first-name>Claire</first-name>
14              <last-name> Wilber</last-name>
15          </name>
16          <street>111 Street</street>
17          <city>Mianyang</city>
18          <province location="southwest">Sichuan</province>
19      </address>
20  </address-book>
```

图 9-24　一个 address-book 的 XML 文件

如果并不需要全部的"child∷name"，而只需要这一组节点中的第 1 个、第 2 个或者最后一个，就可以使用如表 9-6 所示的节点集函数来完成。例如，使用 child∷name［position( ) = last( )］或 child∷name［position( ) = 2］就可以选择到最后一个人名。

表 9-6　XPath 节点集函数

功　能	说　明
last( )	返回最后一个节点是节点集中的第几个节点
position( )	返回第几个节点
count（node-set）	返回节点集中有几个节点

（2）XPath 布尔函数。XPath 也提供与一般程序语言一样的判断运算，运算的结果都是返回真或者假这两个布尔值，如比较运算，大于、等于及小于等。在预测中使用布尔函数可以对一些表示数值的节点或者任何生成数值的函数作出判断，当然判断的结果为真，预测才成立，反之则不成立。除了真或者假这两个布尔值以外，还可以用数字"0"代表假，其他非零的值代表真。对于字符串来说，空字符串代表假，其他字符串则代表真。表 9-7 是布尔函数的列表。

表 9-7　XPath 的布尔函数

功　能	说　明
! =	不等于
<	小于（在 XML 文档中必须用 "< =" 来表示）
< =	小于或等于（在 XML 文档中必须用 "< =" 来表示）
=	等于
>	大于
> =	大于或等于

因为在 XML 文件中不能使用 "<" 这个小于符号，所以要用 "<" 来代替。也可以使用两个关键字 "and" 和 "or" 来连接布尔函数，使用方法与一般程序语言的逻辑运算一样。为了某些特殊的需要（如 debug），有时候会希望预测的结果永远为真或者永远为假。这时候有两个函数可以使用，即 true( ) 及 false( )。这两个函数分别代表了真及假两个布尔值。还有一个函数可以用来颠倒布尔值，也就是人们所熟知的 "not" 函数，XPath 中的函数形式是 not( )。

（3）XPath 运算函数。表 9-8 列出了 XPath 的运算函数。

表 9-8　XPath 的运算函数说明

功　能	说　明
+	加
-	减
*	乘
Div	除（"/" 在 XPath 中大量使用，所以这里使用 Div）
Mod	取余数
ceiling( )	返回大于传入参数的最小整数

291

（续）

功　能	说　明
floor( )	返回小于传入参数的最大整数
round( )	四舍五入传入参数
sum( )	返回传入参数的和

（4）XPath 字符串函数。XPath 中的字符串使用的是 Unicode 编码，常用的字符串处理函数见表 9-9。

表 9-9　字符处理函数

功　能	说　明
starts-with（string1，string2）	如果 string1 以 string2 开头，则返回真
contains（string1，string2）	如果 string1 包含 string2 开头，则返回真
string-length（string1）	返回 string1 的长度
concat（string1，string2，…）	把所有传入字符串顺序相连并返回

（5）XPath 部分结果树函数。一个部分结果树是一个 XML 文件的一部分，但不是一个完整的节点，也不是完整的节点集。实际上在 XPath 中部分结果树并不实用，因为只有两个函数可以使用，即 string( ) 和 boolean( )，它们可以将部分结果树转换成字符串或者布尔值使用。

（四）位置路径的缩写

XPath 使用 "/" 分隔的轴链来定义贯穿 XML 文档的路径，如：

preceding-sibling::*/child::first-name/child::text( )

这里的 XPath 路径表达式很冗长。XPath 提供了一套缩写方法以使表达式简洁化，如表 9-10 所示。

表 9-10　XPath 表达式片段的缩写形式

表达式片段	缩写形式
child::	（完全可省）
attribute::	@
self::	.
parent::	..
/descendant-or-self::node( )/	//
[position( ) = 3]	[3]
[position( ) = last( )]	[last( )]

于是，上面的表达式可改写为：

preceding-sibling::*/first-name/text( )

（五）一个 XPath 节点匹配例子

图 9-20 所示的 XML 文档有如图 9-25 所示树形结构。表 9-11 是典型的 XPath 节点匹配的例子（注意：相同的匹配结果可以由不同的 XPath 路径得到，表中并没有举出所有的可能路径）。

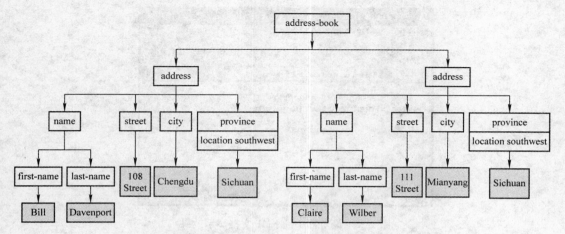

图 9-25　图 9-20 所示的例子的树形结构

表 9-11　XPath 节点匹配例子

举　　例	含　　义	匹　配　结　果
//first-name/text( )	所有的 first-name 节点的文本子节点	Bill、Chaire
//city/ancestor：：*	所有 city 节点的祖先节点	左右 2 个 address 节点和 address-book 节点
//city/parent：：*	所有 name 节点的父节点	左右 2 个 address 节点
/address-book/*	address-book 的子节点	左右 2 个 address 节点
./city/preceding-sibling：：*	设当前节点（city）为左边的 address：该节点 address 前面的节点	左边的 name、street
./city/following-sibling：：*	设当前节点（city）为左边的 address：该节点 address 后面的节点	左边的 province 右边的 name、street、city 和 province
/address-book/descendant：：*	address-book 的所有后代节点	除 address-book 外所有节点
//city/self：：*	所有 city 节点本身	左右 2 个 city 节点
../address/city	设当前节点为左边的 address：左边的 address 的父节点的 address 子节点的 city 子节点	左右 2 个 city 节点

四、XSLT 的结构

首先，设计一个简单的 XML 文档 test. xml：

`<? xml version = "1.0" encoding = "UTF-8"？>`

`<test>This is my test page. </test>`

直接使用 IE 5.0 以上的浏览器打开，只能看到如图 9-26 所示的源代码显示。

接下来，设计一个 XSLT 文档（扩展名需为 . xsl）test. xsl，如图 9-27 所示。

修改 test. xml 如下：

`<? xml version = "1.0" encoding = "UTF-8"？>`

`<? **xml-stylesheet type** = "text/xsl" **href** = "test. xsl"？>`

`<test>This is my test page. </test>`

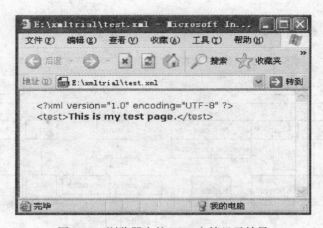

图 9-26 浏览器中的 XML 文档显示效果

```
1      <?xml version="1.0" encoding="UTF-8"?>
2    ⊟<xsl:stylesheet version="1.0" xmlns:xsl="http://www.w3.org/1999/XSL/Transform">
3          <xsl:template match="/">
4            <html>
5              <head>
6                <title>The test page.</title>
7              </head>
8              <body>
9                <h2>
10                 <xsl:value-of select="test"/>
11               </h2>
12             </body>
13           </html>
14         </xsl:template>
15     </xsl:stylesheet>
```

图 9-27 一个 XSLT 文档

这里，< ? xml-stylesheet type = " text/xsl" href = " test. xsl"？ > 是 stylesheet 处理指令。type 指出 MIME 媒体类型。href 指出 . xsl 式样文档的 URL。

之后再在 IE 5.0 以上的浏览器中打开，就得到有样式的显示结果，如图 9-28 所示。

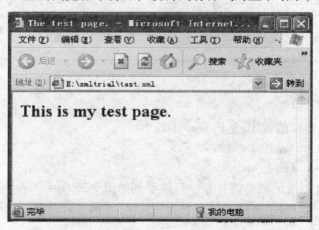

图 9-28 浏览器中的 XSLT 文档显示效果

微软 IE 5.0 以上浏览器内置 MSXML 解析器，该解析器将 test. xsl 应用于 test. xml 上，结果是将 test. xml 转换成类似下面的 HTML 代码：

```
< html >
        < head >
                < title > The test page. < /title >
        < /head >
        < body >
        < h2 > This is my test page. < /h2 >
        < /body >
< /html >
```

浏览器处理上面的 HTML 代码，同样得到图 9-28 的显示结果。

下面分析一下 test. xsl 文档。第一行：

`< ? xml version = "1. 0" encoding = "UTF-8" ? >`

这是标准的 XML 文档的首行代码，因为 XSLT 本身也是 XML 文档。XSLT 本身是 XML 的一个应用。接下来的第二行：

`< xsl：stylesheet version = "1. 0" xmlns：xsl = "http://www. w3. org/1999/XSL/Transform" >`

这是标准的 XSLT 文档根元素。xmlns：xsl 属性是一个名字空间声明，和 XML 中的名字空间使用方法一样，用来防止元素名称重复和混乱。version 属性说明样式单只采用 XSLT 1. 0 标准，这也是目前仅有的标准。第三行中 < xsl：template > 元素定义一个模板规则。属性 match = " /" 说明在 XML 源文档中，这个模板规则作用的起点。" /" 是一种 XPath 语法，这里的" /" 代表 XML 结构树的根节点。第四行至 15 行的代码如下：

```
< html >
        < head >
                < title > The test page. < /title >
        < /head >
        < body >
                < h2 >
                        < xsl：value-of select = "test"/ >
                < /h2 >
        < /body >
< /html >
```

可以看到，当模板规则被触发时，模板的内容就会控制输出的结果。上例中，模板大部分内容由 XHTML 元素和文本构成。只有 < xsl：value-of > 元素是 XSLT 语法，这里 < xsl：value-of > 的作用是复制原文档中的一个指定节点的值到输出文档。而 select 属性则详细指定要处理的节点名称，它使用 XPath 语法。select 的值按默认需要是上一级 match 指定的节点的子节点或当前节点本身（这时按照 XPath 语法，应使用"."而不要使用当前节点的名称）；如不使用"默认"方式，也可以使用其他合法的 XPath 语法。

五、模板及模板应用

（一）模板和模板规则

XSLT 使用 xsl：template 元素来定义模板（Template）规则，它的 match 属性确定使用该模板的条件。match 属性值使用 XPath 对输入进行路径匹配。xsl：template 元素包含了一个模板，当 match 属性指定的条件满足时，该模板用来确定输出。

定义模板规则如下：

< xsl：template match = "address" > An address. </xsl：template >

将该模板规则应用到以如图 9-20 所示的 XML 文档为输入文档，转换结果为一个 XML 外部实体，例如：

< ? xml version = "1. 0" encoding = "UTF-8" ? >
        An address.
        An address.

（二）模板应用（apply template）

XSLT 处理器默认的顺序是"从上到下"，即从根节点开始，以"前序遍历"的方式读入 XML 文档。这意味着父节点的模板规则比子节点模板规则先激活。但是依然可以在模板规则中改变这个默认的顺序，这和模板规则的激活顺序是两回事。如在下列三行语句中是按第一行、第二行、第三行依次被激活。

< xsl：template match = "name" >

< xsl：template match = "first-name" >

< xsl：template match = "last-name" >

但是可以让 last-name 先于 first-name 被 XSLT 处理器处理，如下：

< xsl：template match = "name" >

< xsl：value-of select = "last_name"/ >

< xsl：value-of select = "first_name"/ >

</xsl：template >

不仅可以改变顺序，而且可以有选择地处理节点，通常的方法是用模板应用 xsl：apply-templates 元素。xsl：apply-templates 元素的可选属性 select 使用 XPath 确定该模板应用的条件。在下例中，将如图 9-29 所示的 stylesheet 应用到如图 9-20 所示的 XML 文档中。

```
1   <?xml version="1.0"?>
2   <xsl:stylesheet version="1.0" xmlns:xsl="http://www.w3.org/1999/XSL/Transform">
3       <xsl:template match="address">
4           <xsl:apply-templates select="city"/>
5           <xsl:apply-templates select="name"/>
6       </xsl:template>
7       <xsl:template match="name">
8           <p>
9               <xsl:value-of select="last-name"/>,
10              <xsl:value-of select="first-name"/>
11          </p>
12      </xsl:template>
13      <xsl:template match="city">
14          <xsl:apply-templates/>
15      </xsl:template>
16  </xsl:stylesheet>
```

图 9-29　一个 stylesheet 文档

得到如下转换结果：

< ? xml version = "1. 0" encoding = "UTF-8" ? >

Chengdu

< p > Davenport, Bill </p >

Mianyang

< p > Wilber, Claire </p >

如果想得到这个片段的一个完整的 HTML 文档表示，可以在上面 stylesheet 中加入下列

代码：

```
< xsl:template match = " address-book" >
    < html >
        < body >
            < xsl:apply-templates/ >
        </body >
    </html >
</xsl:template >
```

将得到如下转换结果：

```
< html >
        < body >
            Chengdu
                < p > Davenport , Bill </p >
            Mianyang
                < p > Wilber , Claire </p >
        </body >
</html >
```

这里，使用了无属性的 < xsl：apply-templates/ > ，这意味着对 address-book 的所有子节点去应用"其他"模板：如果有与子节点相应的明确定义了的模板如 < xsl：template match = " name" > 和 < xsl：template match = " city" > ，就应用它们；如果没有，就应用 XSLT 内建的模板。

（三）内建模板

XSLT 处理器内建四种模板，分别如下。

① 字符和属性节点：

```
< xsl:template match = " text( )|@ * " >
        < xsl:value-of select = ". "/ >
</xsl:template >
```

该模板将纯文本节点内容或属性值复制到输出中。

② 元素和根节点：

```
< xsl:template match = " * |/" >
< xsl:apply-templates/ >
</xsl:template >
```

该模板通常导致递归调用本模板或调用"字符和属性节点"模板。

③ 处理指令和注释节点：

```
< xsl:template match = " processing-instruction( )|comment( )"/ >
```

这个模板不输出任何字符，要想输出处理指令和注释节点，必须明确定义相应的模板。

④ 名字空间节点：XSLT 处理器内建的"名字空间节点"模板和"处理指令和注释节点"类似，实际上，XPath 没有 namespace( )节点。

这里仍以图 9-20 所示的 XML 文档来加以说明。address-book 只有 address 子节点，所以看不出"内建的模板"的效果，如果把上例中的 < xsl：template match = " address" > 模板修改如下：

```
< xsl:template match = " address " >
    < xsl:apply-templates/ >
</xsl:template >
```

得到的转换结果是（黑体部分是没有定义的）：

```
< html >
< body >
        < p > Davenport , Bill </ p >
        108 StreetChengduSichuan
        < p > Wilber , Claire </ p >
        111 StreetMianyangSichuan
</ body >
</ html >
```

这实际上是对 address 的子元素 street、province 应用内建模板的结果。

六、模式的使用

有时，人们需要将同一输入多次包含在输出中并且以不同的格式输出，这可以通过使用 xsl：template 和 xsl：apply-templates 元素的可选属性模式（mode）来实现。xsl：template 中的 mode 表示在哪个模式中它包含的模板规则才能被激活；xsl：apply-templates 中的 mode 表示只有在模式匹配时才应用相应的模板。如图 9-30 所示（仍以图 9-20 中的 XML 文档为输入文档）。

```
1    <?xml version="1.0"?>
2    <xsl:stylesheet version="1.0" xmlns:xsl="http://www.w3.org/1999/XSL/Transform">
3        <xsl:template match="address-book">
4            <html>
5                <body>
6                    <ul>
7                        <xsl:apply-templates select="address" mode="toc"/>
8                    </ul>
9                    <xsl:apply-templates select="address"/>
10               </body>
11           </html>
12       </xsl:template>
13       <!-- Table of Contents Mode Templates -->
14       <xsl:template match="address" mode="toc">
15           <xsl:apply-templates select="name" mode="toc"/>
16       </xsl:template>
17       <xsl:template match="name" mode="toc">
18           <li>
19               <xsl:value-of select="last-name"/>,
20               <xsl:value-of select="first-name"/>
21           </li>
22       </xsl:template>
23       <!-- Normal Mode Templates -->
24       <xsl:template match="address">
25           <p>
26               <xsl:apply-templates/>
27           </p>
28       </xsl:template>
29   </xsl:stylesheet>
```

图 9-30　一个 stylesheet 文档

转换的结果（见图 9-31）如下：

值得一提的是，对每一个模式，XSLT 处理器会自动增加一组内建模板，例如：

```
 1   ⊟ <html>
 2   ⊟    <body>
 3   ⊟       <ul>
 4            <li>Davenport, Bill</li>
 5            <li> Wilber, Claire</li>
 6         </ul>
 7         <p>BillDavenport108 StreetChengduSichuan</p>
 8         <p>Claire Wilber111 StreetMianyangSichuan</p>
 9      </body>
10   └ </html>
```

图 9-31　转换得到的 HTML 文档

< xsl:template match = " * |/" mode = "toc" >

  < xsl:apply-templates mode = "toc"/ >

</xsl:template >

除了这里提到的 xsl：value-of、xsl：template、xsl：apply-templates 以外，XSLT 还定义了很多诸如循环控制、条件控制的可用元素，常用的循环控制是 xsl：for-each，条件控制包括 xsl：ifxsl：choose、xsl：when 和 xsl：otherwise。限于篇幅，这里不再展开。

七、元素、属性、文本、处理指令和注释的创建

人们时常需要在输出文档中改变输入节点的名称或添加输入文档中没有的节点，这类节点可以是元素、属性、文本、处理指令和注释等，这需要创建新的节点，XSLT 提供了相关元素来完成这些工作，下面就其基本语法作简要介绍。

（1）元素的创建。其语法为：

< xsl:element name = "创建的元素名" >该元素的值 </xsl:element >

（2）属性的创建。其语法为：

< xsl:attribute name = "创建的属性名" >该属性的值 </xsl:attribute >

新建属性将被添加离 xsl：attribute 元素最近（最里层）的父元素中。

（3）文本的创建。其语法为：

    < xsl:text >文本内容 </xsl:text >

（4）处理指令的创建。其语法为：

    < xsl:processing-instruction name = "处理指令名" >处理指令内容

    </xsl：processing-instruction >

（5）注释的创建。其语法为：

    < xsl:comment >注释内容 </xsl:comment >

举例如下。

XML 输入文档：

< ? xml version = "1.0" encoding = "UTF-8" ? >

< name >

  < first-name > Bill </first-name >

    < last-name > Davenport </last-name >

</ name >

XSLT 文档如图 9-32 所示。

转换结果如图 9-33 所示。

```
 1     <?xml version="1.0"?>
 2   ⊟ <xsl:stylesheet version="1.0" xmlns:xsl="http://www.w3.org/1999/XSL/Transform">
 3         <xsl:template match="name">
 4     <xsl:processing-instruction name="xml-stylesheet">type="text/xsl" href="test.xsl"</
       xsl:processing-instruction>
 5           <xsl:element name="address">
 6              <xsl:attribute name="city">Chengdu</xsl:attribute>
 7              <xsl:copy-of select="."/>
 8              <xsl:comment>The following is the added text.</xsl:comment>
 9              <xsl:text>Here is the CDATA.</xsl:text>
10           </xsl:element>
11         </xsl:template>
12   ⌐ </xsl:stylesheet>
```

图 9-32　创建元素、属性、文本、处理指令和注释的 XSLT 文档

```
 1     <?xml version="1.0" encoding="UTF-8"?>
 2     <?xml-stylesheet type="text/xsl" href="test.xsl"?>
 3   ⊟ <address city="Chengdu">
 4        <name>
 5           <first-name>Bill</first-name>
 6           <last-name>Davenport</last-name>
 7        </name>
 8        <!--The following is the added text.-->
 9        Here is the CDATA.
10     </address>
```

图 9-33　XSLT 文档转换结果

第六节　WML 技术

人类的基本特征之一是移动性，所以未来的电子商务接入终端必须具备移动的特点，而缺乏移动服务的电子商务系统是不完全的。

当前，由于各国选用不同的移动通信系统，所以世界上无线电子商务应用平台有很多，如欧洲等范围内的 WAP、日本的 I-mode 等。日本 NTT Docomo 公司采用 PHS 系统，带宽较宽，可以运行普通的桌面型的 HTML 标准，技术上与固定电子商务技术基本相同。由于我国目前大量采用的是欧洲的 GSM 标准，所以广泛使用 WAP 作为无线电子商务平台，这种开发技术与固定网络开发有很大区别。学习这一节必须先掌握 XML 的有关内容。

一、WAP

WAP 是无线应用协议（Wireless Application Protocol）的缩写，它是由一系列协议组成的，用来标准化无线通信设备，如蜂窝电话、无线电收发机，也可用于因特网访问，包括 E-mail、WWW、Newsgroups 和 IRC（Internet Relay Chat）。

WAP 是以因特网上的 WWW 所采用的 HTTP/HTML 构架为基本思想，再针对无线通信的特性，也就是小显示界面、低功率、小存储空间、低运算性能的通信工具，以及窄带、易延迟、易误码的无线通信网络作出修正的通信协议。

1. WAP 原理及架构

WAP 标准是一套协议，它使移动终端和互联网结合的基本构想如图 9-34 所示。WAP 为了实现上面的目标，定义了一套完整的协议。

① WDP：WAP 数据报协议层，是发送和接收消息的传输层。

② WTLS：无线传输安全层，为像电子商务这样的应用提供安全服务。

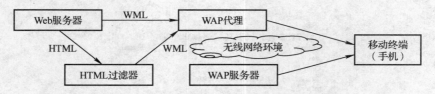

图 9-34　WAP 的互联网与移动终端结合的构想

③ WTP：WAP 传输协议层，提供传输支持，增加由 WDP 提供的数据报服务的可靠性。

④ WSP：WAP 会话协议层，提供不同应用间的有效数据交换。

⑤ HTTP 接口；支持移动终端的信息检索请求。

2. 设置 WAP 服务器

基于 Window NT 平台的 IIS 设置 WAP 服务器。只要按照以下的简单设置，就可以让 NT IIS 成为 WAP 服务器，用户可以撰写 WML 网页或者开发各种服务。

① 执行 NT 操作系统下的［开始］｜［程序］｜［Windows NT Option Pack］｜［IIS4.0］｜［Internet 服务管理员］命令。

② IIS 服务管理员窗口内，点选主机计算机名称后，单击鼠标右键，点选"属性"选项。

③ 在属性窗口下部有一个文件类型按钮，单击此按钮，会出现文件类型界面。

④ 单击"新增类型"按钮，然后在相关的扩展名栏中填写".wml"，在内容类型（MIME）栏中填写"text/vnd.wap.wml"。

⑤ 单击"确定"按钮。

重复以上步骤将以下 WML 类型新增至 MIME 内，相关的扩展名内容类型如下：

.wml text/vnd.wap.wml

.wmlc application/vnd.wap.wmlc

.wmls text/vnd.wap.wmlscript

.wmlsc application/vnd.wap.wmlscriptc

.wbmp image/vnd.wap.wbmp

Apache Web Server

不管是 NT 还是 UNIX 或 Linux，都是修改 Apache 安装目录下的 conf/mime.types 文件，在该文件中增加以下内容：

text/vnd.wap.wml.wml

image/vnd.wap.wbmp.wbmp

application/vnd.wap.wmlc.wmlc

text/vnd.wap.wmls.wmls

application/vnd.wap.wmlsc.wmlsc

存盘重新启动 APACHEWEBSERVER 即可。

二、WML 及其语法简介

1. 实例

为了帮助读者建立 WML 应用的第一印象，所以请读者先看第一个例子（见图 9-35）：

```
1
2     <?xml version="1.0"?>
3     <!DOCTYPE wml PUBLIC "-//WAPFORUM//DTD WML 1.1//EN"
4     "http://www.wapforum.org/DTD/wml_1.1.xml">
5     <wml>
6     <template>
7     <do type="prev" label="back">
8     <prev/>
9     <!--provide a button you can clink to back a step>
10    </do>
11    </template>
12    <card id="friends" title="Hot link">
13    <p>
14    <a href="http://wap.sian.com.cn/">Sina WAP</a><br/>
15    <a href="#nextcard">Next Card</a>
16    </p>
17    </card>
18    <card id="nextcard">
19    <p>
20    this is the second card.
21    </p>
22    </card>
23    </wml>
24
```

图 9-35　一个 WML 文件举例

2. 基本概念

通过上例可以了解到，WML 的语法继承了大多数 XML 语法规则。其中元素、属性与 XML 语言中完全一致，与 XML 不同的是，WML 不支持注释嵌套。例如：

<！-- This is a comment. -- >

WML 文档是由 Card 和 Deck 构成的，一个 Deck 是一个或多个 Card 的集合。在得到客户终端的请求之后，WML 从网络上把 Deck 发送到客户的浏览器，访问者可以浏览 Deck 内包含的所有 Card，而不必从网上单独下载每一个 Card。

其他一些上面示例中没有涉及的基本内容如下。

（1）大小写敏感。无论是标签元素还是属性内容都是大小写敏感的，这一点继承了 XML 的严格特性。任何大小写错误都可能导致访问错误，这是 WML 制作者必须注意的问题。

（2）躲避语法检查的方法——CDATA。CDATA 内的数据内容都会被当做文本来处理，从而避开语法检查，直接作为文本显示。

示例：

<！[CDATA[this ia <b> a test]] >的显示结果为：

This ia < b >a test

（3）定义变量。WML 可以使用变量供浏览器和 Script 使用，通过在 Deck 中的一个 Card 上设置变量，其他 Card 不必重新设置就可以直接调用。

① 变量的语法：

$ identifier

$ (identifier)

$ (identifier：conversion)

如果变量内容包含空格就需要用圆括号括起来，由于变量在语法中有最高的优先级，包含变量声明字符的字符串会被当做变量对待，所以如果要显示 $，就一定要连续使用两个 $。

② 示例：

< p > Your account has ＄＄ 15.00 in it. </p >显示结果为：

Your account has $ 15.00 in it

XML 是一种语法非常严格的语言，WML 也继承了这种规则，任何的不规范语法都会导致错误。

3. WML 开发语法简述

这里简单介绍一个关于 WML 文件的概念。

（1）声明。由于 WML 语言继承于 XML，所以一个有效的 WML 文档必须包含一个 XML 声明和一个文件类型声明。具体请参见 XML 声明定义。

（2）赋值。变量赋值（Setvar）是指给浏览器的当前页面内的变量赋值，该变量可以在当前 Dock 中的任意 Card 中调用。其相关属性为：① rlame 变量名；② value 变量的值。

（3）数据交换。数据交换（Postfield）是指通过 URL 申请与 CGI 交换数据。其相关属性为：name&value 交换参数用的变量的名字和值。示例为：< postfield name = $ bogus value = $ bear >

（4）跳转和传递参数。实现 Card 之间跳转的一个基本方法是 go、go 和 do、anchor 等标签的结合是 WML 高级应用的基础之一。其相关属性为：href（声明链接的 URL）；sendreferer（默认值为 false，可选值为 true）；method（有 Post 和 Get 两种，缺省参数为 Get）；accept-charset（定义浏览器与服务器之间收发信息的字符集类型）。示例如图 9-36 所示。

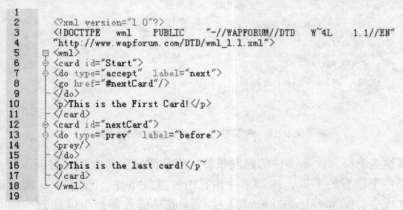

```
1
2      <?xml version="1.0"?>
3      <!DOCTYPE  wml    PUBLIC    "-//WAPFORUM//DTD   W~4L    1.1//EN"
4      "http://www.wapforum.com/DTD/wml_1.1.xml">
5      <wml>
6      <card id="Start">
7      <do type="accept"  label="next">
8      <go href="#nextCard"/>
9      </do>
10     <p>This is the First Card!</p>
11     </card>
12     <card id="nextCard">
13     <do type="prev"  label="before">
14     <prev/>
15     </do>
16     <p>This is the last card!</p~
17     </card>
18     </wml>
19
```

图 9-36　跳转和传递参数示例

（5）设置动作（Do）。Do 是 WML 语言中最有价值的元素之一，它给用户提供一种在当前 Card 上进行"动作"的通用方法。这种动作通常被定位在用户终端界面的特定部件中，如 WAP 手机的功能键（Cancel、Option、Accept）、特定的图标、语音识别功能等。Do 可以设置在 Deck 的 Template 上或者 Card 上，当它们重名的时候 Card 上的 Do 会覆盖 Template 上的同名元素。WML 总共声明了 accept、prev、help、reset、options、delete、unknow 等九个类型的动作，其中最常用的动作类型是"accept"（接受、确认）和"option"（根据当前页面的功能设置选项）。其他属性包括：label（设置按钮标题，显示在浏览器定义好的屏幕位置）、name（按钮名称）、optional（定义一个按钮是否显示，设置为 True 时会被浏览器忽略）。示例为：< do type = "accept" label = "Accept" name = "acceptl" optional = "false" > {Content} </do >。

（6）链接（Anchor）。archor 是 WML 定义链接的基础方式，与其他标签结合可以满足很多应用，archor 必须与 go 结合。其相关属性为：title 链接的文本显示内容。

示例为：< anchor title =" Click" >Click me < go href =" #clickedMe" / > </anchor >
a 是 anchor 的简化形式，不需要 go 语句配合。为了提高效率，推荐使用 < a >。

（7）WML 事件。内部事件（Onevent）示例如图 9-37 所示。

```
1
2    <?xml version="1.0"?>
3    <!DOCTYPE
4    WmlPUBLIC" -
5    //WAPFORUM//DTDWML1.1//EN" " http://www.wapforum.com/DTD/wml_1_1.xml" >
6    <wml>
7    <!-- this deck can't use in Ericsson r320sc ,because r320sc haven't accept button-->
8    <card id="start">
9    <do type="accept" label="next">
10   <go href="#two"/>
11   </do>
12   <p>This is the first card.</p>
13   </card>
14   <card id="two">
15   <do type="accept" label="next">
16   <go href="#three"/>
17   </do>
18   <onevent type="onenterbackward">
19   <go href="#temp"/>
20   </onevent>
21   <p>This is the second card.</p>
22   </card>
23   <card id="three">
24   <do type="accept" label="back">
25   <prev/>
26   </do>
27   <p>This is the thired card.</p>
28   </card>
29   <card id="temp">
30   <do type="accept" label="start">
31   <go href="#first"/>
32   </do>
33   <p>haha, you are lost!</p>
34   </wml>
35
36
```

图 9-37　内部事件（Onevent）属性示例

其相关属性为 type。内部事件的触发条件，当前浏览器状态满足触发条件时，浏览器就会触发这个条件下设置的 Task，内部事件共有四种触发条件。① ontimer 满足时钟设置的条件时，该条件成立；② onenterbackward 通过 Prev 或其他外部命令返回到当前 Card，该条件成立；③ onenterforward 当浏览器通过链接进入当前 Card，该条件成立；④ onpick 在使用 Option 控件列表的时候，任何点击控件的行为都会触发本事件，包括选择和去掉选择。

（8）表格（Table）。由于浏览终端的限制，WML 无法也没有必要提供复杂的表格功能，其相关属性为：title（表格的标题）、align（表格内的文本和图片设置水平对齐方式）、columns（表格列数目）、格行（tr，用来声明一行表格）、表格列（td，声明表格中的一个单元格）。示例如图 9-38 所示。

（9）图形。WML 提供 1bit 黑白 BMP 图片的操作，标签类似于 HTML，

```
1
2    <?xml version="1.0"?>
3    <!DOCTYPEwml PUBLIC "-//WAPFORUM//DTD WML1.1//EN"
4    "http://www.wapforum.org/DTD/wml_1.1.xml">
5    <wml>
6    <card>
7    <p>
8    <table columns="2">
9    <tr><td>one</td><td>two</td></tr>
10   <tr><td>1</td></tr>
11   <tr><td>B</td><td>C<br/>D</td></tr>
12   </table>
13   </p>
14   </card>
15   </wml>
16
```

图 9-38　表格属性示例

如 < img alt = " text" src = " url" localsrc = " icon" align = " left" height = " n" width = " n" vspacc = " n" hspace = " n" / >，属性中 alt 和 src 是必须要有的，其他可选（localsrc、align、height、width、vspace、hspace）。另外要注意的是，< img > 要放在 < p > 里，不能放在（do）和 < option > 等功能键标签和选单标签里。示例为：< img src = " http：// wap. sina. com. cn/wbmp/logo. wbmp" alt = " sain" / >

三、WML 应用举例

（一）基于信用卡进行交易的输入操作

在进行移动商务的业务时需要进行输入操作，首先要使用正确的格式，选择一个合适的标题和限制所输入内容的最大长度。下面是一个基于信用卡进行交易的输入操作举例：

1. 收集名字

```
< card id = " copies" >
< do type = " accept" >
        < go href = "#collectName"/ >
</do >
< p >
     select number of copies：
        < input name = "uint" title = " No Of Copies' format = " * N" maxlength = "9"/ >
</p >
</card >
```

2. 收集地址

```
< card id = " collectName" >
< do type = " accept" >
        < go href = "#collectAddress"/ >
</do >
< p >
     name：
        < input name = "fullName" title = "Full Name" format = " * A" maxlength = "9"/ >
</p >
</card >
```

3. 选择信用卡类型

```
< card id = " collectAddress >
< do type = " accept" >
        < go href = "#cardType" >
                < setvar name = "ship" value = "4. 0"/ >
        </go >
</do >
< p >
address：
< input name = "address" title = "Address" format = " * M" maxlength = "9"/ >
</p >
</card >
```

4. 输入信用卡号码

```
< card id = " cardType" >
    < p >
        what kind of credit card?
        < select name = " creditCardType" >
        < option value = " visa" onpick = " #cardNo" > visa </ option >
        < option value = " mastercard" onpick = " #cardNo" > mastercard </ option >
        < option value = " discover" onpick = " #cardNo" > dicover </ option >
        </ select >
    </ p >
</ card >
```

5. 确认

```
< card id = " cardDate" >
< do type = " accept" >
        < go href = " #confirmation" / >
</ do >
< p >
expiration date
< input name = " creditCardExp" title = " Expiration Date" format = " * N" maxlength = "8" / >
</ p >
</ card >
</ wml >
```

（二）使用 ASP 实现 WML

示例为：

```
< % @ Language = VBScript % >
< % Response. ContentType = " text/vnd. wap. wml" % > <? xml version = "1. 0" encoding = " gb2312"? >
< ! DOCTYPEwml         PUBLIC         "-//WAPFORUM//DTD         WML         1. 1//EN"
" http://www. wapforum. org/DTD/wml_1. 1. xml" >
< wml >
    < card id = " MainCard" title = " Yestock" >
        < p mode = " nowrap" >
        Yestock < br/ >
        < select >
        < option onpick = " http://202. 96. 168. 13/wap/Chinese. wml" > 中文 </ option >
        < option onpick = " http://202. 96. 168. 13/wap/English. wml" > English </ option >
        </ select >
        </ p >
    </ card >
</ wml >
```

注意：在 < % Response. ContentType = " text/vnd. wap. wml" % > 后面一定要紧接 <? xml version = " 1. 0" encoding = " gb2312"? > ，两者间不能有空格和回车，否则在 WinWAP 上可以浏览，但在 WAP 移动设备上就行不通。

习　题

1. 举例说明 HTML 和 XHTML 的主要差别。

2. 什么是"结构良好"的 XML 文档？

3. 元素的递归嵌套（即一个元素包含该元素本身）是否符合 XML 规范？

4. 试述 XML 声明和处理指令的相关规定。

5. 举例说明四种 DTD 声明方式。

6. 举例说明 DTD 中属性中固定值和默认值的差别？

7. 可否使用 DTD 或 XML Schema 为元素设定固定值和默认值？

8. XML Schema 中简单类型和复杂类型有何区别？

9. 试述 XSLT 的基本思路和工作原理。

10. 试述 XPath 中的七种节点类型和四种数据类型。

11. 什么是 XSLTs 中的模板和模板规则，二者概念上有什么区别？

12. 使用 XMLSpy 创建 XML Schema，然后验证 XML 文档，最后使用 XSLT 将 XML 文档转换为 HTML 页面。

13. 分析 XMLSchema 文件、XML 文件和 XSLT 之间的关系。

第十章
XML 在电子商务中的应用

今天，电子商务成为互联网内容的主要表达，商家之间交易所涉及的物流、管理流、信息流和资金流等信息跨平台处理的方式和效率被提到一个新的高度，可扩展置标语言 XML 正是在这种环境下应运而生。本章主要介绍基于 XML 的电子商务模型、电子商务中 XML 标准以及基于 XML 技术的中间件产品——微软的 BizTalk 及 IBM 的 Web Services 及其应用。

第一节　XML 与 EDI

一、EDI 技术的局限性

关于 EDI 在本书第五章已有详细介绍。EDI 在商业过程中的应用有一系列的优点，如取代纸面贸易，降低成本与获得竞争战略优势；减少重复录入，信息传递快，可靠性强；提高可靠性和办公效率，改进质量和服务；提高文件处理的速率，简化中间环节，使内部运作过程更合理化，等等。这使得 EDI 在很多领域如通关与报关、金融保险和商检、运输业等中得到应用。

经过几十年的发展，EDI 虽然在技术上日趋成熟，但始终难以在更大范围（特别是在中小型企业中）实现推广。就其技术本身来说，EDI 存在局限性。今天的 EDI 正在经历从传统 EDI 向基于因特网的 EDI 的转换。主要是结合 Web 服务器，以费用低廉的因特网传输代替费用昂贵的 VAN，并可以结合 Java Applet 在浏览器上显示报文。但要真正实现开放、廉价的互动电子商务，需要借助 XML 的威力。

二、XML 的发展趋势

XML 的诞生为电子数据交换提供了新的思路。EDI 的缺陷正是 XML 应用的长处，XML 充分利用了现有的网络资源，通过定制 DTD/Schema 可以方便灵活地体现新的商业规则，无论从技术还是成本上，XML 都更容易流行。

XML 本身只是一种数据定义规范，而与具体应用无关。因此，常见的网络架构、通信协议、加密协议都可与 XML 相结合，从而构成多样化的 B2B 解决方案。通常两个企业用户间的 XML 数据传输可采用"点对点"的方式，每个用户既是客户，又是服务器，对于接收到的 XML 数据，可以通过翻译软件转化为本系统默认的数据格式，也可在先对接收到的 XML 数据进行合法性检验，然后直接分流至本系统中各应用解析后处理。当企业与企业间的数据传输存在多对多的现象时，可采用 XML Server 的集中管理方式，各企业用户将其对应的 DTD/Schema 上载至 XML Server，由其统一实现不同 DTD/Schema 之间的 XML 数据转化。对于企业间一些通用的商业事务信息，目前大多已建有相应的 XML 国际标准。这些国际标准是完全开放的并经过验证的，因此可以放心地用于 XML 电子数据交换的中间格式。如 OFX（开放式金融交换方式）便是一种描述计算机中财务数据的 XML 标准，通过 OFX 可以方便地实现不同财务软件（如 Microsoft Money 和 Quicken）之间的数据交互及与银行、证券交易所等金融机构的数据交换。

互联网是 XML 的最大载体，与传统 EDI 的 VAN 联网方式相比，互联网具有成本较低、连接广泛、扩展性好的特点。然而，在一些可靠性要求极高的关键性商务应用中，成本往往是次要的，企业需要的是一个可依赖的网络，因此要想真正以基于因特网的 XML 替代基于专用增值网 VAN 的 EDI 实现"无纸贸易"的解决方案，因特网还必须能在技术上提供以往 VAN 所特有的功能。目前，在互联网上能基本实现的 VAN 服务有以下几种。

① 数据验证与转换：基于 DTD/Schema 的 XML 验证，基于模板的 XML 数据转换。

② 安全性与保证机制：发送方数字签名、CA 权威证书、单/双密钥加密体制。

③ 连接的可靠性与稳定性：带宽的提高，拨号连接的防断开与自动续接技术。

④ 基于中间媒介的记录审查踪迹：采用支持 XML 的存储库以记录审查轨迹。

⑤ 事务的完整性/一次性支持：使用远程消息系统与事务过程监视器提供事务层支持。

互联网技术的发展是 XML 能否真正取代 EDI 标准的关键。作为 XML 信息的物理载体，网络的可靠性至关重要，短暂的中断也可能引发企业日常工作的停顿，从而造成重大损失。值得庆幸的是，随着光纤通信、卫星通信、ATM、xDSL、VPN 等联网技术的实际应用，互联网的物理可靠性已逐步接近于专用网。在实际操作中，企业可以选择经过认证（包括服务内容的技术认证、通信控制平台的设备认证及安全保密的管理认证）的 ASP（Application Service Provider）作为 XML 数据交换的服务中心，对于可靠性与速度等有特殊要求的还可以租用 DDN 专线，即使如此，采用 XML 方案的花费也要远远小于 EDI（通常至少低一个数量级），这对于我国众多想发展电子商务的传统企业而言，无疑具有极大的现实意义。

第二节　基于 XML 的电子商务模型

XML 的出现突破了 EDI 的发展瓶颈。原来的基于 EDI 的电子商务模型也发生了一定的变化，企业开始建立自己的基于 XML 的电子商务模型。

一、基于 XML 的三类电子商务基本模型

基于 XML 的电子商务模型按照相互的交流渠道基本上可分为三类：点对点的电子商务模型、基于市场的电子商务模型、基于代理的电子商务模型。

（一）点对点的电子商务模型

最简单的模型就是使用 XML 定义一套消息，即把原来的 EDI 格式的报文用 XML 进行重新定义，然后在两个厂商之间利用 XML 消息直接进行信息交换，这是 EDI 的直接过渡，可

以称之为点对点的电子商务，如图 10-1 所示的是该模型的概念性简化。

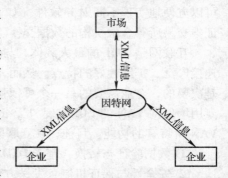

图 10-1　点对点的电子商务模型

现有的一些电子商务标准都可以用于这样的模型，如微软的 BizTalk、Ariba 的 cXML 等。

（二）　基于市场的电子商务模型

该模型的好处是可以满足不同规模企业的需要。首先，小企业无需建立自己的网站就可以直接加入市场，客户端可以只需要浏览器；而对较大型的建立了自己内部网的企业，仍然可以像点对点的模型一样，将信息发布在自己和合作伙伴的网站上，这样就可以将电子商务系统与内部管理系统连接起来（见图 10-2）。其次，由于市场的建立，供需信息都发布在市场上，使得供应链可以迅速拓展，而且企业可以根据自己的情况加入不同的市场，有针对性地进行电子商务活动。再次，由于市场的建立，可以在市场上为企业提供一些应用程序服务，如流程监控等，使市场成为一个应用程序服务的平台。因此有人也将市场改称为门户（Portal）。最后，该模型也有较强的扩展性，在性质相近的几个市场之间使用 XML 交换数据，可以使市场之间的信息共享。

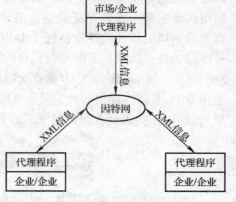

图 10-2　基于市场的电子商务模型

（三）　基于代理的电子商务模型

为了满足企业拓展供应链的需要，在市场模型基础上增加了代理程序，被称为基于代理的电子商务模型。在工作过程中，代理可以直接在因特网上找寻需要的信息，也可以向因特网上的其他代理发出协作请求。代理程序找到有用的信息后，将其传回企业的上层应用，由上层应用决定下一步工作。图 10-3 是一个简化的模型，如 CommerceNet 的 eCo 计划就是这样的一个模型。

这种基于代理的模型也带来了新的问题。首先，现有的网页基于 HTML，这种代理程序像搜索引擎一样，会找到许多无用的结果，导致有用的信息被淹没。为了改善这个问题，在代理技术中引入了 XML，网页内容采用 XML 描述的代理能够实现精确搜索。目前，基于代理（或多代理）的模型，在技术上还存在着障碍，但作为一种具有潜力的分布式模型，这种模型将得到越来越广泛的关注。

图 10-3　基于代理的电子商务模型

二、动态电子商务协议

（一）　动态电子商务概述

基于 XML 的 Web 服务的潜力广大，它与电子商务的结合，就构成了新的电子商务模式——动态电子商务。

IBM 对动态电子商务下的定义是："着重于 B2B 的综合性和基础设施组成上的下一代电

子商务，通过调节互联网标准和通用基础设施为内部和外部企业计算创造最佳效益。"动态电子商务着重程序对程序的交互作用，而不是客户对程序的交互作用，它有如下特点。

① 软件资源之间的集成必须松散地连接。

② 软件资源的服务接口必须完全公开并且可访问。

③ 程序与程序间的消息传递必须遵守开放互联网标准。

④ 可通过将核心商业进程和外包软件组件/资源缝合起来，以构建应用程序。

⑤ 软件资源可用性的增强将使商业进程更灵活和更个人化。

⑥ 可重用的外包软件资源将为服务消费者降低成本和提高生产效率。

⑦ 软件能作为服务被出售。

动态电子商务是以 Web 服务为技术基础的。与其他信息系统不同的是，电子商务系统要求 Web 服务所提供的组件通常都是在不同的机器上、不同平台上、不同操作系统下和用不同语言编写而成的。这就要有一套集成和整合的标准办法来实现这些不同质的应用组件之间的调配。XML、SOAP、WSDL、UDDI 及其他一些正在发展中的协议，就是适应此需要而产生的。XML 前文已经介绍了，下面主要就 SOAP、WSDL、UDDI 作简单介绍。

（二）**SOAP 简单对象访问协议**

Web 服务之间以及与其他应用的交互操作，除了要有 XML 作为相互通信的共同语言以外，还需有一套规定如何传送用 XML 定义的数据通信协议。SOAP（Simple Object Access Protocol）就是这样的一种通信协议。2001 年 7 月，W3C 公布 SOAP 1.2 的工作草案。微软公司研发的基于 XML 的 Web 服务平台 Microsoft. Net，就是采用 SOAP 作为其中心 RPC（Remote Procedure Call，远程过程调用）标准的。

SOAP 包括四个部分：

（1）SOAP 封装。它定义用于封装数据的必需的可扩展信封。这是该规范唯一必需的部分。

（2）SOAP 编码规则。它定义用来表示应用程序定义的数据类型和有向图形的可选数据编码规则，以及用于序列化非句法数据模型的统一模型。

（3）SOAP RPC 表示。它用于定义 RPC 样式（请求/响应）的消息交换模式。每个 SOAP 消息都是单向传输的。XML Web Services 经常组合 SOAP 消息以实现此类模式，但 SOAP 并不强制要求消息交换模式，这部分规范也是可选的。

（4）SOAP 绑定。它用于定义 SOAP 和 HTTP 之间的绑定。但该部分也是可选的。

SOAP 主要有三项任务：一个消息的描述及其应用如何处置；把应用中用的数据关联于数据库内存储的信息的规则；以及一个框架，以供研制能在一系统上运行，而同时向另一系统调用数据的处理和过程。

（三）**WSDLWeb 服务描述语言**

WSDL（Web Service Description Language）是一种基于 XML 的描述语言，在应用程序层面对 Web 服务进行描述。WSDL 文档将 Web 服务定义为服务访问点或端口的集合。在 WSDL 中，由于服务访问点和消息的抽象定义已从具体的服务部署或数据格式绑定中分离出来，因此可以对抽象定义进行再次使用。消息是指对交换数据的抽象描述；而端口类型是指操作的抽象集合。用于特定端口类型的具体协议和数据格式规范构成了可以再次使用的绑定。将 Web 访问地址与可再次使用的绑定相关联，可以定义一个端口，而端口的集合则定义为服

311

务。WSDL 文档在 Web 服务的定义中使用的元素有：Types（数据类型）、Message（通信消息的数据结构）、Operation（对服务中所支持的操作）、PortType（访问入口点类型）、Binding（端口类型的具体协议和数据格式规范的绑定）、Port（Web 访问地址组合的单个服务访问点）、Service（相关服务访问点的集合）。

（四）UDDI 通用描述、发现和集成

UDDI（Universal Description，Discovery and Integration）是一个公共的注册表（其网址为 www. uddi. com），是由 IBM、Ariba 和微软公司于 2000 年 9 月倡议建立的，建立于 XML 和 SOAP 之上。WSDL 从应用层面对 Web 服务进行描述，而 UDDI 则从企业层面对 Web 服务进行描述。UDDI 旨在以一种结构化的方式来保存有关各公司及其服务的信息。通过 UDDI，可以发布和发现有关某个公司及其 Web 服务的信息。

在 Web 服务中 UDDI 的工作原理如下：UDDI 数据存放在运营商（即承诺运营一个公共节点的公司）节点上。这种公共节点遵循 UDDI. org 组织管理的规范。目前至少已经建立了两个遵循 UDDI 规范版本 1 的公共节点：一个属于微软公司；另一个属于 IBM。数据寄存运营商之间必须能通过安全通道复制数据，从而为整个 UDDI 云团提供数据冗余。将数据发布到一个节点上后，通过复制，就可以在另一个节点上发现这些数据。目前，每隔 24 小时就进行一次复制；在将来，由于有更多的应用程序要依赖 UDDI 数据，复制的时间间隔还将缩短。

UDDI 被设计为"注册表"。UDDI 可回答下列问题。

① 已经发布了哪些基于 WSDL 并是为指定行业建立的 Web 服务接口？
② 哪些公司已经为其中一个接口写好了实现？
③ 目前提供的 Web 服务（以某种方式分类）有哪些？
④ 某个公司提供了哪些 Web 服务？
⑤ 如果要使用某个公司的 Web 服务，需要与谁联系？
⑥ 某个 Web 服务的实现细节是什么？

三、基于 XML 的动态电子商务模型

根据 Web Services 基础架构，可以构造一个动态电子商务模型，为此提出了一种基于 XML 的语言——SDML（Service Definition Markup Language），取代传统的编程语言用来定义 Web Services，使 Web Services 变得很灵活，从而使此动态电子商务模型具有如下特点。

① 是动态的，通过动态地发现和调用 Web Services 来实现程序到程序的交互。
② 任何开放的软件都可以通过 SDML 被动态地集成。
③ 通过它定义的电子商务应用是脱离编译的、可分布的和实时的。

利用 IBM 的一套 Web Service 开发工具和 Websphere 应用服务器以及 DB2 数据库服务器，可以实现这个动态电子商务平台，它的体系结构如图 10-4 所示。为了实现这个平台，需要解决三方面的问题，即服务描述语言的实现问题、Web Services 的管理问题以及 XML 文档的交互问题。

1. 服务描述语言（SDML）

用 SDML 语言编写的文档可以按图 10-5 所示的流程处理。从图中可以看出，一段 SDML 程序的处理需三种 SDML 处理 Web Services、一个 SDML 引擎注册库和几个相应的软件来协

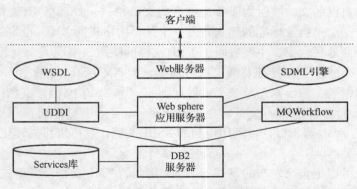

图 10-4　动态电子商务体系结构

同完成，这三种 Web Services 分别是：

（1）SDML Engine：是处理 SDML 程序的主入口，负责对 SDML 程序的解析，处理 SDML 控制标签和根据子语言标签调用相应的子语言引擎。

（2）Search Sub_Lang：用来查询子语言引擎的入口地址，根据 SDML Engine 提供的子语言标签和 ID 来查询引擎注册库从而得到相应的子语言引擎入口，并把它返回给 SDML Engine。

（3）子语言引擎：用来处理 SDML 程序中的子语言标签，负责对子语言标签解析并根据它们调用相应的软件，从而实现由 SDML 程序中子语言标签表示的对软件的各种操作。

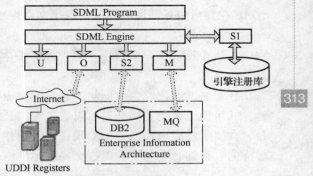

S1:SearchSub_Lang　　U:UDDIML Engine
S1:SQLML Engine　　　O:Other Engines
M:MQML Engine

图 10-5　SDML 程序的处理流程

2. Web Services 的管理

Web Services 的管理给内部用户提供了一种访问企业内部 Web Services 和与外界交互的途径。对内部的 Web Services 的操作包括生成、发布、查询和调用，其中生成就是用所定义的 SDML 语言书写一个 XML 文档；发布则是通过专门的 Servlet 处理用户发送过来的以 SDML 语言书写的 XML 文档来完成的，Servlet 从文档中提取出参数、服务的名称和服务的具体连接信息等生成 WSDL 文档和用户信息，并传递给 Private UDDI，由 Private UDDI（服务中介）注册 Service 并将相关信息写入数据库；查询可以通过专门的 Web Service 或是通过专门的 Servlet 将查询条件转给 Private UDDI 来完成；调用则是根据查询到的入口地址来直接进行。

平台与外部的交互包括服务的发布、查询和调用，发布可以将 Web 客户定义发布的服务信息通过 Servlet 发布到公开的 UDDI 上，或是在 Web Service 中直接嵌入了发布逻辑自动通过 SOAP 进行 Web Service 的发布；查询通过 Web 客户定义查询条件，然后再通过 Servlet 发出 SOAP 请求查询公开的 UDDI 来进行；调用则是通过平台所提供的定位界面来自动进行调用。

3. XML 文档的交互

不同企业使用的 XML 文档格式是不同的，这就需要服务调用者首先要了解服务提供者的文档格式，把自己的文档映射为服务提供者的文档格式。处理 XML 文档的交互主要有两个方面的工作：一个是行业标准的建立，另一个是不同格式的 XML 文档的映射。

在动态电子商务平台中，主要着眼于 XML 文档的映射，实现了一个 XML 映射器中间件（Servlet）。用户通过这个映射器来指定映射规则，源 XML Schema 文档和目的 XML Schema 文档是映射器的输入，输出则是反映了映射规则的一个 XSLT 文档，文档中可以包含脚本语言来表达一些算术或者特殊的关系。在 Web Service 运行中只需将源 XML Schema 格式的 XML 文档传送给 XML 解析器，再利用得到的 XSLT 文档，就可以将其转化成目标 XML Schema 格式的 XML 文档。

服务提供者可以把自己发布的 Web Services 用到的 XML 文档及其格式一起发布到 UDDI 上，服务调用者可以根据已定义的 XSLT 文档或者重新定义一个 XSLT 文档，把自己的文档转化成服务提供者需要的格式的文档，这个文档中包含了服务调用者的信息，然后通过 SOAP 在发出服务调用的同时把这个文档发给服务提供者。

第三节　电子商务中的 XML 标准

在互联网时代，企业面对的客户和供应商已经不再仅仅局限于本地，而是散布在世界各地。如果说原来企业间交易可以通过专门开发的接口进行，那么面对数量众多的异构商务平台，在实时性要求相当苛刻的现在，专用接口已经不能胜任，建立一个基于 XML 数据交换标准的、描述企业间商务流程交易的标准框架体系已经成为必需。

一、主流 XML 标准简介

随着电子商务的迅速发展，相关标准也随之不断发展，其中影响较广泛的有 ebXML、BizTalk、RosettaNet、cXML、Xcbl。

ebXML UN/CEFACT（United Nations Centre for the Facilitation of Procedures and Practices for Administration，Commerce and Transport，联合国贸易辅助和电子商务中心）和 OASIS（Organization for the Advancement of Structured Information Standards，结构化信息标准促进组织）共同发起的一个计划，致力于基于 XML 的全球范围的电子商务数据交换的标准。ebXML 涉及的方面比较广，试图规范从最初的信息交换到最后自动交易的整个实现过程，标准包括：体系结构、核心部件、消息的封装和传输、注册和保存 Schema 的库、业务处理模式。

BizTalk 是微软公司发起的电子商务的 schema 库，配合的产品有微软公司的 BizTalk 服务器。它的结构是，各个商家定义自己的 Schema，定义语言使用的是 XMLData（微软公司提出的一种 Schema 定义语言），定义好的 Schema 提交到 BizTalk. org 进行注册。

RosettaNet 主要针对信息技术和电子元器件公司的供应链管理，制定业务流程规范和业务数据交换规范，其主要标准包括贸易伙伴界面流程（Partner Interface Process，PIP）、数据字典以及 RosettaNet 实施框架（RosettaNet Implementation Framework，RNIF）。

cXML（Commerce XML，其网址为 www. cxml. org）是 Ariba Inc. 公司基于 XML 的用于 B2B 的轻量级标准，它定义标准的 B2B 事务所使用的格式。cXML 包含了处理购买订单、改变订单、状态更新和运输通知的机制。

xCBL（XML Common Business Library，其网址为 www. xCBL. org）是一组由 XML 组件及文档框架构成的标准化模板库。由 Commerce One 及其他一些主导 XML 研究和应用的组织共同制定。目标是根据这些标准模板及其定义，构建一系列可重用的、标准的 XML 文档。xCBL 的标准定义中除了使用以往的采用 XDR（XML Data Reduced）、DTD、SOX（Schema for Objectoriented XML）等 Schema 定义外，还将推出采用 W3C XSD Schema 定义的版本。这使得 xCBL 更迎合了大多数商家的需求。xCBL 从通用的商业模型出发，定义了一系列的商务模型，如：

① 商业元素（Business Primitive）：包括公司、产品等。

② 商业表单（Business Form）：包括产品目录、订货单、发货单等。

③ 标准度量（Standard Measurement）：包括日期、时间等。

任何正在或准备从事电子商务的公司都可以应用 xCBL 来迅速实现基于 XML 的电子商务。由于 xCBL 兼容了 EDI 标准，传统的基于 EDI 的商务活动可以通过应用 xCBL 较为容易地转化为基于互联网和 XML 的商务活动。对于因成本或其他原因而没有采用 EDI 的公司，可以通过使用 xCBL，实现基于 XML 和互联网的电子商务数据交换及基于浏览器的文档及报表显示处理。

除了以上标准，目前还有很多其他的标准，如 IBM 的 TPAML、CommerceNet 的 eCo、XML/EDI、我国的 cnXML 等。至于不同标准之间的互相支持性，有待在实践中进一步检验和发展，在这里本书不作讨论。

二、基于 XML 的电子商务框架

前面介绍的标准实际上是用于实现相关组织或公司提出的基于 XML 的电子商务的框架（Framework），下面就 BizTalk 和 ebXML 框架分别进行介绍。

（一）BizTalk 框架

微软公司的 BizTalk 是用于应用集成和电子商务的 XML 框架。它包括一个设计框架来实现 XML 纲要（schema）和一套在应用程序间传递信息用的 XML 标签。

BizTalk 框架纲要以 XML 形式表达的商业文档和消息，将在 BizTalk. org 网站上注册和存档，任何个人或组织都能下载框架用以具体实现，也可以向同站递交 XML 纲要。由软件企业、终端用户和业界标准实体组成的领导委员会将指导 BizTalk. org 网站的组织和管理。BizTalk 框架纲要基于已正式通过 W3C 的 XML（XML Schema）标准。

BizTalk 框架的体系结构，可从以下三个方面进行描述。

（1）BizTalk 框架的逻辑应用模型。BizTalk 框架的逻辑应用层包括应用程序、BizTalk 服务器以及数据通信（见图 10-6）。

应用程序相互之间不断地通过 BizTalk 服务器发送商业文档。应用程序负责创建 BizTalk 文档，并且把它们发送给 BizTalk 服务器。服务器对文档进行相应的处理、构造与传输协议相适应的 BizTalk 消息。Biz-Talk 服务器根据可选的 BizTags 中包

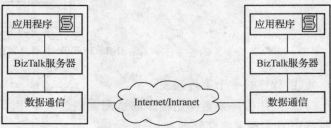

图 10-6　BizTalk 的逻辑应用层

含的信息来决定将消息发往什么地址。然后服务器把消息交付给数据通信层,将消息传送到目的 BizTalk 服务器。

(2) BizTalk 框架结构原则。在 BizTalk 框架中,应用程序被假设为明晰的实体,应用集成采用松散连接和消息传递的途径。要在两个应用程序间交换由 BizTalk 框架格式化的 XML 消息,不需要 COM、编程语言、网络协议、数据库或操作系统。两程序仅仅需要能格式化、传输、接收和使用标准化过的 XML 消息。

消息是 BizTalk 框架的基础。两个或多个应用程序间采用消息流是在商务处理层次通过定义松散连接和基于请求的通信处理而集成应用的一种方式。由于许多商务处理都是涉及一方响应另一方的请求,因而从消息到请求的映射是自然的事。

BizTalk 框架为不同的应用程序和组织之间的通信中所发送的 XML 消息的格式定义了一些规范。这些规范是建立在一些标准和各种网络技术的基础之上的,如 HTTP 协议、MIME 协议、XML 语言以及 SOAP 协议等。

(3) BizTalk 的消息结构。BizTalk 消息包括一个 Biz-Talk 文档和一些附加的信息。这些附加的信息是用来指示应用程序或者 BizTalk 服务器以什么样的方式对消息进行处理。一个 BizTalk 1.0 消息的结构如图 10-7 所示。

发送一个 BizTalk 消息包括以下几个步骤(见图 10-8)。

图 10-7　BizTalk 1.0 的消息结构

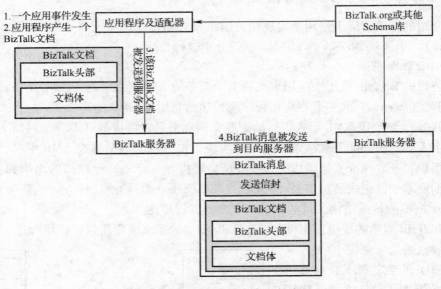

图 10-8　BizTalk 中消息发送的流程

① 程序被一个事件激发。

② 应用程序或者应用程序的适配器创建一个 BizTalk 文档,这个文档符合 BizTalk 消息标准以及实现了定义好的 Schema。

③ 应用程序将 BizTalk 文档传送给 BizTalk 服务器。

④ 发送 BizTalk 文档的 BizTalk 服务器在原来的消息上加上需要的与传输协议相适应的信封，然后将其传送到目的服务器。

⑤ 目的服务器接受到 BizTalk 消息后，便对其进行有效性检查，然后执行相应的处理。

（二）ebXML 框架

ebXML 是一个规范集，这些规范共同实现了模块化电子商务框架。

ebXML 的框架开始拟定于 1999 年 11 月，是由 UN/CEFACT 和 OASIS 发起的，其中 UN/CEFACT 提供相关的商务技术，OASIS 则提供 XMIL 及相关技术的支持。其目的是建立全球单一的电子市场，发展一套规范，使任何规模、任何行业的企业之间能在世界的任何地方发现对方，同其协商成为贸易伙伴，并从事商务活动。所有这一切活动都是自动的，尽可能不需要人为的干预。

ebXML 每隔几个月都要推出草案，而且它是完全开放的。

1. ebXML 的体系结构

在产品的体系结构的规范中包括下面几个基础的部分。

（1）消息服务（Messaging Service）。它用于预定义组织之间交换信息的标准，制定了如何可靠并且安全地交换一个有效载荷（XML 格式商业文档或非 XML 格式商业文档）。同时在这个标准中也说明了一旦一个组织接受了一个商业文档，那么这个商业文档将如何传递给组织内部的应用程序。

（2）注册表（Registry）。它是一个存放与电子贸易有关的一些条目的数据库。从技术上讲，注册表是用来存放对已经在知识库中存在的条目进行描述的信息。项目通过对注册表的请求而被创建、更新或者删除。ebXML 的注册表的目的是为了让散布在网络的各个地方的注册表连接起来，以方便地访问任何一个符合 ebXML 体系标准的注册表。对于如何定位 ebXML registry，本书建议用 UDDI。

（3）协作协议概要（Collaboration Protocol Profile，CPP）规定了描述一个组织如何做电子贸易的 XML 文档的定义格式。例如，它规定如何和一个组织进行联系，如何获得其他的关于该组织的信息、网络类型、文件传输协议、网络地址安全协议以及它是如何做贸易的。

（4）协作协议协定（Collaboration Protocol Agreement，CPA）详细说明了两个组织如何达成关于进行电子贸易的过程。一个 CPA 可以用来指导一个软件应用程序如何进行具体的技术配置，以便和另一个组织进行电子贸易。CPA/CPP 规范论述了在由两个组织的 CPP 创建一个 CPA 时的一般的任务和问题，它没有具体地指定一种法则。

（5）商业过程规范纲要（Business Process Specification Schema，BPSS）以 XML DTD 的格式提供了一个描述一个组织如何进行自身贸易的 XML 文档的定义。前面的 CPA/CPP 涉及如何进行电子贸易的技术方面，而商业过程规范纲要则是涉及具体的业务过程，也可以用来指导一个软件应用程序如何配置和其他的组织进行贸易的商业细节。

ebXML 的这些基础部分是模块化的，它们可以独立地被使用，因而它们之间的联系并不是十分的紧密。例如，一个消息服务可以被独立地使用，即使消息的头部可能包括一个指向 CPA 的参考。此外，ebXML 还开发了一些其他的提供给专业分析人员的工具。如过程分析工作表等。

2. ebXML 的消息结构

ebXML 消息的逻辑结构如图 10-9 所示。一个 ebXML 消息包括一个外部通信协议信封和一个与协议无关的 ebXML 消息信封。

一条 ebXML 消息由两部分组成，即外部通信协议封装和内部通信协议封装。前者封装诸如 HTTP 或 SMTP 等协议；后者包括消息的两个主要组成部分，即封装一个 ebXML 报头文件使用的 ebXML 报头内容和封装消息的实际内容（传送的数据）必须使用的单个 ebXML 消息内容容器。一条 ebXML 消息内容包含三种属性：类型属性使用 MIME 类型属性将按照 ebXML 依从结构识别 ebXML 消息封装，确认 XML 媒体类型；边界属性用于识别消息中所包含的每个实体部分的起点和终点的分隔符；版本属性用于识别所使用的 ebXML 消息封装的特殊版本。

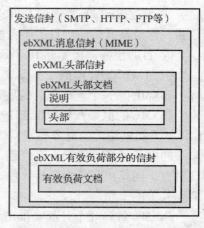

图 10-9　ebXML 消息的逻辑结构

3. ebXML 在电子商务中的应用方式

根据对从 "ebXML 注册表" 获得的信息的复查，"公司 A" 可以构建或购买适合于它所预想的 ebXML 事务的 ebXML 实现，如图 10-10 所示。

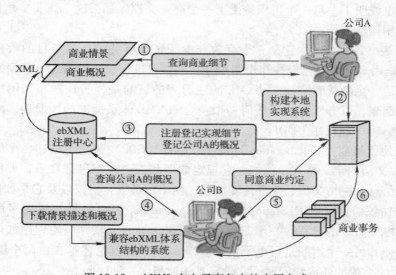

图 10-10　ebXML 在电子商务中的应用方式

公司 A 的下一步是创建一个 CPP，并向注册表注册它。CPP 将包含一些信息，潜在的伙伴将使用这些信息确定公司 A 所感兴趣的商业角色，以及为扮演这些角色，公司 A 愿意使用哪种协议。一旦注册了公司 A，公司 B 就可以查看公司 A 的 CPP，以确定它与公司 B 的 CPP 要求的兼容性。那时，公司 B 应该在能够顺应 CPP 的基础上自动与公司 A 协商 CPA，以及作为 ebXML 标准或建议给出的、双方达成的协议。

最后，这两家公司开始处理实际事务。这些事务可能涉及符合未来 ebXML 标准和建议的 "商业消息"。在所有这些过程中的某一处，可能会发生 "现实世界" 的活动（如从一地向另一地发货或提供服务）。ebXML 将有助于同意、监控和验证这些现实世界的活动。

第四节　电子商务系统中间件产品——Biztalk Server

通常把一个组织内部应用的连接整合称为 EAI（Enterprise Application Integration），而把不同组织间的应用的连接整合称为 B2BI（Business-to-Business Integration）。但要实现企业应用集成（EAI）和 B2B 集成（B2BI）不是一件容易的事，其中一个障碍在于不论企业内部或外部，通常存在多种硬件系统平台（如 PC、工作站、小型机等），在这些硬件平台上又存在各种各样的系统软件（不同的 OS、数据库、语言编译器等）以及风格各异的用户界面，这些平台还可能采用不同的网络协议和网络体系结构，这就是"中间件"（Middleware）要解决的问题。

所谓中间件是位于平台（硬件和操作系统）和应用之间的通用服务，这些服务具有标准的程序接口和协议。针对不同的操作系统和硬件平台，它们可以有符合接口和协议规范的多种实现。目前致力于为企业 EAI 和 B2BI 提供中间件解决方案的两大主流产品是 Microsoft BizTalk 和 IBM WebSphere Business Integration Server Foundation（WBI-SF）。这两家产品各有特点。限于篇幅，这里仅以 Microsoft Biztalk 为代表对电子商务系统的中间件介绍如下。

一、BizTalk Server 及应用

BizTalk Server 2010 是这个产品线的第 7 个主要版本。该版本在应用到应用、业务到业务以及业务流程自动化等方面作了诸多重大改进，能让以前动辄以月和年为单位的设计和实现过程，现在只需要几周甚至几天就能完成。

（一）BizTalk Server 和 EAI

BizTalk Server 提供对 EAI 和 B2BI 的支持。如今，连接贸易合作伙伴和集成系统不再是企业集成的最终目标，通过构建在 BizTalk Server 引擎之上的 BizTalk Server，试图建立满足企业要求高度自动化的业务流程管理功能，并可以在整个工作流程的适当阶段灵活地结合一些人性化的色彩。图 10-11 是一个 BizTalk Server 在 EAI 中的应用的简单例子。

图 10-11 中有一个仓存应用发现某种物品的存货量低并发出了一个订货请求，接下来发生的步骤如下。

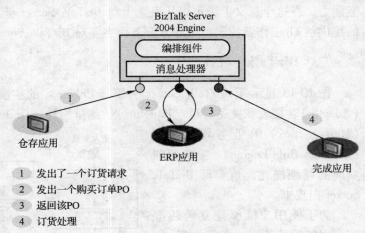

图 10-11　BizTalk Server 在 EAI 中的应用

① 该请求被发送到 BizTalk Server 应用。

② BizTalk Server 应用向本企业 ERP 应用发出一个购买订单（PO）。

③ ERP 应用（该应用也许是在 UNIX 上运行）返回该 PO 到 BizTalk Server 应用。

④ BizTalk Server 应用通知一个完成应用：订货处理。

这里应用之间通过不同的协议通信，因此，BizTalk Server 引擎的通信架构必须能够以其内在的通信方式和每个应用交流。同时，应该注意到每一个单独的应用并不了解整个的业务流程。流程控制和其他用来协调各个部分的智能组件都在 BizTalk Server 应用中实现。

（二）BizTalk Server 和 B2B

BizTalk Server 的一个基本目标就是整合现存的各种应用到一个单独的业务流程中，这些应用可能是在一个单独的公司中使用，也可能跨越多个组织。当然，BizTalk Server 也提供其他有用的服务，如一个业务流程的不同使用者们需要以不同方式和该业务流程交互。图 10-12 是一个实现购买的 B2B 过程。

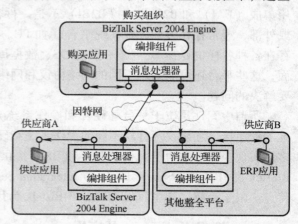

图 10-12　BizTalk Server 在 B2B 中的应用

（1）图 10-12 顶部的购买组织运行在 BizTalk Server 应用上，并和两个供应商交互。

（2）供应商 A 也使用 BizTalk Server，BizTalk Server 应用提供和供应应用的间接访问。

（3）供应商 B 使用非 BizTalk Server 整合平台，通过网络服务（Web services）和购买组织的 BizTalk Server 应用相连接。供应商 B 和其他组织执行同样的业务流程，所以购买组织也许已经向供应商 B 发送了购买组织的 BPEL（Business Process Execution Language）定义。该 BPEL 定义来自于购买组织的 BizTalk Server 的导出。

BizTalk Server 在对业务流程的运行上，不仅给技术工作者，同时也给 IT 工作者提供交互能力。在这个意义上，可以从概念上将 BizTalk Server 分成核心引擎和建立在核心引擎上的提供给 IT 工作者的服务两部分。下面主要对 BizTalk Server 引擎作简单介绍。

二、BizTalk Server 引擎

图 10-13 显示了 BizTalk Server 引擎（Engine）的主要组件，包括接收和发送适配器（Adapter）、接收和发送管道（Pipeline）、编排组件（Orchestrations）、BizTalk Server 消息框（Message Box）和业务规则引擎（Business Rule Engine）。有关每项功能的详细描述，请参阅 BizTalk Server 白皮书。

为了使用户能够建立跨越多重应用的业务流程，BizTalk Server 引擎必须提供以下两种能力。

（1）连接应用。目前存在的多样化通信方式要求 BizTalk Server 引擎必须支持多样化的协议和消息格式。但是 BizTalk Server 引

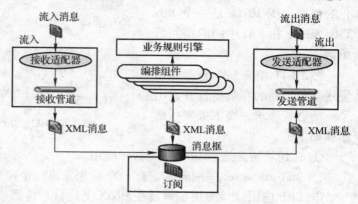

图 10-13　BizTalk Server 引擎

擎内部只能工作在 XML 文档上，所以，任何格式的消息到达，首先要将它转换成 XML 文档；同样，如果消息的接收者不接受 XML 格式，引擎需要将 XML 文档转换成目标接收者所期望的消息格式。

① 发送和接收消息适配器（Adapters）。因为 BizTalk Server 引擎必须和各式各样的软件对话，这就依赖于各式各样的适配器。适配器就是某一种通信机制（协议）的实现（Implementation）。所有的适配器都建立在一个标准"Adapter Framework"上。Adapter Framework 提供了一个通用的方式去建立、运行和管理标准的或自建的适配器。

② 处理消息管道（Pipelines）。对 BizTalk Server 应用来说，当执行一个业务流程时，它必须能够正确处理包含这些文档的消息。这是一个多步骤的处理过程，由"管道"完成。进来的消息由接收管道（Receive Pipeline）处理，出去的消息由发送管道（Send Pipeline）处理，如图 10-14 所示。BizTalk Server 定义了一些默认管道，包括一个简单的接收/发送管道对，用来处理已经表达为 XML 格式的消息。开发者可以使用"Pipeline Designer"（在 Visual Studio . NET 中运行）定制用户的管道。

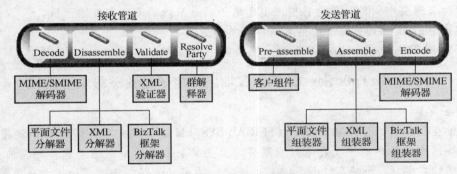

图 10-14　接收管道和发送管道

③ 订阅（Subscriptions）。一个消息通过适配器接收了，然后由接收管道处理后，业务流程必须决定这个消息的去向。同样，外发的消息必须能够确定其外发的管道。所有这些都是通过"订阅"实现的。例如，"编排（Orchestration）"通过"订阅"说明它将接收所有类型为发票的消息，则当接收到的消息是发票类型时就会被传送给"编排"。一个发送管道也通过"订阅"来接收预期的"编排"传送的消息。

（2）定义业务流程。在不同应用间发送消息是 BizTalk Server 一个必须的部分，但不是全部。它真正的目的是定义和执行基于这些应用的业务流程。为此，BizTalk Server 引擎提供了下列两种技术：

① 编排（Orchestration）。开发者依靠三种主要工具来建立一个编排：BizTalk Editor 用来创建 XML schemas；BizTalk Mapper 定义这些 XML schemas 之间的转换规则；Orchestration Designer 用来规定业务处理流程。所有这些工具都以 Visual Studio . NET 为开发环境，这是与早期版本不同的地方。

② 商业规则引擎（Business Rule Engine）。通过 Orchestration Designer、BizTalk Editor 和 BizTalk Mapper 可以有效地定义一个业务处理流程，但有时候需要使用一些更简便快速的方法。商业规则引擎能够帮助用户直接建立和改变一组业务规则。这些规则通过"词汇"和"政策"在工具 Business Rule Composer 中建立，并直接在在商业规则引擎上执行。这实际上

是在更高层面上定义业务处理。

除了 BizTalk Server 引擎提供的功能外，BizTalk Server 也为 IT 工作者提供了以下技术支持：业务活动服务（Business Activity Services）、交易伙伴管理（Trading Partner Management）、业务处理配置（Business Process Configuration）、业务处理设置（Business Process Provisioning）、业务活动监视框架（Business Activity Monitoring Framework）、人力工作流服务（Human Workflow Services）。限于篇幅，这里不作详细介绍，可参考相关资料。

习　题

1. 对比基于 XML 的三类电子商务模型，简述它们各自的优缺点。
2. 怎样理解动态电子商务的内涵？简述动态电子商务的原理。
3. 简要阐述 XML、SOAP、WSDL、UDDI 等动态电子商务协议的产生背景、作用及其应用环境。
4. 试述 ebXML 和 BizTalk 框架。
5. 为什么需要中间件？举出目前应用于电子商务系统的两个代表性产品。
6. 试述 BizTalk Server 引擎的主要组件及其作用。
7. 简述 BizTalk 框架和 BizTalk Server 引擎的主要组件功能实现之间的联系。

案例　BizTalk Server 部署深圳新晔电子企业一级业务流程

1. 商务背景

总部设在新加坡的新晔集团公司（SERIAL SYSTEM LTD）成立于 1988 年，集团于 2001 年在中国香港成立新晔电子（香港）有限公司，主营业务为通用电子元器件之国内分销商。新晔电子陆续在深圳、北京、上海、厦门、青岛、成都、苏州、南京等地成立分公司，作为全资子公司的深圳新晔致力于中国地区的半导体和被动器件的分销。

建立全新 B2B 的贸易关系在降低成本费用水平和提高系统响应程度方面符合深圳新晔电子进一步发展的需求。但还存在一些亟待解决的问题，例如，某些商务合作伙伴所使用的系统难以同深圳新晔电子的后端应用程序进行通信联络，同时，如何实现和客户之间的顺畅信息沟通也是深圳新晔电子需要解决的重点。通过 Microsoft BizTalk Server，新晔建立了统一的企业信息交换平台，平滑整合企业内部应用系统，并且实现了企业间 B2B 交互。

2. 解决方案

深圳新晔电子的 IT 信息沟通系统提升项目选择了 Microsoft BizTalk Server 2009，通过应用该系统，无论在企业内部还是在不同企业之间，无论跨越不同系统、跨越不同人员、还是跨越不同流程，BizTalk Server 2009 都可以让深圳新晔电子轻松管理实时的、端到端的供应链。同时 BizTalk Server 2009 可以让客户实时掌控各地的数据，从而作出睿智的商业决策，而针对 B2B 的应用，帮助新晔电子通过互联网与客户和关键的合作伙伴建立了可靠的企业到企业（B2B）的贸易关系。把 BizTalk Server 的综合整合功能延展至外部贸易伙伴，让企业把 B2B 基础设施整合于内部以至网上贸易伙伴的应用系统上，助力企业业务更好地发展。

3. 实施成效

选择了 Microsoft BizTalk Server 之后，基于开发、部署、管理业务流程的综合服务器，新晔电子可以把其他的应用程序连接起来，建立一个开发和执行环境，在公司内部或公司之间协调业务流程，助力企业更好发展。实施成效归纳如下：

（1）企业到企业的集成，更好的信息互联。Microsoft BizTalk Server 以新的 XML 和业界标准为基础，来界定一套技术语言，合作伙伴间可以进行跨平台、跨作业系统的资讯交换，促使电子商务甚至应用系统间整合。通过 Microsoft BizTalk Server，深圳新晔电子可以对商务伙伴信息和合作协议进行储存和管理，提供对合作伙伴的快速供应和运货以及流畅的业务通信，帮助业务更好发展。

（2）完善的安全设置，更好的使用体验。通过 Microsoft BizTalk Server 提供的以下安全机制，深圳新晔电子给企业信息安全增加了更多保障：① 消息的加密和签名；② 消息发送者的身份鉴别和参与方解析；③ 对消息接收者的授权；④ 访问控制；⑤ 应用集成单一认证。

BizTalk Server 对应用程序产品和端点以及消息、流程和服务的追踪提供全面的管理。之前深圳新晔电子点对点的系统集成方案成本太高，而 BizTalk Server 可以在多个应用系统中充当 Router，通过 BizTalk Server 根据预先定义的流程及业务规则，将数据送到相应的应用系统，同时大大降低了企业运营成本。

（3）业务流程更加规范。通过采用 Microsoft BizTalk Server，深圳新晔电子规范了企业的业务流程，并且可以运行在不同的应用系统、平台上。BizTalk Server 的规则框架能够促进业务逻辑的模块化，编码重用和更新业务逻辑的简单化。该框架使得开发与任何事实相联系的高度声明性的、语义丰富的规则（如 .NET 组件、XML 文档或数据库表）变得容易。同时，深圳新晔电子通过业务活动监视（Business Activity Monitoring，BAM）提供的跟踪、进程里程碑和业务数据（KPIs）还可以更好地增加业务流程的可见性。

资料来源：http：//www.soft6.com/html/trade/18/186900.shtml。

讨论题：

1. 在本案例中，作为部署企业一级业务流程的工具，BizTalk Server 有哪些技术优势？

2. BizTalk Server 的实施给深圳新晔电子带来了哪些成效，具体分析其在"集成"、"安全"和"流程规范"方面有什么上佳表现？

参 考 文 献

[1] 方美琪. XML 及其在电子商务中的应用［M］. 北京：清华大学出版社，2003.

[2] 苟娟琼，王英，吕希艳，等. 电子商务技术基础［M］. 北京：电子工业出版社，2008.

[3] 施敏华，陈德人，黄学平. 电子商务技术基础［M］. 北京：高等教育出版社，2002.

[4] 张宝明，文燕平，陈梅梅. 电子商务技术基础［M］. 2 版. 北京：清华大学出版社，2008.

[5] G Winfield Treese，Lawrence C Stewart. 因特网商务解决方案［M］. 邱仲潘，等译. 北京：电子工业出版社，2002.

[6] 卢开澄. 计算机密码学［M］. 北京：清华大学出版社，1998.

[7] 李红，梁晋. 电子商务技术［M］. 北京：人民邮电出版社，2001.

[8] 钟诚. 电子商务安全［M］. 重庆：重庆大学出版社，2004.

[9] Jamie Jaworski，等. Java 安全手册［M］. 邱仲潘，等译. 北京：电子工业出版社，2001.

[10] 张炯明. 安全电子商务实用技术［M］. 北京：清华大学出版社，2002.

[11] 张世永. 网络安全原理与应用［M］. 北京：科学出版社，2003.

[12] 杨波. 现代密码学［M］. 北京：清华大学出版社，2003.

[13] 祁明. 电子商务安全与保密［M］. 北京：高等教育出版社，2001.

[14] Ravi Kalakota，Andrew B Whinston. 电子商务管理·技术·应用［M］. 查修杰，连丽真，陈雪美，译. 北京：清华大学出版社，2000.

[15] 柯新生. 网络支付与结算［M］. 北京：电子工业出版社，2004.

[16] 孟宪煌，郭奕星，章学拯，袁靖. 电子商务的核心技术——EDI［M］. 上海：上海科学普及出版社，1999.

[17] 吉庆彬，刘文广. EDI 实务与操作［M］. 北京：高等教育出版社，2002.

[18] 龚炳铮. EDI 与电子商务［M］. 北京：清华大学出版社，1999.

[19] 阙喜戎，孙锐，龚向阳，王纯. 信息安全原理及应用［M］. 北京：清华大学出版社，2003.

[20] 李荆洪. 电子商务概论［M］. 北京：中国水利水电出版社，2002.

[21] 姚国章. 电子商务案例［M］. 北京：北京大学出版社，2002.

[22] Andrew Nash，Willian Duane，Celia Joseph，等. 公钥基础设施（PKI）：实现和管理电子安全［M］. 张玉清，陈建奇，杨波，等译. 北京：清华大学出版社，2002.

[23] Paul Garrett. 密码学导引［M］. 吴世忠，宋小龙，郭涛，等译. 北京：机械工业出版社，2003.

[24] 程龙，杨海兰. 电子商务安全［M］. 北京：经济科学出版社，2002.

[25] 戴英侠，连一峰，王航，等. 系统安全与入侵检测［M］. 北京：清华大学出版社，2002.

[26] 梁晋，等. 电子商务核心技术：安全电子交易协议的理论与设计［M］. 西安：西安电子科技大学出版社，2000.

[27] 杨刚，沈沛意，郑春红，等. 物联网理论与技术［M］. 北京：科学出版社，2010.

[28] 张洪刚，丁敢，李心恺. 网上报税———一个 Web-EDI 典型应用［J/OL］http：//www. cnki. com. cn/Article/CJFDTotal-HLZK199942042. htm.

[29] PKI 技术及其在移动电子商务中的应用研究［J/OL］http：// www. qikan. com. cn/Article/zsjs/zsjs200708/zsjs20070836. html.

[30] Elliotte Rusty Harold，W Scott Means. XML in a Nutshell［M］. 2nd ed. Sebastopol：O'Reilly & Associates. 2002.

[31] Chuck Musciano，Bill Kennedy. HTML and XHTML：The Definitive Guide［M］. 5th ed. Sebastopol：O'

Reilly & Associates. 2002.

[32] Hiroshi Maruyama, Kent Tamura, Naohiko Uramoto, et al. XML and Java: developing Web application [M]. 2nd ed. Indianapolis: Addison-Wesley. 2002.

[33] Brett McLaughlin. Java & XML [M]. 2nd ed. Sebastopol: O'REILLY. 2001.

[34] Ethan Cerami. Web Services Essentials [M]. Sebastopol: O'Reilly & Associates Inc. 2002.

[35] John E Simpson. XPath and XPointer: Locating Content in XML Documents [M]. Sebastopol: O'Reilly & Associates. 2002.

[36] Carla Sadtler, Peter Kovari. WebSphere Business Integration Server Foundation Architecture and Overview [J/OL]. IBM Corporation, 2004. http://www.redbooks.ibm.com/.

[37] Peter Kovari, Lisa Boardman, Giles Dring, et al. WebSphere Business Integration Server Foundation V5.1 Handbook [J/OL]. IBM Corporation, 2004. http://www.redbooks.ibm.com/.

[38] David Chappell. Understanding BizTalk Server 2004 [J/OL]. Microsoft Corporation, 2004.

[39] Microsoft White Paper. BizTalk Server 2004 Architecture [J/OL]. Microsoft Corporation, 2003. http://www.microsoft.com/biztalk.

[40] W3C Recommendation. Extensible Markup Language (XML) 1.0 [J/OL]. W3C, 2000. http://www.w3.org/TR/REC-xml.

[41] W3C Recommendation. XML Schema [J/OL]. W3C, 2001. http://www.w3.org/TR/.